Schwingungstechnik

Ein Handbuch für Ingenieure

von

Dr.-Ing. Ernst Lehr
Oberingenieur in Darmstadt

Erster Band
**Grundlagen. Die Eigenschwingungen
eingliedriger Systeme**

Mit 187 Textabbildungen

Springer-Verlag Berlin Heidelberg GmbH
1930

ISBN 978-3-662-31876-8   ISBN 978-3-662-32703-6 (eBook)
DOI 10.1007/978-3-662-32703-6

Herrn Dr.-Ing. E. h. Emil Schenck

in dankbarer Verehrung

zugeeignet

Vorwort.

Das Streben der modernen Technik, ihre Erzeugnisse immer mehr zu verfeinern, bringt es mit sich, daß den Schwingungserscheinungen eine stets wachsende Aufmerksamkeit geschenkt wird. Denn nur allzuoft sind es ungewollte Schwingungen, die den Besitzer einer Maschine durch Geräusche und Erschütterungen belästigen und in seinen Augen das Fabrikat heruntersetzen. In anderen Fällen bilden Schwingungserscheinungen die Ursache schnellen Verschleißes, sofern nicht sogar eine Zerstörung der betreffenden Konstruktionsteile erfolgt.

So sieht sich die Maschinentechnik (Turbinenbau, Motorenbau, Flugzeug- und Automobiltechnik usw.) genötigt, einen stetigen Kampf gegen die Schwingungen zu führen. Auch die Bautechnik (Brückenbau Eisenbetonbau), die sich bisher so gut wie ausschließlich auf die statische Anschauungsweise beschränkte, ist heute gezwungen, die in ihren Bauwerken auftretenden Schwingungserscheinungen mit Aufmerksamkeit zu verfolgen und bei den Berechnungen zu berücksichtigen, falls sie mit der Entwicklung Schritt halten will.

Der Werkstoffachmann, der die Güte seiner Erzeugnisse bisher fast ausschließlich nach statischen Festigkeitswerten beurteilte, sieht sich heute veranlaßt, die Schwingungsfestigkeit zu bestimmen und als Gütezahl anzugeben. Andernfalls ist es ihm nicht möglich, den gesteigerten Anforderungen des Konstrukteurs gerecht zu werden.

Aber nicht nur als störende Nebenerscheinungen spielen Schwingungen in der Technik eine Rolle, vielmehr besitzen sie eine weit größere Bedeutung für die nutzbringende Arbeitsleistung.

Man vergegenwärtige sich, daß fast die gesamte Starkstromtechnik als Wechselstromtechnik ein ungeheures Gebiet der Nutzanwendung von Schwingungserscheinungen ist.

Weiterhin ist die Nutzanwendung von Schwingungen vor aller Augen bei der Radiotechnik, die durch den Rundfunk wohl das populärste Gebiet der Schwingungstechnik geworden ist und voraussichtlich in den nächsten Jahren durch den Fernseher noch weitere Kreise fesseln wird.

Demgegenüber macht man sich selten klar, daß die gesamte Fernsprechtechnik in ihren Grundlagen eine Nutzanwendung von Schwingungsvorgängen darstellt.

Noch seltener wird uns bewußt, daß die Fragen der Akustik, insbesondere der musikalischen Hörsamkeit von Konzertsälen u. dgl. Schwingungsfragen sind.

Aber auch die Maschinentechnik ist zur Nutzanwendung der Schwingungen übergegangen und baut arbeitleistende Schwingungsmaschinen, die als Fördermaschinen, Siebe, Schlag- und Stampfwerkzeuge auf dem Markt sind. Neuerdings versucht man sogar, im Bau von Übersetzungsgetrieben die Schwingungen nutzbar zu machen.

Diese Hinweise mögen genügen, um zu zeigen, daß die Schwingungserscheinungen auf allen Gebieten der modernen Technik eine sehr wesentliche Rolle spielen. Man kann deshalb ohne Übertreibung behaupten, daß jeder Ingenieur wenigstens mit den Grundgesetzen der Schwingungsvorgänge vertraut sein muß, wenn er den an ihn herantretenden Aufgaben gerecht werden will. Ganz besonders gilt diese Forderung für den Konstrukteur und den Prüffeld-Ingenieur.

Die bestehende Literatur über Schwingungsfragen ist fast durchweg zu sehr mathematisch orientiert, als daß es dem Durchschnitts-Ingenieur möglich wäre, sich hindurchzufinden. Außerdem fehlt meist die bis ins einzelne gehende Nutzanwendung der gefundenen Gesetze, auf die es in der Praxis ankommt.

Ich habe es deshalb unternommen, vom Standpunkt des Konstrukteurs aus die Hauptfragen der Schwingungstechnik durchzuarbeiten und ihre Nutzanwendung zu zeigen. Es erwies sich als unmöglich, bei gründlicher Behandlung den gesamten Stoff in einem Band zu vereinigen, vielmehr wurde er nach reiflicher Überlegung auf mehrere Bände kleineren Umfanges verteilt, von denen jeder ein möglichst in sich geschlossenes Gebiet behandelt.

Der vorliegende erste Band befaßt sich mit den Grundlagen. Er bildet gewissermaßen den Auftakt und übermittelt das unentbehrlichste Rüstzeug. Neben den rein dynamischen Fragen haben, wohl zum erstenmal, konstruktive Gesichtspunkte eine weitgehende Berücksichtigung gefunden. Es wird z. B. gezeigt, wie Federn, elastische Kupplungen, Dämpfungsapparate u. dgl. zu dimensionieren sind, damit sie den gewünschten Zweck erfüllen, wie Kondensatoren, Induktivitäten, Trägheitsmomente usw. berechnet werden und anderes mehr. Deshalb wurde als Titel die Bezeichnung „Schwingungstechnik" gewählt, denn zwischen der gewählten Darstellungsweise und derjenigen der technischen Schwingungslehre besteht ein ähnlicher Unterschied, wie er zwischen der Lehre von den Maschinenelementen und der technischen Mechanik in Erscheinung tritt.

Die Darstellung geht von der Tatsache aus, daß sämtliche Schwingungserscheinungen einheitlichen Gesetzen unterworfen sind und deshalb unter einheitlichen Gesichtspunkten dargestellt werden sollten. Insbesondere habe ich mich bemüht, die Analogien zwischen den drei Grundformen des Schwingungsgebildes, dem schwingenden Massenpunkt, dem Drehschwinger und dem elektrischen Schwingungskreis, so deutlich herauszuarbeiten, daß die gemeinsamen Gesetze hervortreten und die Übertragung der für eine Systemart gefundenen Ergebnisse auf eine andere Systemart möglich ist. Ganz besonders dürfte hierbei die Analogietabelle (Tabelle 11) von Nutzen sein.

Bei der Darstellung tritt der Begriff der Energie in den Vordergrund. Er ermöglicht es, wesentlich tiefer in den Kern der Probleme einzudringen, als wenn nur das Spiel der Kräfte in Betracht gezogen wird.

Die Mathematik habe ich durchweg als Werkzeug behandelt. Als solches ist sie bei der Durchführung der Rechnungen ebenso unentbehrlich wie der Rechenschieber. Es wäre töricht, wollte man das Hilfsmittel der Differential- und Integralrechnung ungenutzt lassen. Dieses Verfahren liefe auf dasselbe hinaus, als wollte der Ingenieur seine Multiplikationen und Divisionen von Hand durchführen, statt den Rechenschieber zu gebrauchen. Vorausgesetzt wurden nur die elementaren Differential- und Integralformeln, die heute zur allgemeinen Bildung jedes Ingenieurs gehören sollten.

Weitergehende Rechnungen (z. B. die Lösung von Differentialgleichungen) wurden lückenlos unter Einfügung aller Zwischenrechnungen durchgeführt, so daß der Leser mühelos folgen kann. Nach Möglichkeit wurden die mathematischen Entwicklungen in besonderen Abschnitten gebracht; stets ist jedoch die rein begriffliche Durcharbeitung der Voraussetzungen für den Gleichungsansatz und die Auswertung des Ergebnisses in den Vordergrund gerückt. Wenn angängig, wurden die Ergebnisse durch Zahlenbeispiele erläutert oder in konkreter Form als Kurven dargestellt, so daß der Leser von Fall zu Fall ein plastisches Bild von dem durchgearbeiteten Stoff erhält.

Grundsätzlich wurden die Probleme so weit durchgearbeitet, daß die für den Konstrukteur entscheidende Berechnung der endgültigen Abmessungen und Zahlenwerte möglich ist. Von der allgemeinen Lösung im Sinne des Mathematikers bis zu diesem Ergebnis ist meist noch ein weiter Weg, der in der Regel erst durch mühsame Arbeit aufgeschlossen werden muß und durchaus nicht ohne weiteres gangbar erscheint.

Aus diesem Grunde wurde die Berechnung der Federung, die Ermittlung von Massenträgheitsmomenten sowie die Berechnung von Kapazitäten und Induktivitäten für die hauptsächlich in Frage kommenden Fälle zahlenmäßig durchgeführt, denn gerade an der Berechnung dieser Elemente scheitert meist die Lösung der praktischen Aufgaben. Auch entschloß ich mich, in knapper Form die Grundlagen des elektrischen und magnetischen Feldes der Darstellung einzugliedern, da der Maschinenbauer sich in den Büchern der Elektrotechnik nur schwer zurechtfindet und sich den benötigten Stoff mühsam zusammensuchen muß.

Sehr ausführlich wurde der Begriff der Dämpfung erörtert. Insbesondere erfuhr die Messung und zahlenmäßige Berechnung der Dämpfung unter verschiedenen Voraussetzungen eine eingehende Darstellung, die eine begriffliche Aneignung des nicht ganz einfachen Stoffes erleichtern dürfte. Es geschah dies, weil gerade die Kenntnis der Dämpfung den Schlüssel zu den schwierigeren Problemen der Schwingungstechnik bildet.

Der zweite Band wird die Lehre von den erzwungenen Schwingungen, insbesondere in Anwendung auf Schwingungsmaschinen, die elementare Lehre der kritischen Drehzahlen einschließlich der harmonischen Analyse, sowie die wichtigsten Gesichtspunkte der Schwingungs-Meßtechnik enthalten. Ein besonderer Abschnitt soll die nichtharmonischen Schwingungen behandeln, die in letzter Zeit eine erhebliche technische Bedeutung erlangt haben.

In den weiteren Bänden werden die Koppelschwingungen, die Kreiseltechnik, die Technik des Massenausgleichs und die Schwingungen der kontinuierlichen Gebilde eine Darstellung erfahren.

Das vorliegende Buch ist in den wenigen Mußestunden entstanden, die dem in der Praxis stehenden Ingenieur zur Verfügung bleiben. Die Darstellung wendet sich in erster Linie an den Konstrukteur, dem sie zum Selbstunterricht dienen soll. Die Entwicklungen sind mit voller Absicht möglichst elementar gehalten und mit vollständigen Zwischenrechnungen versehen, damit auch dem wenig geschulten Leser das Verständnis möglich ist. Aber auch der Wissenschaftler dürfte manches bisher wenig erörterte Problem finden und die Arbeit als Nachschlagewerk begrüßen. Dem Studierenden gibt das Buch Gelegenheit zu gründlicher Einarbeitung in das Wesen der Schwingungserscheinungen. Es wurde Wert darauf gelegt, daß möglichst jeder Abschnitt in sich verständlich ist. Gewisse dadurch bedingte Wiederholungen müssen in Kauf genommen werden.

Obwohl noch manche Frage eine ausführliche Erörterung verdient hätte, konnte doch der Rahmen nicht weiter gesteckt werden. Auch dürfte es dem Leser an Hand der gewonnenen Kenntnisse möglich sein, selbständig weitere Probleme zu bearbeiten.

Die erste Anregung zu dem Plan, ein Lehrbuch der Schwingungstechnik zu schaffen, das für die verschiedenen Gruppen der Fachleute eine gemeinsame Grundlage bietet, gab mir Herr Direktor

W. Hahnemann, Berlin. Ich möchte ihm auch an dieser Stelle hierfür meinen Dank aussprechen. Ferner danke ich der Firma Carl Schenck, Darmstadt, für die liebenswürdige Überlassung von Bildmaterial und sonstigen Unterlagen.

Besonders herzlicher Dank gebührt Herrn Dipl.-Ing. W. Hohmann, Oldenburg i. O., der mir den Freundesdienst erwies und das Manuskript sowie die Korrektur mit großer Sorgfalt las.

Der Verlagsbuchhandlung bin ich für die ausgezeichnete Ausstattung des Buches und für das große Entgegenkommen, das sie mir jederzeit bewiesen hat, zu großem Dank verpflichtet.

Darmstadt, im Mai 1930.

Dr.-Ing. Ernst Lehr.

Inhaltsverzeichnis.

Erstes Kapitel.

Schwingungen des materiellen Punktes.

Zweites Kapitel.

Drehschwinger.

Drittes Kapitel.

Der elektrische Schwingungskreis.

Viertes Kapitel.

Reibung und Dämpfung.

Einheitliche Bezeichnungen.

I. Länge, Fläche, Raum.

1. Länge . . . . . . l cm
2. Breite . . . . . . b cm
3. Höhe . . . . . . h cm
4. Durchmesser . . . d, D cm
5. Radius. . . . . . r, ϱ cm
6. rechtwinklige Koordinaten . . . . x, y, z
7. Fläche. . . . . . F cm²
8. Querschnitt . . . q cm²
9. Volumen. . . . . V cm³

II. Grundeinheiten der Mechanik.

1. Gewicht . . . . . G kg
2. Masse . . . . . . $m \dfrac{\text{kgsec}^2}{\text{cm}}$
3. Kraft . . . . . . P kg
4. Komponenten der Kraft . . . . . . X, Y, Z kg
5. Drehmoment . . . M_d cmkg
6. Biegemoment. . . M_b cmkg
7. mechanische und elektrische Arbeit (Energie). . . . . A cmkg
8. potentielle Energie A_p cmkg
9. kinetische Energie A_k cmkg
10. Leistung . . . . . N cmkg/sec
11. Wattleistung . . . N_W cmkg/sec
12. Blindleistung . . . N_B cmkg/sec
13. Weg. . . . . . . s cm
14. Zeit . . . . t sec
15. Zeitkonstante. . . τ sec
16. Geschwindigkeit $\dfrac{ds}{dt} = \dot{s} = v$ cm/sec
17. Komponenten der Geschwindigkeit v_x, v_y, v_z cm/sec
18. Beschleunigung $\dfrac{d^2 s}{dt^2} = \ddot{s} = b$ cm/sec²
19. Komponenten der Beschleunigung b_x, b_y, b_z cm/sec²
20. Fallbeschleunigung g cm/sec²
21. spezifisches Gewicht (Wichte) . γ kg/cm³
22. spezifische Masse (Dichte) . . . . . $\dfrac{\gamma}{g} \dfrac{\text{kgsec}^2}{\text{cm}^4}$
23. Reibungskoeffizient der Trockenreibung μ
24. Massenträgheitsmoment . . . . . θ cmkgsec²
24a. Trägheitsradius . i cm
25. äquatoriales Flächenträgheitsmoment . . . . . J_a cm⁴
26. polaresFlächenträgheitsmoment . . . J_p cm⁴
27. Impuls. . . . . . J kgsec
28. Potential. . . . . Π cmkg
29. Winkel (allgemein) α, β, γ
30. Wirkungsgrad . . η
31. elastische Durchbiegung (Durchfederung). . . . . f cm
32. Elastizitätsmodul . E kg/cm²
33. Gleitmodul . . . . G kg/cm²
34. Widerstandsmoment W cm³
35. Normalspannungen σ kg/cm²
36. Schubspannungen . τ kg/cm²
37. Bruchdehnung . . δ %
38. Bruchgrenze beim Zerreißversuch . . S_z kg/cm²
39. Streckgrenze . . . S_s kg/cm²
40. Elastizitätsgrenze . S_E kg/cm²
41. zulässige Zugbeanspruchung . . . . K_z kg/cm²
42. zulässige Biegebeanspruchung . . . K_b kg/cm²
43. zulässige Verdrehungsbeanspruchung K_t kg/cm²
44. Dauerfestigkeit bei Zug-Druck-Schwingungbeanspruchung S_z kg/cm²
45. Dauerfestigkeit bei Biege-Schwingungsbeanspruchung . . S_b kg/cm²

46. Dauerfestigkeit bei Drehschwingungsbeanspruchung . . S_t kg/cm²
47. Anzahl . . . . . . z

48. imaginäre Einheit . j
49. Basis der natürlichen Logarithmen e

III. Elektrotechnik und Magnetismus.

1. Spannung als elektromotorischeKraft (EMK) . . . . . . e Volt
2. Spannung alsSpannungsverbrauch . . V Volt
3. Strom . . . . . . i Amp.
4. Spannungsamplitude $\bar{e}$ Volt
5. Stromamplitude . . $\bar{i}$ Amp.
6. Leistung . . . . . N Watt
7. Wattleistung . . . N_W Watt
8. Blindleistung . . . N_B Watt
9. Scheinleistung (Volt-Ampere) . . N_{VA} Volt-Amp.
10. Phasenverschiebungswinkel . . . φ
11. Magnetische Feldstärke . . . . . . $\mathfrak{H}$ Weber
12. Magnetische Induktion . . . . . $\mathfrak{B}$ Gauß
13. MagnetischerFluß . Φ Maxwell
14. elektrische Feldstärke . . . . . . $\mathfrak{E}$ Volt/cm

15. elektrische Kraftliniendichte . . . . $\mathfrak{D}$ Coulomb/cm²
16. elektrischer Fluß . Φ_e Coulomb
17. Dielektrizitätskonstante . . . . . . $\varDelta$
18. Permeabilität . . . μ_m
19. Ohmscher Widerstand . . . . . . R Ohm
20. elektrischer Feldwiderstand . . . . R_{el}
21. magnetischer Feldwiderstand . . . . R_m
22. Kapazität . . . . C Farad
23. elektrischeLadung . Q Coulomb
24. Induktions-Koeffizient . . . . . . L Henry
25. induktiver Scheinwiderstand . . . . X_L Ohm
26. kapazitiver Scheinwiderstand . . . . X_C Ohm
27. Windungszahl . . z, i.

IV. Schwingungstechnik.

1. Eigenschnelle . . . ν 1/sec
2. Periodendauer in Sekunden . . . . T sec
3. Drehzahl/min, (Schwingungszahl/min.) n 1/min
4. Schwingungszahl/sec = Frequenz . . . . f Hertz
5. Drehschnelle, Schwingschnelle, Kreisfrequenz,Winkelgeschwindigkeit ω 1/sec
6. Federkonstante . . c kg/cm
7. Amplitude (allgemein) a cm
8. Amplitude (spezielle Konstanten) . . . A, B, C cm
9. Dämpfungswiderstand . . . . . . ϱ
10. Konstante der reibgebremstenSchwingung e cm

11. Dämpfungsdekrement . . . . . . d
12. natürliche Dämpfung . . . . . . D
13. Phasenwinkel (allgemein) . . . . . ε
14. Phasenwinkel (spezielle) . . . . . . α, β, γ
15. Kopplungsfaktor . $\varkappa$
16. Kopplungsgrad . . K
17. Wellenlänge . . . $\varLambda$
18. Resonanzgrad . . λ
19. Resonanzvergrößerung V
20. Erregung . . . . . P
21. Massenverhältnis . μ
22. Abstimmung zweier gekopp. Schwinger $\ddot{u}$
23. Arbeitsfähigkeit . . A^* cmkg

Übersicht über die wichtigsten Größen der technischen Mechanik, deren Kenntnis vorausgesetzt wird.

1. Maßeinheiten. Kräfte werden in kg, Längen in cm, Zeiten in sec gemessen.

Als Maß von Winkel und Winkelwegen dient das Bogenmaß. Umrechnung des Gradmaßes auf das Bogenmaß durch Multiplikation mit $\dfrac{3,14}{180} = 0{,}001745$*.

Kräftepaare, auch Momente genannt, werden in cmkg gemessen. Arbeiten werden in cmkg oder bei elektrischen Vorgängen in Joule gemessen (1 Joule = 10,2 cmkg).

Leistungen werden in cmkg/sec oder in Watt gemessen (1 Watt = 10,2 cmkg/sec).

2. Geschwindigkeit $v = \dfrac{ds}{dt}$ ist der Weg in cm, den der bewegte Körper in 1 Sekunde zurücklegen würde, wenn er den im Augenblick der Messung herrschenden Bewegungszustand unverändert beibehielte. Die Messung der Geschwindigkeit wird in der Regel derart vorgenommen, daß man die Zeit in Sekunden mißt, welche der bewegte Körper zum Durcheilen einer Strecke bekannter Länge nötig hat. Der Quotient $\dfrac{\text{Weg}}{\text{Zeit}}$ stellt die Geschwindigkeit dar. Die Messung wird um so genauer, je kleiner die beiden Werte Weg und Zeit gewählt werden. Im Grenzfall geht der Quotient in den Differential-Quotienten $\dfrac{ds}{dt}$ über.

Am bequemsten und genauesten gestaltet sich die Messung bei der in der Regel vorliegenden Bewegung auf geradliniger Bahn, wenn man gemäß Abb. I den Weg s maßstabgerecht in Abhängigkeit von der Zeit t aufträgt. Die Größe der Geschwindigkeit ergibt sich dann als Differential-Quotient, d. h. trigonometrische Tangente (tg α in Abb. I) dés Steigungswinkels α der Berührungsgeraden in dem zu beobachtenden Punkt.

Bei der Drehbewegung tritt an die Stelle der Geschwindigkeit v die Winkelgeschwindigkeit $\omega = \dfrac{d\psi}{dt}$ (ψ = Drehwinkel). Als solche bezeichnet man die Geschwindigkeit, welche ein Punkt, der in 1 cm Entfernung von der Drehachse des sich drehenden Körpers gewählt wird, besitzt.

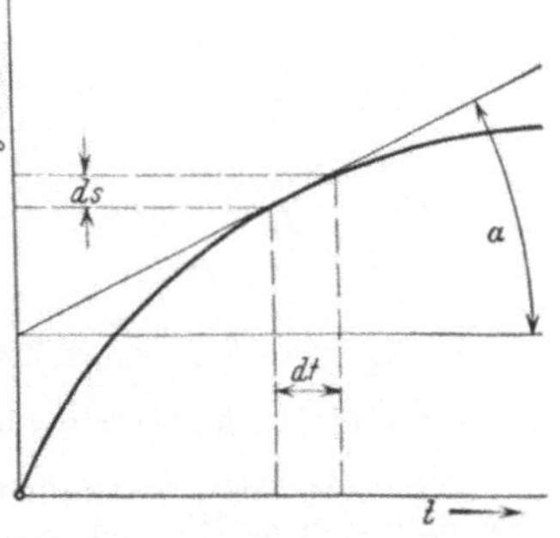

Abb. I.　Zeit-Weg-Kurve. Berechnung der Geschwindigkeit $v = \dfrac{ds}{dt}$.

Man kann auch sagen, daß die Winkelgeschwindigkeit durch den im Bogenmaß gemessenen, als Sektor anzusehenden Winkel dargestellt wird, den ein Radius des sich drehenden Körpers in 1 Sekunde überstreicht. Zwischen der minutlichen Umdrehungszahl n eines Körpers und seiner Winkelgeschwindigkeit ω besteht die Beziehung

$$\omega = \frac{2\pi}{60} \cdot n = 0{,}105 \cdot n\,.$$

---

* Umrechnungstabelle siehe „Hütte", Bd. 1, S. 30 u. f.

3. Beschleunigung: $b = \dfrac{dv}{dt} = \dfrac{d\left(\dfrac{ds}{dt}\right)}{dt} = \dfrac{d^2s}{dt^2}$ ist die Änderung, welche die Geschwindigkeit v des bewegten Körpers in 1 Sekunde erfahren würde, wenn diese sich in der auf der Meßstrecke vorliegenden Weise proportional mit der Zeit weiter ändern würde.

Zur Messung der Beschleunigung muß festgestellt werden, welche Geschwindigkeit zu Beginn und am Ende der gewählten Meßstrecke vorlag. Dabei wird die Messung der Geschwindigkeit zweckmäßig in der unter 2. gezeigten Weise durch Auftragen der Wegzeitkurve erfolgen.

Die Beschleunigung berechnet sich dann als Quotient

$$\frac{\text{Geschwindigkeitsänderung}}{\text{zugehörige Zeit}}.$$

Am genauesten wird die Rechnung, wenn man gemäß Abb. II die Geschwindigkeit v in Abhängigkeit von der Zeit aufzeichnet und die Beschleunigung b als Differential-Quotient (Steigung $= \operatorname{tg}\alpha$) dieser Kurve in dem gewählten Zeitpunkt bestimmt. Bei der Drehbewegung tritt an die Stelle der Beschleunigung b die Winkelbeschleunigung $\dfrac{d\omega}{dt} = \dfrac{d^2\psi}{dt^2}$. Ihre Berechnung erfolgt in analoger Weise an Hand der Kurve $\omega = f(t)$.

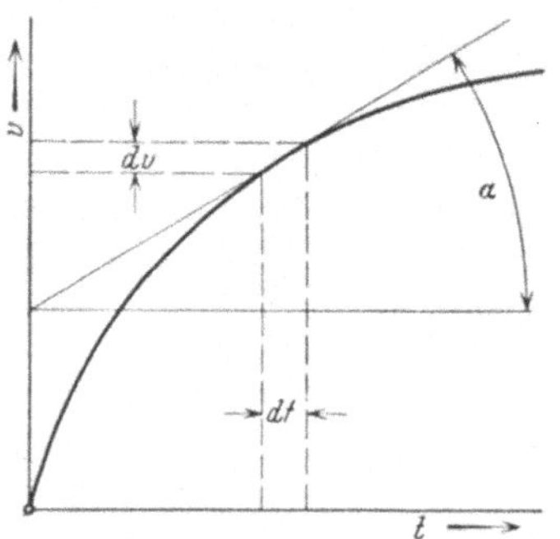

Abb. II. Geschwindigkeit-Zeit-Kurve. Berechnung der Beschleunigung
$$b = \frac{dv}{dt} = \frac{d^2s}{dt^2}.$$

4. Masse. Die Masse ist eine der wichtigsten Rechnungsgrößen der Mechanik. Sie bildet ein Maß für die Trägheitswirkung der Materie. Die hauptsächlichste, begriffliche Schwierigkeit bei der Definition der Masse liegt darin, daß sie unseren Sinnen nicht direkt wahrnehmbar ist. Sinnfällig ist lediglich der Massendruck, auch Trägheitswiderstand genannt, den wir vermöge unseres Tastsinnes spüren, wenn wir Körper beschleunigen oder verzögern. Messen können wir die Beschleunigung in cm/sec² einerseits und die zu ihrer Erzeugung notwendige Kraft in kg andererseits. Als Masse wird der Quotient $\dfrac{\text{Kraft}}{\text{Beschleunigung}}\left(m = \dfrac{P}{b}\right)$ bezeichnet.

Der einfachste und exakteste Versuch zur Feststellung dieses Quotienten ist der Fallversuch. Hier ist die antreibende Kraft gleich dem Gewicht G kg des Körpers. Die Beschleunigung gleicht der Fallbeschleunigung, die bekanntlich aus der Schwingungsdauer eines Pendels (Reversionspendel) sehr exakt bestimmt werden kann und in unseren Breiten den Betrag von 981 cm/sec² besitzt. Hiernach ist die Masse m als Quotient $\dfrac{\text{Gewicht}}{\text{Fallbeschleunigung}}$ gegeben, so daß die Grundgleichung besteht:

$$m = \frac{G}{g} = \frac{G}{981} = {\sim}\,0{,}001\,G\ \frac{\text{kgsec}^2}{\text{cm}}.$$

Dieser Wert gilt jedoch lediglich in unseren Breiten auf der Erdoberfläche. Bei genauen Messungen muß man berücksichtigen, daß die Fallbeschleunigung sich mit dem Standort nicht unerheblich ändert, und daß sie, insbesondere bei Erhebung über die Meereshöhe, z. B. im Hochgebirge oder Flugzeug, kleiner wird als der angegebene Normalwert von 981 cm/sec². Mit der Fallbeschleunigung ändert sich auch proportional das Gewicht G, das Verhältnis beider Größen (die Masse) bleibt jedoch überall das gleiche.

Das Gewicht, das wir z. B. mit einer Federwaage feststellen (die Hebelwaage vergleicht Massen und nicht Gewichte), kann bei entsprechender Lage im Weltraum (z. B. zwischen Mond und Erde) Null werden (man denke z. B. an die interessanten, sehr populär gewordenen Überlegungen, die hinsichtlich der Raketenfahrt in den Weltraum angestellt worden sind). Die Masse bleibt stets unveränderlich. Sie bedarf überall im Weltraum zur Erteilung einer bestimmten Beschleunigung genau der gleichen Kraft.

An Hand der vorstehenden Überlegungen sieht man ein, daß das Gewicht als Maß für den Trägheitswiderstand gänzlich unbrauchbar ist. Man mache sich diese Verhältnisse recht eindringlich klar, da der Begriff der Masse einer der grundlegendsten Begriffe der Schwingungstechnik ist.

5. **Das D'Alembertsche Prinzip** sagt aus, daß bei jedem Körper, der sich in Bewegung befindet, die Summe der antreibenden (wirkenden, eingeprägten) Kräfte gleich der Summe der negativen Massenbeschleunigungen ist. Als Massenbeschleunigung bezeichnet man das Produkt Masse $\times$ Beschleunigung. Als eingeprägte Kräfte werden alle Kräfte bezeichnet, die nicht auf Trägheitswirkungen zurückzuführen sind, z. B. Lagerreaktionen, Federkräfte, Reibungskräfte, magnetische Kräfte u. dgl.

Nach dem vorliegenden Gesetz werden sämtliche Schwingungsgleichungen aufgestellt, sofern sie nicht auf dem Gleichgewicht von Arbeitsleistungen (Energieprinzip) beruhen.

6. **Der Massenpunkt oder materielle Punkt.** Führt ein Körper Bewegungen aus, bei denen seine einzelnen Teilchen einander parallele Bahnen beschreiben, so kann man ihn unter dem Bild des Massenpunktes erfassen, d. h. man denkt sich die Gesamtmasse des Körpers als kleine (punktförmige) Kugel von außerordentlich hohem (praktisch nicht verwirklichbarem) spezifischen Gewicht im Schwerpunkt vereinigt und behandelt im weiteren Verlauf die Aufgabe so, als ob nur diese punktförmige Kugel vorhanden wäre. Der Sinn dieser Maßnahme besteht darin, daß man bei den Bewegungsgleichungen nur eine Translation, d. h. eine Parallelverschiebung, des Körpers voraussetzen will. Diese Voraussetzung ist identisch damit, daß der Körper keinerlei Drehbewegungen ausführt, die mit dem Auftreten zusätzlicher Trägheits-Kraftwirkungen verbunden sind. Ist dies der Fall, so darf man das Bild des materiellen Punktes nicht mehr benutzen, sondern muß es durch kompliziertere Rechnungsarten ersetzen. Der Begriff des materiellen Punkts ist insbesondere dann nützlich, wenn die Bewegung eine Translation auf geradliniger Bahn ist. Dies trifft z. B. für nahezu sämtliche Betrachtungen des ersten Kapitels zu.

7. **Das Massenträgheitsmoment** θ ist das Maß für den Trägheitswiderstand, den ein Körper bei Drehbewegung um eine feste Achse ausübt. Seine Definition entspricht derjenigen der Masse. Man berücksichtige dabei lediglich, daß bei der Drehbewegung an die Stelle der Kraft das Kräftepaar mit dem Drehmoment M_d, an die Stelle des Weges s der Winkelweg ψ, an die Stelle der Geschwindigkeit v die Winkelgeschwindigkeit $\omega = \dfrac{d\psi}{dt}$ und an die Stelle der Beschleunigung die Winkelbeschleunigung $\dfrac{d\omega}{dt} = \dfrac{d^2\psi}{dt^2}$ tritt. Dann lautet die Definitionsgleichung des Massenträgheitsmoments analog der Definitionsgleichung der Masse:

$$\theta = \frac{M_d}{\dfrac{d^2\psi}{dt^2}}\,.$$

B*

Weiterhin lautet die geometrische Definition des Massenträgheitsmoments:

$$\theta = \int dm \cdot r^2 \,,$$

d. h. das Massenträgheitsmoment θ wird erhalten, wenn man jedes Massenteilchen des in Betracht gezogenen Körpers mit dem Quadrat seines Abstandes von der Drehachse multipliziert und sämtliche Teilprodukte über den ganzen Körper hin addiert. Im Kapitel II ist in ausführlicher Weise gezeigt, wie diese Berechnung für die hauptsächlichsten Körperformen durchzuführen ist.

An Stelle des Massenträgheitsmoments wird in der Praxis öfters noch das Schwungmoment $G \cdot D^2$ benutzt. Ist G das Gewicht des Körpers in kg, D der sogenannte „Trägheits-Durchmesser" in cm, so besteht die Beziehung:

$$\theta = G \cdot D^2 \cdot \frac{1}{4g} \text{ cmkgsec}^2 \ (g = 981 \text{ cm/sec}^2) \,.$$

Die Definitionsgleichung des Trägheitsradius $\mathsf{i} = \dfrac{D}{2}$ lautet:

$$\mathsf{i} = \frac{D}{2} = \sqrt{\frac{\theta}{m}} \,,$$

wobei m die Gesamtmasse des betrachteten Körpers darstellt.

Es sei ausdrücklich darauf aufmerksam gemacht, daß D nicht etwa den Außendurchmesser des betrachteten Körpers, z. B. eines Turboläufers, darstellt; zuweilen wird diese verhängnisvolle Verwechslung begangen. Man erhält dann ein Schwungmoment, das unter Umständen den mehrfachen Betrag des wirklichen Wertes darstellt. Am besten vermeidet man die durch den Begriff des Schwungmoments geschaffene Verwirrung, wenn man diesen Begriff gänzlich außer acht läßt und stets mit dem Trägheitsmoment θ rechnet. Man muß zwecks Erhalt des Trägheitsdurchmessers ja ohnehin erst das Massenträgheitsmoment θ berechnen, wenn man das Schwungmoment angeben will.

8. **Bewegungsgröße und Antrieb.** Als Bewegungsgröße bezeichnet man bei der Bewegung des materiellen Punkts das Produkt Masse $\times$ Geschwindigkeit $(m \cdot v)$; als Antrieb oder Impuls J gilt das Produkt der antreibenden Kraft P und der Zeit t, während welcher sie wirkte. Ist P während der Beobachtungszeit nicht konstant, sondern mit der Zeit veränderlich, so gilt für den Impuls die Gleichung:

$$\mathsf{J} = \int P \cdot dt \,,$$

d. h. der Impuls wird erhalten, wenn man in jedem Augenblick die herrschende Kraft mit dem zugehörigen Zeitelement multipliziert und sämtliche erhaltenen Teilprodukte addiert.

Der Satz „Antrieb = Bewegungsgröße"

$$\int P \cdot dt = m \cdot v$$

ist einer der wichtigsten Grundsätze der Mechanik des Massenpunkts.

9. **Drall und Drehimpuls** entsprechen bei der Drehbewegung den in 8. genannten Begriffen „Bewegungsgröße" und „Antrieb".

Der Drall berechnet sich bei einem um eine **Symmetrieachse** rotierenden Körper zu:

$$\mathsf{B} = \theta \cdot \omega \,.$$

Ist die Drehachse keine Symmetrieachse, so sind verwickeltere Beziehungen nötig.

Der Drehimpuls ist analog zum Antrieb durch die folgende Gleichung definiert:

$$\mathsf{J}_M = \int M \cdot dt \,.$$

Demgemäß lautet der Satz vom Antrieb bei der Drehbewegung:

$$\int M \cdot dt = \theta \cdot \omega.$$

10. Die kinetische Energie A_K oder Wucht. Die Energie (Arbeit), die aufgewendet werden muß, um einen Körper von der Masse m auf eine bestimmte Geschwindigkeit v zu beschleunigen, ist in dem bewegten Körper aufgespeichert und wird wieder frei, wenn der Körper auf die Geschwindigkeit Null verzögert wird. Die Größe dieser „kinetischen Energie" ist lediglich von der Masse und der Geschwindigkeit abhängig und berechnet sich nach der Gleichung:

$$A_K = \tfrac{1}{2} \cdot m \cdot v^2 \text{ cmkg}.$$

Eine analoge Beziehung ergibt sich für die Drehbewegung, wenn man an Stelle der Masse das Massenträgheitsmoment θ und an Stelle der Geschwindigkeit v die Winkelgeschwindigkeit ω setzt. Man erhält:

$$A_K = \tfrac{1}{2} \theta \omega^2 \text{ cmkg}.$$

11. Beanspruchung und Verdrehungswinkel bei einer einseitig fest eingespannten, glatt zylindrischen Welle. Der grundlegenden

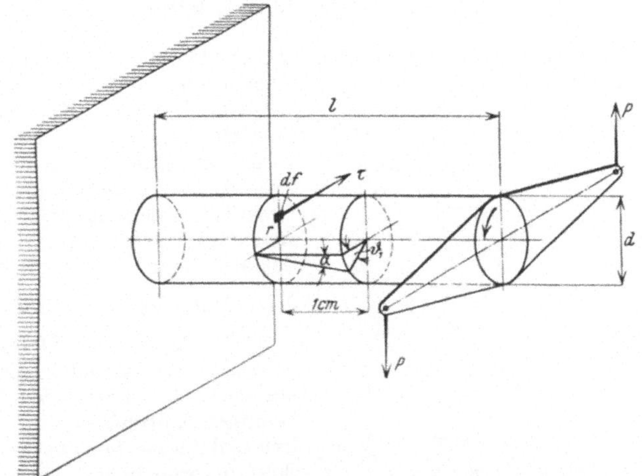

Abb. III. Kraftwirkungen und Verformungen, die an der einseitig fest eingespannten zylindrischen Welle bei Verdrehungsbeanspruchung auftreten.

Bedeutung wegen, die dieser Beziehung bei Berechnung der Torsionsschwingungen zukommt, soll sie hier kurz abgeleitet werden. Gemäß Abb. III denken wir uns eine Welle vom Durchmesser d cm und der Länge l cm aus Stahl am einen Ende fest eingespannt und am anderen Ende durch ein Kräftepaar von einem Drehmoment M_d cmkg beansprucht. Durch das Drehmoment werden im Innern der Welle in jedem Querschnitt Schubspannungen τ hervorgerufen, die ein inneres Gegenmoment erzeugen. Die Schubspannungen sind am größten in den äußersten Fasern und nehmen proportional mit der Entfernung von der Wellenachse ab, um in der Wellenachse, die auch als neutrale Faser gewertet wird, gleich Null zu werden. Bezeichnet r den Abstand eines Flächenelements df (s. Abb. III) von der Stabachse und $r_{\text{max}} = \dfrac{d}{2}$ den Halbmesser der Welle, so besteht die Beziehung:

$$\tau = \tau_{\text{max}} \cdot \frac{r}{r_{\text{max}}}.$$

Da die in der Fläche df übertragene Schubkraft tangential, also senkrecht zum Radius gerichtet ist, wird von ihr ein Moment ausgeübt von der Größe

$$dM = \tau \cdot df \cdot r = \frac{\tau_{\max}}{r_{\max}} \cdot r^2 \cdot df .$$

Summiert man die Momente über sämtliche Flächenelemente des Querschnitts, so erhält man das in der gewählten Schnittfläche übertragene Drehmoment, welches gleich dem am Ende der Welle wirkenden Moment M_d sein muß. Somit ergibt sich:

$$M_d = \frac{\tau_{\max}}{r_{\max}} \cdot \int df \cdot r^2 .$$

Der Ausdruck $\int df \cdot r^2$ wird bekanntlich als polares Flächenträgheitsmoment J_P des Querschnitts bezeichnet. Dieses besitzt beim kreisförmigen Querschnitt den Wert:

$$J_P = \frac{d^4 \pi}{32} \ \mathrm{cm}^4 ,$$

so daß

$$\tau_{\max} = \frac{M_d}{J_P} \cdot \frac{d}{2} = 16 \frac{M_d}{\pi \cdot d^3} \ \mathrm{kg/cm}^2 .$$

Der Winkel, um den sich die Endfläche der Welle unter der Wirkung des Drehmoments verdreht, läßt sich berechnen, wenn man gemäß Abb. IV die grundlegende Beziehung der Schub-Elastizität berücksichtigt. Danach erleidet ein Würfel von 1 cm Kantenlänge, dessen Grundfläche ortsfest ist, während in der oberen Deckfläche eine Schubkraft von $\tau\,\mathrm{kg/cm}^2$ angreift, eine Schiebung, d. h. eine Schrägstellung seiner Seitenflächen, deren Winkel $\gamma = \dfrac{\tau}{\mathsf{G}}$ (G = Gleitmodul $= 800\,000\ \mathrm{kg/cm}^2$ bei Stahl) ist.

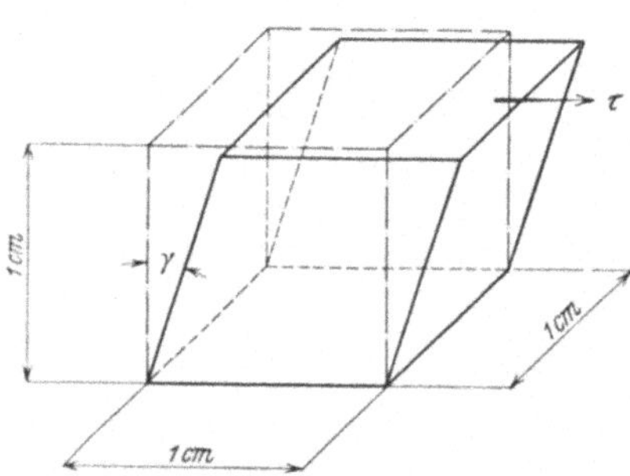

Abb. IV. Verformung eines Würfels aus Stahl bei Schubbeanspruchung $\gamma = \dfrac{\tau}{\mathsf{G}}$.

Denken wir uns analog gemäß Abb. III aus der Welle ein Stück von 1 cm Länge herausgeschnitten, so wird die Mantellinie in deformiertem Zustand gegenüber ihrer ursprünglichen, zur Achse parallelen Lage den Winkel $\alpha = \dfrac{\tau_{\max}}{\mathsf{G}}$ bilden.

Dementsprechend verdreht sich der Endquerschnitt gegen den Anfangsquerschnitt um den Winkel:

$$\vartheta_1 = \frac{2}{d} \cdot \frac{\tau_{\max}}{\mathsf{G}} \left(\text{da } \alpha = \frac{d}{2} \cdot \vartheta_1 = \frac{\tau_{\max}}{\mathsf{G}} \right).$$

Entsprechend erhalten wir für die gesamte Welle von der Länge l cm den Betrag:

$$\vartheta_l = \frac{2l}{d} \cdot \frac{\tau_{\max}}{\mathsf{G}}$$

und nach Einsetzen des Wertes für $\tau_{\max}$:

$$\vartheta_l = \frac{32 \cdot l \cdot M_d}{\pi \cdot d^4 \cdot \mathsf{G}} .$$

12. Ableitung der Grundgleichungen für die zylindrische Schraubenfeder. (Diese Gleichungen bilden den Ausgangspunkt für die Berechnung

von Schraubenfedern, die in der Schwingungstechnik von grundlegender Bedeutung ist.)

Man denke sich gemäß Abb. V aus einer zylindrischen Schraubenfeder einen
Halbgang herausgeschnitten und die Schnittflächen mit Hebeln versehen, deren
Länge gleich dem Windungshalbmesser r der
Feder ist. An den Hebeln greifen zwei gleich
große Kräfte P an, deren Wirkungslinien in
der Federachse liegen. Sie üben auf den Feder-
draht ein Drehmoment von der Größe $M_d = P \cdot r$
aus. Dieser erleidet somit eine Verdrehungs-Be-
anspruchung, die in erster Näherung gerade so
groß ist, als ob es sich um eine zylindrische Welle
mit gerader Achse von der Länge $r \cdot \pi$ handelte
und sich für die Randfaser berechnet zu:

$$\tau_a = \frac{16 \cdot P \cdot r}{\pi \cdot d^3} \ \text{kg/cm}^2 .$$

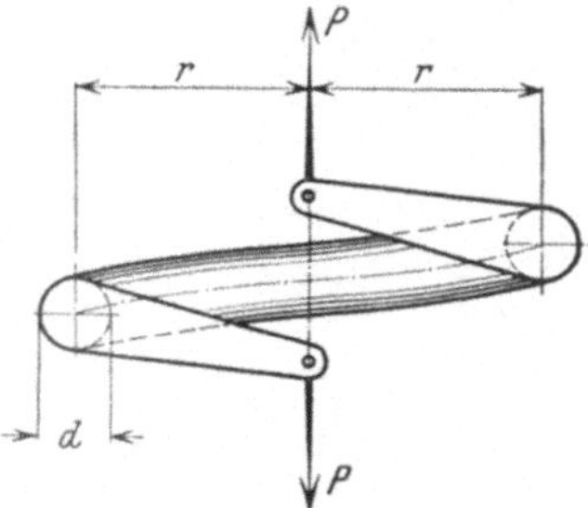

Abb. V. Beanspruchungsschema für
einen Halbgang einer Schraubenfeder.

Auch die elastische Winkelverdrehung, welche
die Endquerschnitte des Federdrahtes erfahren, kann gleich der Verdrehung
gesetzt werden, die ein gerader, glatt zylindrischer Stab von der mittleren
Länge der Halbwindung erleidet. Sie berechnet sich zu:

$$\psi = \frac{32\, P \cdot r \cdot l}{\pi\, d^4 \cdot \mathsf{G}} ,$$

und da l im vorliegenden Fall $= r \cdot \pi$:

$$\psi = \frac{32\, P \cdot r^2}{d^4 \cdot \mathsf{G}} .$$

Infolge dieser Verdrehung verschieben sich die Angriffspunkte der Kräfte an
den gedachten Hebeln um den Betrag $f = r \cdot \psi$ in der Federachse gegeneinander.

Um die endgültige Formel zu erhalten, erweitern wir unsere Betrachtungen
auf den Fall, daß sämtliche z Federwindungen an der Verformung teilnehmen. Zu
dem Zweck denken wir uns die Feder in lauter Halbwindungen zerschnitten,
deren Deformationen nach der angegebenen Formel berechnet werden, und addieren
sämtliche Verschiebungen in der Federachse; dann ergibt sich die Gesamtverschie-
bung der Federendpunkte zu:

$$f = \frac{32\, P \cdot r^3}{d^4 \cdot \mathsf{G}} \cdot 2\, z = \frac{64 \cdot P \cdot r^3 \cdot z}{d^4 \cdot \mathsf{G}} .$$

Dies ist die erste Hauptformel für die Federberechnung. Die zweite Hauptformel
wird erhalten, wenn wir in der Gleichung für τ_a den aus der vorstehenden Gleichung sich ergebenden Wert für $P \cdot r$ einsetzen. Wir erhalten:

$$\tau_a = \frac{16 \cdot d^4\, \mathsf{G}}{64\, z \cdot r^2 \cdot \pi \cdot d^3} \cdot f = \frac{d \cdot \mathsf{G}}{4\, \pi \cdot z \cdot r^2} \cdot f .$$

Anmerkung. Die auf S. 77 erwähnte Tatsache, daß die Beanspruchung in
der Innenfaser der Windung wesentlich höher ist als der hier berechnete Wert,
ergibt sich daraus, daß auf der Windungs-Innenseite ein wesentlich kleineres
Volumen die in Betracht kommende Formänderungsarbeit aufnehmen muß, als
dies bei einem geraden, zylindrischen Stab der Fall wäre.

Einführung.

Die Gesetzmäßigkeiten, nach denen die Schwingungsvorgänge verlaufen, bieten dem Verständnis an sich nicht mehr Schwierigkeiten als z. B. die Gesetze der Statik. Die Kenntnis dieser Gesetzmäßigkeiten ist unter den Technikern wohl nur deshalb so wenig verbreitet, weil hier Begriffe und Berechnungsarten an der Tagesordnung sind, die nicht zum Rüstzeug des Durchschnittsingenieurs gehören.

Es kommt deshalb zunächst darauf an, diese grundlegenden Begriffe und Verfahren darzulegen, so daß sie anwendungsbereit zur Verfügung stehen.

Zur Erreichung dieses Zieles soll insbesondere eine plastisch anschauliche Darstellung verhelfen. Die Behandlung der Aufgaben mit Hilfe vorwiegend mathematischer Entwicklungen bleibt dem unmittelbaren Verständnis fremd und vermag nur in seltenen Fällen das begriffliche Eindringen in die physikalischen Vorgänge zu vermitteln. Sehr nützlich ist es dagegen, wenn die Vorgänge rein begrifflich besprochen und in ihren Zusammenhängen dargelegt werden, bevor die Rechnung in Angriff genommen wird. Dabei kommt es vor allem darauf an, das Spiel der Energien und das Ineinandergreifen der Kraftwirkungen zu zeigen. Schließlich gibt die Durchrechnung von Zahlenbeispielen, die Beschreibung von Versuchen und die Mitteilung der Versuchsergebnisse eine wertvolle Ergänzung der begrifflichen Erläuterungen, die geeignet ist, jede Unklarheit zu beseitigen.

Die Schwingungslehre ist noch heute ein Machtgebiet der höheren Mathematik. Dies liegt in der Natur ihrer Entwicklung. Noch vor zwei Jahrzehnten konnte man die Ingenieure zählen, die auch nur in den grundsätzlichen Fragen der Schwingungslehre bewandert waren, wenigstens soweit es sich um mechanische Schwingungen handelte. Die Arbeiten über Schwingungsfragen lagen auf dem Gebiet der theoretischen Physik, in erster Linie der Akustik und Elektrizitätslehre, deren Vertreter eine vorzügliche Schulung in den Methoden der höheren Mathematik besaßen. Als erstes technisches Gebiet wurde die Hochfrequenztechnik abgezweigt. Diese behandelt indessen nur ganz bestimmte Fragenkomplexe und ist wenig geeignet, eine insbesondere für mechanische Schwingungen allgemein brauchbare Grundlage zu bieten. Sie übernahm im wesentlichen die Methoden und Formeln der Physiker.

Auf dem Gebiet des Maschinenbaues wurden nach den Lehren der technischen Mechanik einige Sonderfragen über Schwingungserscheinungen bearbeitet, z. B. die Berechnung der kritischen Drehzahlen raschlaufender Wellen, ein Problem, das aus praktischen Gründen dringend eine Lösung verlangte.

Technische Mechanik und theoretische Physik gingen meist getrennte Wege, so daß heute die Schwingungslehre in zwei ziemlich wesensfremde Gebiete gespalten erscheint. Erst in unseren Tagen beginnt man, den gesamten Komplex der Schwingungsvorgänge als eine Einheit anzusehen und als ein in sich geschlossenes Gebiet der Technik zusammenzufassen, von dem die Sondergebiete der Akustik, Hochfrequenztechnik, Maschinentechnik und andere mehr sich abzweigen lassen.

Für eine derartige zusammenfassende Darstellung ist es notwendig, die verhältnismäßig wenigen Grundgesetze, auf welche alle Erscheinungen zurückgehen, klarzulegen und ihre Anwendung auf den verschiedenen Gebieten auch wirklich als Anwendungen einheitlicher Grundgesetze und nicht als selbständige Sonderfragen zu behandeln. Zur Verdeutlichung seien einige Beispiele genannt:

Die Schwingungen eines Fadenpendels erfolgen nach demselben Grundgesetz wie die Schwingungen einer Wassersäule.

Die Pendelungen des Zeigers eines Amperemeters gehorchen denselben Gesetzen wie die Schwingungen des Polrades einer Synchronmaschine oder wie die Drehpendelungen eines Kurbelwellensystems.

Die Ausgleichsvorgänge in einem aus Kondensator und Induktivität bestehenden elektrischen Schwingungskreis, d. h. die elektrischen Schwingungsvorgänge, verlaufen nach den gleichen Grundgesetzen wie die mechanischen Schwingungen.

Es erscheint demnach nicht nur möglich, sondern dringend notwendig, alle diese verschiedenen Erscheinungen auf einheitliche Grundgesetze zurückzuführen und von hier ausgehend nach einheitlichen Methoden zu behandeln. Das Bindeglied zwischen den scheinbar so sehr voneinander verschiedenen Erscheinungen bildet der Begriff der Energie, die sich in den verschiedenen Fällen nur in verschiedenen Erscheinungsformen zu erkennen gibt, aber überall mit dem gleichen Maß gemessen werden kann.

Eine so beschaffene Schwingungslehre wird Gemeingut der Ingenieurwelt werden können. Ihre technisch wissenschaftliche Erfassung und Auswertung ist kaum über die Anfänge hinaus gediehen und bietet noch unaufgeschlossene Entwicklungsmöglichkeiten. Die Bildungs- und Gedankenwelt des Ingenieurs ist mit Recht auf bildhafte Anschaulichkeit und größtmögliche Einfachheit im Berechnungsgang gerichtet. Um dieser Eigenart gerecht zu werden, muß man bestrebt sein, alle Entwicklungen mit den einfachsten Mitteln durchzuführen, sowie begrifflich

die naturgesetzlichen Notwendigkeiten der Vorgänge zu durchdringen.
Der Ingenieur kann sich nicht mit einer Summe von Formeln belasten,
wenn er in eine Erscheinung eindringen und sie beherrschen will. Er
muß unter Außerachtlassung alles Unwesentlichen die wenigen Einflüsse,
auf die es ankommt, herausschälen und ihr Spiel beobachtend verfolgen.
Rein begriffliche Denkarbeit, klare Anschauungs- und Vorstellungs-
gabe sind hier unumgängliche Vorbedingung; die Rechnung kommt erst
an zweiter Stelle.

Bei dem Aufbau einer technischen Schwingungslehre für Ingenieure
wird die graphische Darstellung als bildhafter Ausdruck zahlenmäßiger
Abhängigkeiten ein wesentliches Hilfsmittel sein müssen. Insbesondere
vermag das in der Elektrotechnik so unentbehrlich gewordene Vektor-
Diagramm die übersichtliche Erfassung der Zusammenhänge zwischen
den einzelnen Bestimmungsstücken zu vermitteln. In jedem Fall müssen
die behandelten Probleme so vollständig durchgearbeitet werden, daß
der Leser in der Lage ist, für einen beliebigen konkreten Fall die in
Frage stehenden Zahlenwerte in allen Einzelheiten zu ermitteln. Erst
dann kann vom Standpunkt des Ingenieurs das Problem als gelöst angesehen werden. Von der allgemeinen Lösung im Sinne des Mathematikers bis zu diesem Ergebnis ist oft noch ein weiter Weg.

Erstes Kapitel

Schwingungen des materiellen Punktes.

A. Grundlegende Betrachtungen.

1. Periodische Bewegungsvorgänge.

Wenn man sich die Frage vorlegt, was als augenfälligstes Merkmal einer mechanischen Schwingungserscheinung bezeichnet werden kann, so wird die Antwort lauten: „Nach Ablauf eines bestimmten Zeitabschnittes beobachtet man, daß der schwingende Körper wieder dieselbe Lage einnimmt, dieselbe Geschwindigkeit besitzt, kurz die gleichen Bewegungsverhältnisse aufweist, wie zu Beginn der Beobachtung."

Als Beispiel sei das Pendel einer Standuhr herangezogen. Zum Bezugspunkt bei der Beobachtung wähle man eine bestimmte Stelle des Gehäuses. Sobald die Pendelstange mit Bewegung nach rechts diesen Punkt durchschreitet, läßt man eine Stoppuhr anlaufen und hält sie wieder an, sobald das Pendel in gleichem Bewegungssinn wieder an dem Bezugspunkt vorbeischwingt[1].

Den beobachteten Zeitabschnitt bezeichnet man als Periodendauer T der Schwingung. Sie ist eines der wichtigsten Bestimmungsstücke des Schwingungsvorganges. Ihre wesentlichste Eigenschaft besteht bei einem „idealen" Schwingungsvorgang darin, daß ihr Betrag ungeändert bleibt, wie oft man sie auch beobachten mag. Mit anderen Worten: Der ideale Schwingungsvorgang setzt sich aus einer Anzahl einzelner Schwingungsperioden zusammen, die untereinander von genau gleicher Dauer sind und, wie sich bei näherem Zusehen herausstellt, auch im übrigen genau gleich verlaufen. Liegen diese Verhältnisse vor, so hat man es mit einem stationären, rein periodischen Schwingungs-

---

[1] Zwischen beiden Zeitpunkten liegt ein Durchgang des Pendels durch den Bezugspunkt, der mit entgegengesetzter Richtung erfolgt und deshalb für die Beobachtung nicht in Betracht kommt; denn es war unsere Aufgabe, die Zeit zu beobachten, die verstreicht, bis das Pendel wieder den gleichen Bewegungszustand aufweist wie zu Beginn der Beobachtung. Hierzu gehört abei auch, daß die Richtung der Bewegung, d. h. die Richtung der Geschwindigkeit, dieselbe ist.

vorgang zu tun. Wir beschäftigen uns vorläufig nur mit diesem einfachsten Fall.

Die Schwingungsperiode ist also gewissermaßen das Element, die Zelle, aus der sich der ideale Schwingungsvorgang durch einfache Aneinanderreihung ganz gleicher Elemente aufbaut. Kennt man eine Schwingungsperiode in allen Einzelheiten, so hat man damit alles Wissenswerte über den gesamten Schwingungsvorgang erfaßt.

In der Regel wird es, namentlich wenn die Periodendauer sehr kurz ist, also nur Bruchteile einer Sekunde beträgt, bequemer sein, nicht die Zeitdauer einer Periode zu messen, sondern die Anzahl der Perioden innerhalb eines als Einheit festgelegten Zeitabschnittes zu ermitteln. In der Technik ist als Einheitszeit die Sekunde festgelegt worden. Die Anzahl der Perioden oder Schwingungen innerhalb einer Sekunde soll als Frequenz = f bezeichnet werden und wird in Hertz (d. h. Schwingungen in der Sekunde) gemessen. f und T stehen in einem sehr einfachen Zusammenhang. Wenn in einer Sekunde f Schwingungen von der Dauer T Sekunden ablaufen, so muß sein:

$$(1) \qquad\qquad f = \frac{1}{T}; \qquad T = \frac{1}{f}.$$

Die Vorausberechnung von f bzw. T für einen bestimmten Schwinger ist die erste und wichtigste Aufgabe der Schwingungslehre. Die Bedeutung dieser Kennzahlen wird bei Erörterung der erzwungenen Schwingungen (II. Teil) noch deutlicher hervortreten.

Um die Unterlagen für die Berechnung zu gewinnen, müssen wir uns zunächst mit den Einzelheiten des Verlaufs einer Schwingung befassen. Wir beginnen mit der Betrachtung der geometrischen Bewegungsverhältnisse.

2. Der einfachste periodische Bewegungsvorgang.

Zweckmäßig ist es, die periodische Bewegung als Kreisprozeß aufzufassen, der immer wieder durchlaufen wird. Bei der Schwingung liegen offenbar gleichartige Verhältnisse vor, wie man sie beim Durchlaufen der Peripherie eines Kreises beobachtet. In beiden Fällen gelangt man nach Verlauf eines bestimmten Zeitabschnittes wieder zum Ausgangspunkt, um dann das Spiel von neuem zu beginnen.

Das einfachste Beispiel einer periodischen Bewegung bietet demnach ein Punkt, der einen Kreis mit gleichförmiger Geschwindigkeit durchläuft. Man denke z. B. an den Kurbelzapfen einer Dampfmaschine oder an ein Fadenpendel, dessen Spitze in der Horizontalebene einen Kreis beschreibt.

Wenn wir von einer Schwingbewegung sprechen, so haben wir indessen nicht das Durchlaufen eines Kreises vor Augen, vielmehr ist in der Regel mit dem Begriff der Schwingung eine hin und her gehende Bewegung in geradliniger Bahn gemeint. Als Urbild einer derartigen Schwingbewegung können wir die Bewegung des Kreuzkopfs eines Kurbeltriebs auffassen. Eine solche Bewegung kann unmittelbar aus der gleichförmigen Kreisbewegung hergeleitet werden. Es geschieht dadurch, daß man den bewegten Punkt (Kurbelzapfen) auf einen beliebigen, aber ein für allemal festgelegten Durchmesser projiziert. Die gesuchte Projektion erhalten wir auf mechanischem Weg im Schubkurbelgetriebe mit einer im Verhältnis zum Kurbelradius langen Pleuelstange. Wie man aus Abb. 1 erkennt, sind die vom Kreuzkopf zurückgelegten Wege nichts anderes, als die Projektionen des Kurbelzapfens auf den in Richtung der Kreuzkopfbahn liegenden Kurbeldurchmesser. Läuft der Kurbelzapfen mit gleichförmiger Geschwindigkeit um, so ergibt demnach die Bewegung des Kreuzkopfes das Bild der einfachsten periodischen Bewegung auf einer Geraden, der geradlinigen Schwingung.

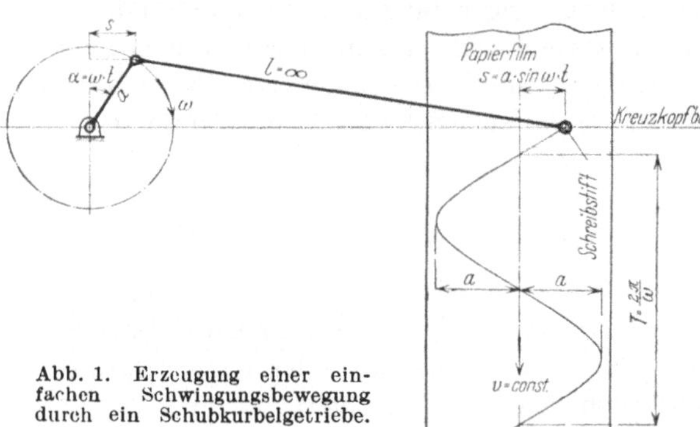

Abb. 1. Erzeugung einer einfachen Schwingungsbewegung durch ein Schubkurbelgetriebe.

Um die Bewegung in ihren Einzelheiten verfolgen zu können, zeichnen wir den Weg des schwingenden Punktes in Abhängigkeit von der Zeit auf, zweckmäßig derart, daß mit dem Kreuzkopf ein Schreibstift verbunden wird, der gemäß Abb. 1 auf ein senkrecht zu seiner Bewegungsrichtung mit gleichbleibender Geschwindigkeit vorbeibewegtes Papierband zeichnet. Man erkennt, daß die so erhaltene Wegzeitkurve eine Sinuskurve ist.

Um eine Gleichung des Bewegungsvorganges zu erhalten, muß die Abhängigkeit des Schwingwegs s von der Zeit t ermittelt werden. Bezeichnen wir:

s = Schwingweg (Projektion des Kurbelzapfens), gemessen vom Nullpunkt aus in einem bestimmten Augenblick t.

a = Amplitude der Schwingung, d. h. größter nach rechts und links vom Nullpunkt aus zurückgelegter Weg (hier gleich Länge des Kurbelradius).

α = Winkel, den der Kurbelarm mit der Normalen zur Schwingungsrichtung einschließt.

Dann ist:

$$s = a \cdot \sin \alpha .$$

Der Winkel α kann in Abhängigkeit von der Zeit angegeben werden, wenn, wie vorausgesetzt, die Kurbel mit der gleichförmigen Winkelgeschwindigkeit ω umläuft. Der innerhalb der beliebigen Zeit t sec zurückgelegte Winkel berechnet sich dann zu: $\alpha = \omega t$, so daß die Gleichung unserer Wegzeitkurve lautet:

$$(2) \qquad s = a \cdot \sin \omega t .$$

Um anzudeuten, daß s eine Funktion von t darstellt, wählt man allgemein die Bezeichnung:

$$s = f(t) .$$

3. Die harmonische Schwingung.

Die durch die vorliegende Gleichung gekennzeichnete, einfachste periodische Bewegung heißt rein sinusförmige oder harmonische Schwingungsbewegung. Die Bezeichnung „harmonisch" ist der Akustik entlehnt und soll ausdrücken, daß es sich um eine einfache, von irgendwelchen Nebeneinflüssen freie und nur im freien Spiel der Kräfte des einfachen Schwingers sich einstellende Bewegung handelt. In ähnlicher Weise beweist ein von Nebengeräuschen freier, d. h. reiner und somit als harmonisch empfundener Ton, daß die Luft in Schwingungsbewegungen versetzt wird, die frei von allen Nebenbewegungen (Obertönen) nach dem soeben angeschriebenen Sinusgesetz erfolgen.

Eine Frage ist unbedingt noch zu klären. Wir hatten beim Kurbeltrieb in der Bewegung des Kreuzkopfs wohl eine Bewegung erhalten, die das Idealbild einer einfachen Schwingung auf geradliniger Bahn darstellt; aber diese Bewegung war auf rein kinematischem Wege zustande gekommen und nicht, wie es bei allen Schwingern der Fall ist, im freien Spiel von Kräften, die sich an dem schwingenden Körper auswirken.

Ein einfacher Versuch soll uns belehren, daß die Form der Wegzeitkurve bei einer frei schwingenden Masse (Bewegungswiderstände, wie Luftdämpfung und dergleichen, sollen außer acht bleiben) genau die soeben erörterten Eigenschaften aufweist und durch dieselbe Gleichung dargestellt werden kann.

Als zweckdienliches Beispiel eines einfachen Schwingers wählen wir das sogenannte Vertikalpendel (Abb. 2). Dieses besteht aus einer an einem festen Punkt aufgehängten Schraubenfeder, deren freies Ende eine Masse trägt. Die Bewegung der Masse erfolgt auf einer vertikalen Geraden. Um die Wegzeitkurve zu erhalten, versehen wir die Masse mit einem Schreibstift und lassen diesen auf ein Papierband schreiben, das mit konstanter Geschwindigkeit (z. B. 10 cm/sec) in horizontaler Richtung, also senkrecht zur Bewegungsrichtung des Schwingers, vorbeigezogen wird. In der Ruhelage stehe der Schreibstift auf Mitte Papierband. Lenken wir die Masse um einen Betrag von vielleicht 5 cm aus der Ruhelage nach unten aus und lassen sie dann frei, so führt sie die bekannten Schwingungsbewegungen aus, und zwar geht der Ausschlag nach oben um ebensoviel über die Nullage hinaus, wie die bei Beginn der Bewegung erfolgte Auslenkung nach unten hin ausmachte.

Man überzeugt sich leicht durch den Augenschein, daß die von dem Schreibstift aufgezeichnete Kurve eine reine Sinusfunktion darstellt. Damit ist zunächst durch Versuch die Identität der vorliegenden Bewegung mit der zuerst betrachteten Kreuzkopfbewegung festgestellt. Der mathematische Beweis, warum im vorliegenden Fall eine rein sinusförmige Bewegung entstehen muß, soll später erbracht werden. Zuvor sollen die geometrischen Größen betrachtet werden, die man kennen muß, um eine harmonische Schwingung zu beschreiben.

Die Gleichung $s = a \cdot \sin \nu t$, die wir als Gleichung der aufgezeichneten Schwingung anschreiben, läßt erkennen, daß zwei Bestimmungsstücke genügen, nämlich:

1. die Schwingungsweite oder Amplitude a und
2. die Schwingschnelle $\nu\,(\omega)$.

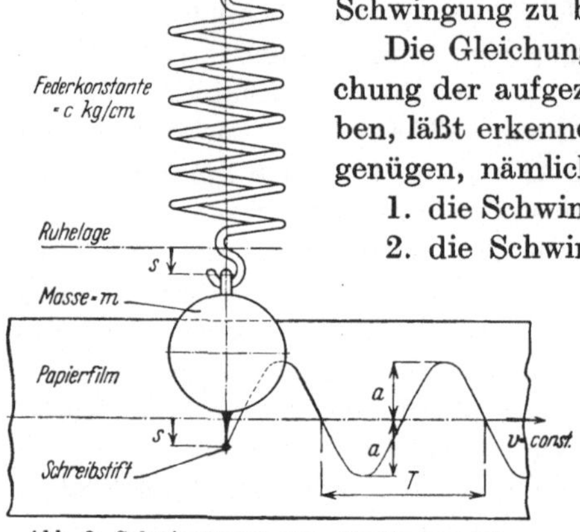

Abb. 2. Schwingungen eines Vertikalpendels.

1. Als Schwingungsweite oder Amplitude a bezeichnet man den größten Ausschlag aus der Nullage oder Gleichgewichtslage, den die schwingende Masse nach oben und unten hin erfährt. Beim Kurbeltrieb war dieser Wert durch den Kurbelradius fest gegeben. Beim Vertikalpendel ist er von einer an sich willkürlichen Größe und lediglich durch die anfängliche Auslenkung der schwingenden Masse aus ihrer Nullage bestimmt.

2. Die Schwingschnelle ν war beim Kurbeltrieb gleich der Winkelgeschwindigkeit ω, mit welcher die Kurbel sich drehte. Sie steht mit der sekundlichen Drehzahl f der Kurbel in der bekannten Beziehung $\omega = 2\pi \cdot$f. Um auch bei den normalen Schwingbewegungen einen klaren Begriff für ν zu haben, können wir uns stets das Zeitwegdiagramm mit Hilfe eines Kurbeltriebs gezeichnet denken, der sich mit der gleichförmigen Winkelgeschwindigkeit ν dreht. Wir nennen in Anlehnung an diese, allerdings nur gedachte Entstehung ν die „begleitende Winkelgeschwindigkeit" der Schwingung oder kurz Schwingschnelle.

ν steht in einfachem Zusammenhang mit der Periodendauer T. Wir hatten vorher berechnet, daß:

$$T = \frac{1}{f}\,;$$

an Hand der soeben angegebenen Beziehung $\nu = 2\,\pi\cdot\mathfrak{f}$ ergibt sich also:

$$(3) \qquad\qquad T = \frac{2\,\pi}{\nu}\,.$$

Diese Beziehung kann man auf anschaulichem Weg unmittelbar herleiten. Da T die Zeit ist, welche die Kurbel braucht, um eine volle Umdrehung auszuführen, muß der zu dieser Zeit gehörige Winkel $\nu\cdot T = 360^0$, oder im Bogenmaß ausgedrückt $= 2\,\pi$, sein.

Durch Angabe der Schwingschnelle ν (oder $\mathfrak{f}$ oder T) einerseits und der Schwingweite oder Amplitude a anderseits ist demnach eine harmonische Schwingung hinsichtlich ihres geometrischen Verlaufs eindeutig bestimmt. Um das Bild des Kurbeltriebs für die Darstellung der Schwingungen ein für allemal festzuhalten, soll die in der Elektrotechnik bewährte vektorielle Darstellung der Schwingbewegung gewählt werden. Gemäß Abb. 3 denkt man sich den von der schwingenden Masse zurückgelegten Weg s in jedem Augenblick gegeben als die Projektion eines Zeigers (Vektors), dessen Länge gleich der Amplitude a der Schwingung ist und der sich mit der gleichförmigen

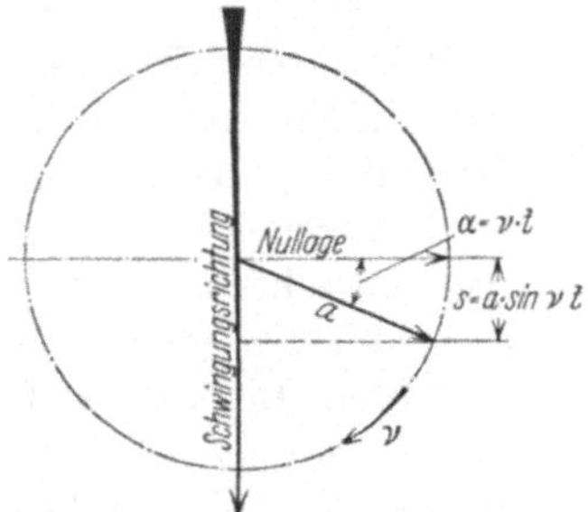

Abb. 3. Vektordiagramm der harmonischen Schwingung auf geradliniger Bahn.

Winkelgeschwindigkeit $\nu =$ der Schwingschnelle des betrachteten Systems dreht. Es sei noch festgelegt, daß der Vektor bei Beginn der Bewegung senkrecht auf der Projektionsrichtung stehen soll, daß also zur Zeit $t = 0$ die Projektion ebenfalls $= 0$ ist.

4. Die Eigenschnelle ν.

Nach Klarlegung der geometrischen Verhältnisse der Schwingbewegung ist es nötig, Methoden zu finden, um für alle möglichen Schwinger an Hand der Abmessungen der Grundelemente (Feder und Masse) den Wert ν zu berechnen. Dieser soll, da er im freien Spiel der Kräfte, also bei der sogenannten „freien Schwingung“ zustande kommt und mithin eine dem zu berechnenden Schwinger eigentümliche Zahl darstellt, in Zukunft als Eigenschnelle des Schwingers bezeichnet werden.

Um diese erste Grundaufgabe der Schwingungslehre zu lösen, wollen wir zunächst an dem Beispiel des einfachen Vertikalpendels durch planmäßige Versuche feststellen, von welchen Faktoren ν abhängt.

In einem ersten Versuch können wir beobachten, daß, solange wir an den beiden Elementen des Schwingers, der Feder und der Masse, nichts ändern, ν stets den gleichen Wert behält, einerlei wie oft wir den

Versuch wiederholen und welche Schwingungsweite (Anfangsauslenkung) wir dem Pendel erteilen. Wir stellen somit fest, daß v eine dem Schwinger eigentümliche Konstante ist, die stets denselben Wert behält, während das zweite Bestimmungsstück der Schwingung, die Amplitude, von Zufälligkeiten abhängt, z. B. gleich der zufällig erteilten Anfangsauslenkung ist.

Anmerkung. Die experimentelle Ermittlung von v erfolgt am einfachsten dadurch, daß man abzählt, wieviel Schwingungen z das Pendel innerhalb von 100 Sekunden ausführt. Aus dieser Messung erhält man die sekundliche Schwingungszahl $f = \dfrac{z}{100}$ und damit $v = 2\,\pi \cdot f$.

Wir untersuchen weiterhin, durch welche Größen v geändert werden kann und finden, daß einerseits die Stärke der Federung, anderseits das Gewicht der schwingenden Masse maßgebend ist. Um diese Einflüsse durch Versuch zu erforschen, nehmen wir zwei Versuchsreihen vor. Die erste besteht darin, daß wir bei gleichbleibender Feder beispielsweise 4 verschieden schwere Massen anhängen und jeweils die Eigenschnelle auszählen. Bei der zweiten Versuchsreihe, die mit jeder der 4 gewählten Massen durchgeführt werden kann, werden bei gleichbleibender Masse die Federn ausgewechselt.

Vor Durchführung der Versuche ist die Frage zu entscheiden, mit welchem Maß Masse und Federstärke gemessen werden sollen. Grundsätzlich hat es sich in der Technik als zweckmäßig erwiesen,

     Kräfte und Gewichte in kg,

     Längen in cm und

     Zeiten in sec

zu messen. Diese Einheiten sollen auch dem hier verwendeten Maßsystem zugrunde gelegt werden.

Als Maß für die Federstärke dient die sogenannte Federkonstante $= c$. Wir verstehen hierunter die Kraft, gemessen in kg, welche notwendig ist, um die vorliegende Feder um die Längeneinheit, also um 1 cm, zu dehnen. Diese Größe ist in jedem Fall versuchsmäßig leicht zu ermitteln. Es ist jedoch nicht angängig, sich hierbei auf einen einzelnen Versuch zu verlassen und durch mühsames Probieren das Gewicht herauszufinden, das gerade ausreicht, um die Dehnung von 1 cm herbeizuführen.

Weit zweckmäßiger ist es, bei der Eichung einer Feder ein vollständiges Diagramm gemäß Abb. 4 aufzunehmen, bei dem beliebige, beispielsweise von 1 zu 1 kg gestaffelte Gewichte angehängt und die zugehörigen Dehnungen festgestellt werden. Z. B. ergaben sich bei der Prüfung der in Abb. 4 gezeigten Feder die in Tabelle 1 eingetragenen Werte. Aus dem Federdiagramm, das auch als Kraftfeldkurve der Feder bezeichnet wird, kann die Federkonstante mit viel größerer

Genauigkeit bestimmt werden, als an Hand einer einzelnen Messung. Gemäß der festgelegten Definition ist:

$$(4) \qquad c = \frac{P_f}{s} \ \text{kg/cm} .$$

P_f = Federbelastung in kg (Rückstellkraft der Feder),

s = Federdehnung in cm.

Aus dieser Beziehung geht hervor, daß $c = \operatorname{tg}\alpha$, d. h. gleich der Steigung der Kraftwegkurve der Feder ist.

Wir könen uns demgemäß für schwierige Fälle die Tatsache merken, daß c auch (in der Sprache der höheren Analysis) als Differentialquotient

Tabelle 1.

P_f	s
1	0,63
2	1,25
3	1,87
4	2,50
5	3,12
6	3,75
7	4,37
8	5,0
9	5,63
10	6,25
11	6,88
12	7,50
13	8,13
14	8,78
15	9,40
16	10,00

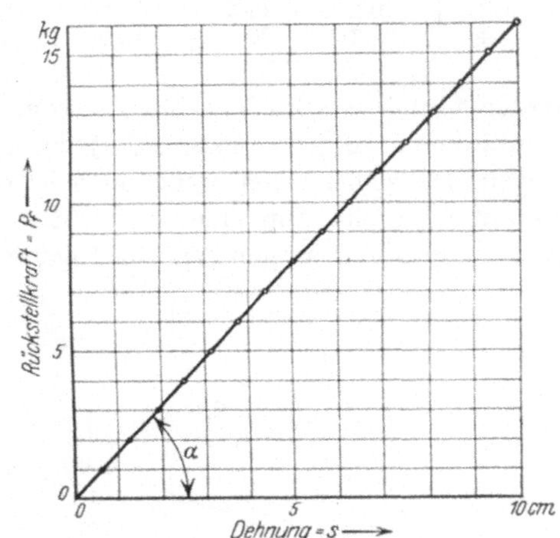

Abb. 4. Dehnungs-Schaubild (Kraftfeldkurve) einer Schraubenfeder.

der Kraftfeldfunktion $P = f(s)$ bezeichnet und durch analytische Rechnung ermittelt werden kann, wenn dies einfacher sein sollte als die Aufzeichnung des Diagramms.

Zur Bestimmung der Masse dient ihr Gewicht, das durch Auswiegen leicht zu ermitteln ist. Doch kann diese Zahl nicht unmittelbar als Maßzahl eingesetzt werden, vielmehr ist sie mit den festgesetzten Einheiten (kg, cm, sec) in Übereinstimmung zu bringen.

Die Dimension der Masse ergibt sich bekanntlich aus der dynamischen Grundgleichung der Fallbewegung: $G = m \cdot g$ oder in den Dimensionen unseres Maßsystems:

$$1 \ \text{kg Gewicht} = \text{Masseneinheit} \times 981 \ \text{cm/sec}^2 .$$

Demgemäß ergibt sich die Dimension der Masseneinheit zu:

$$\left[\frac{\text{kg sec}^2}{\text{cm}}\right] .$$

Wir erhalten, wie aus der vorstehenden Gleichung abzulesen ist, den Wert der Masse in Masseneinheiten, wenn wir das Gewicht des betreffenden Körpers durch die Fallbeschleunigung $g = 981$ (oder rund 1000) cm/sec² dividieren. 1 kg Gewicht besitzt also ungefähr die Masse von 0,001 Masseneinheiten $\left[\dfrac{\mathrm{kg} \cdot \mathrm{sec}^2}{\mathrm{cm}}\right]$ [1].

Tabelle 2.

Eigenschnelle v in Abhängigkeit von c und m.

	m_1 $= 0,005$	m_2 $= 0,010$	m_3 $= 0,015$	m_4 $= 0,020$
$c_1 = 0,5$	10,	7,07	5,77	5,0
$c_2 = 1$	14,2	10,0	8,18	7,07
$c_3 = 2.$	20,2	14,2	11,5	10,0
$c_4 = 4$	28,3	20,0	16,3	14,2

Wir wählen für unsere Versuche 4 verschiedene Federn, deren Federkonstanten zu 0,5; 1; 2 und 4 kg/cm ermittelt werden und 4 verschiedene Massen vom Gewicht 5; 10; 15 und 20 kg. Kombinieren wir jede Masse mit jeder Feder, so erhalten wir 16 Messungen. Die sich hierbei ergebenden Eigenschnellen v sind in Tabelle 2 zusammengestellt. Um eine übersichtliche Auswertung unserer Ergebnisse zu erzielen, tragen wir die Eigenschnelle v in Abhängigkeit von der Federkonstanten c auf. Wir erhalten dann gemäß Abb. 5 bei sinngemäßer Verbindung der Meßpunkte eine Schar von 4 parabelförmigen Kurven, deren Gleichung ganz allgemein lautet: $c = v^2 \cdot \text{const.}$ Um die Richtigkeit dieser Annahme nachzuprüfen und die Konstante zahlenmäßig zu ermitteln, übertragen wir die Kurvenschar der in Abb. 5 im metrischen Koordinatensystem dargestellten Beziehung in ein anderes Koordinatensystem, bei dem die Ordi-

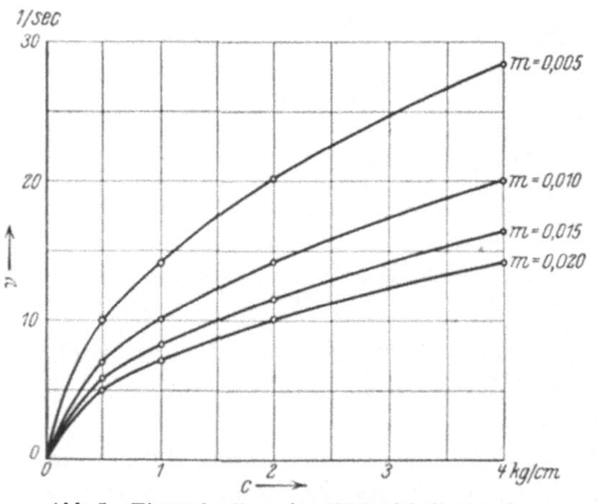

Abb. 5. Eigenschnelle v in Abhängigkeit von der Federkonstanten c für verschiedene Massen m, dargestellt im metrischen Koordinatensystem.

natenachse, auf der v aufgetragen wird, eine quadratische Teilung aufweist. War unsere Annahme richtig, so muß sich in diesem Koordinatensystem die Parabelschar in eine Schar von Geraden umwandeln (siehe Abb. 6). Aus dieser Figur läßt sich auch die Bedeutung der Konstanten erkennen. Sie ist gleichzusetzen mit der trigonometrischen Tangente des Steigungswinkels der Geraden, gemessen gegen die Ordi-

[1] Im übrigen vgl. S. XVIII, Abschnitt 4.

n a t e n a c h s e , auf der die Werte von v^2 dargestellt sind. Bei zahlenmäßiger Auswertung ergibt sich einerseits, daß alle mit der gleichen Masse vorgenommenen Versuche in eine Parabel (bzw. Gerade) fallen, und daß andererseits die gesuchte Konstante (Steigung der Geraden) zahlenmäßig mit der Masse genau übereinstimmt. Somit haben wir auf experimentellem Weg die Grundgleichung für die Eigenschnelle erhalten, die lautet:

$$(5) \qquad c = m \cdot v^2 \quad \text{oder} \quad v = \sqrt{\frac{c}{m}} \ \ 1/\text{sec.}$$

Mit dieser Beziehung ist der Schlüssel zur Vorausberechnung der Eigenschnelle unter allen möglichen Verhältnissen gegeben. Wir erkennen, daß es lediglich notwendig ist, von Fall zu Fall die Zahlenwerte von m und c zu ermitteln. Die Bestimmung von m wird in keinem Fall Schwierigkeiten machen, da sie stets durch einfaches Auswiegen erfolgen kann. Die Berechnung von c ist an die Bestimmung des K r a f t f e l d d i a g r a m m s , in dem die Bewegung der Masse stattfindet, gebunden. Dieses braucht nicht unbedingt durch eine ausgesprochene Feder gegeben zu sein, vielmehr werden wir beim Durchrechnen von Beispielen eine ganze Reihe von Möglichkeiten kennenlernen, bei denen eine ausgesprochene

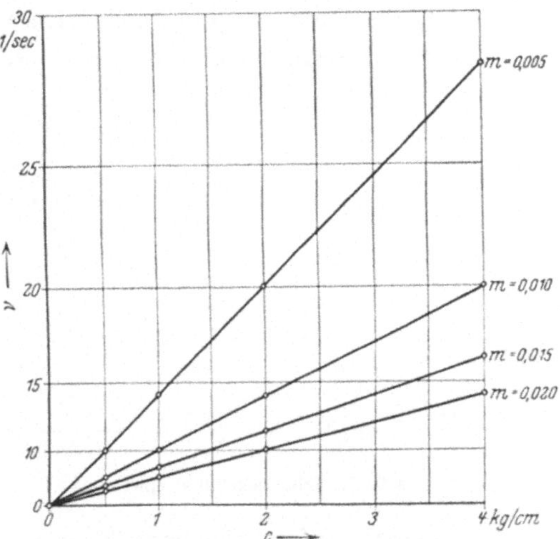

Abb. 6. Eigenschnelle *v* in Abhängigkeit von der Federkonstanten *c* für verschiedene Massen *m*, dargestellt in einem Koordinatensystem mit quadratischer Teilung der Ordinatenachse.

Feder nicht vorgesehen ist, sondern das Kraftfeld, innerhalb dessen die Bewegung stattfindet, durch andere Einflüsse bestimmt wird. In jedem Fall ist es aber leicht möglich, das Kraftfelddiagramm (Rückstellkraft in Abhängigkeit von der Auslenkung) an Hand theoretischer oder versuchsmäßiger Ermittlungen aufzuzeichnen und die Federkonstante des Kraftfeldes als Differentialquotient (Steigung) dieser Kurve durch Zeichnung oder Rechnung anzugeben.

Hiermit ist die erste Aufgabe, die Eigenschnelle der Schwingung zu ermitteln, gelöst. Sie soll an späterer Stelle noch durch verschiedene mathematische Betrachtungen ergänzt und vertieft werden. Vorerst bleibt jetzt noch die Erledigung der zweiten Aufgabe, aus den Vorbedin gungen des Versuchs die Amplitude zu berechnen und klarzulegen, welche Bestimmungsstücke für ihre Größe maßgebend sind.

5. Die energetischen Verhältnisse des Schwingers und die Berechnung der Amplitude.

Es ist von großem Nutzen, sich über die energetischen Verhältnisse, welche beim Schwingungsvorgang vorliegen, Klarheit zu verschaffen. An erster Stelle muß festgestellt werden, wo die Energie in dem Schwinger ihren Sitz hat und in welcher Form sie sich zu erkennen gibt. Aus der allgemeinen Mechanik ist bekannt, daß die mechanische Energie zwei Grundformen annehmen kann, nämlich:

1. die Form der potentiellen Energie oder Energie der Lage, und

2. die Form der kinetischen Energie oder Energie der Bewegung.

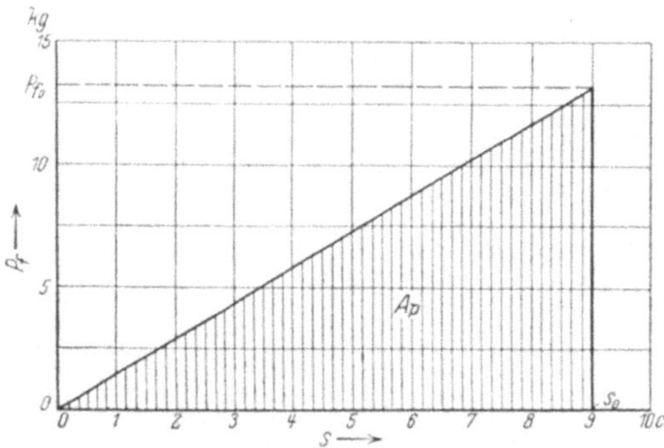

Abb. 7. Arbeitsschaubild einer Feder.

Wir erkennen, daß in dem Schwingungssystem Speicherungsorgane für jede dieser beiden Energieformen vorhanden sind.

Als Speicher für die potentielle Energie dient die Elastizität des Schwingers, die Feder. Sie speichert die Energie in Form von molekularer Spannungsarbeit im Innern des Federmaterials auf. Die Größe der aufgespeicherten Energie wird deshalb in Beziehung zu den Formänderungen (Dehnungen) stehen müssen, die dem Federmaterial aufgezwungen werden. Es ist nötig, eine einfache Beziehung zwischen der Größe der Federdehnung und der aufgespeicherten Energie zu gewinnen. Diese Beziehung läßt sich gemäß Abb. 7 durch Betrachtung des Kraftwegdiagramms der Feder finden. Die Kräfte sind, wie im vorhergehenden Abschnitt eingehend erörtert, bei einer idealen Feder den Dehnungen direkt proportional, und zwar erhält man sie durch Multiplikation der Dehnung mit der Federkonstanten gemäß der Gleichung $P_f = c \cdot s$. Die beim Spannen der Feder geleistete und somit in ihr aufgespeicherte Arbeit ist bekanntlich gegeben durch die Fläche unter dem Kraftwegdiagramm; diese erscheint im vorliegenden Fall als Dreiecksfläche (in Abb. 7 schraffiert). Die Grundlinie des Dreiecks ist gleich der größten der Feder aufgezwungenen Dehnung $= s_0$, die Höhe gleich der größten durch diese Dehnung hervorgerufenen Kraft $P_{f_0} = c \cdot s_0$; der Inhalt des

Dreiecks, d. h. die aufgespeicherte potentielle Energie, berechnet sich somit zu

$$(6) \qquad \boxed{A_p = \tfrac{1}{2}\,c\cdot s_0^2 \ \text{cmkg}\,.}$$

Anmerkung. Der Begriff „potentielle Energie" = „Energie der Lage" oder Spannungsenergie ist dadurch gerechtfertigt, daß man den potentiellen Energiespeicher mit Energie laden und ihn dann in gespanntem Zustand beliebig lange belassen kann, bis man die Energie in irgendeiner Form plötzlich auslöst. Das bekannteste Beispiel für die potentielle Energie ist wohl das Pulver, bei dem die Energie in chemischer Form gebunden ist und beim Explosionsvorgang plötzlich ausgelöst wird. In ähnlicher Form speichert eine gespannte Feder Energie auf, die der plötzlichen Auslösung harrt und über beliebig lange Zeiträume aufbewahrt werden kann, ohne daß ihr Betrag sich ändert.

Als Speicher für die kinetische Energie dient die bewegte Masse. Nach einer bekannten Formel der Dynamik berechnet sich ihre Größe zu

$$(7) \qquad \boxed{A_k = \tfrac{1}{2}\,m\,v^2 \ \text{cmkg}\,,}$$

wobei v die Geschwindigkeit der Masse in dem betrachteten Augenblick bedeutet. Die kinetische Energieladung erlischt, sobald die Masse bewegungslos wird. Sie läßt sich also nicht wie die potentielle Energie durch einmaliges Aufladen des betreffenden Speichers einbringen und dann für beliebig lange Zeit erhalten, ohne daß man dem Speicher äußerlich ansehen kann, daß er Energie enthält. Vielmehr ist sie an die Bewegung der Masse gebunden und erlischt, wenn die Masse in den Ruhezustand übergeht. In handlicher Form kann man die kinetische Energie nur bei der Drehbewegung, z. B. mittels Schwungrad, aufspeichern.

Ein Schwingungssystem kommt dadurch zustande, daß ein Speicher für die potentielle Energie (Feder) mit einem Speicher für die kinetische Energie (Masse) derart zusammentritt, daß die Energie zwischen beiden Speichern ungehindert hin und her pendeln kann. Bei Beginn des Schwingungsvorgangs wird der Schwinger in irgendeiner Weise mit Energie geladen, sei es, daß man die Ladung der Masse in Form von kinetischer Energie, etwa durch einen Stoßvorgang, zuführt, oder daß man den potentiellen Speicher mit Energie lädt, indem man, wie dies gewöhnlich zu geschehen pflegt, die Feder durch Auslenken der Masse aus der Ruhelage um einen bestimmten Betrag spannt. Arbeitet der Schwinger verlustfrei (ungedämpft), wie dies vorläufig vorausgesetzt werden soll, so wird das einmal eingeleitete Energiequantum für beliebig lange Dauer erhalten bleiben. Die Größe des konstanten Energiequantums bildet also zweifellos ein wesentliches Merkmal des betrachteten Vorgangs.

Wenn auch der Fall der vollständig ungedämpften Schwingung

praktisch niemals vorkommt, so ist seine Betrachtung als Idealfall, der alle Nebenumstände ausschließt, doch sehr von Nutzen.

Wie verhält sich nun die in dem Schwinger steckende Energie beim Bewegungsvorgang? Da ihr Gesamtbetrag unverändert bleibt, kann sie lediglich ihren Sitz fortwährend ändern, indem sie zwischen Feder und Masse hin- und herwandert. Oder anders ausgedrückt: Sie pendelt im Takt der Schwingung zwischen den Formen der potentiellen und der kinetischen Energie hin und her, jedoch derart, daß die Summe beider Energiebeträge stets den gleichen Wert behält.

Ein anschauliches Bild von der Verteilung auf die beiden Speicher erhält man an Hand der Abb. 8. Hier ist die Verteilung beider Energieformen in Abhängigkeit von dem Schwingungsausschlag s aufgezeichnet.

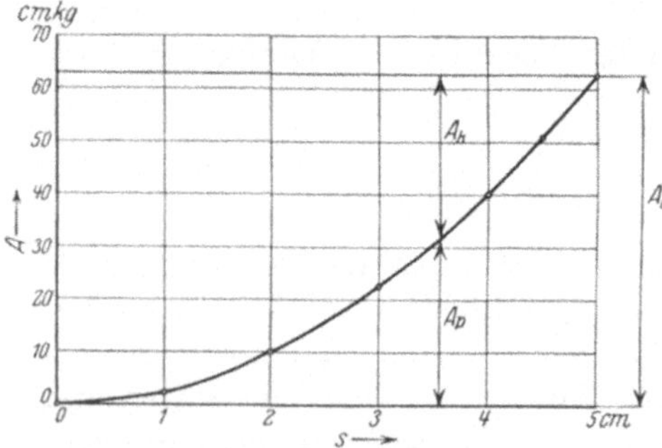

Abb. 8. Energie-Weg-Schaubild des verlustfreien harmonischen Schwingers.

Man erkennt, daß in den Umkehrpunkten, d. h. den Punkten größter Auslenkung der Feder, alle Energie in Form von potentieller Energie in der Feder steckt. Dies geht ohne weiteres auch aus der Tatsache hervor, daß hier die Masse die Geschwindigkeit 0 besitzt, also keine kinetische Energie enthalten kann.

Den zweiten Grenzfall bildet der Durchgang durch die Gleichgewichtslage. Hier ist alle Energie in Form von kinetischer Energie auf die Masse m übergegangen, die in diesem Augenblick ihre Höchstgeschwindigkeit besitzt, während die Feder den spannungslosen Zustand aufweist. Zwischen diesen ausgezeichneten Punkten zeigt die Energieverteilungskurve parabelförmigen Verlauf, eine Gesetzmäßigkeit, die auch aus den Definitionsgleichungen für A_k und A_p entnommen werden kann. Abb. 9 zeigt den zeitlichen Verlauf der kinetischen und potentiellen Energie während einer Schwingung.

An Hand des Vorstehenden läßt sich angeben, in welcher Weise die Schwingungsamplitude mit der in dem Schwinger steckenden Energie zusammenhängt.

Aus der Tatsache, daß in den Punkten des größten Ausschlages (den Umkehrpunkten) alle Energie in der Federung aufgespeichert ist, läßt sich die Amplitude berechnen. Auf Grund der Gleichung:

$$A_p = \tfrac{1}{2}\,c \cdot s^2 \ \text{cmkg}$$

findet man für den Größtausschlag ($s = a$) den Wert der potentiellen Energie zu:

$$A_0 = \tfrac{1}{2}\,c \cdot a^2 \ \text{cmkg},$$

wobei A_0 die in dem Schwinger steckende Gesamtenergie bedeutet. Aus dieser Beziehung ergibt sich:

$$(8) \qquad a = \sqrt{\frac{2\,A_0}{c}}\ \text{cm}\,.$$

Die Berechnung der Amplitude a aus dem Bewegungszustand, der beim Durchgang durch die Nullage vorliegt, gestaltet sich folgendermaßen:

Die Masse m besitzt hier ihre Höchstgeschwindigkeit

$$(9) \qquad v_g = a \cdot v \ \text{cm/sec}\ ^1,$$

da gleichzeitig die potentielle Energie der Feder, die sich vollständig entladen hat, gleich Null geworden ist.

Die kinetische Energie der Masse besitzt in diesem Augenblick den Wert:

$$A_k = A_0 = \tfrac{1}{2}\,m \cdot v_g^2$$
$$= \tfrac{1}{2}\,m \cdot a^2 \cdot v^2 \ \text{cmkg}\,.$$

Hieraus ergibt sich:

$$(10) \qquad a = \sqrt{\frac{2\,A_0}{m \cdot v^2}}\ \text{cm}\,.$$

Im Zusammenhang mit den vorstehenden Ausführungen sei noch ein Begriff dargelegt, der von großer technischer Bedeutung ist und die Energieaufnahmefähigkeit des Schwingers

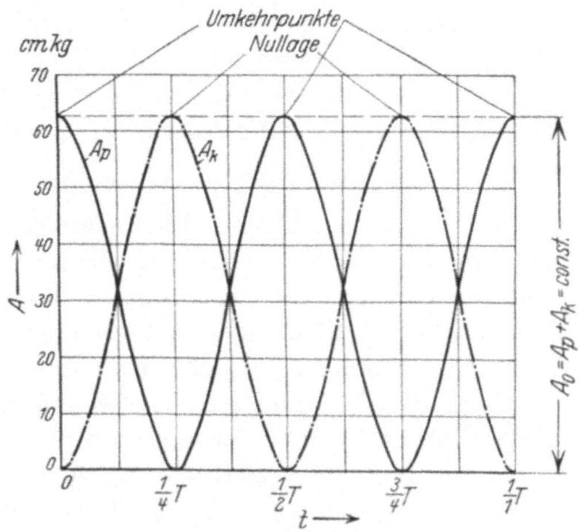

Abb. 9. Zeitlicher Verlauf der potentiellen Energie A_p und der kinetischen Energie A_k während einer Schwingung.

kennzeichnet. Er ist durch die sogenannte Arbeitsfähigkeit des Schwingers gegeben. Man versteht darunter den größten Betrag an Energie, den der Schwinger bei dauerndem Arbeiten zu ertragen vermag. Er ist im wesentlichen durch die Festigkeitseigenschaften der Federung bedingt. Insbesondere muß man die Schwingungs- oder Dauerfestigkeit des Federmaterials kennen, um die größten im Dauerbetrieb zulässigen Formänderungen der Feder berechnen zu können. In der Regel kann man mit der Beanspruchung bei Biegefederung nicht über $\pm$ 25 bis 30 kg/mm² , bei Torsionsfedern (Schraubenfedern) mit Vorspannung nicht über $\pm$ 7 bis 8 kg/mm² bei 15 kg/mm² Vorspannung hinausgehen. Mit diesen Werten läßt sich die Arbeitsfähigkeit jedes Schwingers berechnen, indem man angibt, welche potentielle Energie die Federung

---

^{1} Es ist $\dfrac{m}{2} \cdot v_g^2 = \dfrac{c}{2} \cdot a^2$ also $v_g = a \cdot \sqrt{\dfrac{c}{m}} = a \cdot v$.

bei einer Auslenkung, die den soeben festgelegten Beanspruchungen entspricht, besitzt.

Die Arbeitsfähigkeit bildet eine der praktisch wichtigsten Konstanten des Schwingers und ist als notwendige Ergänzung zur Eigenschnelle anzusehen. Ein anschaulicher Vergleich soll das Wesen der beiden Konstanten kennzeichnen. Wir haben gesehen, daß ein Schwinger in letzter Linie ein Arbeitssystem ist wie jede andere Arbeitsmaschine, etwa ein Elektromotor. Bei einer derartigen Arbeitsmaschine pflegt man zur Kennzeichnung einerseits die sekundliche (oder minutliche) Drehzahl und andererseits das höchst zulässige Drehmoment anzugeben. Der Drehzahl des Motors entspricht bei dem Schwinger die sekundliche Schwingungszahl (Frequenz) $f = 2\pi\nu$ (also die Eigenschnelle ν), dem Drehmoment die Arbeitsfähigkeit A^*. Das Produkt beider Größen wird man schließlich in Analogie zu den Arbeitsmaschinen als „Nennleistung des Schwingers" bezeichnen können, so daß:

$$\text{Nennleistung} = \text{Arbeitsfähigkeit} \times \text{Frequenz.}$$

Ein Schwinger mit kleiner Arbeitsfähigkeit, aber großer Eigenschnelle kann demnach dieselbe Leistung besitzen wie ein entsprechend langsamerer Schwinger mit bedeutend größerer Arbeitsfähigkeit, wenn das Produkt beider Größen dasselbe geblieben ist. Man erkennt — dies sei vorweggenommen —, daß man auch in der Schwingungstechnik, wenn es nur auf Erzielung hoher Leistungsfähigkeit ankommt, auf hohe Eigenschnellen hinarbeiten muß, um an Gewicht und damit an Kosten zu sparen. Aus dieser Betrachtung geht ohne weiteres hervor, daß die Schwingungssysteme vom energetischen Standpunkt aus keine Sonderstellung im Gesamtgebiet des Maschinenbaues einnehmen, sondern den allgemeinen Grundgesetzen ebenso wie jede andere Arbeitsmaschine unterworfen sind.

6. Die Schwingungsgleichung.

Nach der vorstehend gegebenen rein versuchsmäßigen und begrifflichen Erfassung des einfachen Schwingungsvorgangs soll nunmehr dessen exakt mathematische Behandlung erörtert werden. Sie besteht im wesentlichen in der Aufstellung und Lösung der Schwingungsgleichung.

Bei allen Schwingungsaufgaben geht man am zweckmäßigsten und sichersten von der

Energiegleichung

aus, die sich in jedem Fall unschwer aufstellen läßt und die Verhältnisse gut zu überblicken gestattet. Sie ist der analytische Ausdruck für die vorstehend rein begrifflich erfaßte Tatsache, daß in jedem Augenblick die Summe der kinetischen (in der Masse steckenden) Energie und der potentiellen (in der Federung steckenden) Energie konstant und gleich der bei Beginn der Schwingung in das System eingeleiteten Arbeit A_0 ist. Die Energiegleichung lautet somit:

$$(11) \qquad A_k + A_p = A_0 = \text{const},$$

oder unter Einsetzen der Werte für A_k und A_p

$$(12) \qquad \tfrac{1}{2}\, m\, v^2 + \tfrac{1}{2}\, c \cdot s^2 = A_0 .$$

Um diese Gleichung auflösen zu können, setzt man $v = \dfrac{ds}{dt}$.
Man erhält so:

$$(13) \qquad A_0 = \frac{1}{2}\, m \left(\frac{ds}{dt}\right)^2 + \frac{1}{2}\, c \cdot s^2 .$$

Die Lösung dieser „Differentialgleichung" gestaltet sich folgendermaßen:

Durch Auflösen nach $\dfrac{ds}{dt}$ ergibt sich zunächst:

$$\frac{ds}{dt} = \sqrt{\left(A_0 - \frac{c}{2} \cdot s^2\right) \frac{2}{m}} = \sqrt{\frac{2A_0}{m} - \frac{c}{m} \cdot s^2} .$$

Hieraus berechnet man:

$$(14) \qquad dt = \frac{ds}{\sqrt{\dfrac{2A_0}{m} - s^2 \dfrac{c}{m}}} = \frac{ds}{\sqrt{\dfrac{2A_0}{m}} \cdot \sqrt{1 - s^2 \cdot \dfrac{c}{2A_0}}}$$

$$= \sqrt{\frac{m}{2A_0}} \cdot \frac{ds}{\sqrt{1 - s^2 \cdot \dfrac{c}{2A_0}}} .$$

Die Integration dieses Ausdrucks gelingt unter Zugrundelegung der elementaren Integrationsformel:

$$y = \int \frac{dx}{\sqrt{1 - x^2}} = \text{arc} \sin x + \text{const} \;[1].$$

Wie aus Vergleich mit Gl. (14) hervorgeht, ist im vorliegenden Fall:

$$x = s \cdot \sqrt{\frac{c}{2A_0}}$$

zu setzen. Hieraus folgt:

$$dx = ds \cdot \sqrt{\frac{c}{2A_0}}$$

und

$$ds = dx \cdot \sqrt{\frac{2A_0}{c}} .$$

---

[1] Siehe z. B. Hütte Bd. 1, 25. Aufl., S. 73, Formel 9.

Nach Einsetzen dieser Werte ergibt sich:

$$\int dt = t = \int \sqrt{\frac{m}{2 A_0}} \cdot \frac{dx \cdot \sqrt{\frac{2 A_0}{c}}}{\sqrt{1 - x^2}} \,,$$

$$t = \sqrt{\frac{m}{c}} \cdot \int \frac{dx}{\sqrt{1 - x^2}} = \sqrt{\frac{m}{c}} \left(\text{arc sin } x + \text{const}\right),$$

$$(15) \qquad t = \sqrt{\frac{m}{c}} \cdot \left(\text{arc sin} \left[s \cdot \sqrt{\frac{c}{2 A_0}} \right] + \text{const}\right),$$

$$(16) \qquad s = \sqrt{\frac{2 A_0}{c}} \cdot \sin \left[\sqrt{\frac{c}{m}} \cdot (t - \tau) \right],$$

wobei τ eine noch zu bestimmende Integrationskonstante ist [1,2].

Um diese Gleichung übersichtlicher zu gestalten, führen wir die bereits bekannten Werte für Amplitude a und Eigenschnelle ν ein.

Mit

$$\nu = \sqrt{\frac{c}{m}} \quad \text{und} \quad a = \sqrt{\frac{2 A_0}{c}}$$

ergibt sich:

$$(17) \qquad \boxed{s = a \cdot \sin \nu \, (t - \tau).}$$

Vergleichen wir dieses Ergebnis mit unseren bisherigen Betrachtungen, so zeigt sich folgendes:

Die mathematische Lösung liefert das Ergebnis, daß s eine rein periodische Funktion ist. Als ihre Amplitude wird der Wert $\sqrt{\frac{2 A_0}{c}}$ gefunden. Wir hatten bereits auf Seite 17 gelegentlich der Berechnung des Energieinhalts der Feder auf Grund rein begrifflicher Erwägungen abgeleitet, daß die Amplitude a der Schwingung diesen Wert besitzen muß, so daß die vorliegende Berechnung das an Hand einfacher Überlegungen gewonnene Resultat bestätigt.

Als Eigenschnelle der Schwingung liefert die vorliegende Rechnung den Wert $\nu = \sqrt{\frac{c}{m}}$. (Es ist dies der gleiche Ausdruck, den wir auf Seite 13 als Experimentalgesetz gefunden hatten.)

---

[1] Bei Entwicklung dieser Beziehung halte man sich die Bedeutung der im allgemeinen wenig gebräuchlichen arc-sin-Funktion vor Augen. Die Gleichung $y = \text{arc sin } x$ besagt: y ist gleich demjenigen arcus, d. h. Winkel gemessen im Bogenmaß, dessen Sinus gleich x ist. Dann ist aber auch umgekehrt $x = \sin y$, d. h. der Wert x stellt den Betrag des Sinus dar, der zu dem Bogen (Winkel) y gehört.

[2] Wir verwenden in dieser Gleichung aus Zweckmäßigkeitsgründen eine andere Integrationskonstante als in Gleichung (15). Hierzu sind wir berechtigt, da uns die Wahl der Integrationskonstanten freisteht. Die gewählte Integrationskonstante τ hat die Dimension einer Zeit, da sie als Summand zu t auftritt.

Eine uns bisher unbekannte Größe ist in Gestalt der Integrationskonstanten τ aufgetreten. Wir wollen uns an Hand des Vektordiagramms klarmachen, welche physikalische Bedeutung diesem Glied zukommt. Wie bereits erwähnt, besitzt τ die Dimension einer Zeit; der Größe

$$\tau \cdot \sqrt{\frac{c}{m}} = \varepsilon$$ können wir demnach die Dimension eines Winkels zuschreiben. Ferner ist aus der Lösung der Energiegleichung abzulesen, daß $s = a$ wird, wenn der Winkel $v(t - \tau) = vt - \varepsilon = 90^0$ geworden ist. Hieraus ergibt sich, daß gemäß Abb. 10 ε im Vektordiagramm den Winkel darstellt, um den der Vektor a zur Zeit $t = 0$ vor der Projektionsnormalen liegt. Wir bezeichnen ε als Phasenwinkel oder auch Phasenverschiebung. Dementsprechend bedeutet τ die Zeit, die von Beginn der Beobachtung verstreicht, bis die schwingende Masse durch den Nullpunkt geht. ε ist somit lediglich von den willkürlich wählbaren Anfangsbedingungen abhängig, unter denen die Schwingung zustande kam. Wurde sie z. B. so eingeleitet, daß die Masse um den Betrag a aus ihrer Ruhelage ausgelenkt und dann zur Zeit $t = 0$ losgelassen wurde, so ist $\varepsilon = 90^0$, denn es verstreicht eine

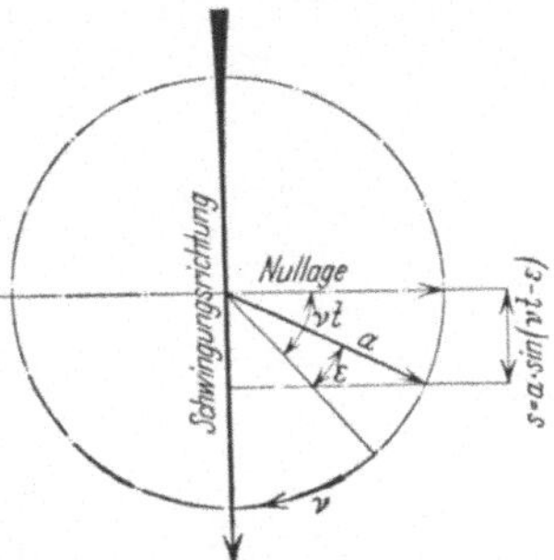

Abb. 10. Vektordiagramm der verlustfreien, harmonischen Schwingung unter Berücksichtigung des Phasenwinkels.

viertel Periode, bis die Masse durch die Nullage geht.

Wurde dagegen die Schwingung durch einen Stoß eingeleitet, der seine Energie zur Zeit $t = 0$ plötzlich, d. h. mit im Verhältnis zur Schwingungsdauer sehr kurzer Stoßdauer auf die Masse übertrug, so ist $\varepsilon = 0^0$.

An sich ist die Kenntnis des Phasenwinkels ε für die freie ungedämpfte Schwingung von untergeordneter Bedeutung. Sein Begriff sollte jedoch schon hier genügend klargelegt werden, da er später, insbesondere bei Betrachtung der erzwungenen Schwingungen, eine außerordentlich wichtige Rolle spielt.

In vielen Fällen wird an Stelle der übersichtlicheren Energiegleichung die

Kraftgleichung

angeschrieben. Sie ist weiter nichts als die Anwendung des Newtonschen Grundgesetzes der Dynamik (des d'Alembertschen Prinzips) auf den vorliegenden Fall. Dieses Gesetz lautet bekanntlich in Worten: „In jedem Augenblick der Bewegung ist die Summe der eingeprägten Kräfte und der negativen Massenbeschleunigungen = 0 (Massenbeschleunigung = Produkt aus Masse $\times$ Beschleunigung).''

Als eingeprägte (äußere) Kräfte treten im vorliegenden Fall die von der Feder auf die Masse übertragenen Kräfte auf. Bedeutet in einem bestimmten Augenblick s die Auslenkung der Feder aus der Ruhelage, so ist die Federkraft $P_f = c \cdot s$. Sie ist stets nach der Ruhelage hin gerichtet. Bei der gleichen Auslenkung hat die Beschleunigung den Betrag $\frac{d^2 s}{dt^2}$[1], so daß die Kraftgleichung lautet (siehe Abb. 11):

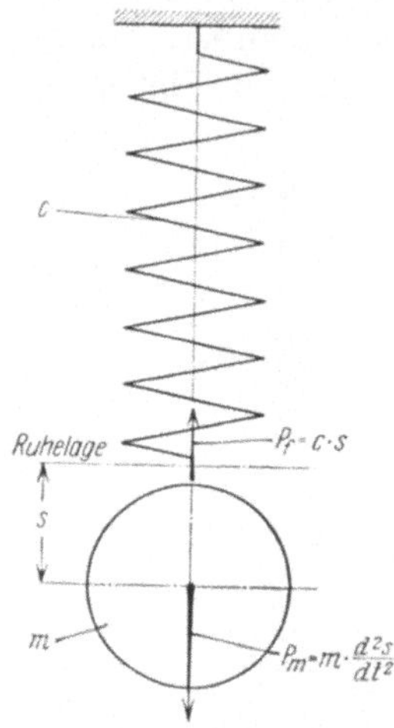

Abb. 11. Kraftwirkungen am verlustfreien harmonischen Schwinger. Aufstellung der Kraftgleichung.

$$(18) \qquad m \cdot \frac{d^2 s}{dt^2} + c \cdot s = 0 ,$$

oder in Normalform:

$$(18\,\mathrm{a}) \qquad \frac{d^2 s}{dt^2} + \frac{c}{m} \cdot s = 0 .$$

Dieselbe Gleichung erhält man auch durch einmalige Differentiation der Energiegleichung und Kürzen mit $\frac{ds}{dt}$.

Die Lösung der Kraftgleichung kann entweder auf dem Umweg über die Energiegleichung nach der dort entwickelten Lösungsform oder direkt nach der allgemeinen Methode für die Lösung der linearen Differentialgleichungen zweiter Ordnung durchgeführt werden. Hier sei der zweite Weg eingeschlagen, der auch bei späteren Problemen wiederholt angewandt werden wird und somit von prinzipieller Bedeutung ist.

Er besteht darin, daß man als Lösungsansatz folgende Annahme macht:

$$(19) \qquad s = C \cdot e^{a \cdot (t - \tau)} \, [2].$$

Setzt man diese Substitution in die Differentialgleichung ein, wobei

---

[1] Die Beschleunigung ist nach den Begriffsdefinitionen der höheren Analysis der zweite Differentialquotient des Weges nach der Zeit (s. S. XVIII).

[2] e = Basis der natürlichen Logarithmen = 2,71828. Dieser Ansatz befremdet zunächst. Man vergegenwärtige sich, daß er das günstigste Ergebnis zahlreicher versuchter Ansätze ist. Er gestattet die Lösung der Differentialgleichungen zweiten Grades mit einer sonst nicht erreichbaren Einfachheit und Eleganz, ist somit ein Hilfsmittel, das bei schwierigeren Differentialgleichungen unentbehrlich wird. Es ist deshalb notwendig, daß wir uns schon hier diese Methode aneignen.

Die Lösung von Differentialgleichungen ist eine mühsam erarbeitete Kunst. In dem Ansatz ist das Ergebnis der Arbeit gewissermaßen schlagwortartig niedergelegt. Durch seine Anwendung machen wir uns die gesammelten Erfahrungen nutzbar. Es wäre unzweckmäßig, nach umständlicheren Verfahren vorgehen zu wollen.

Auch die Anwendung der Moivreschen Formeln ist aus ähnlichen Gründen erforderlich.

C und τ aus den Anfangsbedingungen zu bestimmende Integrationskonstanten sind, so ergibt sich:

$$(20) \qquad \alpha^2 \cdot C \cdot e^{\alpha\,(t-\tau)} + \frac{c}{m} \cdot C \cdot e^{\alpha\,(t-\tau)} = 0\,.$$

Hieraus erhält man nach Kürzen mit $C \cdot e^{\alpha(t-\tau)}$ die sogenannte charakteristische Gleichung, d. h. die Überführungsform der Differentialgleichung in eine ohne weiteres zu lösende algebraische Gleichung. Diese lautet:

$$(21) \qquad \alpha^2 + \frac{c}{m} = 0\,; \qquad \alpha = \pm \sqrt{-\frac{c}{m}}$$

und besitzt die beiden Lösungen:

$$(22) \qquad \begin{cases} \alpha_1 = +\,j\,\sqrt{\dfrac{c}{m}}\,, \\[2mm] \alpha_2 = -\,j\,\sqrt{\dfrac{c}{m}}\,, \end{cases}$$

wobei $j = \sqrt{-1}$ die imaginäre Einheit bedeutet.

Für den Ausdruck $\sqrt{\dfrac{c}{m}}$ wollen wir zur Abkürzung die bekannte Eigenschnelle ν des Schwingers einsetzen. Die totale Lösung der Differentialgleichung ist die Summe der soeben gefundenen beiden Teillösungen (partiellen Lösungen) α_1 und α_2, lautet also:

$$(23) \qquad s = C \cdot \left[e^{j\,\nu\,(t-\tau)} + e^{-j\,\nu\,(t-\tau)} \right].$$

Dieser Ausdruck stellt eine trigonometrische Funktion dar, die sich auf Grund einer der bekannten Moivreschen Formeln[1] ergibt. Letztere lauten:

$$\frac{e^{j\,x} + e^{-j\,x}}{2} = \cos x\,,$$

$$\frac{e^{j\,x} - e^{-j\,x}}{2\,j} = \sin x\,.$$

Setzen wir gemäß Gl. (23) in diesen Formeln den Wert $x = \nu \cdot (t - \tau)$, so finden wir als endgültige Lösung:

$$(24) \qquad s = 2\,C \cdot \cos \nu\,(t-\tau) = a \cdot \cos\,(\nu t - \varepsilon)\,,$$

wobei der Einfachheit halber $2\,C = a$ und $\nu \cdot \tau = \varepsilon$ gesetzt wurde. Die Konstanten a und ε werden aus den Anfangsbedingungen der Schwingung berechnet. Diese lauten:

Zu Beginn der Schwingung, d. h. zur Zeit $t = 0$ ist die Auslenkung der Masse m aus der Ruhelage $(s)_{t=0} = a_0$, die Geschwindigkeit der Masse m $\left(\dfrac{ds}{dt}\right)_{t=0} = v_0$.

---

[1] Hütte Bd. 1, 25. Aufl., S. 66, Abt. III E, Formel 2.

Zur bequemen Durchführung der Rechnung zerlegen wir den trigonometrischen Ausdruck in Gl. (24) nach der bekannten Formel:

$$\cos(\alpha - \beta) = \cos\alpha\cos\beta + \sin\alpha\sin\beta$$

und erhalten:

$$(24\,\mathrm{a}) \qquad s = a\cdot\cos\nu t\cdot\cos\varepsilon + a\cdot\sin\nu t\cdot\sin\varepsilon.$$

Für $t = 0$ ergibt sich (da $\cos 0^0 = 1$; $\sin 0^0 = 0$):

$$\boxed{a_0 = a\cdot\cos\varepsilon.}$$

Zur Einführung der zweiten Anfangsbedingung ist Gl. (24a) einmal nach der Zeit zu differentiieren. Dies ergibt die Gleichung für die Schwinggeschwindigkeit:

$$(24\,\mathrm{b}) \qquad v = \frac{ds}{dt} = -a\cdot\nu\cdot\cos\varepsilon\cdot\sin\nu t + a\cdot\nu\cdot\sin\varepsilon\cdot\cos\nu t.$$

Für $t = 0$ erhält man:

$$\boxed{v_0 = a\cdot\nu\cdot\sin\varepsilon.}$$

Führt man die so ermittelten Werte in Gl. (24a) ein, so ergeben sich die Beziehungen:

$$(24\,\mathrm{c}) \quad \begin{cases} \boxed{s = a_0\cdot\cos\nu t + \dfrac{v_0}{\nu}\cdot\sin\nu t} \quad \text{und} \\[2ex] \boxed{\dfrac{ds}{dt} = -a_0\cdot\nu\cdot\sin\nu t + v_0\cdot\cos\nu t.} \end{cases}$$

An Hand dieser Gleichungen ist es möglich, für jeden Augenblick der Bewegung den Weg s und die Geschwindigkeit $\frac{ds}{dt}$ zu berechnen, wenn a_0 und v_0 gegeben sind, sowie ν bekannt ist.

Schließlich findet man für die Integrationskonstanten a und ε die Werte

$$(24\,\mathrm{d}) \quad \begin{cases} \mathrm{tg}\,\varepsilon = \dfrac{\sin\varepsilon}{\cos\varepsilon} = \dfrac{v_0}{\nu\cdot a_0} \quad \text{und} \\[2ex] a = \sqrt{\left(\dfrac{v_0}{\nu}\right)^2 + a_0^2}\,^{1}. \end{cases}$$

---

[1] **Beweis:**

$$\sin\varepsilon = \frac{v_0}{a\cdot\nu}$$

$$\cos\varepsilon = \frac{a_0}{a}$$

$$\sin^2\varepsilon + \cos^2\varepsilon = 1 = \left\{\left(\frac{v_0}{\nu}\right)^2 + a_0^2\right\}\cdot\frac{1}{a^2},$$

somit:

$$a = \sqrt{\left(\frac{v_0}{\nu}\right)^2 + a_0^2}.$$

Der Wert a stellt den Größtausschlag (die Amplitude) der Schwingung dar. Wir können seinen vorstehend berechneten Betrag auch auf energetischem Weg finden, indem wir die Anfangsladung berechnen. Der Auslenkung a_0 entspricht eine potentielle Ladung von $A_p = \frac{c}{2} \cdot a_0^2\,\text{cmkg}$, der Geschwindigkeit v_0 eine kinetische Ladung von $A_k = \frac{m}{2} \cdot v_0^2$.

Somit ist die zu Beginn der Bewegung erteilte, während der Schwingung konstant bleibende Gesamtladung:

$$A_0 = \frac{c}{2} \cdot a_0^2 + \frac{m}{2} \cdot v_0^2$$

und die ihr entsprechende Amplitude:

$$a = \sqrt{\frac{2\,A_0}{c}} = \sqrt{a_0^2 + \frac{m}{c} \cdot v_0^2} = \sqrt{a_0^2 + \frac{v_0^2}{v^2}}\,.$$

[Dieses Ergebnis ist mit Gl. (24d) identisch.] Der Wert $\frac{\varepsilon}{v} = \tau$ stellt die Zeit dar, die vom Beginn der Bewegung an verstreicht, bis der Größtausschlag erreicht wird.

Hiermit sind wir in die Lage versetzt, für beliebige Anfangsbedingungen die Schwingungsgleichungen anzuschreiben, die maßgebenden Bestimmungsstücke zu berechnen und das Vektordiagramm aufzuzeichnen. Die gleichen Betrachtungen lassen sich für die an Hand der Energiegleichung gefundene Lösung Gl. (17) anstellen. Sie führen zu genau den gleichen Ergebnissen.

B. Anwendungsbeispiele für die Berechnung der Schwingungen des materiellen Punktes.

7. Vorbemerkung.

Die nachstehenden Beispiele sollen die Anwendung der bisher gewonnenen Kenntnisse in einer Anzahl technisch wichtiger Fälle zeigen; besondere Aufmerksamkeit werde der zahlenmäßigen Berechnung und Dimensionierung der Schwingungssysteme geschenkt. Die Beispiele teilen wir in zwei Gruppen:

In der ersten Gruppe sind diejenigen Fälle zusammengestellt, in denen es weniger auf die in dem Schwinger pendelnde Energie und die Größenverhältnisse des Schwingers ankommt, als vielmehr auf die Berechnung der Eigenschnelle.

In der zweiten Gruppe sind die Richtlinien zusammengestellt, welche bei der Berechnung und Dimensionierung von Schwingern auf Leistungsfähigkeit in Betracht gezogen werden müssen. Besondere Beachtung

finden dabei Schwinger mit großem Energieinhalt. Die dort gegebenen Lehren können selbstverständlich auch ohne weiteres auf die
Schwinger der ersten Gruppe angewandt werden, falls bei deren Dimensionierung energetische Probleme auftauchen sollten.

Entsprechend dem vorstehend Gesagten, beschränken wir uns bei
den Beispielen der ersten Gruppe darauf, die Eigenschnelle zu berechnen,
während die Amplitude, die ohnehin von Zufälligkeiten abhängig ist,
außer acht bleiben soll. Im zweiten Abschnitt spielt demgegenüber neben
der Eigenschnelle die höchst zulässige Amplitude des auf Leistung berechneten Schwingers eine ausschlaggebende Rolle.

I. Berechnung der Eigenschnelle einiger technisch wichtiger Schwinger.

8. Das mathematische Pendel.

In der Physik wird das mathematische Pendel als klassisches Beispiel
eines einfachen Schwingers dargestellt. Die nachstehende Behandlungsweise zielt darauf ab, dieses Beispiel eines Schwingers, der keine ohne
weiteres sichtbare Federung besitzt, in übersichtlicher Weise den
Schwingern mit ausgesprochener Federung einzugliedern. Sie wird deshalb von der geläufigen Darstellungsweise abweichen.

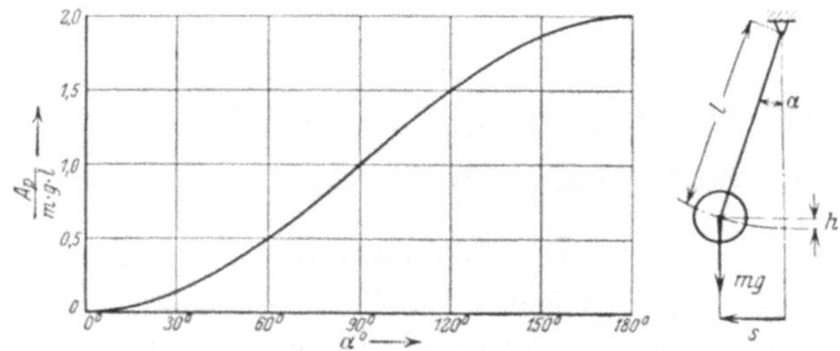

Abb. 12. Energie-Weg-Schaubild des mathematischen Pendels.

Zum Verständnis der Schwingungseigenschaften muß vor allem das
Kraftfeld ermittelt werden, in dem die Schwingung sich abspielt. Wir
gehen deshalb von der potentiellen Energie des Pendels aus, die gemäß
Abb. 12 in Abhängigkeit von dem Ausschlagwinkel aufgetragen wird.
Die Bestimmung der potentiellen Energie gelingt auf Grund der Überlegung, daß sie in jeder Stellung des Pendels gleich der Arbeit ist, die geleistet werden muß, um die Pendelmasse aus der Ruhelage in die betreffende Stellung zu heben. Wie aus Abb. 12 zu ersehen, ist sie gleich

dem Gewicht der Pendelmasse $G = m \cdot g$, multipliziert mit dem bei der Auslenkung sich ergebenden senkrechten Hub h, also:

$$(25) \qquad \begin{aligned} A_p &= G \cdot h\,, \\ A_p &= m \cdot g \cdot l\,(1 - \cos \alpha) \quad [\text{da } h = l\,(1 - \cos \alpha)]\,. \end{aligned}$$

Weiterhin ist es von Interesse, die Rückstellkraft P_R, welche in Richtung der Schwingungsbahn auf die Masse m einwirkt, in Abhängigkeit vom Ausschlagwinkel α zu ermitteln. Aus der Bedingung, daß das Moment der stets senkrecht zum Pendelfaden l wirkenden Rückstellkraft gleich dem Moment des Eigengewichts $m \cdot g$ der Masse bezüglich des Aufhängepunktes sein muß, ergibt sich:

$$(26) \qquad \begin{aligned} P_R \cdot l &= m \cdot g \cdot l \cdot \sin\alpha\,, \\ P_R &= m \cdot g \cdot \sin \alpha\,. \end{aligned}$$

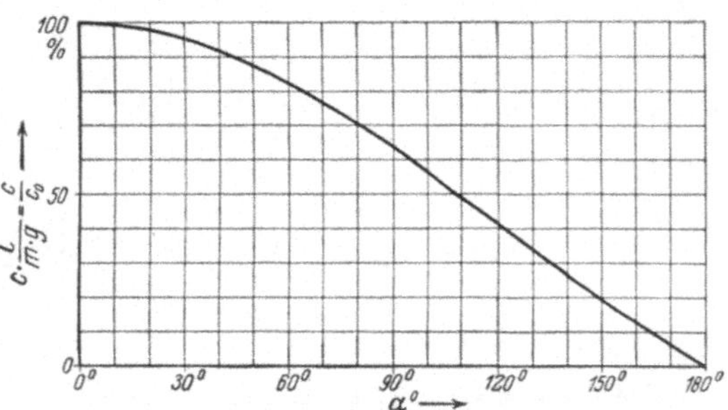

Abb. 13. Prozentuale Abnahme der Federkonstanten c des mathematischen Pendels mit dem Ausschlagwinkel α.

Als Federkonstante c wird man bei der vorliegenden Schwingung auf kreisförmiger Bahn in unmittelbarer Analogie zur Schwingung auf geradliniger Bahn den Quotienten aus der Rückstellkraft P_R und der zugehörigen Bahnlänge $s = l \cdot \alpha$ (wobei α im Bogenmaß zu messen ist) bezeichnen. Somit ergibt sich:

$$(27) \qquad c = \frac{P_R}{s} = \frac{m \cdot g \cdot \sin \alpha}{l \cdot \alpha}\,.$$

Für kleine Ausschlagwinkel α kann man $\sin \alpha = \alpha$ setzen[1], so daß:

$$c_0 = \frac{m \cdot g}{l}\,.$$

Die Kurve $\dfrac{c}{c_0} = f(\alpha)$ ist in Abb. 13 dargestellt. Man erkennt, daß c nicht konstant ist, sondern mit wachsendem Winkel α abnimmt. Infolgedessen haben wir es hier mit einem Schwinger zu tun, dessen Eigenschnelle sich mit dem Ausschlag ändert, und der auf Grund dieser Eigenschaft, im Gegensatz zu den harmonischen Schwingern, welche eine vom Ausschlag unabhängige Eigenschnelle besitzen, als **anharmonischer**

---

[1] Für kleine Winkel (bis etwa 10°) kann der Sinus gleich dem Winkel (im Bogenmaß gemessen) gesetzt werden. Wie man sich durch Vergleich der Werte in Hütte Bd. 1, S. 30, Tabelle 4 überzeugen kann, beträgt die begangene Vernachlässigung weniger als 1%.

Schwinger bezeichnet wird[1]. Nur wenn wir uns auf kleine Ausschläge (etwa $\pm 10°$) beschränken, können wir das Pendel mit genügender Näherung als harmonischen Schwinger ansehen. Dies soll an dieser Stelle geschehen. Die Lösung der schwierigen Aufgabe, wie sich das Pendel bei großen Ausschlägen verhält, soll an späterer Stelle (II. Band) mit Hilfe eines übersichtlichen graphischen Verfahrens gegeben werden.

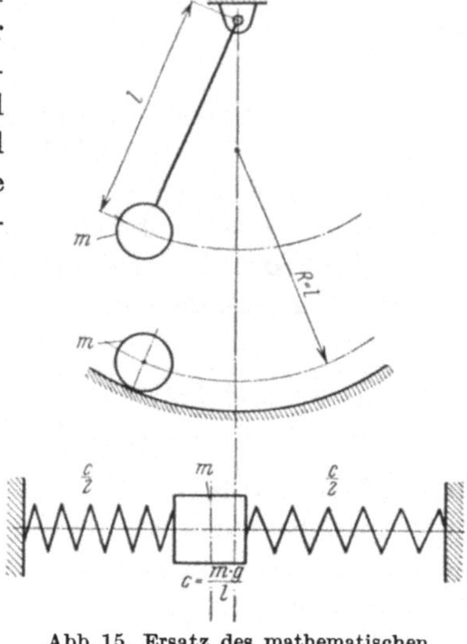

Abb. 15. Ersatz des mathematischen Pendels durch gleichwertige Schwinger.

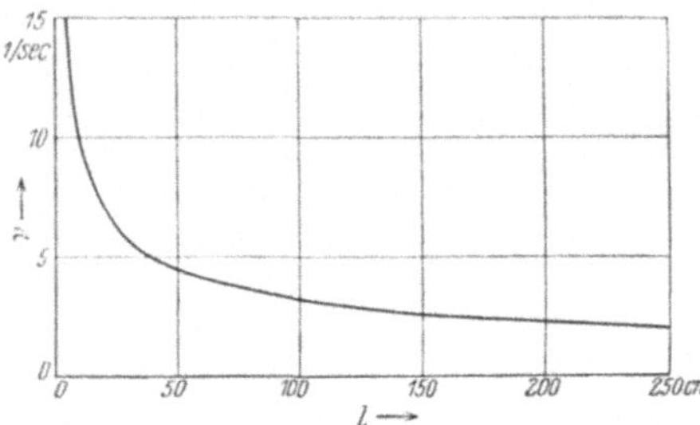

Abb. 14. Abhängigkeit der Eigenschnelle ν des mathematischen Pendels von der Pendellänge l.

Bei kleinen Schwingungen $\left(\dfrac{\sin\alpha}{\alpha} = .\sim 1\right)$ besitzt c den als unabhängig von der Schwingweite zu betrachtenden Wert $c_0 = \dfrac{m\cdot g}{l}$. Somit berechnet sich die Eigenschnelle zu:

$$(28) \quad \nu = \sqrt{\frac{c_0}{m}} = \sqrt{\frac{m\cdot g}{l\cdot m}} = \sqrt{\frac{g}{l}}.$$

Die Gleichung zeigt, daß ν lediglich von der Fadenlänge des Pendels abhängt. Die Beziehung $\nu = f(l)$ ist in Abb. 14 in Kurvenform dargestellt.

Das mathematische Pendel kann gemäß Abb. 15 ersetzt gedacht werden durch eine zwischen zwei Federn mit der gesamten Federkonstanten $c = \dfrac{m\cdot g}{l}$ eingespannte Masse

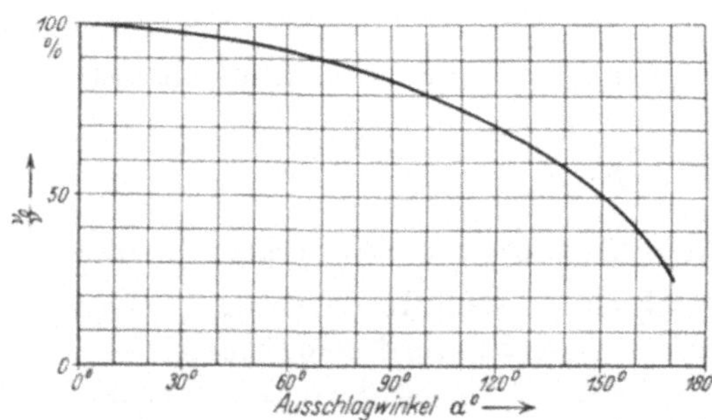

Abb. 16. Prozentuale Abnahme der Eigenschnelle ν des mathematischen Pendels mit dem Ausschlagwinkel α.

und reiht sich somit unter die normalen Schwinger mit ausgesproche-

---

[1] Abb. 16 zeigt die prozentuale Änderung von ν mit dem Ausschlagwinkel α. Man erkennt, daß die Abweichungen beträchtliche Größe annehmen.

ner Federung ein. Der maßgebende Faktor für das Zustandekommen einer Schwingung ist aber nicht das Vorhandensein einer ausgesprochenen Federung, sondern vielmehr die Anwesenheit einer Speicherungsmöglichkeit für potentielle Energie. Letztere beruht im vorliegenden Fall auf den Eigenschaften des Schwerefeldes und der eigenartigen Führung der Masse durch den Pendelfaden. Es sei ferner darauf hingewiesen, daß an den Eigenschaften des Pendels nichts geändert wird, wenn die Führung des Massenschwerpunkts nicht durch den Pendelfaden, sondern auf anderem Wege bewirkt wird, z. B. dadurch, daß die als Kugel ausgebildete Masse in einer Rinne gleitet, die mit dem Krümmungsradius der Pendellänge l gekrümmt ist.

Eine andere Möglichkeit besteht darin, daß die Führung der Masse auf ihrer Bahn durch Lenkersysteme bewirkt wird, ein Fall, der bei den Pendeln mit besonders niedriger Eigenschnelle, also sehr großem Krümmungsradius, zu einer Reihe interessanter Lösungen geführt hat, die auf Seite 50 besprochen werden.

Zusammenfassend gesagt, kommt es also bei Bestimmung der Eigenschnelle eines Pendels lediglich auf den Krümmungsradius der Bahn an, in welcher der Schwerpunkt der Pendelmasse geführt ist. Von diesem Satz kann man in zahlreichen praktisch wichtigen Fällen mit gutem Nutzen Gebrauch machen, z. B. dann, wenn die Aufgabe vorliegt, näherungsweise die Eigenschnelle ganzer Lenkersysteme zu bestimmen. Man hat hierbei nur nötig, die Pendelbahn des Gesamtschwerpunkts des Lenkersystems zu konstruieren, was in allen Fällen ohne besondere Schwierigkeiten gelingt und hierauf den Krümmungsradius dieser Bahn zweckmäßig ebenfalls auf zeichnerischem Wege zu ermitteln. Letzterer entspricht dann der Länge des Fadenpendels, dessen Eigenschnelle gesucht ist, und bestimmt diese nach Gl. (28) eindeutig.

Anmerkung. Der Vollständigkeit halber sei noch die bekannte Kraftgleichung des mathematischen Pendels angeschrieben. Sie lautet:

$$(29) \qquad \underbrace{m \cdot l^2 \cdot \frac{d^2\alpha}{dt^2}}_{\substack{\text{Moment der} \\ \text{Massenkraft}}} + \underbrace{m \cdot g \cdot l \cdot \sin\alpha}_{\text{Rückstellmoment}} = 0 \,.$$

In Normalform:

$$\frac{d^2\alpha}{dt^2} + \frac{g}{l} \cdot \sin\alpha = 0 \,.$$

Unter Berücksichtigung der Tatsache, daß nur Schwingungen mit kleinem Ausschlag in Betracht kommen, so daß $\sin\alpha = \alpha$ gesetzt werden kann, ergibt sich als endgültige Schwingungsgleichung:

$$(30) \qquad \frac{d^2\alpha}{dt^2} + \frac{g}{l} \cdot \alpha = 0 \,,$$

deren Eigenschnelle mit $v = \sqrt{\dfrac{g}{l}}$ gegeben ist.

9. Das korrigierte Fadenpendel.

Will man erreichen, daß sich beim Fadenpendel c mit dem Ausschlag nicht ändert, daß also die Eigenschnelle v unabhängig vom Ausschlag bleibt, so muß man die Schwerpunktsbahn der Pendelmasse nach einem anderen Gesetz als dem des Kreisbogens krümmen. Die Anschauung lehrt, daß die Bahn in diesem Fall mit steigendem Ausschlag einen immer kleiner werdenden Krümmungsradius besitzen muß.

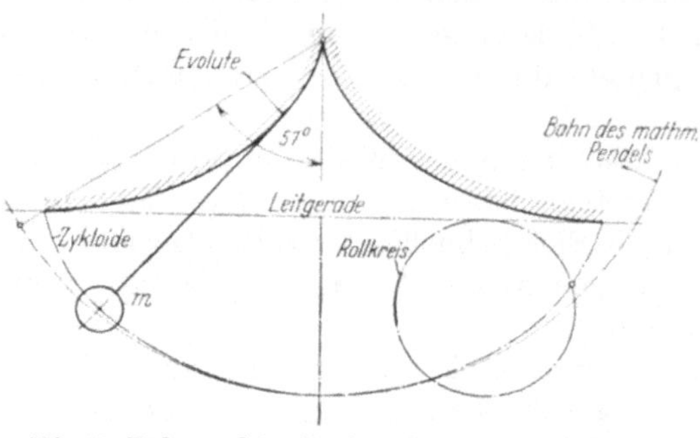

Abb. 17. Fadenpendel mit einer Eigenschnelle, die vom Ausschlagwinkel unabhängig ist (Zykloidenpendel).

In Abb. 17 ist die gesuchte Idealbahn in Verbindung mit der zugehörigen Kreisbahn aufgezeichnet. Man erkennt deutlich die mit steigendem Ausschlagwinkel immer mehr hervortretenden Unterschiede. Die korrigierte Bahn wird zweckmäßig auf Grund des in Abb. 18 dargestellten Energiediagramms für eine vom Ausschlag unabhängige Federkonstante Punkt für Punkt konstruiert. Im einzelnen geht die Berechnung so vor sich, daß für jeden Ausschlag aus dem gegebenen Betrag A_p der potentiellen Energie die Hubhöhe $h = \dfrac{A_p}{m \cdot g}$ berechnet

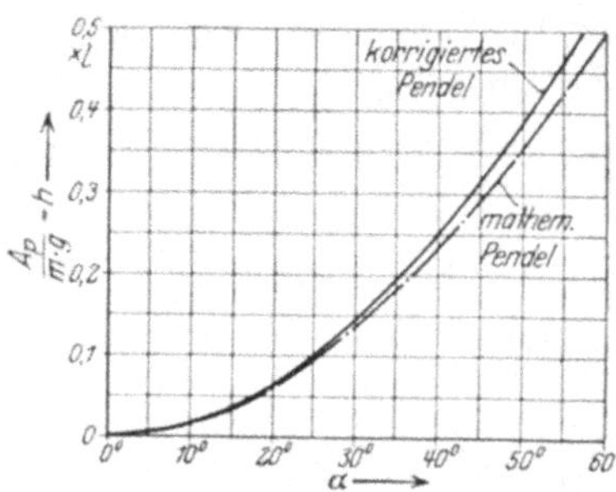

Abb. 18. Energieschaubild des korrigierten Fadenpendels.

wird, die bei der vorgeschriebenen Winkellage α erreicht werden muß, wodurch eine eindeutige Konstruktionsgrundlage geliefert ist.

Es liegt nahe, zu untersuchen, ob die neue Bahnkurve ganz oder teilweise eine bekannte Kurvenform darstellt. Die Untersuchung liefert das Ergebnis, daß es sich um eine Orthozykloide handelt. (Kurve, die ein Punkt eines Kreises beschreibt, wenn er auf einer Geraden rollt.)

Von Interesse ist die aus der Konstruktion hervorgehende Tatsache, daß sich die Kurve nur bis zu einem bestimmten Größtausschlag, der bei 57° liegt, konstruieren läßt. Dieser Punkt ist dann erreicht, wenn die Tangente an die Bahn die lotrechte Lage einnimmt. Größere Winkelausschläge des korrigierten Pendels sind also nicht möglich.

Am einfachsten ist es, die aufgezeichnete Bahn in Form einer Rollkurve zu verwirklichen, in welcher die kugelförmige Masse auf- und abrollt; will man sie mittels Faden erzeugen, so hat man nur nötig, denselben auf eine entsprechend gestaltete Abwicklungsfigur (Evolute) auflaufen zu lassen, die zu beiden Seiten des Aufhängepunktes sich anschließt und deren Konstruktion und Form aus Abb. 17 zu entnehmen ist. Sie ist der geometrische Ort aller Krümmungsmittelpunkte, die zu der konstruierten Bahnkurve gehören.

Das auf Grund der vorliegenden Konstruktion entstandene Fadenpendel kann als „korrigiertes Pendel" mit einer vom Ausschlag unabhängigen, gleichbleibenden Eigenschnelle bezeichnet werden.

10. Berechnung der Eigenschnelle einer Welle mit Läufer (Schwungrad).

Jede in zwei Lagern umlaufende Welle, die durch einen Läufer, z. B. ein Schwungrad, einen Elektroanker, einen Turbinenläufer u. dgl. belastet ist, stellt einen Schwinger dar, der Biegeschwingungen auszuführen vermag.

Hierbei ist der Läufer als Masse, die Welle als Federung anzusehen. An späterer Stelle wird gezeigt werden, daß die kritische Biegedrehzahl der vorliegenden Welle mit der Eigenschnelle des aus Läufer (Schwungrad) und Welle bestehenden Schwingers übereinstimmt. Hier beschränken wir uns darauf, die Eigenschnelle der im Ruhezustand auftretenden Biegeschwingungen zu bestimmen.

Zwecks Lösung der Aufgabe ist es vor allem nötig, die Federkonstante der als Feder dienenden Welle zu berechnen. Wir wollen diese Untersuchung für zwei Fälle durchführen.

Fall 1: Gemäß Abb. 19 sitzt eine Schwungmasse von $G = 600$ kg Gewicht in der Mitte der glatten Welle von $d = 8{,}0$ cm Durchmesser. Diese ist beiderseits in Lagern, die nach dem SellersPrinzip ausgebildet sind, gelagert, kann also als ein auf zwei

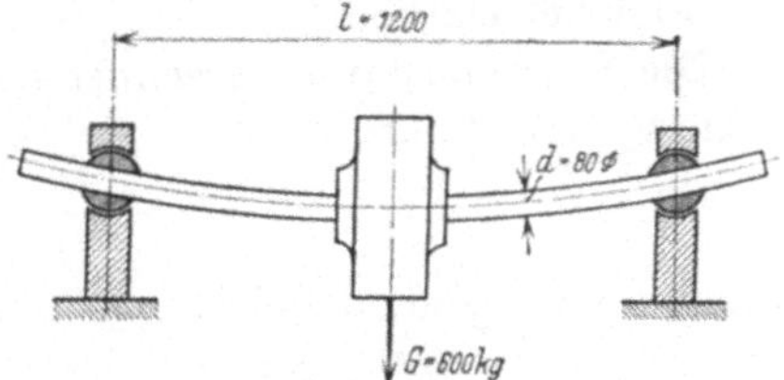

Abb. 19. Schwinger, bestehend aus einer Welle mit Schwungmasse in der Mitte.

Stützen frei beweglich aufliegender Träger betrachtet werden. Die Lager mögen einen Mittenabstand von $l = 120$ cm besitzen. Die Federkonstante der Welle ergibt sich auf Grund der bekannten Formel für die Durchbiegung des beiderseits frei aufliegenden Trägers $f = \dfrac{P \cdot l^3}{48\,\mathsf{E} \cdot J}$ zu[1]:

$$(31) \qquad c = \frac{P}{f} = \frac{48 \cdot \mathsf{E} \cdot J}{l^3} = \frac{48 \cdot 2{,}2 \cdot 10^6 \cdot 201{,}1}{1{,}728 \cdot 10^6} = 12\,300\ \text{kg/cm}$$

$$\left(J = \frac{d^4 \cdot \pi}{64} = 201{,}1\ \text{cm}^4\right)$$

$$(\mathsf{E} = 2{,}2 \cdot 10^6\ \text{kg/cm}^2 = \text{Elastizitätsmodul des Stahls}).$$

Somit beträgt die Eigenschnelle des zu untersuchenden Schwingers:

$$\nu = \sqrt{\frac{c}{m}} = \sqrt{\frac{12\,300}{0{,}6}} = 143{,}2\,/\text{sec} \qquad \left(m \sim \frac{1}{1000}\,G\right).$$

Will man zwecks genauerer Berechnung das Eigengewicht der Welle mit berücksichtigen, so muß man einen bestimmten Prozentsatz des Wellengewichts zu dem Schwungmassengewicht hinzuzählen. Die Größe dieses Anteils ergibt sich für den vorliegenden Fall mit genügender Näherung zu 50% der Gesamtwellenmasse.

Dies ist beim vorliegenden Zahlenbeispiel ein Betrag von 24 kg. Die auf Grund hiervon berichtigte Eigenschnelle beträgt:

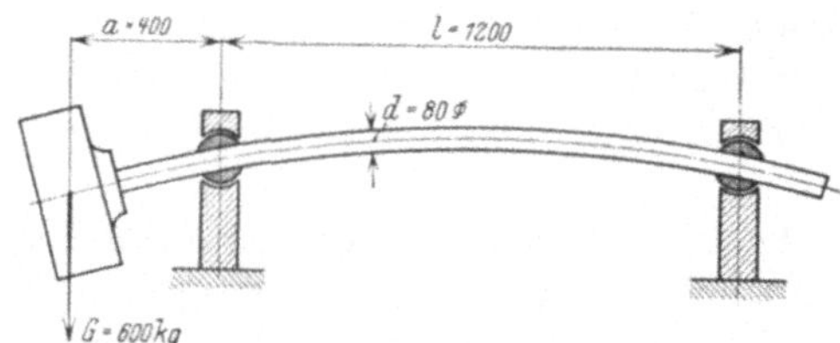

Abb. 20. Schwinger, bestehend aus einer Welle mit fliegend angeordneter Schwungmasse.

$$\nu = \sqrt{\frac{12\,300}{0{,}624}} = 140{,}5\,/\text{sec}.$$

Die kritische Drehzahl der Welle liegt somit bei

$$n_k = \frac{30}{\pi} \cdot \nu = 1340\ \text{Um-}$$

drehungen je Minute.

Fall 2: Gemäß Abb. 20 ist im Gegensatz zu Fall 1 das Schwungrad fliegend angeordnet. Ihr Gewicht betrage wiederum 600 kg. Die Abmessungen der ebenfalls in zwei Sellerslagern gelagerten Welle sind aus der Figur ersichtlich.

Die Federkonstante berechnet sich auf Grund der bekannten Durchbiegungsformel für

$$f = \frac{P}{\mathsf{E} \cdot J} \cdot \frac{(l + a) \cdot a^2}{3}$$

für den vorliegenden Belastungsfall zu:

$$(32) \qquad c = \frac{P}{f} = \frac{3\,\mathsf{E} \cdot J}{(l + a)\,a^2} = \frac{3 \cdot 2{,}2 \cdot 10^6 \cdot 201}{160 \cdot 1600} = 5175\ \text{kg/cm},$$

so daß die Eigenschnelle des Schwingers mit $\nu = \sqrt{\dfrac{5175}{0{,}6}} = 93\,/\text{sec}$ festgelegt ist.

---

[1] Man vergegenwärtige sich, daß c diejenige Belastung in kg ist, die im Angriffspunkt der Masse (Schwerpunkt der Schwungmasse) angebracht, eine Durchbiegung von $f = 1$ cm hervorruft.

Die kritische Drehzahl bei diesem Belastungsfall beträgt:

$$n_k = \frac{30}{\pi}\,\nu = 888\ \text{1/min.}$$

Anmerkung. Es sei an dieser Stelle auf eine interessante Beziehung hingewiesen, die sich bei allen Schwingern mit vertikaler Schwingrichtung ergibt. Bei dieser Anordnung wird die Federung durch das Eigengewicht der Masse um einen Betrag f_0 aus der ungespannten Lage ausgelenkt. Zwischen f_0 und ν besteht folgende Beziehung:

Durch das Anhängen des Gewichtes $m \cdot g$ und Messen der Durchbiegung f_0 führen wir gewissermaßen einen Eichversuch der Federung aus. Die Federkonstante berechnet sich auf Grund dieser Messung zu $c = \dfrac{P}{f} = \dfrac{mg}{f_0}$. Hieraus folgt:

$$(33) \qquad \boxed{\nu = \sqrt{\frac{c}{m}} = \sqrt{\frac{g}{f_0}}}$$

eine Beziehung, die bei Schwingern mit vertikaler Schwingrichtung, aber auch nur bei diesen, Sinn hat und mit Vorteil angewendet werden kann. Es sei, um einer öfters auftauchenden Sinnlosigkeit und den sich daran knüpfenden Fehlern vorzubeugen, ausdrücklich betont, daß man bei Anwendung der vorstehenden Formel stets ihre Entstehungsgrundlage vor Augen haben muß. Insbesondere gilt dies für f_0, das in Unkenntnis des wahren Sachverhalts zuweilen mit der Vorspannung der Federn bei Schwingern mit horizontaler Schwingrichtung gleichgesetzt wird — ein Fehler, der naturgemäß zu einem gänzlich unsinnigen Ergebnis führt.

11. Schwingungen einer einseitig eingespannten Blattfeder.

Ein anderer Fall eines mittels Biegefeder abgefederten Schwingers ist in Abb. 21 dargestellt. Eine einseitig fest eingespannte Blattfeder von der Breite b cm und der Dicke h cm trägt an ihrem Ende eine Masse von G kg Gewicht, deren Schwerpunkt von der Einspannstelle um l cm entfernt ist. Es ergeben sich eine Reihe sehr interessanter Betrachtungen, wenn man die Achse der Biegefeder unter verschiedenen Winkeln zur Vertikalen neigt. Der einfachste Fall besteht gemäß Abb. 21 darin, daß die Federachse horizontal gerichtet ist. In

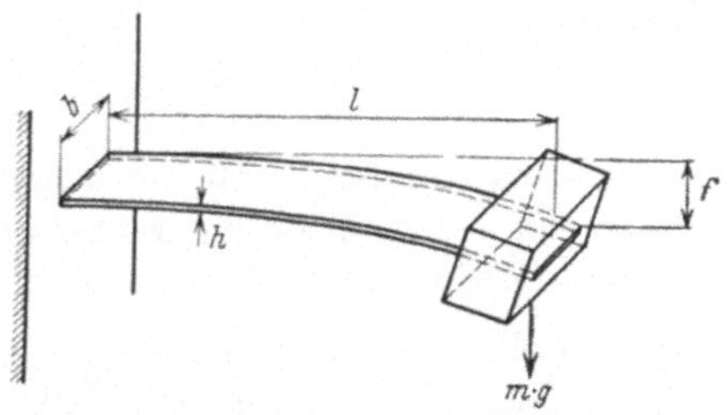

Abb. 21. Schwinger, bestehend aus einer einseitig eingespannten Blattfeder mit horizontaler Achse und Masse am freien Federende.

diesem Fall bietet die Rechnung keine Besonderheiten. Auf Grund der bekannten Durchbiegeformel für den einseitig eingespannten und am freien Ende belasteten Träger[1] ergibt sich die Federkonstante zu $c = \dfrac{3EJ}{l^3}$, so daß die Eigenschnelle des vorliegenden Systems den Betrag besitzt:

$$(34) \qquad \nu = \sqrt{\frac{3E \cdot J}{l^3 \cdot m}}.$$

---

[1] $f = \dfrac{1}{3}\dfrac{P \cdot l^3}{E \cdot J}.$

Der mitschwingende Massenteil der Feder kann mit etwa 30% der Masse des freitragenden Federstücks angenommen werden.

Wesentlich interessanter gestaltet sich die Untersuchung des zweiten Falles, bei dem die Feder so eingespannt wird, daß die Achse senkrecht nach unten zeigt, wobei gemäß Abb. 22 sich die Masse unterhalb des Einspannpunktes befindet. In diesem Fall ist für die Schwingung der Masse nicht allein die elastische Rückstellkraft der Federung maß-gebend; vielmehr tritt hierzu noch eine gewisse, durch das Schwerefeld gegebene Rückstellkraft, die dadurch bedingt wird, daß der Schwerpunkt der Masse keine horizontale, sondern eine nach oben gekrümmte Bahn beschreibt, welche durch die elastische Durchbiegungslinie der Feder festgelegt ist. Den Einfluß dieser Krümmung erfaßt man am einfachsten durch die Vorstellung, daß gemäß Abb. 22 der Schwinger aus einem mathematischen Pendel besteht, dessen Pendellänge gleich dem

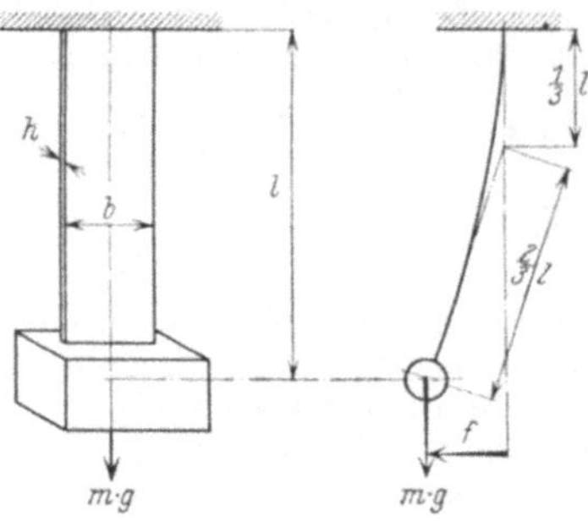

Abb. 22. Schwinger, bestehend aus einer mit senkrechter Achse hängend eingespannten Blattfeder mit Masse am freien Federende.

Krümmungsradius der vorliegenden Bahnkurve ist und dessen Masse außer durch das Schwerefeld noch durch die zusätzliche Federung der Blattfeder in die Ruhelage zurückgeführt wird. Die gesuchte Pendellänge läßt sich gemäß Abb. 22 leicht berechnen. An Hand einer bekannten Formel:

$$\operatorname{tg} \beta_{(x=0)} = \frac{f}{r} = \frac{3}{2l} \cdot f\,[1]$$

finden wir nämlich, daß die Tangente, welche man an die elastische Linie des freien Blattfederendes anlegt, bei allen Durchbiegungen die Federachse in ein und demselben Punkt schneidet, der von der Einspannstelle die Entfernung $\frac{l}{3}$ besitzt. Der Krümmungsradius der Schwingbahn und damit die Länge des Ersatzpendels besitzt somit den Betrag $r = \frac{2}{3}\,l$.

Die Gesamtfederkonstante des vorliegenden Schwingers ist die Summe der Federkonstanten von Feder und Schwerefeld, berechnet sich also zu:

$$c = c_1 + \frac{G}{r},$$

(35)
$$c = \frac{3\mathsf{E} \cdot J}{l^3} + \frac{3 \cdot m \cdot g}{2l}$$

$$\left(J = \frac{b\,h^3}{12} = \text{Flächenträgheitsmoment des Federquerschnitts} \right),$$

---

[1] Hütte Bd. 1, Abschnitt 5 II d, S. 609.

womit die Eigenschnelle des Schwingers gefunden wird zu:

$$(36) \qquad \nu = \sqrt{\frac{3\mathsf{E}\cdot J}{m\cdot l^3} + \frac{3}{2}\frac{g}{l}}\,.$$

Zahlenbeispiel: Es ist die Eigenschnelle einer mit senkrechter Achse am oberen Ende fest eingespannten Blattfeder (Stahl, $\mathsf{E} = 2{,}2\cdot 10^6\,\mathrm{kg/cm^2}$) von $b = 6$ cm Breite und $h = 0{,}3$ cm Dicke zu berechnen, die am unteren Ende eine Masse vom Gewicht $G = 11{,}6$ kg trägt. Der Abstand des Schwerpunkts von der Einspannstelle beträgt $l = 42$ cm.

Man berechnet:

$$J = \frac{6\cdot 0{,}3^3}{12} = 0{,}0135 \text{ cm}^4\,;$$

$$\nu = \sqrt{\frac{3\cdot 2{,}2\cdot 10^6\cdot 0{,}0135\cdot 981}{11{,}6\cdot 42^3} + \frac{3\cdot 981}{2\cdot 42}} = \sqrt{101{,}6 + 35} = 11{,}7/\text{sec}.$$

Der bei weitem interessanteste Fall liegt vor, wenn man die Feder um 180° umkehrt, so daß sich die Masse senkrecht oberhalb der Einspannstelle befindet (Abb. 23). In diesem Fall übt, da die Schwingungsbahn nach unten gekrümmt ist, die Federung des Schwerefeldes eine negative Wirkung aus. Während im vorhergehenden Fall die Federkonstante des Schwerefeldes sich zu der elastischen Federung addierte, tritt im vorliegenden Fall eine Differenz auf. Die resultierende Federkonstante besitzt jetzt den Betrag:

$$(37) \qquad c = \frac{3\mathsf{E}\cdot J}{l^3} - \frac{3\,m\cdot g}{2l}$$

und die Eigenschnelle berechnet sich zu:

$$(38) \qquad \nu = \sqrt{\frac{3\mathsf{E}\cdot J}{m\cdot l^3} - \frac{3g}{2l}}\,.^{[1]}$$

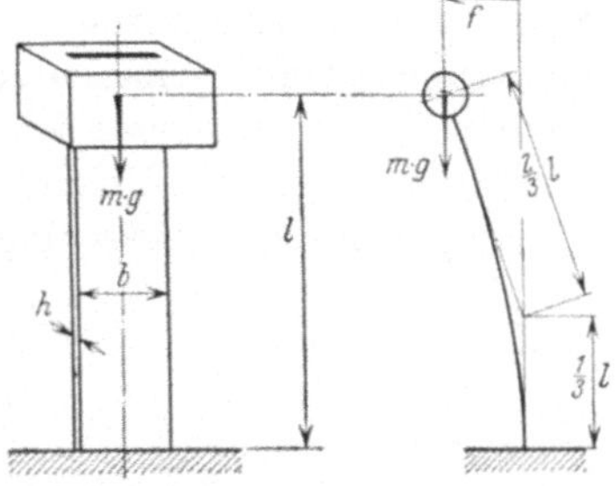

Abb. 23. Schwinger, bestehend aus einer mit senkrechter Achse stehend eingespannten Blattfeder mit Masse am freien Federende.

Man erkennt, daß der Betrag der resultierenden Federkonstanten im vorliegenden Fall bei geeigneter Wahl der schwingenden Masse m gleich 0 wird. Damit aber hat das Schwingungssystem seinen Schwingungscharakter eingebüßt, es befindet sich im Zustand des indifferenten Gleichgewichts, da die negativ wirkende Labilitätskraft mit der stabilisierenden Federkraft bei jeder Ausbiegung im Gleichgewicht steht. Beim geringsten Anstoß wird sich somit der Ausschlag der Masse immer mehr vergrößern, die Feder wird sozusagen widerstandslos zusammenknicken und das zugehörige Belastungsgewicht kann mit Recht als kritische Knicklast der Feder bezeichnet werden. Überschreitet m den

---

[1] Mit den Werten des vorstehenden Zahlenbeispiels ergibt sich z. B.:

$$\nu = \sqrt{101{,}6 - 35} = 8{,}67 \text{ 1/sec}\,.$$

kritischen Wert, so überwiegt die Labilitätskraft und der Gleichgewichtszustand wird labil, wodurch naturgemäß eine sofortige Zerstörung (d. h. Bruch) der Feder bedingt ist.

Bei Durchführung dieser sicherlich einfachen und durchsichtigen Betrachtung erscheint das viel umstrittene Knickproblem in einem ganz anderen Lichte, als bei der üblichen statischen Betrachtungsweise. Als Wesen des Knickvorganges tritt der Kampf des elastischen Rückstellmoments der Feder mit dem Labilitätsmoment der Schwerkraft klar zutage.

Auch die Knicksicherheit läßt sich vom Standpunkt der Schwingungslehre aus gründlicher erfassen als vom Standpunkt der Statik. Man kann die Eigenschnelle des als Knicksystem erscheinenden Schwingers geradezu als Maß hierfür benutzen. Am einwandfreiesten berücksichtigt man die Verhältnisse durch folgende Vorschrift:

Das der Knickgefahr ausgesetzte System muß so bemessen sein, daß der Energieinhalt des stärksten zu erwartenden Stoßes die Masse nur so weit aus der Gleichgewichtslage auszulenken vermag, daß die zulässige Höchstbelastung der Federung nicht überschritten wird. Die Frage der Knicksicherheit wird also ihren Ausgang nehmen müssen von der möglichst genauen Abschätzung der Energie A_k des zu erwartenden Stoßes (z. B. des Windstoßes bei einem Gittermast). Zwischen der Stoßenergie, der Eigenschnelle, der zulässigen Knicklast und dem zulässigen größten Ausschlag bestehen die bekannten Beziehungen:

$$A_k = \frac{m}{2} \cdot v^2 \cdot f^2{}_{\max},$$

$$(39) \qquad\qquad v = \sqrt{\frac{2\,A_k}{f^2{}_{\max} \cdot m}}.$$

Abb. 24 zeigt für ein Zahlenbeispiel, wie die Eigenschnelle v und damit die ertragbare Stoßenergie sich mit der freien Länge l ändert.

Nach den vorstehenden Ausführungen dürfte es gerechtfertigt erscheinen, das Knickproblem als ein dynamisch-energetisches und nicht als ein rein statisches zu kennzeichnen und zu behandeln.

In der gleichen Weise wie der vorstehende einfachste Fall lassen sich natürlich auch die drei übrigen Hauptfälle der Knickbelastung behandeln. Es würde jedoch zu weit führen, an dieser Stelle darauf einzugehen. Es sei betont, daß das vorstehend erhaltene Ergebnis nicht genau mit der Eulerschen Knickformel übereinstimmt. Die zulässige Knicklast beträgt nach Euler für den vorliegenden Fall:

$$P_k = \frac{\pi^2}{4} \cdot \frac{E \cdot J}{l^2} = \sim 2{,}5\,\frac{E \cdot J}{l^2},$$

nach unserer Berechnung dagegen nur:

$$G_k = 2 \cdot \frac{E \cdot J}{l^2}.$$

Vom dynamischen Standpunkt aus betrachtet tritt also der Zustand des indifferenten Gleichgewichts und damit die Knickgefahr bei einer

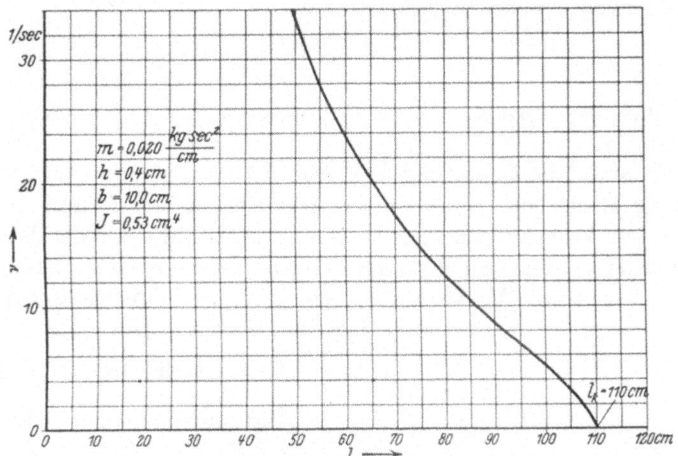

Abb. 24. Abhängigkeit der Eigenschnelle ν des in Abb. 23 gezeichneten Schwingers von der Einspannlänge l der Blattfeder.
Bei $l = 110$ cm tritt indifferentes Gleichgewicht ein. Für diese Einspannlänge ist $m = 0{,}02 \frac{\text{kgsec}^2}{\text{cm}}$ ($G = 20$ kg) die kritische Knicklast.

Belastung auf, die um rund 20 % kleiner ist als der nach der Eulerschen Formel gefundene Wert.

12. Schaltung von Federn.

In vielen Fällen wird es aus praktischen Gründen nicht möglich sein, die Federung durch nur eine Feder zu bewerkstelligen. Man wird vielmehr genötigt sein, mehrere Federn parallel oder auch hintereinander zu schalten. Es ist nötig, die dabei auftretenden Gesetzmäßigkeiten zu beherrschen.

a) Parallelschaltung.

Beim Parallelschalten von Federn gilt es als Hauptgesetz, daß sich die Federkonstanten der einzelnen Federn addieren. Der Beweis ergibt sich an Hand der Abb. 25, wo die Parallelschaltung von zwei Federn dargestellt ist. Dabei soll unter Parallelschaltung jede Anordnung verstanden werden, bei der die Federn gezwungen sind, sämtlich den gleichen Weg (Auslenkung) auszuführen.

Werden die beiden Federn mit den Konstanten c_1 und c_2 gemäß Anordnung der Abb. 25 mit der Kraft P gedehnt[1] und zwar um den

---

[1] Der Angriffspunkt von P muß auf dem Querhaupt so gewählt werden, daß beide Federn stets gleiche Dehnungen erfahren.

Betrag f, so gilt die Gleichgewichtsbedingung:

$$c_1 \cdot f + c_2 \cdot f = P ,$$

oder die resultierende Federkonstante:

$$(40) \qquad c_r = \frac{P}{f} = c_1 + c_2 ,$$

womit das oben angeschriebene Hauptgesetz für die Parallelschaltung bewiesen ist.

Aber auch die Schaltung der Abb. 26 ist als eine reine Parallelschaltung anzusehen. Zwar werden hier die beiden Federn mit einer bestimmten Vorspannung gegeneinander gespannt. Bei der Bewegung der Masse m werden sie jedoch gezwungen, gleiche Wege zu beschreiben. Nehmen wir an, die Vorspannung betrage P_0 kg, dann ist in der Ruhelage der Masse m die erste Feder um $f_{01} = \dfrac{P_0}{c_1}$, und die zweite Feder um $f_{02} = \dfrac{P_0}{c_2}$ zusammengedrückt. Wird jetzt

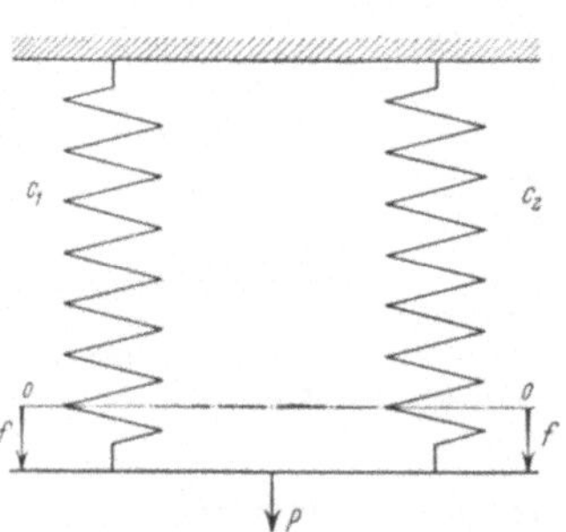

Abb. 25. Schema 1 für das Parallelschalten von Federn.

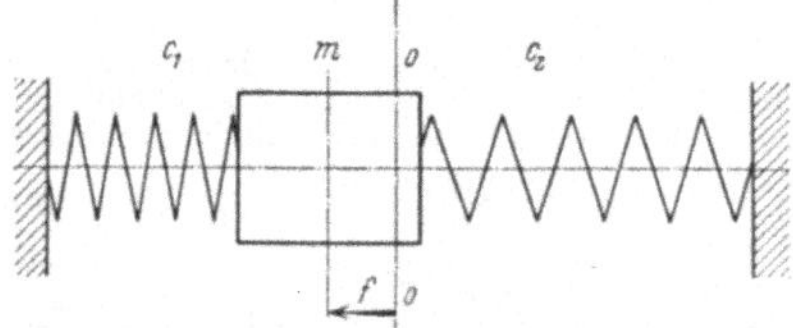

Abb. 26. Schema 2 für das Parallelschalten von Federn.

die Masse um den Betrag f z. B. nach rechts abgelenkt, so daß $f_1 = f_{01} + f$, $f_2 = f_{02} - f$ wird, so ist die wachgerufene Rückstellkraft, die m in die Gleichgewichtslage zurückzulenken sucht:

$$P_R = c_1 \cdot f_1 - c_2 \cdot f_2 = c_1 \cdot f_{01} + c_1 \cdot f - c_2 \cdot f_{02} + c_2 \cdot f ,$$

nun ist

$$c_1 \cdot f_{01} = c_2 \cdot f_{02} = P_0 ,$$

also bleibt

$$P_R = (c_1 + c_2) \cdot f ,$$

womit wiederum die Gültigkeit des Hauptgesetzes auch in diesem etwas verwickelteren Fall bewiesen ist.

b) Hintereinanderschaltung.

Nicht ganz so einfach wie bei der Parallelschaltung liegen die Verhältnisse bei Hintereinanderschaltung. Die hierbei maßgebende Bedingung besteht darin, daß die Dehnungen der Federn sich addieren, während die Kräfte gleiche Größe besitzen. In Abb. 27 sind zwei hintereinandergeschaltete Federn dargestellt. Das freie Ende der zweiten Feder sei durch die Kraft P belastet. Unter ihrer Wirkung dehnt sich die Feder *1* um den Betrag $f_1 = \dfrac{P}{c_1}$, die Feder *2* um den Betrag $f_2 = \dfrac{P}{c_2}$.

Die Gesamtdehnung f ist die Summe der beiden Dehnungen f_1 und f_2. Die dieser Dehnung entsprechende resultierende Federkonstante beträgt demnach:

$$c_r = \frac{P}{f} = \frac{P}{f_1 + f_2}.$$

Setzt man für f_1 und f_2 obige Werte ein, so ergibt sich die übersichtliche Schreibweise:

$$(41) \qquad \frac{1}{c_r} = \frac{1}{c_1} + \frac{1}{c_2}$$

oder

$$(42) \qquad c_r = \frac{c_1 \cdot c_2}{c_1 + c_2}.$$

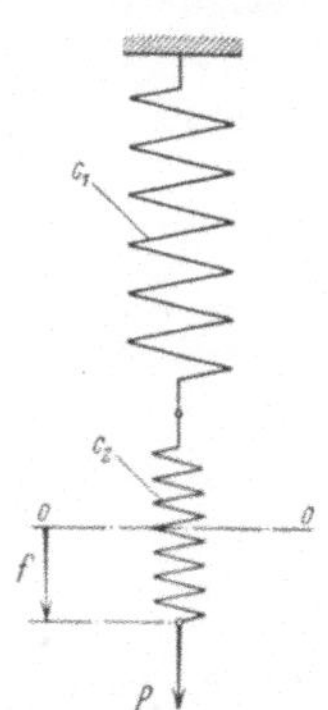

Abb. 27. Schema für die Hintereinanderschaltung von Federn.

Ein einfaches graphisches Berechnungsverfahren für dieses Gesetz zeigt Abb. 28. Man trägt in geeignetem Maßstab die Werte $(c_1 + c_2)$ und c_2 als Katheten eines rechtwinkligen Dreiecks auf. Zieht man im Abstand c_2 eine Parallele zur Kathete c_2, so wird auf ihr durch die Kathete $(c_1 + c_2)$ und die Hypotenuse eine Strecke von der Länge c_R herausgeschnitten. Der Beweis für die Richtigkeit dieser Konstruktion ergibt sich an Hand der aus Abb. 28 abzulesenden Proportion:

$$c_1 : c_R = (c_1 + c_2) : c_2,$$

also

$$c_R = \frac{c_1 \cdot c_2}{c_1 + c_2}.$$

Sind mehr als zwei Federn hintereinandergeschaltet, so läßt sich das oben angeschriebene Gesetz folgendermaßen erweitern:

$$(43) \qquad \frac{1}{c_r} = \frac{1}{c_1} + \frac{1}{c_2} + \frac{1}{c_3} + \frac{1}{c_4} + \cdots.$$

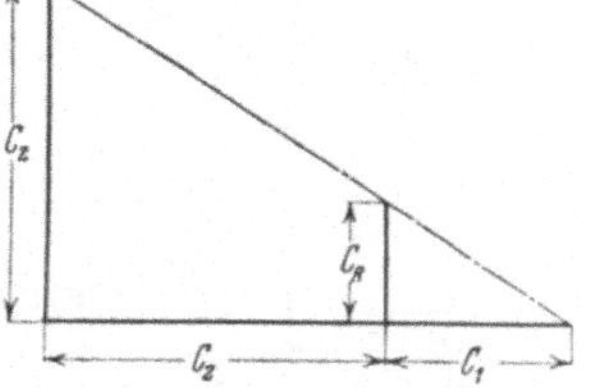

Abb. 28. Diagramm für die graphische Berechnung der resultierenden Federkonstanten bei Hintereinanderschaltung von Federn.

In Worten: „Bei Hintereinanderschaltung von Federn ist der reziproke Wert der resultierenden Federkonstanten gleich der Summe der reziproken Werte der einzelnen Federkonstanten."

Zahlenbeispiel: Gemäß Abb. 29 ist die Eigenschnelle eines Schwingers zu berechnen, dessen Masse $m = 0{,}01 \dfrac{\text{kg sec}^2}{\text{cm}}$ beträgt und dessen Federung aus einer einseitig eingespannten Blattfeder von den Ab-

messungen $h = 0,6$ cm, $b = 6$ cm, $l = 30$ cm besteht, an deren freiem
Ende eine Schraubenfeder von $n = 20$ Windungen, einem Drahtdurchmesser von $d = 0,6$ cm und einem Windungsradius von $r = 3,0$ cm befestigt ist.

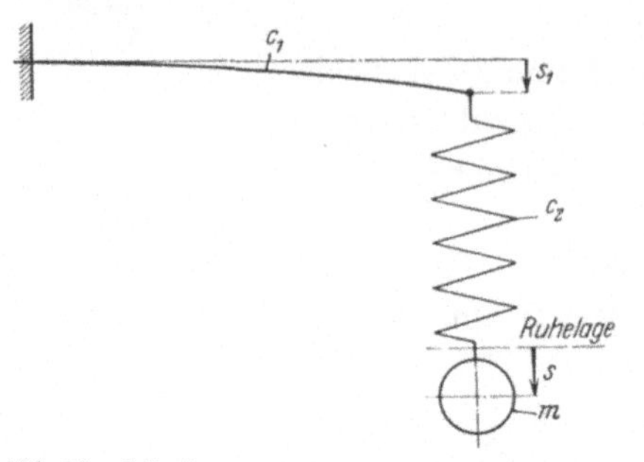

Abb. 29. Schwinger mit hintereinandergeschalteter
Blattfeder und Schraubenfeder.

Man berechnet:

$$c_1 = \frac{3\,\mathsf{E} \cdot J}{l^3} = \frac{3 \cdot 2,2 \cdot 10^6 \cdot 6 \cdot 0,6^3}{30^3 \cdot 12}$$
$$= 26,4 \,\text{kg/cm} \,.$$

$$c_2 = \frac{d^4 \cdot \mathsf{G}}{64 \cdot n \cdot r^3} = \frac{0,6^4 \cdot 8 \cdot 10^5}{64 \cdot 20 \cdot 3^3}$$
$$= 3,0 \,\text{kg/cm} \,.$$

$$c_R = \frac{26,4 \cdot 3}{26,4 + 3} = 2{,}69 \,\text{kg/cm} \,.$$

$$v_0 = \sqrt{\frac{2,69}{0,01}} = 16,4/\text{sec} \,.$$

13. Schwingungen von Wassersäulen in kommunizierenden Gefäßen.

Ein sehr anschauliches Beispiel dafür, wie man in übersichtlicher
Weise die Eigenschwingungszahl durch Aufstellung der Energiegleichung
ermittelt, falls die Masse des Schwingungssystems und seine Federung
sich nicht in einfacher Weise direkt bestimmen lassen, bildet die Ableitung der Eigenschnelle bei Schwingungen von Wassersäulen in kommunizierenden Gefäßen.

Gemäß Abb. 30 seien
zwei zylindrische Gefäße
vom Querschnitt F_1 und
F_2, die bis zur Höhe H_1
bzw. H_2 mit Wasser ge-
füllt sind, durch ein enges
Rohr vom lichten Quer-
schnitt F_0 und der Länge l
verbunden. Durch einen

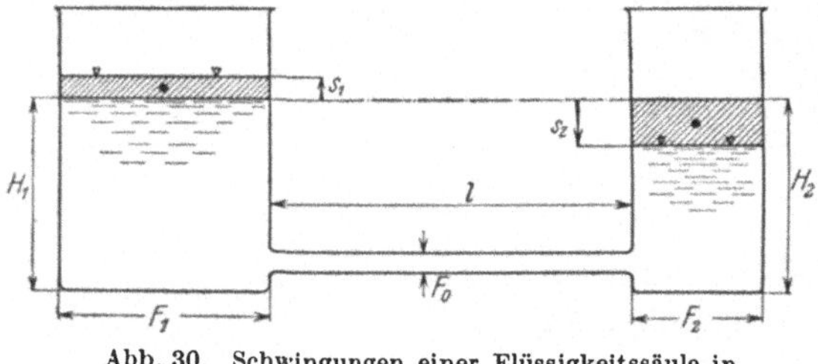

Abb. 30. Schwingungen einer Flüssigkeitssäule in
kommunizierenden Gefäßen.

Impuls beliebiger Art werde das Wasser in Schwingung versetzt. Es
ist zu berechnen, mit welcher Eigenschnelle die Schwingungen des
Wasserspiegels vor sich gehen.

Wie gesagt, wollen wir die Lösung der Aufgabe durch Aufstellen
der Energiegleichung bewerkstelligen. Zu diesem Zweck ist zu berechnen, welche Beträge die kinetische und die potentielle Energie des
vorliegenden Schwingungssystems in einem bestimmten Augenblick der
Schwingung besitzen.

Bei der Berechnung beziehen wir unsere Betrachtungen auf den

Wasserspiegel des zylindrischen Gefäßes *1* und bezeichnen dessen Auslenkung aus der Ruhelage mit s_1.

a) Die potentielle Energie.

An erster Stelle ist zu berechnen, durch welche Gesetzmäßigkeit die potentielle Energie mit der Spiegelauslenkung s_1 zusammenhängt. Die Lösung der Aufgabe gelingt an Hand folgender Betrachtung:

Bei der Auslenkung s_1 lastet, wie Abb. 30 anschaulich erkennen läßt, in dem Gefäß *1* über der Nullage des Wasserspiegels ein zylindrischer Flüssigkeitskörper von der Höhe s_1 und der Grundfläche F_1, also dem Gewicht $s_1 \cdot F_1 \cdot \gamma$ (γ = spezifisches Gewicht der Flüssigkeit). Das gleiche Flüssigkeitsvolumen fehlt in dem Gefäß *2*, da sich die gesamte Flüssigkeitsmenge bei der Bewegung nicht ändern kann. Das Fehlen dieses Betrages bewirkt in dem Gefäß *2* die zu s_1 entgegengerichtete Auslenkung s_2. Diese steht durch das „Kontinuitätsgesetz" mit s_1 in einfacher Beziehung. Es ist nämlich:

$$F_1 \cdot s_1 = F_2 \cdot s_2; \quad \text{also} \quad s_2 = \frac{F_1}{F_2} \cdot s_1 .$$

Die potentielle Energie, die nötig ist, um die Spiegelauslenkung s_1 hervorzurufen, ist nun gleich der Arbeit, die geleistet werden muß, um den Flüssigkeitszylinder vom Gewicht $F_2 \cdot s_2 \cdot \gamma$ aus dem Gefäße *2* zu entnehmen und ihn auf den in der Nullage befindlichen Flüssigkeitsspiegel des Gefäßes *1* aufzusetzen, wo er sich in einen Flüssigkeitszylinder von der Grundfläche F_1 und der Höhe s_1 umformt. Der bei diesem Transport zurückgelegte Weg des Schwerpunktes (d. h. die Hubhöhe des transportierten Flüssigkeitsgewichtes) ergibt sich zu:

$$\frac{s_1 + s_2}{2} .$$

Damit berechnet sich die geleistete Arbeit, d. h. die zur Auslenkung s_1 gehörige potentielle Energie zu:

$$A_p = F_1 \cdot s_1 \cdot \gamma \frac{s_1 + s_2}{2} ,$$

und da

$$s_2 = \frac{F_1}{F_2} \cdot s_1 :$$

$$(44) \qquad \boxed{A_p = \frac{s_1^2}{2} \cdot \gamma \cdot \left(\frac{F_1 + F_2}{F_2}\right) \cdot F_1 .}$$

b) Die kinetische Energie.

In ähnlicher Weise gewinnt man den Ausdruck für die kinetische Energie. Sie berechnet sich als Summe der kinetischen Energien in den beiden Gefäßen und in der Verbindungsleitung. Zu ihrer Berechnung muß man vor allem die Größe der Geschwindigkeiten in den einzelnen Gefäßen kennen. Sie stehen miteinander durch die Kontinuitätsgleichung in Beziehung.

Ist

$$v_1 = \frac{ds_1}{dt} \text{ die Spiegelgeschwindigkeit in Gefäß } 1,$$

$$v_2 = \frac{ds_2}{dt} \text{ die Spiegelgeschwindigkeit in Gefäß } 2,$$

$$v_3 = \text{ die Durchflußgeschwindigkeit in der Verbindungsleitung,}$$

so berechnet sich die kinetische Energie des Gesamtsystems zu:

$$A_k = \tfrac{1}{2}(m_1 \cdot v_1^2 + m_2 \cdot v_2^2 + m_3 \cdot v_3^2).$$

Hierbei ist:

$$m_1 = F_1(H_1 + s_1)\frac{\gamma}{g} = \text{ bewegte Masse in Gefäß } 1,$$

$$m_2 = F_2(H_2 - s_2)\frac{\gamma}{g} = \text{ bewegte Masse in Gefäß } 2,$$

$$m_3 = F_0 \cdot l \cdot \frac{\gamma}{g} \qquad = \text{ bewegte Masse in der Verbindungsleitung.}$$

Nach der Kontinuitätsgleichung ist:

$$v_1 \cdot F_1 = v_2 \cdot F_2 = v_3 F_0 \quad \text{oder} \quad v_2 = \frac{v_1 \cdot F_1}{F_2}; \qquad v_3 = \frac{v_1 \cdot F_1}{F_0}.$$

Führt man diese Werte in die Gleichung für A_k ein, so ergibt sich:

$$A_K = \frac{\gamma}{2g} v_1^2 \left\{ F_1 \cdot H_1 + F_1 \cdot s_1 + F_2 \cdot H_2 \cdot \frac{F_1^2}{F_2^2} - F_2 \cdot s_2 \cdot \frac{F_1^2}{F_2^2} + F_0 \cdot l \cdot \frac{F_1^2}{F_0^2} \right\}.$$

$$(45) \quad A_K = \frac{\gamma}{2g} \cdot v_1^2 \cdot F_1 \left\{ H_1 + \frac{F_1}{F_2} \cdot H_2 + \frac{F_1}{F_0} \cdot l + s_1 \left(1 - \frac{F_1^2}{F_2^2}\right) \right\}.$$

Das letzte Glied in der Klammer, das die mathematische Auswertung etwas erschwert, kann vernachlässigt werden, wenn man sich auf die in praktischen Fällen stets zutreffende Betrachtung kleiner Schwingungsausschläge des Spiegels 1 beschränkt.

Bei näherer Betrachtung dieses Ausdrucks für die kinetische Energie bemerkt man die zunächst paradox erscheinende Tatsache, daß der Hauptanteil der kinetischen Energie in dem Verbindungsrohr steckt, trotz der hier sehr geringen bewegten Flüssigkeitsmenge. Der Grund für dieses eigenartige Verhalten ist darin zu erblicken, daß hier die Geschwindigkeit bei weitem die größten Werte annimmt. Ist das Verbindungsrohr im Verhältnis zu den beiden zylindrischen Gefäßen sehr eng und lang, also $\frac{F_1}{F_0} \cdot l$ sehr groß gegenüber H_1 und $\frac{F_1}{F_2} \cdot H_2$, so kann man die in den Gefäßen steckende kinetische Energie im Verhältnis zu der des Verbindungsrohres vernachlässigen.

Diese im ersten Augenblick unglaubhaft erscheinende Tatsache läßt sich dem begrifflichen Verständnis nahe bringen, wenn man sich vergegenwärtigt, daß bei Betrachtung des Schwingungsvorganges die Massen ja nur als Speicher der kinetischen Energie in Betracht gezogen werden, und daß es deshalb vor allem auf die Geschwindigkeit ankommt, mit der sie am Schwingungsvorgang teilnehmen. Es ist deshalb nicht verwunderlich, daß die großen Massen in den Gefäßen, die sich nahezu in Ruhe befinden, auf den Schwingungsvorgang fast keine Einwirkung gewinnen.

c) Die Schwingungsgleichung.

Nach Kenntnis der Ausdrücke für die potentielle und die kinetische Energie läßt sich die Energiegleichung sofort anschreiben. Sie lautet:

$$A_p + A_k = \text{const} = A_0.$$

Unter Einsetzen der soeben berechneten Werte ergibt sich:

$$(46) \quad \frac{1}{2} s_1^2 \cdot \gamma \left(\frac{F_1 + F_2}{F_2} \right) F_1 + \frac{\gamma}{2g} \left(\frac{ds_1}{dt} \right)^2 F_1 \left\{ H_1 + \frac{F_1}{F_2} \cdot H_2 + \frac{F_1}{F_0} \cdot l \right\} = A_0.$$

Bekanntlich erhalten wir aus der Energiegleichung durch einmaliges Differenzieren die Kraftgleichung, aus der die Eigenschnelle abgelesen werden kann. Im vorliegenden Fall lautet die in Normalform gebrachte Kraftgleichung:

$$(47) \quad \frac{d^2 s_1}{dt^2} + s_1 \left[\frac{(F_1 + F_2) F_1 \cdot g}{F_2 \cdot F_1 \cdot \left(H_1 + \frac{F_1}{F_2} \cdot H_2 + \frac{F_1}{F_0} \cdot l \right)} \right] = 0.$$

Der Faktor von s_1 ist bekanntlich die zweite Potenz der gesuchten Eigenschnelle ν, so daß:

$$(48) \quad \nu = \sqrt{ \frac{(F_1 + F_2) \cdot g}{F_2 \left(H_1 + \frac{F_1}{F_2} H_2 + \frac{F_1}{F_0} \cdot l \right)} },$$

womit unsere Aufgabe gelöst ist.

Zahlenbeispiel: Gemäß Abb. 31 sei die Eigenschnelle der Spiegelschwingung in dem Wasserschloß einer Wasserkraftanlage zu berechnen. Die Fläche des Wasserschlosses sei $F_1 = 50\ \text{m}^2$, die Tiefe desselben $H_1 = 25\ \text{m}$; es steht durch einen Druckstollen vom Querschnitt $F_0 = 1{,}5\ \text{m}^2$ und der Länge $l = 270\ \text{m}$ mit dem Stausee $(F_2 = \infty)$ in Verbindung. Man erhält nach Einsetzen der Werte $\left(\frac{F_1}{F_2} = 0 \right)$:

$$\nu = \sqrt{ g \cdot \frac{1}{25 + \frac{50}{1{,}5} \cdot 270} } = \sqrt{ \frac{9{,}81}{9025} } = 0{,}033/\text{sec},$$

$$T = \frac{2\pi}{\nu} = 190\ \text{Sekunden}.$$

d) Vereinfachter Fall.

Es handle sich gemäß Abb. 32 um die Berechnung der Schwingung in einem gleich weiten U-förmigen Rohr; es ist also:

$$F_1 = F_2 = F_0 \quad \text{und} \quad H_1 + H_2 + l = L,$$

d. h. gleich der Länge der Mittellinie der schwin-

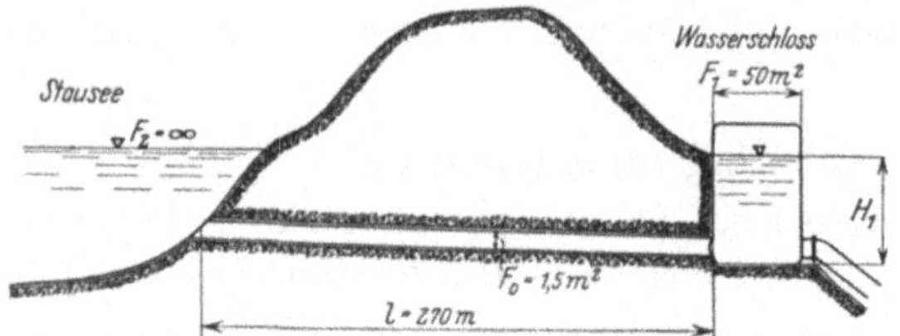

Abb. 31. Schwingungen einer Flüssigkeitssäule im Druckstollen einer Wasserkraftanlage zwischen Stausee und Wasserschloß.

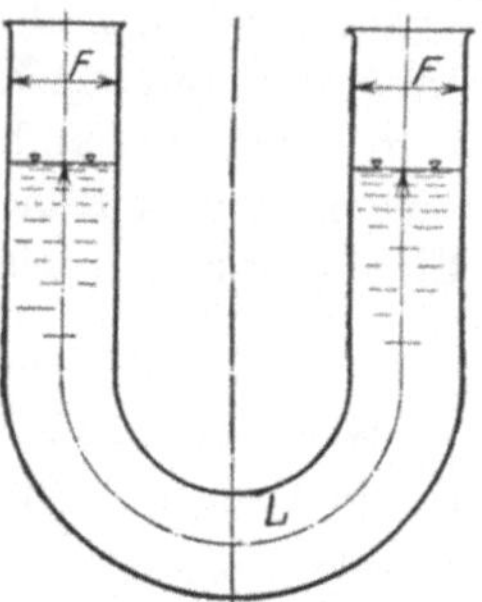

Abb. 32. Schwingungen einer Flüssigkeitssäule im U-Rohr.

genden Wassersäule. Unter Berücksichtigung dieser Werte ergibt sich aus der Gl. (48) für v der Wert:

$$(49) \qquad v = \sqrt{\frac{2g}{H_1 + H_2 + l}} = \sqrt{\frac{2g}{L}},$$

d. h. die Eigenschnelle der Wassersäule im U-Rohr ist gleich derjenigen eines mathematischen Pendels, dessen Faden halb so lang ist wie die Mittellinie der schwingenden Wassersäule.

14. Schwingungen eines Fliehkraftpendels.

Bei der Behandlung von Reglerschwingungen ist vor allem die grundlegende Frage zu erörtern, welche Eigenschnelle die Schwingungen eines einfachen Fliehkraftpendels relativ zum rotierenden Raum, also relativ zur Reglerwelle, besitzen. Die Lösung dieses Problems bietet gleichzeitig ein anschauliches Beispiel dafür, daß man die Federkonstante eines Schwingers, dessen Kraftfeldfunktion bequem durch eine analytische Formel angegeben werden kann, zweckmäßig als Differentialquotienten dieser Kraftfeldfunktion berechnet. Durch Anwendung dieser Regel gelingt die Lösung der vorliegenden, auf den ersten Blick schwierig erscheinenden Aufgabe ohne weiteres.

Das Fliehkraftpendel besitze die in Abb. 33 gezeichnete Gestalt. An der Reglerwelle, die sich mit der Winkelgeschwindigkeit ω dreht, ist im Abstand a von der Achse die masselos zu denkende Pendelstange von der Länge l derart angelenkt, daß sie in einer durch die Achse der Reglerwelle gehenden Schnittebene pendeln kann. Sie trägt an ihrem Ende die kugelförmige Reglermasse m, die mit genügender Näherung unter dem Begriff des „materiellen Punktes" erfaßt werden kann.

An erster Stelle ist es von Interesse, zu berechnen, welchen Winkel α die Pendelstange mit der Drehachse einschließt, wenn die Reglerwelle eine bestimmte Winkelgeschwindigkeit ω besitzt und weiterhin, wie α sich in Abhängigkeit von ω ändert.

Die Pendelmasse steht gemäß Abb. 33 unter Wirkung zweier Kräfte, nämlich:

1. des Eigengewichts mg und
2. der Fliehkraft $C = m \cdot r \cdot \omega^2$,

wobei $r = a + l \cdot \sin \alpha$.

Als Gleichgewichtsbedingung gilt die Tatsache, daß die Summe der einander entgegenwirkenden Momente dieser beiden Kräfte bezüglich des Drehpunktes A verschwinden muß, daß also:

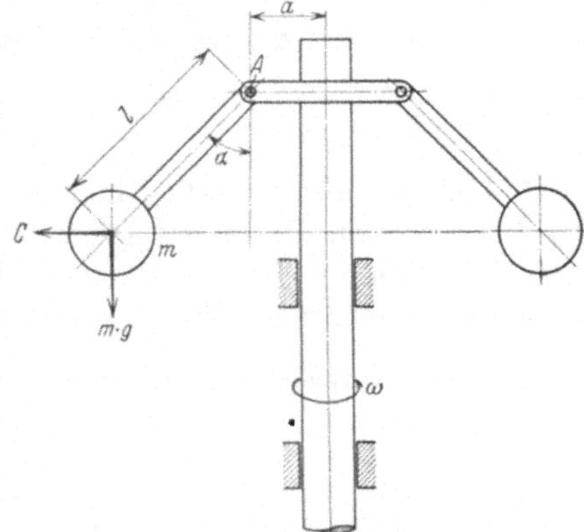

Abb. 33. Schema eines Fliehkraftpendels.

$$M_G = M_F$$
$$m \cdot g \cdot l \cdot \sin \alpha = m \cdot (a + l \cdot \sin \alpha) \cdot l \cdot \cos \alpha \cdot \omega^2$$

und

$$\operatorname{tg} \alpha = \frac{\omega^2}{g} \cdot (a + l \cdot \sin \alpha),$$

$$(50) \qquad \omega^2 = \operatorname{tg} \alpha \cdot \frac{g}{a + l \cdot \sin \alpha}.$$

Am schnellsten gewinnt man die gesuchte Charakteristik, wenn man in dieser Gleichung ω als abhängige und α als unabhängige Veränderliche betrachtet und ω als Funktion von α aufträgt. Hat man diese Kurve erhalten, so kann man aus ihr auch umgekehrt den zu einer beliebigen Winkelgeschwindigkeit ω gehörigen Ausschlagwinkel α ablesen.

Zur Berechnung der Eigenschnelle muß man feststellen, welche Kraft bei der Rotation als Rückstellkraft dP in der Bewegungsrichtung auf die Masse m einwirkt, wenn sie um einen Betrag df aus der durch den soeben errechneten Winkel α gekennzeichneten Gleichgewichtslage ausgelenkt wird. Die Federkonstante c ist, wie bereits erwähnt, als Differentialquotient $\dfrac{dP}{df}$ zu berechnen.

Berücksichtigt man noch, daß $df = l \cdot d\alpha$ und $P = \dfrac{M_G - M_F}{l}$, so ergibt sich:

$$P = \frac{M_G - M_F}{l} = \frac{1}{l}\{m \cdot g \cdot l \cdot \sin\alpha - (a + l \cdot \sin\alpha) \cdot m \cdot \omega^2 \cdot l \cdot \cos\alpha\}$$

$$= m \cdot g \cdot \sin\alpha - m \cdot a \cdot \omega^2 \cdot \cos\alpha - m \cdot l \cdot \omega^2 \cdot \tfrac{1}{2}\sin 2\alpha,$$

$$(51) \quad c = \frac{dP}{df} = \frac{dP}{d\alpha} \cdot \frac{1}{l} = \frac{m}{l}\{g \cdot \cos\alpha + a \cdot \omega^2 \cdot \sin\alpha - l \cdot \omega^2 \cdot \cos 2\alpha\}.$$

Auf Grund dieser Formel läßt sich c zahlenmäßig berechnen; ω ist gegeben, und an Hand der geometrischen Verhältnisse und einer gemäß Gleichung (50) zu berechnenden Kurve (als Beispiel siehe Abb. 34) kann der zugehörige Winkel α ebenfalls ermittelt werden. Damit ist aber unsere Aufgabe gelöst, denn die gesuchte Eigenschnelle $\nu = \sqrt{\dfrac{c}{m}}$

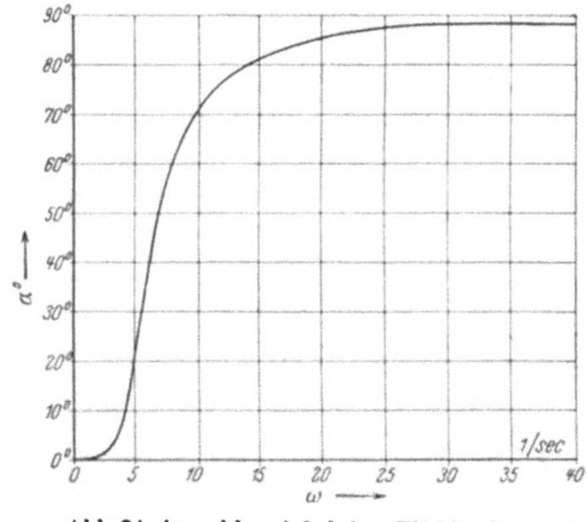

Abb. 34. Ausschlagwinkel eines Fliehkraftpendels in Abhängigkeit von der Winkelgeschwindigkeit.

Tabelle 3.

α^0	$\mathrm{tg}\,\alpha \cdot \dfrac{g}{6 + 25\sin\alpha}$	$\dfrac{\omega}{1/\mathrm{sec}}$
1	2,68	1,64
5	10,50	3,24
10	16,70	4,08
20	23,20	4,81
30	30,60	5,53
40	37,30	6,12
50	46,70	6,83
60	61,30	7,83
70	91,50	9,56
75	121,0	11,10
80	203,0	14,30
85	363,0	18,90
88	910,0	30,20

ist nach Kenntnis von c gegeben, da die Masse m ein von vornherein festliegender Wert ist.

Zahlenbeispiel: Die Durchführung der Rechnung soll an Hand eines Zahlenbeispiels gezeigt werden. Es ist die Eigenschnelle eines Fliehkraftpendels zu berechnen, bei dem $l = 25$ cm, $a = 6$ cm, $m = 0{,}005 \ \dfrac{\mathrm{kgsec}^2}{\mathrm{cm}}$ und $\omega = 10/\mathrm{sec}$ ist.

Wir beginnen die Lösung der Aufgabe mit der Berechnung der Kurve $\omega = f(\alpha)$ gemäß Gl. (50). Das Ergebnis ist in Abb. 34 aufgetragen. Aus dieser Kurve läßt sich unmittelbar der zu einer beliebigen Winkelgeschwindigkeit ω gehörige Gleichgewichtswinkel α abgreifen. Z. B. ist im vorliegenden Fall bei $\omega = 10/\mathrm{sec}$, $\alpha = 71{,}5^0$.

Nach Kenntnis des Winkels α ergibt sich die Federkonstante c gemäß Gl. (51) zu:

$$c = \frac{m}{l} \cdot \{g \cdot \cos \alpha + a \cdot \omega^2 \cdot \sin \alpha - l \cdot \omega^2 \cdot \cos \cdot 2\alpha\}$$

$$= \frac{0{,}005}{25} \{981 \cdot 0{,}3173 + 6 \cdot 100 \cdot 0{,}9483 - 25 \cdot 100 \cdot (- 0{,}7986)\}$$

$$= 0{,}576 \, \text{kg/cm} \, ,$$

so daß

$$v = \sqrt{\frac{c}{m}} = \sqrt{\frac{0{,}576}{0{,}005}} = 10{,}74/\text{sec} \, ,$$

womit die gestellte Aufgabe gelöst ist.

15. Schwinger mit besonders niedriger Eigenschnelle.

Beim Bau von Erschütterungsmessern (Pallographen) und Erd-
bebenmessern (Seismographen) tritt die Aufgabe auf, Schwinger zu
schaffen, deren Eigenschnelle so niedrig wie irgend möglich sein
soll. Der Grund für diese Forderung ist darin zu erblicken, daß bei
diesen Instrumenten ein im Raum in absoluter Ruhe befindlicher Punkt
geschaffen werden soll, der als Bezugspunkt bei der Messung der Schwingungen dient. Zur Erreichung dieses Zieles läßt sich die Tatsache benutzen, die hier vorweggenommen sei, daß die Masse eines Schwingungssystems praktisch in Ruhe verharrt, wenn sich der Aufhängepunkt
der Federung mit einem Rhythmus bewegt, dessen Taktzahl wesentlich
oberhalb der Eigenschwingungszahl des Systems liegt (mindestens beim
Vierfachen der Eigenschnelle), und zwar um so vollkommener, je höher
die Impulstaktzahl wird. Vom praktischen Gesichtspunkt aus betrachtet läuft demnach die Aufgabe, Erschütterungsmesser zu bauen,
vor allem darauf hinaus, Schwingungssysteme zu schaffen, deren Eigenschnelle nur etwa den vierten Teil der niedrigsten, noch zu messenden
Schwingungszahl ausmacht.

Wir stellen uns zum Beispiel die in der Seismographentechnik vor-
kommende Aufgabe, je ein Pendel für die Messung der horizontalen
und der vertikalen Schwingungen zu entwerfen, deren Eigenschnelle
nur $v = 0{,}5/\text{sec}$ beträgt.

a) Horizontalpendel.

Würde man ein im Erdschwerefeld schwingendes mathematisches
Pendel für die geforderte Eigenschnelle $v = 0{,}5/\text{sec}$ wählen, so würde
dieses Pendel eine Länge von $l \sim = 40 \, \text{m}$ erhalten müssen, denn
es berechnet sich gemäß Gl. (28):

$$l = \frac{g}{v^2} = \frac{981}{0{,}25} = 3924 \, \text{cm} \, .$$

Astatisches Pendel. Es wäre sinnlos, das Meßgerät mit einem solchen Pendel ausführen zu wollen. Die Seismographentechnik hat sich daher nach dem Vorbild von Emil Wiechert, Göttingen, in geistreicher Weise durch Ausbildung des sogenannten astatischen Pendels geholfen, das einen Schwinger von der gewünschten niedrigen Eigenschnelle darstellt und sich mit sehr geringem Raumbedarf bauen läßt. Dasselbe besteht gemäß Abb. 35 im wesentlichen aus einer in einem Gestell gelagerten Masse, deren Unterstützungspunkt wesentlich unterhalb des Schwerpunkts liegt. An sich ist dieses System im labilen Gleichgewicht. Die Stabilisierung erfolgt durch Schraubenfedern, deren prinzipielle Anordnung aus Abb. 35 zu erkennen ist. Die Federn sind so zu bemessen, daß das von ihnen ausgehende Stabilisierungsmoment das Labilitätsmoment des Pendels nur um einen geringen Betrag überwiegt, derart, daß die geforderte Eigenschnelle erreicht wird.

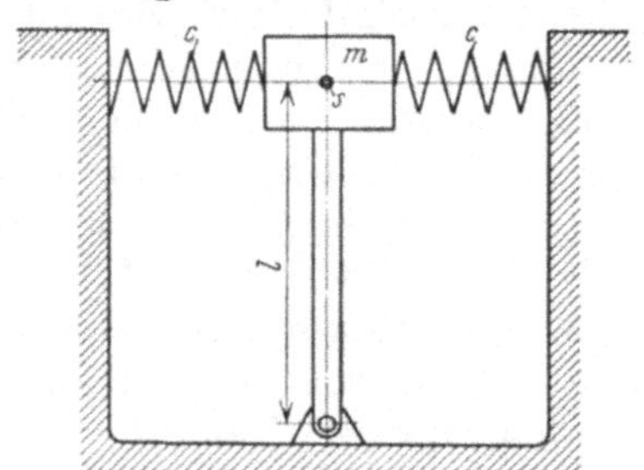

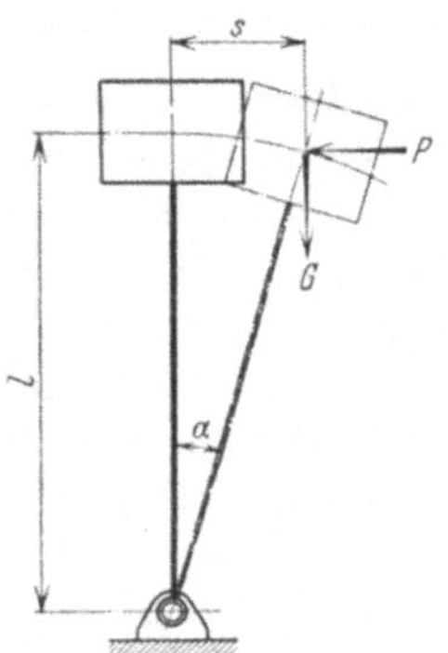

Abb. 35. Schema des astatischen Pendels nach Wiechert.

Abb. 36. Berechnung des Labilitätskraftfelds beim astatischen Pendel.

Berechnung des Labilitätskraftfeldes. Zur Erfassung der Labilitätswirkung berechnen wir, welche Kraft P bei einer bestimmten Schwerpunktsauslenkung s erforderlich ist, um das Pendel gerade im Gleichgewicht zu halten, und nach welcher Gesetzmäßigkeit sich diese Kraft in Abhängigkeit von der Schwerpunktsauslenkung ändert.

Mit den Bezeichnungen der Abb. 36 ergibt sich das Labilitätsmoment zu:

$$M_L = G \cdot l \cdot \sin \alpha = G \cdot s$$

und damit die im Schwerpunkt in horizontaler Richtung angreifende Unterstützungskraft P, die erforderlich ist, um das Labilitätsmoment gerade aufzuheben, zu:

$$(52) \qquad P = -\frac{G}{l} \cdot s,$$

wobei das Minuszeichen andeutet, daß sie entgegengesetzt zur Auslenkung s gerichtet ist.

Die Gleichung zeigt, daß die Unterstützungskraft direkt proportional der Auslenkung s ist. In der Formel kann der Ausdruck $\dfrac{P}{s} = -\dfrac{G}{l}$ gewissermaßen als eine negative Federkonstante betrachtet werden. Jedenfalls ist klar, daß man durch Anbringen einer Federung mit horizontaler Wirkungslinie, die genau durch den Schwerpunkt S geht und die Federkonstante $c_F = \dfrac{G}{l}$ besitzt, das Pendel im indifferenten Gleichgewicht halten kann, derart, daß es in jeder beliebigen Lage stehen bleibt, da die Rückstellkraft der Federung bei jeder Auslenkung die Kipp-

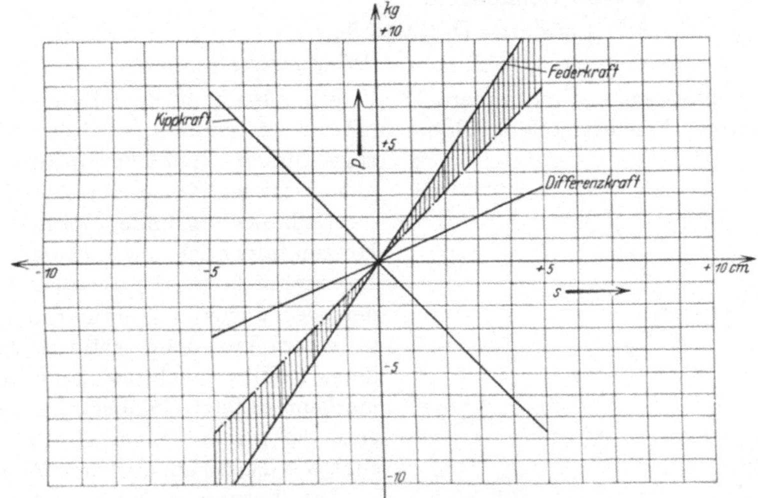

Abb. 37. Kraftfelddiagramm des astatischen Pendels.

Die für die Eigenschnelle in Betracht kommende resultierende Rückstellkraft (Differenzkraft) ist die arithmetische Summe aus Federkraft und Kippkraft. Diese ist im Diagramm durch Schraffur angedeutet. Die strichpunktierte Gerade stellt die zwecks Bildung der Differenz spiegelbildlich herumgeklappte Kennlinie der Kippkraft dar.

kraft gerade aufhebt. Im Kraftfelddiagramm drückt sich gemäß Abb. 37 diese Tatsache dadurch aus, daß das Kraftfelddiagramm der Kippkraft das genaue Spiegelbild des Kraftfelddiagramms der Federung ist.

Soll das Pendel nicht im indifferenten Gleichgewicht sein, sondern eine bestimmte Eigenschnelle besitzen, so muß die Konstante der Federung diejenige der Kippkraft um einen bestimmten Betrag überwiegen, der sich an Hand folgender Formel berechnet:

$$v^2 = \frac{c_F - c_L}{m},$$

wobei $c_L = \dfrac{G}{l}$ kg/cm ist.

(53)
$$\boxed{c_F = m \cdot v^2 + \frac{G}{l} \text{ kg/cm}.}$$

Zahlenbeispiel: Es sei $G = 4000\,\text{kg}$, $l = 100\,\text{cm}$, $v = 0{,}5/\text{sec}$, dann ist:

$$c_F = 4 \cdot 0{,}25 + \frac{4000}{100} = 41\,\text{kg/cm}\,.$$

Bewirken wir die Abfederung durch zwei gegeneinander gespannte Federn, die rechts und links in Höhe des Schwerpunkts angreifen, so erhalten wir, falls eine Auslenkung von $\pm\,3$ cm verlangt wird, zwei Federn folgender Abmessungen, wobei eine Vorspannung von 5 cm vorausgesetzt ist und die höchste zulässige Beanspruchung $k_d = 20\,\text{kg/mm}^2$ gewählt wird [1].

$z = 10$ Windungen,

$d = 1{,}35$ cm = Drahtstärke,

$r = 5{,}9$ cm = mittlerer Windungshalbmesser.

Lenkerpendel. Eine andere Möglichkeit, Horizontalpendel mit sehr niedriger Eigenschnelle auf kleinem Raum zu erhalten, wird durch die sogenannten Lenkerpendel gegeben. Diesen Konstruktionen liegt der Gedanke zugrunde, daß man ein Horizontalpendel von sehr geringer Eigenschnelle erhält, wenn die Pendelmasse durch Lenkeranordnungen in einer Kreisbahn geführt wird, deren Radius gleich der Länge eines mathematischen Pendels ist, welches die gleiche Eigenschnelle besitzt wie das zu entwerfende Pendel.

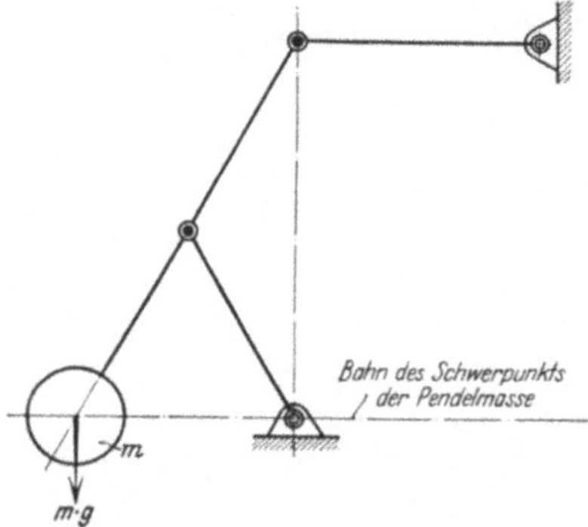

Abb. 38. Horizontalpendel mit Ellipsenlenker.

Die Lösung gelingt mit Hilfe der angenäherten Geradführungen, denn — da es sich stets um Pendellängen zwischen 10 und 100 m handelt — ist die Bahn der Pendelmasse nahezu eine Gerade.

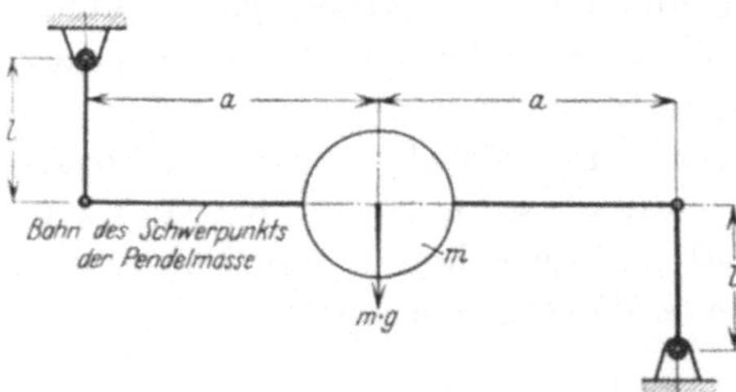

Abb. 39. Horizontalpendel mit Lemniskatenlenker.

Die Abb. 38, 39 und 40 zeigen, wie die bekanntesten Arten der angenäherten Geradführung der Ellipsenlenker, der Lemniskatenlenker und der Konchoidenlenker zur Ausbildung von Lenkerpendeln verwendet werden. Den letzteren hat z. B. Schlick bei dem Horizontalpendel seines Pallographen verwendet. Durch Verschieben des Gleitgelenkpunktes in vertikaler Richtung schuf er hierbei die Möglichkeit, den Krüm-

---

[1] Federberechnung siehe Seite $73 \div 78$.

mungsradius der Bewegungsbahn und damit die Eigenschnelle des
Pendels in weiten Grenzen zu regeln. Eine analoge Möglichkeit läßt
sich auch bei den beiden anderen Lenker-
arten schaffen.

Die Bestimmung des Krümmungsradius r
der durch die Lenkeranordnung vorgeschriebenen Bahnkurve erfolgt zweckmäßig auf
zeichnerischem Weg. Da der Krümmungs-
mittelpunkt (z. B. bei $r = 40$ m) nicht er-
reichbar ist, ermittelt man den Krümmungsradius zweckmäßig mit Hilfe des nachfol-
gend beschriebenen, zeichnerischen Verfahrens: Man ziehe gemäß Abb. 41 von einem
beliebigen Punkt der scharf gezeichneten
Bahnkurve, zweckmäßig vom Nullpunkt aus,
mehrere Sehnen nach verschiedenen Punkten

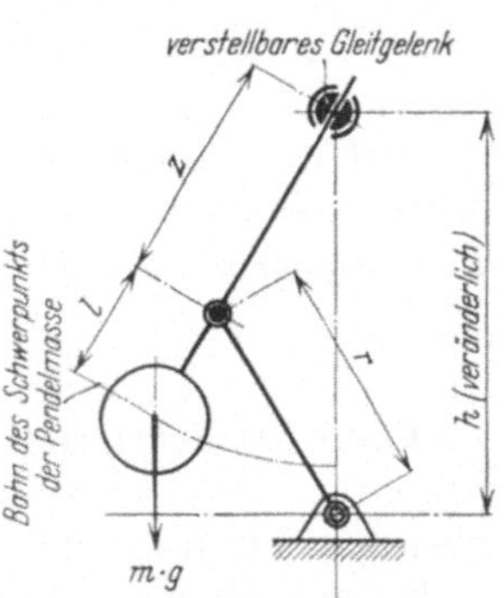

Abb. 40. Horizontalpendel von
Schlick (Konchoidenlenker).

der Kurve, wobei mit sehr scharfen Strichen gezeichnet werden muß.

Nunmehr mißt man jeweils einerseits die Länge der Sehne $= s$ und
andererseits die Bogenhöhe der Bahnkurve über der
Sehnenmitte $= h_s$; dann ergibt sich der Krümmungsradius der Bahn an Hand der folgenden Formel:

$$(54) \qquad r = \frac{s^2}{8h_s} + \frac{h_s}{2} = \sim \frac{s^2}{8h_s},$$

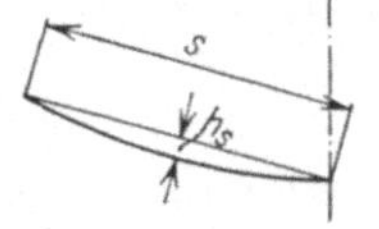

da h_s gegen r im vorliegenden Fall vernachlässigbar
klein ist[1].

Kennt man den Krümmungsradius r, so ist die

Abb. 41. Zeichneri-
sche Ermittlung des
Krümmungsradius
einer Bahnkurve.

---

[1] Entwicklung der Formel: Ist r der Radius des Kreises, φ^0 der
Zentriwinkel in Geraden, so ist die Sehnenlänge, wie aus
Abb. 42 abzulesen, $s = 2r \cdot \sin \frac{\varphi}{2}$ und die Bogenhöhe

$$h_s = r - r \cdot \cos \frac{\varphi}{2}.$$

Da:

$$\cos \frac{\varphi}{2} = \sqrt{1 - \sin^2 \frac{\varphi}{2}}$$

und nach der vorstehenden Gleichung für s:

$$\sin \frac{\varphi}{2} = \frac{s}{2r}, \qquad \text{so wird:} \qquad \cos \frac{\varphi}{2} = \sqrt{1 - \frac{s^2}{4r^2}}.$$

Durch Einsetzen dieses Wertes erhält man:

$$h_s = r - r\sqrt{1 - \frac{s^2}{4r^2}}, \qquad (h_s - r)^2 = r^2\left(1 - \frac{s^2}{4r^2}\right),$$

$$\boxed{r = \frac{s^2}{8h_s} + \frac{h_s}{2}.}$$

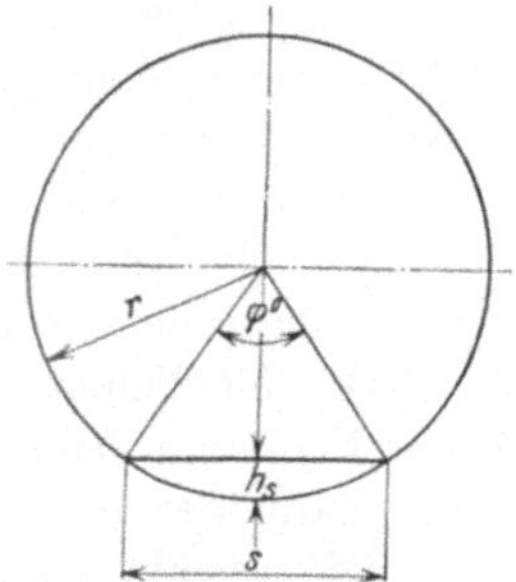

Abb. 42. Ableitung der For-
mel zur Ermittlung des
Krümmungsradius einer
Bahnkurve.

Eigenschnelle v gegeben, da man die Vorrichtung als ein mathematisches Pendel von der Länge r betrachten kann, so daß:

$$v = \sqrt{\frac{g}{r}}.$$

Auf diesem Weg kann man sich in jedem Fall mit konstruktiven Mitteln rasch ein genaues Bild von den Schwingungseigenschaften eines Lenkerpendels verschaffen.

b) Vertikalpendel.

Einfaches Hebelpendel. Noch größere Schwierigkeiten als beim Horizontalpendel hat man bei der Schaffung eines Vertikalpendels mit sehr niedriger Eigenschnelle zu überwinden. Wenn wir ein einfaches, aus Feder und Masse bestehendes Vertikalpendel bilden wollten, das eine Eigenschnelle von $v = 0,5/\mathrm{sec}$ besitzt, so müßte, wie nachfolgende Rechnung zeigt, die Feder so weich sein, daß sie sich unter dem Eigengewicht der angehängten Masse um 40 m verlängert. Nach Gl. (33)

$$v = \sqrt{\frac{g}{f_0}}$$

ergibt sich:

$$f_0 = \frac{g}{v^2} = \frac{981}{0,25} \cong 4000 \; \mathrm{cm}$$

im vorliegenden Fall.

Wie aus der Formel hervorgeht, gilt diese Beziehung ohne Rücksicht auf die Größe der angehängten Masse. Durch Vergleich mit der auf S. 47 angegebenen Länge eines Horizontalpendels von gleicher Schwingungsdauer stellt man fest, daß die durch das Eigengewicht $m \cdot g$ der Masse m bewirkte Dehnung der Feder des Vertikalpendels gleich der Fadenlänge eines mathematischen Pendels gleicher Schwingungsdauer ist, eine Beziehung, die als Anhaltspunkt für den Konstrukteur von Wert ist.

Es wäre natürlich völlig sinnlos, ein derartiges Pendel ausführen zu wollen. Man muß sich vielmehr nach anderen Mitteln umsehen, welche die Schaffung des geforderten Pendels auf engem Raum gestatten.

Die Möglichkeit hierzu gibt das „Hebelpendel", dessen einfachstes Prinzip in Abb. 43 dargestellt ist, und dessen verfeinerte Ausführung an Hand der Abb. 44 besprochen werden soll.

Die abzufedernde Masse m sitzt am Ende eines Hebels von der Länge l. Die Feder greift im Abstand a vom Drehpunkt an und besitzt die Federkonstante c. Es soll die Gleichung für die Eigenschnelle des Schwingers abgeleitet werden. Hierzu ist vor allem die Federkonstante des Kraftfeldes im Schwerpunkt der Masse m zu berechnen, oder mit anderen Worten: es ist festzustellen, welche Rückstellkraft in kg auf

die Masse m einwirkt, wenn ihr Schwerpunkt um 1 cm aus seiner Ruhelage ausgelenkt wird.

Lenkt man m um den Betrag s aus, so wird der Angriffspunkt der
Feder c um den Betrag $f = \dfrac{a}{l} \cdot s$ verschoben. Die Feder bildet unter
dem Einfluß dieser Dehnung eine Rückstellkraft aus von der Größe
$R_c = c \cdot f = c \cdot \dfrac{a}{l} \cdot s$, die sie auf den Hebel überträgt. Dieser Rückstellkraft entspricht im Schwerpunkt der Masse m eine im Hebelverhält-
nis $\dfrac{a}{l}$ verkleinerte Kraft, so daß $R_m = R_c \cdot \dfrac{a}{l} = c \cdot \dfrac{a^2}{l^2} \cdot s$.

Somit ist die Federkonstante des Kraftfelds im Schwerpunkt der
Masse m:

$$c_m = c \cdot \frac{a^2}{l^2}.$$

Sie erscheint im Quadrat
des Hebelverhältnisses gegenüber der Konstanten der
Feder selbst verkleinert.

Die Eigenschnelle des
Hebelpendels beträgt somit:

$$(55) \qquad \nu = \frac{a}{l} \cdot \sqrt{\frac{c}{m}},$$

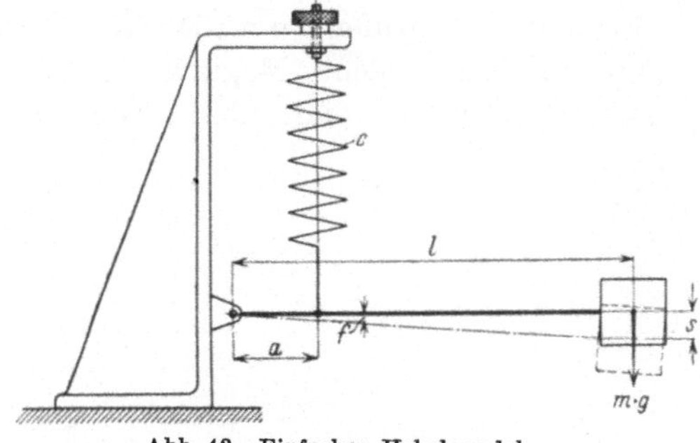

Abb. 43. Einfaches Hebelpendel.

d. h. sie erscheint im Verhältnis der Hebelübersetzung verlangsamt
gegenüber der Eigenschnelle, die zustande kommt, wenn man m unmittelbar an der Feder befestigt.

Zahlenbeispiel: Es sei $m \cdot g = 50$ kg, $\nu = 2{,}0$/sec und aus Platzrück-
sichten f_0 (d. h. die durch das Gewicht von m bedingte Dehnung der
Feder) gleich 20 cm gefordert. Der Abstand a darf aus konstruktiven
Gründen in keinem Fall kleiner als 5 cm gemacht werden.

Es ist die Feder (Federkonstante c_0, Abmessungen d, r und Windungszahl z) zu berechnen, ferner ist die Länge l des Pendelhebels anzugeben.

Aus den beiden Bedingungsgleichungen:

$$\nu^2 = \frac{a^2}{l^2} \cdot \frac{c_0}{m} = 4{,}0/\text{sec}^2$$

$$f_0 = m \cdot g \cdot \frac{l}{a \cdot c_0} = 20 \text{ cm}$$

ergibt sich:

$$\frac{l}{a} = \frac{g}{\nu^2 \cdot f_0} = \sim 12{,}5\,,$$

$$l = 62{,}5 \text{ cm}\,,$$

$$c_0 = \nu^2 \cdot \frac{l^2}{a^2} \cdot m = 31{,}5 \text{ kg/cm}\,.$$

Die Abmessungen der Feder berechnen sich, wenn man den Gleitmodul des Materials G mit 8000 kg/mm² annimmt und die höchst zulässige Torsionsbeanspruchung mit $k_d = 25$ kg/mm² festlegt, folgendermaßen (Berechnungsformeln siehe S. 73 ÷ 78):

$z = 12$ Windungen,

$d = 15$ mm Drahtdurchmesser,

$r = 55$ mm.

Hebelpendel mit verschiebbarem Angriffspunkt der Feder. Wenn auch
die vorstehende Lösung erkennen läßt, daß man mit den angegebenen Mitteln in der Lage ist, eine praktisch brauchbare Lösung der
schwierigen Aufgabe zu schaffen, so wird der Konstrukteur doch jede
Möglichkeit begrüßen, um die Raumverhältnisse noch günstiger zu gestalten. Eine solche Möglichkeit bie-
tet sich, wenn man den Angriffs-

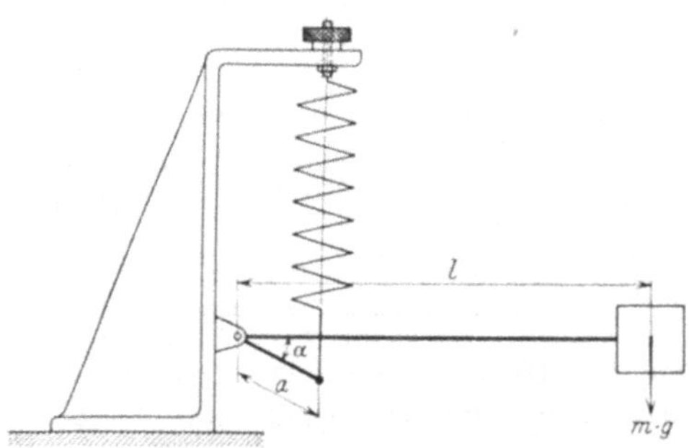

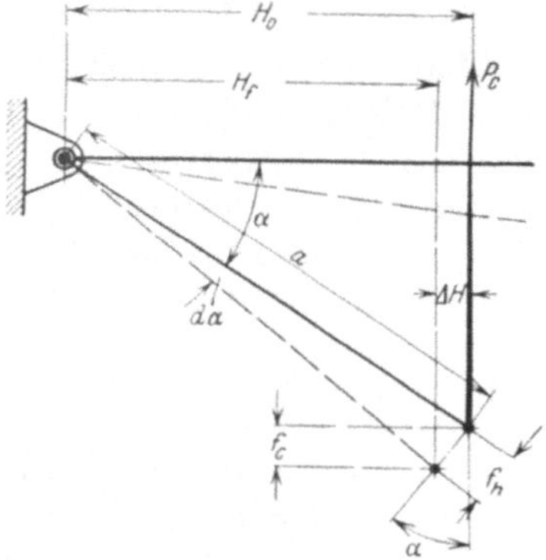

Abb. 44. Hebelpendel mit Anstellwinkel des Federarmes.   Abb. 45. Geometrische Beziehungen
                                                                       am Federarm.

punkt der Feder nicht in die Verbindungslinie der Drehachse mit dem
Schwerpunkt legt, sondern nach unten hin verschiebt. Geometrisch gesprochen muß man also den Angriffshebel der Feder gemäß Abb. 44
um den Winkel α gegen die soeben gekennzeichnete Verbindungslinie
drehen. Wir stellen uns die Aufgabe, zu berechnen, wie sich die Eigenschnelle des Hebelpendels in Abhängigkeit von dem Winkel α ändert.
Dabei verfahren wir in gleicher Weise wie im vorhergehenden Fall,
indem wir die Federkonstante des Kraftfelds im Schwerpunkt der
Masse m berechnen.

Wird m um den Weg s cm ausgelenkt, so verschiebt sich gemäß
Abb. 45 der Endpunkt des Hebels a um die Strecke $f_h = \dfrac{a}{l} \cdot s$; f_h steht
senkrecht auf dem Hebelarm, ist indessen zur Federachse um den Winkel
α geneigt. Da es sich stets um relativ kleine Wege s handelt, können wir
die Änderung des Neigungswinkels, die durch Drehung des Gesamt-
hebels entsteht, außer acht lassen. Bei Verschiebung des Endpunktes

von a ändert sich nicht nur die Länge der Feder, sondern, da die Dehnung schräg zu ihrer Achse erfolgt ist, auch der Hebelarm, an dem sie angreift. **Beide** Faktoren sind aber bestimmend für die Größe der an m auftretenden Rückstellkraft. Es ist bei der Auslenkung s (s. Abb. 45):

1. Die Dehnung der Feder $f_c = f_h \cdot \cos \alpha$ und somit die in der Feder wachgerufene Vergrößerung der Rückstellkraft:

$$\Delta P_c = c \cdot f_c = c \cdot f_h \cdot \cos \alpha = c \cdot \frac{a}{l} \cdot s \cdot \cos \alpha \,.$$

2. Die Änderung des Hebelarms, an dem die Feder angreift und der in der Ruhelage die Größe besaß von: $H_0 = a \cdot \cos \alpha$:

$$\Delta H = f_h \cdot \sin \alpha = \frac{a}{l} \cdot s \cdot \sin \alpha \,,$$

so daß P_c an dem Hebelarm $H_f = H_0 - \Delta H$ angreift.

$$H_f = a \cdot \cos \alpha - \frac{a}{l} \cdot s \cdot \sin \alpha \,.$$

Es ist unsere Aufgabe, zu berechnen, welche Änderung der Rückstellkraft bei einer kleinen Auslenkung aus der Ruhelage durch diese beiden Faktoren hervorgerufen wird. Bei dieser Rechnung darf die in der Nullage wirkende Gesamtfederkraft nicht unbeachtet bleiben, da sie nunmehr ebenfalls zu einer Änderung beiträgt, weil ihr Hebelarm sich um den Betrag ΔH geändert hat.

Am einfachsten gelangen wir zum Ziel, wenn wir für den Ruhezustand und den Auslenkungszustand das Moment der Federkraft berechnen. Wir erhalten:

1. **für den Ruhezustand** (Weg der Masse $= 0$):

$$M_0 = G \cdot l = c \cdot f_0 \cdot a \cdot \cos \alpha \,,$$

wobei f_0 die Dehnung der Feder in der Ruhelage bedeutet.

$$(56) \qquad f_0 = \frac{G \cdot l}{c \cdot a \cdot \cos \alpha} \,.$$

2. **nach erfolgter Auslenkung** (Weg der Masse $= s$):

$$M_s = (P_c + \Delta P_c) \cdot H_f \,,$$

$$(57) \qquad M_s = \underbrace{\left[c \cdot f_0 + c \cdot \frac{a}{l} \cdot s \cos \alpha \right]}_{\text{Kraft}} \cdot \underbrace{\left[a \cdot \cos \alpha - \frac{a}{l} \cdot s \cdot \sin \alpha \right]}_{\text{Hebelarm}} \,.$$

Somit beträgt die durch Auslenkung bewirkte Änderung des Rückstellmoments:

$$(58) \quad M_s - M_0 = \Delta M = c \cdot \frac{a}{l} \cdot s \left[a \cdot \cos^2 \alpha - f_0 \cdot \sin \alpha - \frac{a}{l} \cdot s \cdot \sin \alpha \cdot \cos \alpha \right].$$

In diesem Ausdruck kann das dritte Glied vernachlässigt werden, da nur eine sehr kleine Auslenkung in Frage kommen soll und somit der Ausdruck $s \cdot \dfrac{a}{l}$ ein gegen f_0 bzw. a vernachlässigbar kleiner Betrag ist. Damit ergibt sich endgültig unter Einsetzen des Wertes von f_0 gemäß Gl. (56):

$$(58a) \qquad \Delta M = c \cdot \frac{a}{l} \cdot s \left[a \cdot \cos^2 \alpha - \frac{G \cdot l \cdot \sin \alpha}{c \cdot a \cdot \cos \alpha} \right].$$

Die im Schwerpunkt von m wirkende Rückstellkraft berechnet sich aus ΔM zu:

$$(59) \qquad R_m = \frac{\Delta M}{l} = c \cdot \frac{a^2}{l^2} \cdot s \left[\cos^2 \alpha - \frac{G \cdot l}{c \cdot a^2} \cdot \operatorname{tg} \alpha \right].$$

Somit ist die Federkonstante des Kraftfeldes im Schwerpunkt von m:

$$(60) \qquad c_m = \frac{R_m}{s} = c \cdot \frac{a^2}{l^2} \cdot F(\alpha),$$

wobei:

$$F(\alpha) = \left[\cos^2 \alpha - \frac{G \cdot l}{c \cdot a^2} \cdot \operatorname{tg} \alpha \right].$$

Somit:

$$(61) \qquad v = \sqrt{\frac{c_m}{m}} = \frac{a}{l} \cdot \sqrt{\frac{c}{m} \cdot \left[\cos^2 \alpha - \frac{G \cdot l}{c \cdot a^2} \cdot \operatorname{tg} \alpha \right]}.$$

c_m hat sich also gegenüber der ersten Anordnung lediglich nach Maßgabe des in der eckigen Klammer stehenden Faktors geändert. Man erkennt, daß dieser nur von dem Anstellwinkel α des Hebels a abhängig ist und insbesondere für einen bestimmten Wert von α zu 0 wird, nämlich dann, wenn:

$$(62) \qquad \frac{\cos^3 \alpha}{\sin \alpha} = \frac{G \cdot l}{c \cdot a^2}$$

(sofort abzulesen, wenn man die eckige Klammer = 0 setzt).

Physikalisch bedeutet dies, daß bei dem aus der vorliegenden Formel zu berechnenden Winkel α das Pendel sich im indifferenten Gleichgewicht befindet, also überhaupt kein Schwingungssystem mehr darstellt.

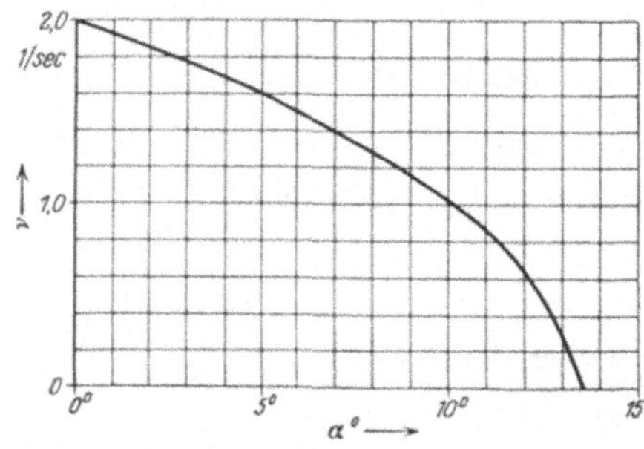

Abb. 46. Eigenschnelle eines Hebelpendels in Abhängigkeit vom Anstellwinkel.

Wird dieser kritische Winkel überschritten, so wird c_m negativ, d. h. das Pendel befindet sich im labilen Gleichgewicht, kippt also beim geringsten Anstoß nach oben oder unten aus der Ruhelage aus. Dieses Verhalten läßt sich an einem Modell in sehr anschaulicher Weise beobachten. Der Verlauf der Eigenschnelle v in Abhängigkeit von α für das auf S. 53 berechnete Zahlenbeispiel ist aus Abb. 46 zu ersehen. Man erkennt, daß die Kurve mit steilem Abfall dem Werte 0 zustrebt.

Aus dieser Gesetzmäßigkeit erklärt sich auch, daß man durch Ändern des Winkels α die Eigenschnelle nicht beliebig weit herunterregeln kann, wie es zunächst auf Grund der theoretischen Betrachtungen den Anschein hat. Vielmehr kommt man praktisch etwa höchstens auf den dritten bis vierten Teil der Eigenschnelle herunter, die das Pendel besitzt, wenn der Angriffspunkt der Feder auf der Verbindungslinie des Drehpunkts mit dem Schwerpunkt liegt.

Anmerkung: Die Erscheinung, daß bei einem bestimmten Anstellwinkel indifferentes Gleichgewicht eintritt, findet ihre Erklärung darin, daß in dieser Lage des Hebels a bei einer Bewegung der Masse m das von der Feder c ausgeübte Rückstellmoment ungeändert bleibt, da einer Vergrößerung der Federkraft infolge Dehnung der Feder eine Verkleinerung des Hebelarms entspricht, derart, daß das Produkt Kraft × Hebelarm in jeder Stellung das gleiche bleibt.

16. Schwinger mit besonders hoher Eigenschnelle.

In der technischen Akustik ist öfters, z. B. bei Unterwasserschallsendern, die Aufgabe gestellt, Schwinger zu schaffen (Reintöner oder „Tonpilze", so genannt, weil sie im Gegensatz zu Membranen, Glocken oder ähnlichen Klangkörpern, die mit zahlreichen Obertönen behaftet sind, nur eine einzige Eigenfrequenz, eben ihren reinen Ton, besitzen), deren Eigenschnelle im Gebiet der Tonfrequenzen, also etwa bei $\nu = 1000$ bis 6000/sec liegen muß. Gleichzeitig sind jedoch die verlangten größten Amplituden sehr klein, etwa maximal 0,05 cm. Die in der Praxis verwendeten schwingenden Massen besitzen die Größenordnung: $m = 0,005 \div 0,02 \dfrac{\text{kg sec}^2}{\text{cm}}$ (5 bis 20 kg). Demgemäß wird eine Federkonstante erforderlich von der Größenordnung $c = 5000 \div 750\,000$ kg/cm.

Es ist ohne weiteres klar, daß sich diese Werte nicht durch Anwendung zylindrischer Schraubenfedern oder Biegefedern verwirklichen lassen. Dagegen gelingt die Schaffung einer entsprechend starken Feder leicht durch Ausnutzung der Längsfederung von Stahlstäben oder Stahlrohren.

Unsere Aufgabe besteht darin, die Berechnung derartiger Rohrfedern, deren konstruktive Ausführung aus Abb. 47 ersichtlich ist, zu zeigen.

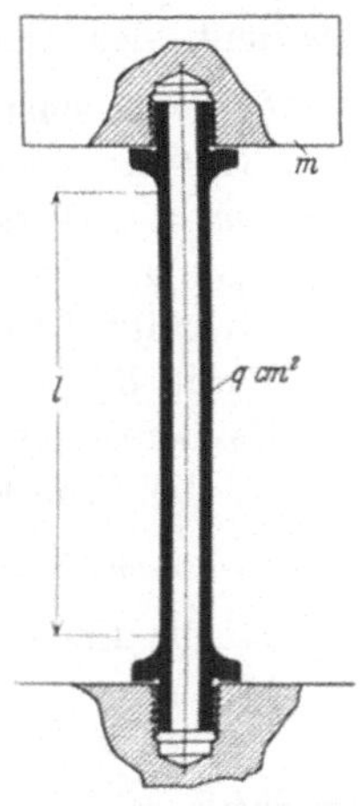

Abb. 47. Rohrfeder für Schwinger mit sehr hoher Eigenschnelle.

Nach dem Hookeschen Gesetz berechnet sich die Verlängerung f eines Stahlstabes oder Stahlrohres vom Querschnitt q cm² und dem Elastizitätsmodul E kg/cm² unter der Wirkung einer Kraft von P kg, die in der Richtung der Stabachse wirkt, zu:

$$f = \frac{P \cdot l}{E \cdot q} \text{ cm}.$$

Aus dieser Formel ergibt sich sofort die Federkonstante:

$$(63) \qquad c = \frac{P}{f} = \mathsf{E} \cdot \frac{q}{l} \ \text{kg/cm} \quad \text{und} \quad q = \frac{c \cdot l}{\mathsf{E}} \ \text{cm}^2.$$

Außer dieser Beziehung ist noch eine Formel aufzustellen, welche die höchst zulässige Beanspruchung berücksichtigt. Sie lautet:

$$\frac{P}{q} = K_z = f \cdot \frac{\mathsf{E}}{l} \ \text{kg/cm}^2;$$

demgemäß ergibt sich:

$$(64) \qquad\qquad l = \frac{f \cdot \mathsf{E}}{K_z} \ \text{cm}.$$

Durch diese Gleichung ist die konstruktive Länge des Federstabes eindeutig bestimmt, wenn man einerseits die höchst zulässige Beanspruchung K_z des verwendeten Materials und andererseits den größten erforderlichen Schwingungsausschlag f festlegt. Im einzelnen sei auf die bemerkenswerte Tatsache hingewiesen, daß l von dem Querschnitt des Federstabs und der in Betracht kommenden Federkonstanten vollständig unabhängig ist und nur durch die zulässige Beanspruchung K_z einerseits und die Größenamplitude f andererseits bestimmt wird. Setzt man den so errechneten Wert von l in Gl. (63) ein, so erhält man, da c festliegt, den Querschnitt q des Federstabes zu: $q = \dfrac{c \cdot f}{K_z} \text{cm}^2$.

Zahlenbeispiel: Es ist ein Tonpilz zu berechnen, dessen Eigenschnelle $v = 3140$/sec (500 Hertz) sein soll. Er soll eine schwingende Masse von $m = 0{,}01$ ($m \cdot g = 10$ kg) besitzen, die eine größte Amplitude von $f = 0{,}05$ cm ausführt. Der E-Modul des verwendeten Federmaterials beträgt $2{,}15 \cdot 10^6$ kg/cm². Die zulässige Schwingungsbeanspruchung wird mit $K_z = \pm\ 2000$ kg/cm² festgesetzt.

Es berechnet sich:

1. Die Federkonstante des Federstabs:

$$c = m \cdot v^2 = 0{,}01 \cdot 10^7 = 100\,000 \ \text{kg/cm} \ (v^2 = 9\,870\,000 = \sim 10^7).$$

2. Die Länge des Federstabs:

$$l = \frac{f \cdot \mathsf{E}}{K_z} = 0{,}05 \cdot \frac{2\,150\,000}{2\,000} = 53{,}8 \ \text{cm},$$

gewählt sei $l = 55$ cm.

3. Der Querschnitt q des Federstabes:

$$q = c \cdot \frac{l}{\mathsf{E}} = \frac{100\,000 \cdot 55}{2\,150\,000} = 2{,}56 \ \text{cm}^2.$$

Aus Platzrücksichten wird die gesamte Federlänge meist nicht in einem Stück ausgeführt, sondern, wie der in Abb. 48 im Schnitt dargestellte Unterwasserschallsender zeigt, derart gestaltet, daß die halbe Länge als massiver Stab ausgebildet ist, während die andere Hälfte aus einem Rohr besteht.

Dieses ist über den Federstab gestülpt und an seinem oberen Ende fest mit ihm verschraubt. Es trägt an seinem freien unteren Ende die schwingende Masse, während das untere Ende des Federstabs mit der Fundamentmasse des Schwingers (dies ist meist ein massiver Eisenklotz von der 10- bis 20-fachen Masse des schwingenden Teils) verschraubt ist. Der Querschnitt des Rohres wird zweckmäßig gleich dem des Federstabs, also gleich dem berechneten Wert q gemacht, da man auf diese Weise die günstigste konstruktive Anordnung erhält.

Alle Verschraubungen sind mit feinem Gewinde auszuführen und sorgfältig zu sichern; ferner ist der Stabschaft bzw. der Rohrschaft

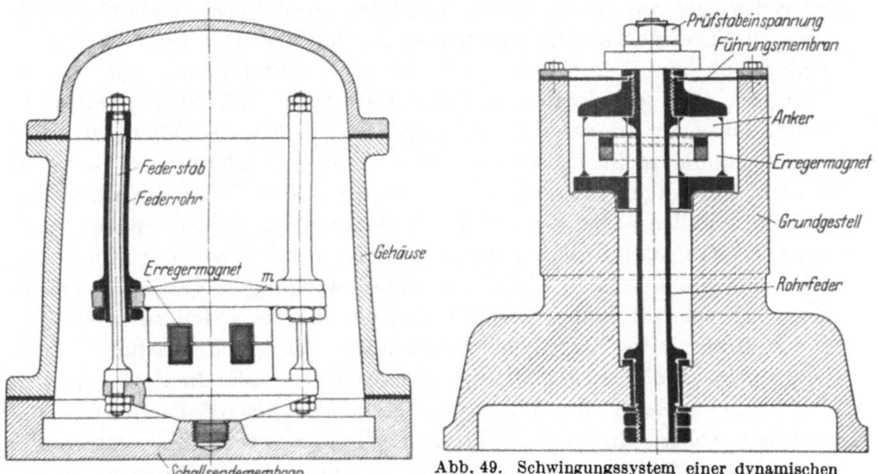

Abb. 48. Tonpilz nach Hahnemann-Hecht.

Abb. 49. Schwingungssystem einer dynamischen Material-Prüfmaschine für hochfrequenten Lastwechsel (30000/min) und Zug-Druck-Beanspruchung der Probe.

mit sorgfältig ausgerundeten Hohlkehlen an die Spannköpfe anzuschließen. Die Oberfläche des Rohrs und des Federstabs ist zwecks Vermeidung der durch Rillen entstehenden Kerbwirkungen zu schleifen oder auf sonstige Weise glatt poliert zu bearbeiten.

Als schwingende Masse des Federsystems kann mit guter Näherung die halbe Masse der gesamten Federung eingesetzt werden. Sie bildet stets einen sehr wesentlichen Anteil der gesamten schwingenden Masse, besitzt z. B. beim vorliegenden Beispiel den Wert von rund 1,5 kg. Der Tonpilz wird auf elektromagnetischem Weg in Schwingungen versetzt.

Abb. 49 zeigt den Schnitt durch das mit einer Rohrfeder ausgerüstete Schwingungssystem einer dynamischen Material-Prüfmaschine für Zug-Druck-Beanspruchung[1] der Probestäbe. Sie erzeugt schwingende Kräfte, die nach einem Sinusgesetz der Zeit zwischen gleich großen positiven

---

[1] Gebaut von C. Schenck, Darmstadt.

und negativen Werten 500 mal in der Sekunde sich ändern und deren Amplitude zwischen 0 und $\pm$ 2000 kg stetig einstellbar ist. Die schwingende Masse wiegt etwa 50 kg. Sie ist durch eine Membrane gegen das Gestell geführt, damit Biegeschwingungen sicher vermieden werden. Man erkennt die konstruktive Ausbildung des Federrohres und des Erreger-Elektromagneten, der von einer besonderen Dynamo, die 500-periodigen Wechselstrom liefert, gespeist wird.

17. Das Zweimassensystem.

Bei unseren bisherigen Betrachtungen war stets vorausgesetzt, daß der Schwinger aus einer Feder und aus einer Masse bestand. Dabei war stillschweigend angenommen worden, daß das freie Ende der Feder ortsfest, d. h. mit einem Gebäudeteil, einem Fundament oder einem sonstigen, mit dem Erdboden fest verankerten Befestigungsteil starr verbunden war. In zahlreichen technisch wichtigen Fällen ist diese Voraussetzung nicht erfüllbar, und zwar insbesondere dann, wenn es sich um Schwinger mit großen Massen oder hohen Frequenzen handelt. In diesen Fällen entstehen an der Befestigungsstelle der Feder derart große Kräfte, daß Fundamente und Gebäudeteile von der Einspann-stelle der Feder aus in elastische Teilschwingungen versetzt werden, die zu oft unerträglichen Erschütterungen führen, jedenfalls aber eine einwandfreie Befestigung des Federendes unmöglich machen. Unter diesen Umständen bleibt nichts anderes übrig, als durch Anbringen einer zweiten Masse, die wir im nachstehenden als „Ballastmasse" be-zeichnen wollen, an dem bisher fest eingespannten Federende einen brauchbaren Stützpunkt zu schaffen. Da diese zweite Masse nicht un-endlich groß gegenüber der ersten Masse sein kann, nimmt sie an den Schwingungen ebenfalls teil und beeinflußt das Schwingungssystem in eigenartiger Weise.

Ein Schwingungssystem, das nach vorstehendem sich aus zwei Massen und einer oder mehreren Federn aufbaut, bezeichnet man in anschaulicher Weise als ein „Zweimassensystem". Seine Gesetzmäßig-keiten unterscheiden sich zum Teil wesentlich von denen des bisher betrachteten Einmassensystems. Die Eigenheiten treten insbesondere bei Betrachtung der erzwungenen Schwingungen hervor und sollen dort eingehend erörtert werden. An dieser Stelle kommt es lediglich darauf an, zu zeigen, in welcher Weise die Ballastmasse die Eigen-schnelle des Schwingers beeinflußt.

Vom konstruktiven Standpunkt aus sei noch erwähnt, daß das Zweimassensystem derart aufgestellt werden muß, daß die Massen sich ungehindert, also gewissermaßen frei schwebend, bewegen können. Zu diesem Zweck erfolgt die Abstützung gegen den Erdboden bei hori-zontaler Schwingrichtung mit Hilfe von Lenkern irgendwelcher Art,

z. B. nach Abb. 50, die das Gewicht der Masse aufnehmen, jedoch, da sie eine Stützung senkrecht zur Schwingrichtung geben, die Schwingung in keiner Weise behindern. Bei vertikaler Schwingrichtung nimmt man eine geeignete Aufhängung gemäß Abb. 51 mit Hilfe einer oder mehrerer gegenüber der Hauptfederung sehr weichen Schraubenfedern vor. Allgemein muß man die Aufhängung so anordnen, daß die Über-

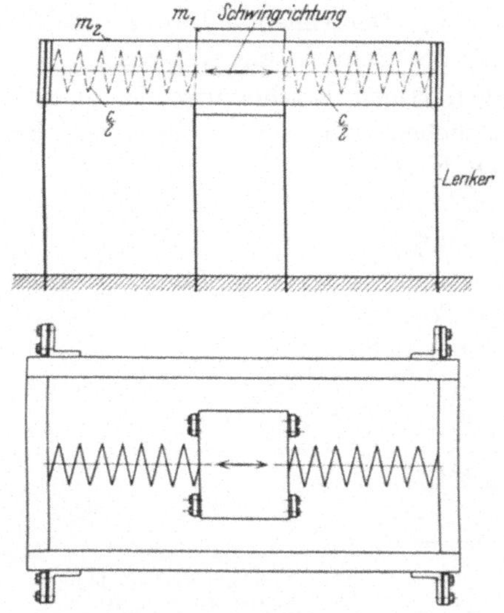

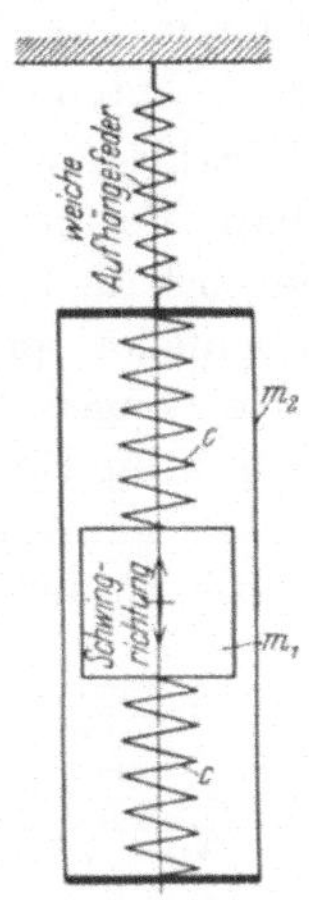

Abb. 50. Praktisch frei bewegliche Anordnung eines Zweimassensystems mit horizontaler Schwingrichtung bei Abstützung durch Lenkerfedern.

Abb. 51. Praktisch frei bewegliche Anordnung eines Zweimassensystems mit vertikaler Schwingrichtung durch Aufhängung mittels weicher Schraubenfeder.

tragung nennenswerter Kräfte auf den Aufstellungsort mit Sicherheit vermieden wird.

Da infolge dieser eigenartigen, sozusagen im Raum schwebenden Aufhängung des Zweimassensystems von außen her und nach außen hin keine oder nur sehr unwesentliche Kraftwirkungen übertragen werden können, so ergibt sich die Folgerung, daß die Kräfte innerhalb des Systems in jedem Augenblick im Gleichgewicht sein müssen. Insbesondere müssen sich die Massenkräfte an den beiden Massen in jedem Augenblick das Gleichgewicht halten, d. h. entgegengesetzt gleich sein, so daß:

$$(65) \qquad m_1 \cdot \frac{d^2 s_1}{d t^2} = - m_2 \frac{d^2 s_2}{d t^2} .$$

Hieraus folgt durch zweimalige Integration unmittelbar, daß auch:

$$(66) \qquad m_1 \cdot s_1 = - m_2 s_2 .$$

Diese einfache Gleichung kann als grundlegende Beziehung des Zweimassensystems angesehen werden; sie besagt, daß die Ausschläge sich umgekehrt verhalten wie die Massen.

Versetzt man gemäß Abb. 52 ein aus den Massen m_1 und m_2 und der zylindrischen Schraubenfeder c bestehendes Zweimassensystem in Schwingung, so beobachtet man die eigenartige Tatsache, daß eine bestimmte Windung der Feder in Ruhe verharrt und gewissermaßen die Feder in zwei Teile trennt. Der ruhende Punkt der Feder bildet den sogenannten „Knoten" des Schwingungssystems.

Die Erklärung der eigenartigen Erscheinung ergibt sich als unmittelbare Folgerung des soeben aufgestellten Gesetzes. Bekanntlich verteilen sich die Dehnungen in einer Schraubenfeder proportional über die ganze Länge. Zeichnet man gemäß Abb. 53 ein Dehnungsdiagramm auf, derart, daß man senkrecht zur Federachse an jeder Stelle die sich

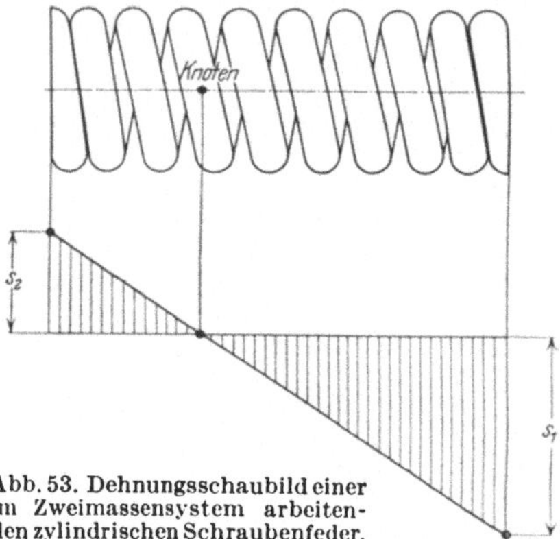

Abb. 53. Dehnungsschaubild einer im Zweimassensystem arbeitenden zylindrischen Schraubenfeder.

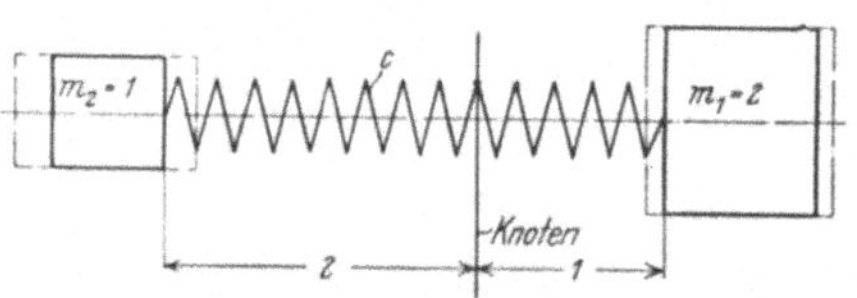

Abb. 52. Knotenbildung beim Zweimassensystem.

ergebende Auslenkung aus der Ruhelage aufträgt, so erhält man ein Geradlinien-Diagramm. Man wird mit Hilfe dieses Diagramms stets in der Lage sein, die Auslenkung sämtlicher Federpunkte anzugeben, wenn man die Auslenkungen von nur zwei Federpunkten kennt. Im vorliegenden Fall sind die Auslenkungen der beiden Federendpunkte bekannt, und zwar besitzen sie die Größe s_1 bzw. s_2, wobei zu beachten ist, daß die Ausschläge im entgegengesetzten Sinn erfolgen. Demgemäß wird die Kennlinie, die sich als Verbindungsgerade der beiden Ausschläge ergibt, die Federachse schneiden, und zwar derart, daß der Schnittpunkt, d. h. der bei der Dehnung in Ruhe bleibende Punkt, die Feder im Verhältnis s_1 zu s_2 von innen unterteilt. Das System zerfällt somit gewissermaßen freiwillig in zwei Teilschwinger, die im Knotenpunkt zusammenhängen. Beide Schwinger müssen, wenn überhaupt das Gleichgewicht aufrechterhalten bleiben soll, stets genau gegenläufig arbeiten, derart, daß die Massenkräfte, die stets gleich, aber entgegengesetzt den Federkräften sind, sich in jedem Augenblick das Gleichgewicht halten. Insbesondere folgt aus dieser Tatsache, daß beide Teilschwinger sich genau im gleichen Takt bewegen, also genau gleiche Eigenschnelle besitzen müssen.

Wir stellen uns jetzt die Aufgabe, diese Eigenschnelle zu berechnen. Ist c die Federkonstante der gesamten Feder (z Windungen), so besitzt das vom Knoten bis zur Masse m_1 reichende Federstück $\dfrac{z \cdot s_1}{s_1 + s_2}$ Windungen. Seine Federkonstante berechnet sich somit zu:

$$(67) \qquad c_1 = c \cdot \frac{s_1 + s_2}{s_1} = c \cdot \frac{m_1 + m_2}{m_2}.$$

Demnach ergibt sich die gesuchte Eigenschnelle zu:

$$(68) \qquad \nu_1 = \sqrt{\frac{c_1}{m_1}} = \sqrt{c \cdot \frac{m_1 + m_2}{m_1 \cdot m_2}} = \sqrt{\frac{c}{m_r}},$$

wobei

$$m_r = \frac{m_1 \cdot m_2}{m_1 + m_2}$$

gesetzt ist.

Man kann also die Eigenschnelle auch durch Einführung der Gesamtfederung c einerseits und einer reduzierten Masse m_r andererseits finden.

Wie aus den vorstehenden Betrachtungen hervorgeht, ändert sich jedoch durch die eigenartige Anordnung des Zweimassensystems in Wirklichkeit nicht etwa die schwingende Masse m_1 in die reduzierte Masse m_r; vielmehr bleibt sie unverändert erhalten, während die an ihr angreifende Feder infolge der Unterteilung durch den Knoten ihre Federkonstante von c in c_1 verwandelt. Da diese Änderung in einem bestimmten Verhältnis zu den Massen des Systems steht, erscheint es jedoch für die Rechnung zweckmäßiger, mit der unveränderten Federkonstanten c weiter zu rechnen und den vorhandenen Einfluß in m_r zusammenzufassen.

Für den Konstrukteur ist es wichtig, jederzeit die Beziehung vor Augen zu haben, nach der das Massenverhältnis $\dfrac{m_2}{m_1}$ die Eigenschnelle ν_1 im Verhältnis zu der ideellen Eigenschnelle $\nu_0 = \sqrt{\dfrac{c}{m_1}}$ beeinflußt. Die betreffende Beziehung ist in Abb. 54 dargestellt, und zwar wurde das Verhältnis $\dfrac{\nu_1}{\nu_0}$ als Ordinate in Abhängigkeit von dem Massenverhältnis $\dfrac{m_2}{m_1}$ als Abszisse aufgetragen. Eine zweite Kurve veranschaulicht die Abhängigkeit der (reduzierten) Masse m_r vom Massenverhältnis $\dfrac{m_2}{m_1}$, und zwar ist der Verhältniswert $\dfrac{m_r}{m_1}$ zur Darstellung gebracht.

Die Kurve $\dfrac{\nu_1}{\nu_0}$ nähert sich asymptotisch dem Wert 1 und erreicht ihn praktisch bereits etwa bei dem Massenverhältnis $\frac{m_2}{m_1} = 10$. Es genügt also, um eine Einspannung des Federendes zu erzielen, die praktisch der Einspannung an einer unendlich großen Masse gleichkommt,

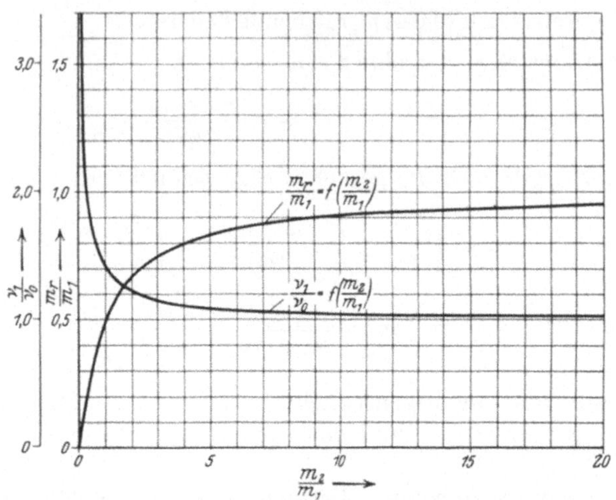

Abb. 54. Reduzierte Masse m_r und Eigenschnelle v_1 beim Zweimassensystem in Abhängigkeit vom Massenverhältnis $\frac{m_2}{m_1}$.

wenn man die „Ballastmasse" m_2 etwa 10 mal so groß wählt wie die „aktive" Masse m_1.

Mathematische Behandlung des Zweimassensystems. Das vorstehende, zwecks Klarlegung der physikalischen Verhältnisse absichtlich auf rein anschaulichem Weg gewonnene Ergebnis läßt sich leicht formal mathematisch ableiten, wenn man die Bewegungsgleichungen für die Massen m_1 und m_2 anschreibt (siehe Abb. 55).

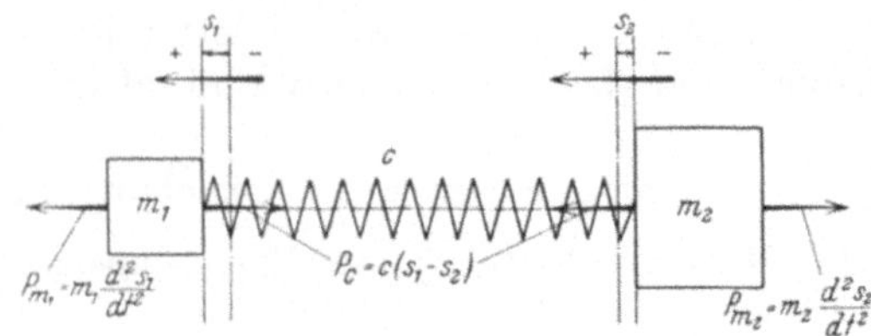

Abb. 55. Kraftwirkungen beim Zweimassensystem. Aufstellung der Bewegungsgleichung.

Diese lauten:

$$(69) \qquad m_1 \frac{d^2 s_1}{dt^2} + c \cdot (s_1 - s_2) = 0,$$

$$(70) \qquad m_2 \frac{d^2 s_2}{dt^2} + c \cdot (s_2 - s_1) = 0.$$

Anmerkung: Bei Berechnung der federnden Rückstellkraft ist zu beachten, daß die Gesamtdehnung der Feder stets gleich $s_1 - s_2$, d. h. gleich der algebraischen Differenz der Bewegung ihrer Endpunkte gefunden wird. In der Regel besitzen s_1 und s_2 entgegengesetztes Vorzeichen, so daß die absoluten Werte von s_1 und s_2 sich bei der Differenzbildung summieren.

Setzt man aus der zweiten Gleichung den Wert für $c\,(s_2 - s_1)$ $= - c\,(s_1 - s_2)$ in die erste Gleichung ein, so ergibt sich:

$$(71) \qquad m_1 \cdot \frac{d^2 s_1}{dt^2} + m_2 \frac{d^2 s_2}{dt^2} = 0\,.$$

Diese Gleichung ist der mathematische Ausdruck für das auf rein anschaulichem Weg gewonnene Gesetz, daß die an beiden Massen sich ausbildenden Massenbeschleunigungen in jedem Augenblick im Gleichgewicht sein müssen.

Differenziert man Gl. (70) zweimal nach der Zeit, so findet man:

$$\frac{d^2 s_1}{dt^2} = \frac{m_2}{c} \cdot \frac{d^4 s_2}{dt^4} + \frac{d^2 s_2}{dt^2}\,;$$

setzt man diesen Wert in Gl. (69) ein, so ergibt sich folgende Differentialgleichung vierten Grades:

$$(72) \qquad m_1 \cdot \frac{m_2}{c} \frac{d^4 s_2}{dt^4} + (m_1 + m_2) \cdot \frac{d^2 s_2}{dt^2} = 0\,.$$

Nach zweimaliger Integration erhält man aus dieser Formel die Schwingungsgleichung des Zweimassensystems in Normalform; sie lautet:

$$(73) \qquad \frac{d^2 s_2}{dt^2} + \frac{m_1 + m_2}{m_1 \cdot m_2} \cdot c \cdot s_2 = 0\,.$$

Hieraus ist ersichtlich, daß

$$(74) \qquad v_2 = \sqrt{\frac{m_1 + m_2}{m_1 \cdot m_2} \cdot c} = \sqrt{\frac{c}{m_r}} \quad \text{und} \quad m_r = \frac{m_1 \cdot m_2}{m_1 + m_2}\,.$$

In analoger Weise kann man eine Gleichung für s_1 ableiten. Sie zeigt für die Eigenschnelle v_1 das gleiche Ergebnis, wie es für v_2 erhalten war.

Wir erkennen also, daß unser auf rein anschaulichem Weg gewonnenes Ergebnis mit dem auf formal mathematischem Weg erzielten Resultat vollkommen übereinstimmt.

Zahlenbeispiel: Man berechne die Eigenschnelle des Zweimassensystems:

$$m_1 \cdot g = 50\,\text{kg}\,, \quad m_2 \cdot g = 120\,\text{kg}\,, \quad c = 50\,\text{kg/cm}\,.$$

Ergebnis:

$$m_r g = \frac{m_1 \cdot m_2}{m_1 + m_2} \cdot g = \frac{50 \cdot 120}{50 + 120} = 35,3\,\text{kg}$$

und

$$v_1 = v_2 = \sqrt{\frac{50}{0,0353}} = 37,6/\text{sec}\,.$$

II. Arbeit leistende Schwinger und die Berechnung ihrer Federung.

18. Allgemeines.

Während man die Schwingungen bisher im wesentlichen als Nebenerscheinungen mehr oder weniger lästiger Art betrachtete, und die Kenntnis ihrer Gesetzmäßigkeiten insbesondere deshalb wünschenswert erschien, weil man die gefährlichen Gebiete der Eigenschwingungen im voraus berechnen wollte, um sie nach Möglichkeit zu vermeiden

Abb. 56. Bild einer Wuchtfördereranlage.

(Resonanzgefahr, Näheres siehe Band II), sucht man neuerdings in der Technik die Schwingungserscheinungen zur Arbeitsleistung auszunutzen. Während sich bisher die Nutzanwendung von mechanischen Schwingungssystemen auf den Bau von Meßinstrumenten und Signalgeräten beschränkte, beginnt man heute, schwingungstechnische Arbeitsmaschinen zu bauen, die als Werkzeuge, Rüttel- und Stampfmaschinen, Fördervorrichtungen und dergleichen nutzbringende Arbeit leisten sollen und oft sehr bedeutende Abmessungen annehmen.

Wenn auch das volle Verständnis für die Arbeitsweise dieser Vorrichtungen und ihre endgültige Durchrechnung erst bei Betrachtung der erzwungenen Schwingungen (Band II) möglich ist, dürfte es doch von Wichtigkeit sein, schon an dieser Stelle gewisse grundlegende Gesichtspunkte zu gewinnen. Insbesondere sollen Richtlinien für die Dimensionierung der Federung aufgestellt werden.

So zeigt z. B. Abb. 56 eine mit etwa $n = 950$ Hüben/min ($v \sim 100$/sec) und einer Amplitude von 0,4 bis 0,5 cm schwingende Förderrinne (Wuchtförderer genannt). Sie ist in der Lage, eine Förderleistung bis zu 100 m³ in der Stunde zu bewältigen und wird in Einheiten bis zu 60 m Länge gebaut[1].

[1] Die Förderung kommt dadurch zustande, daß das auf der Rinne liegende Fördergut beim Vorwärtshub in der Bewegungsrichtung der Rinne, d. h. schräg aufwärts, beschleunigt wird und eine Wurfbewegung beschreibt, während die Rinne zurückschwingt. Bei der gewählten Frequenz ($v = 100$/sec) folgen die einzelnen kleinen Wurfbewegungen so schnell aufeinander, daß das Fördergut, z. B. Sand, kaum noch mit der Rinne in Berührung kommt, sondern infolge der inneren Reibung fast dauernd in der Schwebe bleibt. Es hat den Anschein, als ob das Fördergut wie Wasser durch die Rinne fließt.

Die in der Regel unter 15° gegen die Horizontale geneigte Bewegungsbahn der Rinne wird durch die seitlich an der Rinne befestigten, als Blattfedern ausgebildeten Lenker vorgeschrieben.

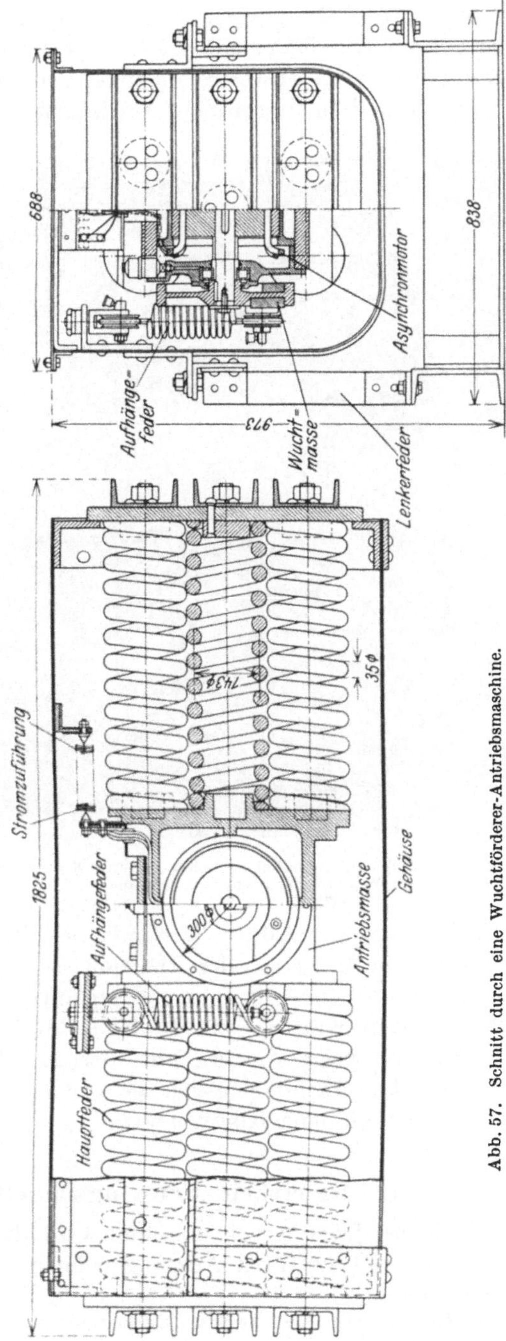

Abb. 57. Schnitt durch eine Wuchtförderer-Antriebsmaschine.

Abb. 57 zeigt die am Ende der Rinne angeordnete Antriebsmaschine im Schnitt. Sie bildet mit der Rinne ein Zweimassensystem, wobei die Rinnenmasse die schwerere Masse m_2 und die zwischen den 10 schweren Schraubenfedern angeordnete Antriebsmasse die Masse m_1 darstellt. Die Schwingungen werden durch Fliehkräfte erregt. Letztere gehen von den Wuchtmassen aus, welche in den beiden Schwungrädern des in m_1 eingebauten Antriebsmotors (6-poliger Asynchronmotor) sitzen. Das Massenverhältnis ist in der Regel:

$$m_1 : m_2 = 1 : 3$$
$$\text{bis } 1 : 4\,.$$

Das Eigengewicht der Antriebsmasse wird durch an den Ecken angeordnete senkrecht zur Schwingrichtung liegende Schraubenfedern aufgenommen, so daß es die Hauptfedern nicht zusätzlich belastet. Die ganze Maschine ist in einem mit Profileisen armierten Blechkasten angeordnet, der mit der Rinne fest verschraubt wird, so daß seine Masse mit der Rinnenmasse ein Ganzes bildet. Der Kasten hat in erster Linie die beim Vorspannen der schweren Hauptfedern auftretenden Kräfte (etwa 10000 bis 15000 kg) aufzunehmen.

Abb. 58. Blick von oben her in den geöffneten Kasten einer Wuchtförderer-Antriebsmaschine.

Abb. 58 zeigt die Ansicht der Maschine mit abgenommenem Deckel. Man erkennt deutlich die schweren Hauptfedern, die Antriebsmasse, die Aufhängefedern usw.[1]

19. Hubarbeit, Schwingschnelle und Leistung.

Wie bei jeder Arbeitsmaschine wird die Berechnung von der verlangten Leistung ihren Ausgang nehmen müssen. Diese ist einerseits

---

[1] Gebaut von C. Schenck, Darmstadt.

durch die pro Hub geleistete Arbeit, andererseits durch die Anzahl der in der Zeiteinheit erfolgenden Hübe bestimmt.

Eine sehr wesentliche Eigenschaft der schwingungstechnischen Arbeitsmaschinen besteht darin, daß die höchste pro Hub abgebbare Arbeitsleistung kleiner sein muß als die innere Energieladung, welche der Schwinger z. B. als Spannungsenergie der Federn in den Umkehrpunkten der Schwingung äußerstenfalls aufzuspeichern vermag. Praktisch wirkt sich diese Forderung dahin aus, daß eine schwingungstechnische Arbeitsmaschine nur da am Platze ist, wo es sich darum handelt, große Massen in rasche Bewegung zu versetzen, wobei die zur Bewegung erforderliche „Wattarbeit" verhältnismäßig gering ist. Unter Wattarbeit versteht man die tatsächlich verbrauchte Arbeit, die zur Überwindung von Bewegungswiderständen nötig ist und die z. B. als Leistung des Antriebsmotors mittels Wattmeters gemessen werden kann. Im Gegensatz hierzu steht die wattlose oder „Blindarbeit", d. h. die Energiemenge, die als Ladung des Schwingers dient und bei der Schwingung zwischen der Federung, wo sie als potentielle Energie erscheint, und der Masse, wo sie in kinetische Energie umgewandelt wird, hin und her pendelt, ohne daß dabei Verluste auftreten.

Wird das Verhältnis der Wattarbeit zur Blindarbeit größer als etwa 1 : 1, so büßt die schwingungstechnische Arbeitsmaschine ihre wesentlichsten Vorteile ein und man kann ebensogut mit einem nicht schwingfähigen Mechanismus (z. B. einem Kurbeltrieb) arbeiten.

Man wird für die Bewertung der höchst möglichen Hubarbeit eines Schwingers zweckmäßig die Arbeit einsetzen, die er mit Rücksicht auf die Festigkeit der Federn im Dauerbetrieb bei der größtzulässigen Auslenkung als potentielle Energie aufzuspeichern vermag und die wir bei den Betrachtungen auf S. 17 als „Arbeitsfähigkeit" bezeichnet hatten. Diese Arbeit ist, exakt betrachtet, zwar eine Blindarbeit, da zu ihrer Aufrechterhaltung, wenn der Schwinger dämpfungsfrei (d. h. ohne energieverzehrende Bewegungswiderstände) arbeitete, keine Leistungszufuhr nötig wäre. Sie kann aber doch als geeignetes Maß für die Wattarbeit des Schwingers dienen, weil diese einen bestimmten Bruchteil davon ausmacht.

Da jedoch der Prozentsatz von der als Wattarbeit vom Gesamt-Arbeitsvermögen ausgenutzten Energiemenge starken Schwankungen unterliegt, so benutzt man zweckmäßig die Arbeitsfähigkeit des Schwingers als Grundlage für seine Kennzeichnung. Es handelt sich hier um ähnliche Verhältnisse wie z. B. bei einem Elektromotor. Auch hier gibt man als „Leistungsfähigkeit" die höchste auf die Dauer ertragbare Leistung an. Ob man diese dann im Betrieb tatsächlich aus. nutzt, hat mit der Bestimmung der Leistungsfähigkeit nichts zu tun Ebenso gibt man beim Schwinger die Leistung an, die er äußerstenfalls hergeben könnte. An dieser Tatsache wird auch nichts geändert, wenn man infolge geringer Dämpfung nur z. B. $^1/_{10}$ davon ausnutzt.

Als Nennleistung oder besser „Leistungsfähigkeit" des Schwingers gibt man das Produkt aus der Arbeitsfähigkeit und der pro Sekunde erfolgenden Hubzahl f, d. h. der Frequenz, an. Die Hubzahl kann näherungsweise gleich der pro Sekunde erfolgenden Anzahl von Eigenschwingungen gesetzt werden, da man die schwingungstechnischen Maschinen zwecks Erzielung eines guten Wirkungsgrades stets angenähert mit ihrer Eigenschwingungszahl arbeiten läßt.

Demnach ergibt sich für die Berechnung der „Nennleistung" eines Schwingers folgende Grundgleichung:

$$(75) \qquad N = A_0 \cdot \frac{v}{2\pi} \ \text{cmkg/sec} ,$$

wobei $A_0 = \frac{c}{2} \cdot f^2_{\text{max}}$ die Arbeitsfähigkeit in cmkg und $v = \sqrt{\frac{c}{m}}$ die Eigenschnelle des Schwingers bedeutet.

In der Elektrotechnik pflegt man die „Nennleistung" einer Wechselstrommaschine oder eines Transformators in kVA (Kilo-Volt-Ampere) anzugeben. Die schwingungstechnische Arbeitsmaschine gleicht in ihrem energetischen Verhalten einer Wechselstrommaschine. Es erscheint deshalb, schon mit Rücksicht auf einheitliche Bezeichnungsweise, zweckmäßig, auch die Nennleistung der Schwingungsmaschine in kVA anzugeben. Da 1 kVA = 10 200 cmkg/sec, erhält man endgültig für die Nennleistung die Gleichung:

$$N = \frac{c}{2} \cdot f^2_m \cdot \frac{'v}{2\pi} \cdot \frac{1}{10200}$$

$$(76) \qquad \boxed{N = c \cdot f^2_m \cdot v \cdot 7{,}8 \cdot 10^{-6} \ \text{kVA}.}$$

20. Berechnung der Abmessungen eines Schwingers auf Grund seiner Nennleistung.

a) Stellung der Aufgabe.

Genau so wie im übrigen Maschinenbau werden die Abmessungen einer schwingungstechnischen Arbeitsmaschine um so kleiner, je höher, gleiche Leistung vorausgesetzt, die sekundliche Hubzahl, d. h. die Eigenschnelle gewählt wird, je kleiner also die pro Hub zu leistende Arbeit, d. h. die Arbeitsfähigkeit ist. Für die exakte Berechnung der Abmessungen ist es notwendig, vor allem eine Formel herzuleiten, auf Grund deren ermittelt werden kann, welches Gewicht ein Schwinger bestimmter Arbeitsfähigkeit und Eigenschnelle besitzen muß, insbesondere, welches arbeitende Gewicht bei Voraussetzung einer bestimmten höchst zulässigen Beanspruchung des Werkstoffes für die Federung vorzusehen ist.

Bei der Aufstellung dieser Beziehung gehen wir von der Leistungsgleichung (76) aus. Setzen wir hier für c den äquivalenten Wert $m \cdot v^2$ ein, so ergibt sich die interessante Beziehung:

$$(77) \qquad N = \frac{m}{4\,\pi} \cdot v^3 \cdot f_m^2 \ \text{cmkg/sec} \,.$$

Aus dieser Formel erkennen wir, daß die Leistung bei gleichbleibender schwingender Masse und Eigenschnelle mit dem Quadrat des Ausschlags ansteigt, und daß sich andererseits bei gleichbleibender Masse und gleichem Ausschlag die Leistung mit der dritten Potenz der Eigenschnelle erhöht.

Auf Grund dieser Erkenntnis erscheint es empfehlenswert, die Eigenschnelle so hoch als irgend möglich zu wählen. Diese Erscheinung entspricht dem allgemeinen Bestreben im Maschinenbau, die Drehzahlen der Kraft- und Arbeitsmaschinen so weit wie irgend möglich zu steigern.

Bei den Schwingungsmaschinen sind jedoch hierfür vorläufig recht enge Grenzen gesetzt, und zwar durch die verhältnismäßig sehr niedrigen, im Dauerbetrieb zulässigen Beanspruchungen des Werkstoffes, aus dem die Federn gefertigt werden. Bevor die schwingungstechnischen Arbeitsmaschinen eine weitgehende Verbreitung und Ausnutzung finden können, muß seitens der Stahlwerke die Aufgabe gelöst werden, wesentlich leistungsfähigere Werkstoffe für die Herstellung der Federn zu schaffen, als sie heute vorliegen, falls sich nicht überhaupt ein anderer Werkstoff, z. B. Gummi, als leistungsfähiger erweist.

Überhaupt erhält die vorliegende Beziehung erst praktischen Wert durch Einsetzen des erforderlichen aktiven Federgewichts in die Rechnung. Erst wenn man angeben kann, welches Gesamtgewicht der Schwinger in Abhängigkeit von Leistung und Eigenschnelle erhält, läßt sich entscheiden, welche Konstruktion in einem bestimmten Fall am wirtschaftlichsten ist. Hinzu kommt, daß in vielen Fällen außer der Leistung die Betriebsfrequenz — d. h. die Eigenschnelle — oder der Größtausschlag f_m oder beide Faktoren durch die Eigenart der Arbeitsleistung vorgeschrieben sind. In diesen Fällen muß man in der Lage sein, anzugeben, mit welchem Materialaufwand der Schwinger sich bauen läßt.

b) Berechnung des aktiven Federgewichts von zylindrischen Schraubenfedern aus Stahl in Abhängigkeit von der Arbeitsfähigkeit.

Aktives Federgewicht. Die vorstehend geforderte Berechnung soll für das Beispiel der in der Regel verwendeten zylindrischen Schraubenfeder durchgeführt werden. Als maßgebende Bestimmungsstücke sind gegeben:

1. Die Arbeitsfähigkeit

$$A_0 = \frac{c}{2} \cdot f_m^2 \text{ cmkg},$$

d. h. das Produkt aus der halben Federkonstanten und dem Quadrat des erforderlichen Größtausschlages.

2. Die höchst zulässige Schwingungsbeanspruchung des Werkstoffs. Als solche wird der Betrag eingesetzt, um den die Beanspruchung von der Vorspannung aus im Rhythmus der Schwingung nach aufwärts und abwärts schwanken kann, ohne daß im Dauerbetrieb ein Bruch befürchtet zu werden braucht. Aus praktischen Gründen, insbesondere um ein Klappern der Federn sicher zu vermeiden, wählt man die Vorspannung in der Regel gleich dem Doppelten dieses Betrages.

Wenn man also z. B. angibt, die zulässige Schwingungsbeanspruchung eines bestimmten Werkstoffes für Schraubenfedern sei $S_T = 7 \text{ kg/mm}^2$, so heißt das, daß eine aus dem Werkstoff gefertigte Feder bei einer Vorspannung von 14 kg/mm² auf die Dauer eine Wechselbeanspruchung aushält, die zwischen der oberen Grenze von 21 kg/mm² und der unteren Grenze von 7 kg/mm² schwankt.

Die Ermittlung dieser Festigkeitswerte ist Sache der „dynamischen Materialprüfung". Sie läßt sich nur auf Grund systematischer Dauerversuche durchführen. Am zweckmäßigsten geht man so vor, daß man zunächst auf einer dynamischen Dauerprüfmaschine durch Untersuchung von Probestäben unter Beanspruchungen, die denen des Betriebszustandes möglichst nahekommen, das geeignetste Material heraussucht und dann durch Untersuchungen an fertigen Federn im Dauerbetrieb die endgültigen Werte festlegt.

Im allgemeinen wird man gut tun, vor Anwendung einer Federart in größerem Maßstab ihre Dauerfestigkeit unter Bedingungen, die den Betriebsverhältnissen so getreu wie möglich nachgeahmt sind, in ausführlichen Dauerversuchen nachzuprüfen. Bei der Vorausberechnung von Federn wird man gut tun, eher unter den angegebenen Beanspruchungsgrenzen (7 bis 21 kg/mm²) zu bleiben, als darüber hinauszugehen.

Die vorstehend genannten Festigkeitswerte ergaben sich als Resultat einer großen Versuchsreihe, und zwar wurden sie für einen Chromsiliziumstahl (Analyse: $\sim 1{,}0\%$ Cr; $0{,}9\%$ Si; $0{,}45\%$ C; $0{,}6\%$ Mn) ermittelt. Die Federn wurden nach dem Wickeln ausgeglüht, da bei gehärteten Federn wesentlich schlechtere Eigenschaften festgestellt wurden ($S_T = \pm 5 \text{ kg/mm}^2$). Auch bei geglühter Feder liegt die Elastizitätsgrenze noch wesentlich oberhalb der gewählten Höchstbeanspruchung von 21 kg/mm², so daß eine bleibende Formänderung, d. h. ein „Setzen" der Feder nicht zu befürchten ist. Andererseits nützt die hohe Elastizitätsgrenze der gehärteten Feder gar nichts, wenn durch den

Härteprozeß die tatsächlich am fertigen Werkstück erreichbare Dauerfestigkeit von 7 auf 4 bis 5 kg/mm² herabgeworfen wird[1]. Gerade in der Federfrage muß man sich, will man überhaupt weiterkommen, gründlich von der gewohnten statischen Betrachtungsweise frei machen und eingehend in das Wesen der dynamischen Festigkeitsprobleme vertiefen (Näheres siehe Literaturverzeichnis).

Es sei nunmehr im einzelnen die Aufgabe gelöst, für gegebene Verhältnisse (A_0, S_T) die Federabmessungen, d. h.:

1. den Drahtdurchmesser d,
2. den Windungsradius r und
3. die Gangzahl z

sowie das erforderliche Federgewicht zu berechnen. Zur Durchführung dieser Berechnung müssen die bekannten Federformeln[2] für unsere Zwecke etwas umgeformt werden.

Bekannt sind die beiden grundlegenden Formeln:

$$(78) \qquad f = \frac{64 \cdot z \cdot r^3 \cdot P}{d^4 \cdot \mathsf{G}},$$

$$(79) \qquad f = \frac{4\,\pi \cdot z \cdot r^2}{d \cdot \mathsf{G}} \cdot S_T,$$

wobei G der dynamische Gleitmodul des Stahls ist, der im Mittel mit 7500, allerhöchstens 8000 kg/mm² einzusetzen ist.

Hieraus ergeben sich durch eine einfache Umformung die Gleichungen:

$$(80) \qquad c = \frac{P}{f} = \frac{d^4 \cdot \mathsf{G}}{64 \cdot z \cdot r^3} \; \text{kg/cm} \qquad \text{[aus Gl. (78)]}$$

$$\frac{d}{r^2} = \frac{4\,\pi \cdot z}{\mathsf{G} \cdot f} \cdot S_T \qquad \text{[aus Gl. (79)]}$$

$$(81) \qquad r = \sqrt{\frac{\mathsf{G} \cdot f}{4\,\pi \cdot z \cdot S_T} \cdot d} \;\; \text{cm}.$$

Setzt man den aus Gl. (81) berechneten Windungsradius r in die Gl. (80) ein, so ergibt sich als Berechnungsformel für den Drahtdurchmesser d:

$$(82) \qquad d = \sqrt[5]{\frac{c^2 \cdot f^3}{z \cdot S_T^3} \cdot \frac{64\,\mathsf{G}}{\pi^3}} = \sqrt[5]{\frac{c^2 \cdot f^3}{z \cdot S_T^3} \cdot 2{,}065\,\mathsf{G}} \;\; \text{cm}.$$

Setzt man schließlich in dieser Formel den Wert $S_T = 700$ kg/cm² und $\mathsf{G} = 8 \cdot 10^5$ kg/cm², so ergibt sich die einfache Beziehung:

$$(83) \qquad d = 0{,}344 \sqrt[5]{\frac{c^2}{z} \cdot f^3} \;\; \text{cm}.$$

---

[1] Diese erstaunliche Beobachtung wird in erster Linie durch kleine Härterisse, innere Spannungen u. dgl. bedingt, die bei der gehärteten Feder unvermeidlich zu sein scheinen, während sie bei der geglühten Feder mit Sicherheit in Wegfall kommen.

[2] Siehe z. B. „Hütte", Bd. 1, S. 663.

Nach Kenntnis von d berechnet sich der Windungsradius auf Grund der Beziehung Gl. (81):

$$(84) \qquad r = \sqrt{\frac{G \cdot f}{4\,\pi \cdot z \cdot S_T}} \cdot d = 9{,}54 \sqrt{\frac{f}{z}} \cdot d \quad \text{cm}\,.$$

Schließlich erhält man für das aktive Federvolumen den Wert:

$$V = \frac{d^2\,\pi}{4} \cdot 2\,r\,\pi \cdot z = \sqrt{d^5 \cdot \frac{\pi^4 \cdot G}{16\,\pi} \cdot \frac{z \cdot f}{S_T}} \quad \text{cm}^3$$

und nach Einsetzen des Wertes für d^5 aus Gl. (82) und Ausrechnung der Zahlenwerte:

$$V = \sqrt{\frac{c^2 \cdot f^3}{z \cdot S_T^3} \cdot \frac{64\,G}{\pi^3} \cdot \frac{\pi^4\,G}{16\,\pi} \cdot \frac{z \cdot f}{S_T}} \quad \text{cm}^3\,,$$

$$(85) \qquad \boxed{V = 2\,G \cdot c \cdot \frac{f^2}{S_T^2}\,\text{cm}^3\,.}$$

Durch Multiplikation des Federvolumens mit dem spezifischen Gewicht γ des Federmaterials findet man das Federgewicht. Bei dieser Formel ist ein praktischer Gesichtspunkt zu berücksichtigen. Er besteht darin, daß bei der Ausführung der Federn, die in der Regel als Druckfedern konstruiert werden, an den beiden Federenden je etwa 1½ Windungen geschlossen aufzuwickeln sind. Demgemäß wird man das gesamte Federgewicht je nach der Anzahl der Gänge etwa 30% höher annehmen müssen, als das arbeitende (aktive) Federgewicht. Diese Beziehung ist dadurch gerechtfertigt, daß die Federn in der Regel mit ca. 10 freien Windungen konstruiert werden. Unter Berücksichtigung dieser Tatsache ergibt sich für das gesamte Federgewicht die übersichtliche Annäherungsformel: ($\gamma = 7{,}8 \cdot 10^{-3}$ kg/cm³)

$$(86) \qquad G_F = 1{,}3 \cdot V \cdot \gamma = 1{,}3 \cdot 2\,G \cdot c \cdot \frac{f^2}{S_T^2} \cdot \gamma = 16\,200 \cdot c \cdot \frac{f^2}{S_T^2}\,\text{kg}\,.$$

Hieraus folgt unmittelbar die wichtige Beziehung zwischen Arbeitsfähigkeit $A_0 = \frac{c}{2} \cdot f^2$ und Federgewicht G_F:

$$(87) \qquad G_F = \frac{32\,400}{S_T^2} \cdot A_0 \;\text{kg}\,,$$

wobei A_0 in cmkg, S_T in kg/cm² einzusetzen sind.

Mit $S_T = 700$ kg/cm² ergibt sich schließlich:

$$(88) \qquad G_{F(S_T = 700)} = 0{,}066\,A_0 \;\text{kg}\,; \qquad A_0 = \sim 15 \cdot G_F \;\text{cmkg}\,.$$

Die Durchführung der Federberechnung soll an einem **Zahlenbeispiel** gezeigt werden.

Vorbemerkung. Die schematische Anwendung der Berechnungsformel [Gl. (82)] für d würde fast stets Drahtstärken liefern, die für die praktische Ausführung nicht brauchbar sind. Man muß deshalb bei der Berechnung von vornherein darauf Rücksicht nehmen, daß nur die in Tabelle 4 verzeichneten Drahtstärken gewählt werden dürfen, und auch hier die eingeklammerten Maße tunlichst zu vermeiden sind. Drahtstärken von mehr als 40 mm sind aus Gründen der Herstellung nicht zulässig. Tabelle 4 enthält außer den Drahtstärken deren Potenzen bis einschließlich der fünften, so daß die für die Rechnung nötigen Zahlenwerte zur Hand sind.

Anzahl der Federn. Zunächst wird die Gesamtfederung, die durch die verlangte Arbeitsfähigkeit $A_0 = \dfrac{c}{2} \cdot f_m^2$ ge-

Tabelle 4. Federdrahtstärken.

(Maße in cm.)

d	d^2	d^3	d^4	d^5
0,1	0,01	0,001	0,0001	0,00001
0,15	0,0225	0,00338	0,0005	0,000125
0,2	0,04	0,008	0,0016	0,00032
0,3	0,09	0,027	0,0081	0,00243
0,4	0,16	0,064	0,0256	0,01024
0,5	0,25	0,125	0,0625	0,03125
0,6	0,36	0,216	0,1296	0,0779
0,7	0,49	0,343	0,2401	0,168
0,8	0,64	0,512	0,4096	0,328
0,9	0,81	0,729	0,6561	0,592
1,0	1,00	1,000	1,0000	1,00
(1,1)	1,21	1,331	1,464	1,61
1,2	1,44	1,728	2,074	2,49
(1,3)	1,69	2,197	2,856	3,71
1,4	1,96	2,744	3,842	5,38
1,5	2,25	3,375	5,063	7,61
1,6	2,56	4,096	6,554	10,5
1,8	3,24	5,832	10,50	18,9
2,0	4,00	8,000	16,00	32,0
2,2	4,84	10,65	23,43	51,6
2,5	6,25	15,63	39,06	97,8
(2,8)	7,84	21,95	61,47	172
3,0	9,00	27,00	81,00	243,0
(3,2)	10,24	32,77	104,9	335,8
3,5	12,25	42,88	150,0	525,0
(3,8)	14,44	54,87	208,5	792,5
4,0	16,00	64,00	256,0	1024,0

kennzeichnet ist, auf so viele Federn verteilt, daß das Gewicht der einzelnen Feder nicht höher als 65 kg ist, daß also gemäß Gl. (88) die einzelne Feder ein Arbeitsvermögen von höchstens

$$A_0 = \frac{G_F}{0{,}066} = \frac{65}{0{,}066} = \sim 1000 \text{ cmkg}$$

aufweist. In der Regel wird man sich pro Feder mit einem Arbeitsvermögen von $A_0 = \sim 500$ cmkg begnügen.

Bei der Wahl der Federzahl ist weiterhin auf symmetrische Anordnung Bedacht zu nehmen. Da schließlich die Federn mit Rücksicht auf die Vorspannung stets paarweise gegeneinander geschaltet werden, kommen nur gerade Federzahlen in Frage. Man wähle möglichst folgende Werte:

$$i = 2,\ 4,\ 8,\ 10,\ 12,\ 16 \text{ und } 18.$$

Federzahlen unter 8 sind mit Rücksicht auf eine gute Stabilität gegen Nebenschwingungen möglichst zu vermeiden.

Gangzahl z: Die Gangzahl wird bei Druckfedern stets zwischen $z = 6$ bis 12 zu wählen sein. $z = 15$ ist nur bei verhältnismäßig dünnem Draht und großem Windungsradius zulässig. Größer als 15 sollte z bei Druckfedern nie gemacht werden.

Berechnung von Drahtstärke, Windungszahl und Windungshalbmesser. Der Rechnungsgang wird am besten an Hand eines praktischen Zahlenbeispiels gezeigt.

Aufgabe: Es ist die Federung eines Schwingers zu berechnen, der eine Arbeitsfähigkeit von $A_0 = 7200$ cmkg besitzen soll, bei einer Amplitude $f_m = 1,5$ cm.

Lösung: Die Federzahl wird zu $i = 10$ gewählt, so daß jede Feder eine Arbeitsfähigkeit von $A_1 = 720$ cmkg besitzen muß. Bei $f_m = 1,5$ cm entspricht dieser Arbeitsfähigkeit eine Federkonstante von:

$$c_1 = \frac{2 A_1}{f_m^2} = \frac{1440}{2,25} = 640 \text{ kg/cm}.$$

Die Feder werde aus geglühtem Chromsiliziumstahl gefertigt. Demgemäß ist eine Beanspruchung von $S_T = \pm 700$ kg/cm² zulässig, bei einer Vorspannung von 1400 kg/cm². Der Gleitmodul beträgt $G = 7,5 \cdot 10^5$ kg/cm². Die Windungszahl z wird so gewählt, daß sich für d eine Normaldrahtstärke ergibt. Wir erhalten gemäß Gl. (82):

$$d^5 = \frac{c_1^2 \cdot f_m^3}{z \cdot S_T^3} \cdot 2,065 \cdot G$$

$$= \frac{410\,000 \cdot 3,375 \cdot 2,065 \cdot 750\,000}{z \cdot 343\,000\,000}$$

$$d^5 = \frac{6250}{z}.$$

Mit $z = 12$ ergibt sich:

$$d^5 = 520 ;$$
$$d = 3,5 \text{ cm} \quad (3,5^5 = 525).$$

Die kleine Vernachlässigung, die wir zugelassen haben, ist ohne Belang. Sie führt dazu, daß bei $f_m = 1,5$ cm, S_T etwas kleiner als 700 kg/cm² wird. Der Einfluß, den die Vernachlässigung auf c_1 ausübt, wird bei Berechnung von r herausgebracht. Deshalb wird r aus Gl. (80):

$$c_1 = \frac{d^4 \cdot G}{64 \cdot z \cdot r^3} \quad \text{zu:} \quad r = \sqrt[3]{\frac{d^4 \cdot G}{64 \cdot z \cdot c_1}} \text{ cm}$$

berechnet. Im vorliegenden Fall ergibt sich:

$$r = \sqrt[3]{\frac{150 \cdot 7,5 \cdot 10^5}{64 \cdot 12 \cdot 640}} = \sqrt[3]{229} = 6,118 \text{ cm}.$$

Gewählt: $r = 6,1$ cm.

Kontrollrechnungen:

$$d_1 = 3{,}5\,\text{cm}; \qquad r = 6{,}1\,\text{cm}; \qquad z = 12.$$

[Gl. (80)] $\quad c_1 = \dfrac{d^4 \cdot G}{64 \cdot z \cdot r^3} = \dfrac{150 \cdot 7{,}5 \cdot 10^5}{64 \cdot 12 \cdot 227} = 645\,\text{kg/cm}\,,$

[Gl. (84)] $\quad S_T = \dfrac{d \cdot G \cdot f_m}{4\,\pi \cdot z \cdot r^2} = \dfrac{3{,}5 \cdot 7{,}5 \cdot 10^5 \cdot 1{,}5}{12{,}5 \cdot 12 \cdot 37{,}21} = 705\,\text{kg/cm}^2.$

Diese Werte zeigen eine befriedigende Übereinstimmung mit der Aufgabenstellung.

Die an Hand dieser Formel berechnete Beanspruchung ist ein ideeller Mittelwert zwischen den Beanspruchungen der äußeren und inneren Randfaser. Wie eingehende Untersuchungen gezeigt haben, ist die Beanspruchung der innen in der Federwicklung liegenden Randfasern in der Regel beträchtlich höher als der angegebene Wert. Die Spannungserhöhung hängt in erster Linie von dem Verhältnis des mittleren Windungsdurchmessers $2\,r$ zur Drahtstärke d ab. Setzt man den Wert $\dfrac{2\,r}{d} = \varphi$, so berechnet sich der Faktor der Spannungserhöhung im wesentlichen nach folgender Formel:

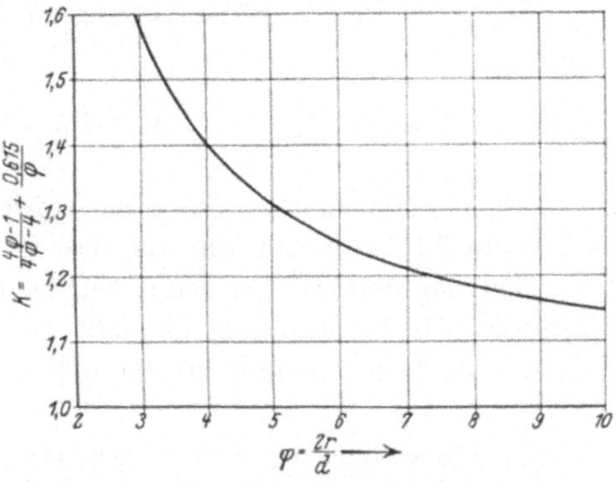

$$K = \frac{S_T^{*}}{S_T} = \frac{4\,\varphi - 1}{4\,\varphi - 4} + \frac{0{,}615}{\varphi}\,.\ {}^{1}$$

Abb. 58a. Verhältnismäßige Spannungserhöhung an der Innenfaser einer starkdrähtigen Schraubenfeder in Abhängigkeit vom Durchmesserverhältnis $\varphi = \dfrac{2\,r}{d}$.

Abb. 58a zeigt diesen Wert in Abhängigkeit von φ. Man erkennt, daß bei kleinem φ die Spannungserhöhung sehr beträchtlichen Wert annimmt. Im Falle unseres Zahlenbeispiels ergibt sich:

$$\varphi = \frac{2\,r}{d} = \frac{12{,}2}{3{,}5} = 3{,}49\,,$$

$$K = 1{,}48\,,$$

d. h. die wirkliche Spannung der inneren Faser ist um $\sim 50\%$ größer als die berechnete Spannung und beträgt:

$$\boxed{S_T = 1034\,\text{kg/cm}^2.}$$

Die zulässige Dauerfestigkeit, welche mit 7 kg/mm² ermittelt wurde, ist

---

[1] Näheres siehe: Transactions of the American Society of Mechanical Engineers Applied Mechanics, May-August 1929. A. M. Wahl, Stresses in Heavy Closely Coiled Helical Springs.

als mittlerer Festigkeitswert anzusehen. Die Untersuchungen wurden an Federn durchgeführt, deren Verhältniszahl $\varphi = \sim 3,0$. In diesem Fall betrug also die wirkliche Spannung in der inneren Faser:

$$S_T^* = 11 \div 12,5 \ \text{kg/mm}^2.$$

Federgewicht: Das Gewicht der vorstehend berechneten Feder beträgt unter Berücksichtigung der Tatsache, daß an jedem Federende 1½ Gang geschlossen aufgewickelt werden:

$$G_F = 2\,r\,\pi \cdot z \cdot \frac{d^2\,\pi}{4}\,\gamma \ \text{kg}$$

$$= 6{,}28 \cdot 6{,}1 \cdot (12 + 3) \cdot 9{,}62 \cdot 7{,}8 \cdot 10^{-3}$$

$$= 43{,}2 \ \text{kg} \,.$$

Nach der in Gl. (86) errechneten Näherungsformel würde sich ergeben:

$$G_F = 1{,}3 \cdot 2 \cdot \mathsf{G} \cdot c \cdot \frac{f^2}{S_T^2} \cdot \gamma = 1{,}3 \cdot 2 \cdot 7{,}5 \cdot 10^5 \cdot 645 \cdot \frac{1{,}5^2}{700^2} \cdot 7{,}8 \cdot 10^{-3}\,\text{kg} = 45 \ \text{kg}.$$

Die Formel bietet also eine befriedigende Übereinstimmung. Der Überschuß erklärt sich daraus, daß für die toten Windungen im Mittel ein Zuschlag von 30 % gemacht wurde. Dieser Wert ist nur genau richtig, wenn $z = 10$ Windungen. Gl. (86) hat auch lediglich den Zweck, eine allgemeine Orientierung zu ermöglichen.

c) Berechnung des Gesamtgewichts des Schwingers
in Abhängigkeit von Schwingungsausschlag,
Schwingschnelle und Leistung.

Um das Ziel unserer Berechnung zu erreichen, d. h. das Gewicht des Schwingers in Abhängigkeit von Ausschlag, Eigenschnelle und Leistung zu finden, ersetzen wir in der Leistungsgleichung Gl. (75) den Wert $A_0 = \frac{c}{2} \cdot f_m^2$ (der Arbeitsfähigkeit) durch das in Gl. (88) gefundene Federgewicht G_F. Man findet die Beziehung:

$$N = A_0 \cdot \frac{\nu}{2\,\pi} = \frac{15}{2\,\pi} \cdot G_F \cdot \nu \ \text{cmkg/sec} \,,$$

$$(89) \qquad N = 2{,}4\,G_F \cdot \nu \ \text{cmkg/sec} = 2{,}35 \cdot 10^{-4} \cdot G_F \cdot \nu \ \text{kVA} \,.$$

Aus ihr geht das bemerkenswerte Ergebnis hervor, daß bei einer bestimmten Leistung das Produkt aus Eigenschnelle und Federgewicht konstant ist. Der naheliegende Grund hierfür ist darin zu suchen, daß das Federgewicht der Arbeitsfähigkeit direkt proportional ist, und daß die erforderliche Arbeitsfähigkeit der Federung eines Schwingers proportional dem Quotienten aus Leistung und Eigenschnelle gesetzt werden kann.

Um einen klaren Überblick zu gewinnen, tragen wir in Kurventafel Abb. 59 das Federgewicht (die Arbeitsfähigkeit) in Abhängigkeit von der Eigenschnelle v für verschiedene Leistungen auf. Aus dieser Tafel können wir dann, wenn Leistung und Eigenschnelle gegeben sind, das erforderliche Federgewicht ablesen.

Auch andere Fragestellungen lassen sich beantworten. Z. B. kann Arbeitsfähigkeit und Eigenschnelle gegeben und nach Leistung und Federgewicht gefragt sein.

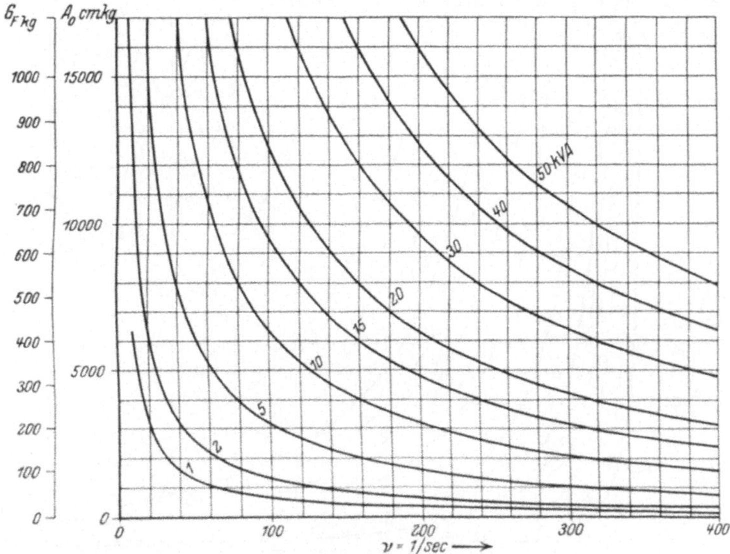

Abb. 59. Arbeitsfähigkeit und Federgewicht für verschiedene Nennleistungen in Abhängigkeit von der Eigenschnelle.

Die Berechnung der Kurventafel erfolgt auf Grund der Leistungsgleichung.

$$N_{\mathrm{kVA}} = \frac{2{,}4}{10200} \cdot G_F \cdot v = \frac{G_F \cdot v}{4250}\,\mathrm{kVA}.$$

Demgemäß:

$$(90) \qquad G_F = 4250\,\frac{N_{\mathrm{kVA}}}{v}\,\mathrm{kg}$$

und

$$(91) \qquad A_0 = 15\,G_F = 63\,500\,\frac{N_{\mathrm{kVA}}}{v}\,\mathrm{cmkg}\,.$$

Die Tafel dürfte die gebräuchlichsten Werte umfassen. Für Sonderzwecke, die aus dem Rahmen der Tafel herausfallen, kann man auf die Gl. (91) zurückgreifen.

Federmasse und zulässige Amplitude: Durch Berechnung der in Abb. 59 dargestellten Werte ist unsere Aufgabe noch keineswegs erschöpft. Unsere Rechnung enthält bis jetzt keine Angabe darüber, ob der Schwinger mit der errechneten Federmasse überhaupt ausführbar ist. Weiterhin ist noch keine Bestimmung über die Federkonstante, die schwingende Masse und über die Amplitude, mit der gearbeitet werden soll, getroffen. In der Regel liegen die Verhältnisse so, daß die Arbeitsamplitude vorgeschrieben ist und auch über die Größe der schwingenden Masse nicht frei verfügt werden kann.

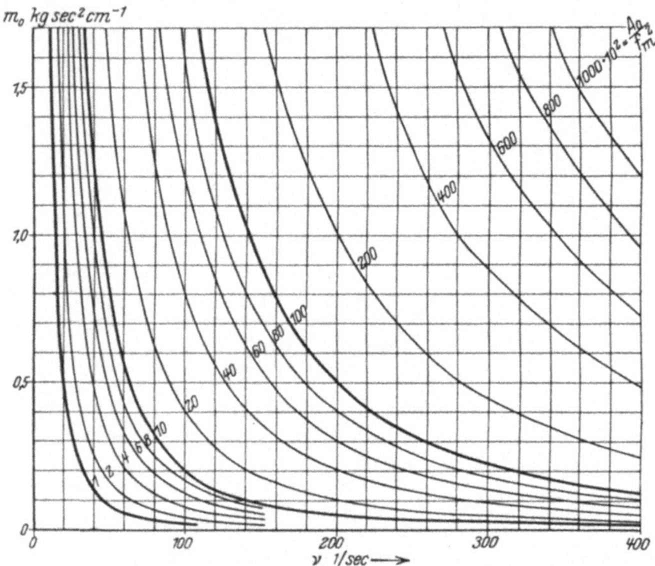

Abb. 60. Ideelle Masse m_0 in Abhängigkeit von der Eigenschnelle ν für verschiedene Werte $\dfrac{A_0}{f_m^2}$.

Um der Lösung näher zu kommen, entwerfen wir zunächst noch eine Hilfstafel, Abb. 60, welche die Gleichung $c = m_0 \cdot \nu^2$ in übersichtlicher Weise darstellt und die Zusammenhänge zwischen $m_0 =$ der ideellen Gesamtmasse des Schwingers und der Federkonstanten c (bzw. G_F) sowie der dem Federgewicht äquivalenten Arbeitsfähigkeit A_0 erfaßt. In der Tafel ist m_0 in Abhängigkeit von ν für eine genügend große Anzahl von Werten $\dfrac{A_0}{f_m^2} = \dfrac{c}{2}$ aufgetragen. Man kann also, wenn ν, A_0 und f_m (Größtamplitude) festliegen, $\dfrac{A_0}{f_m^2}$ berechnen und aus der Tafel m_0 ablesen.

Diese zweite Tafel kann indessen nur nutzbringend verwendet werden, wenn f_m so bestimmt ist, daß ausführbare Verhältnisse zustande kommen. Man wird beim Durchrechnen beliebiger Zahlenbeispiele jedoch sehr bald merken, daß für die Ausführbarkeit außerordentlich enge Grenzen gezogen sind, und zwar dadurch, daß meist die Eigenmasse der Federung einen sehr bedeutenden Einfluß gewinnt.

Um wirtschaftlich konstruieren zu können, muß man die hier vorliegenden Verhältnisse exakt erfassen. Es geschieht durch eine bisher nicht in Betracht gezogene Beziehung.

In der Leistungsgleichung (77)

$$N = \frac{m_0}{4\pi} \cdot f_m^2 \cdot v^3 \text{ cmkg/sec}$$

stellt m_0 die Gesamtmasse des Schwingers dar. Sie setzt sich zusammen aus der als Materialklotz klar zutage tretenden nutzbaren Masse m_A (Gewicht G_A kg), die zwischen den Federn eingespannt ist (s. Abb. 57) und dem als mitschwingend zu betrachtenden Anteil der Federmasse, der mit m_F bezeichnet werden soll. Wir denken uns demgemäß den tatsächlichen Schwinger ersetzt durch einen gleichwertigen, der eine masselose Federung mit der Federkonstanten c_0 und eine ideelle Masse von der Größe $m_0 = m_A + m_F$ besitzt. Die Masse m_F können wir mit genügender Näherung gleich $\frac{1}{2}\frac{G_F}{g}$ kgsec^2 cm^{-1} setzen, so daß:

$$(92) \qquad N = \frac{1}{4\pi} \cdot (m_A + m_F) \cdot f_m^2 \cdot v^3 = \frac{1}{2\pi} \cdot A_0 \cdot v \, .$$

Denn

$$A_0 = \frac{c_0}{2} \cdot f_m^2$$

und

$$c_0 = v^2 \cdot m_0 \, .$$

Da nun gemäß Gl. (88) $G_F = 0{,}066\, A_0$, also:

$$A_0 = 15 G_F = 15 \cdot 2 \cdot 981\, m_F = 30000\, m_F \text{ (abgerundet)} ,$$

so ergibt sich unter Einsetzen dieses Wertes in Gl. (92):

$$A_0 = \tfrac{1}{2}\,(m_A + m_F) \cdot f_m^2 \cdot v^2 = 30000\, m_F \, ,$$

$$\frac{m_F}{m_A} = \frac{G_F}{2\,G_A} = \frac{f_m^2 \cdot v^2}{60000 - f_m^2 \cdot v^2} \, ,$$

$$(93) \qquad \boxed{\; \frac{m_F}{m_A} = \frac{1}{\dfrac{60000}{f_m^2 \cdot v^2} - 1} \; } \cdot$$

Diese Gleichung ist von grundlegender Bedeutung. Sie besagt, daß für das Verhältnis der Federmasse zur arbeitenden Masse und damit für die Ausführung das Gewicht und die Kosten der schwingungstechnischen Arbeitsmaschine das Produkt $f_m^2 \cdot v^2$ maßgebend ist. Man erkennt, daß dieses Produkt für die der Berechnung zugrunde liegenden Voraussetzungen (Schraubenfedern, die mit 14 kg/mm^2 vorgespannt werden und von diesem Wert aus um $\pm 7 \text{ kg/mm}^2$ arbeiten, sowie $G = 8 \cdot 10^5 \text{ kg/cm}^2$) den Wert 60000 nicht erreichen oder gar überschreiten darf, wenn der Schwinger überhaupt ausführbar sein soll.

Aus wirtschaftlichen Gründen wird man bestrebt sein, den Wert $\dfrac{m_F}{m_A}$ kleiner als 2 zu machen (in der Regel wird er zwischen 0,5 und 1 gewählt).

Dies ist dann der Fall, wenn $f_m^2 \cdot v^2$ den Wert 40000 ($f_m \cdot v = 200$) nicht überschreitet. Für $\dfrac{m_F}{m_A} = 0,5$ erhält man $f_m^2 v^2 = 20000$ ($f_m \cdot v = 141$).

Äußerstenfalls wird man sich dazu verstehen, mit dem Wert $\dfrac{m_F}{m_A}$ auf 5

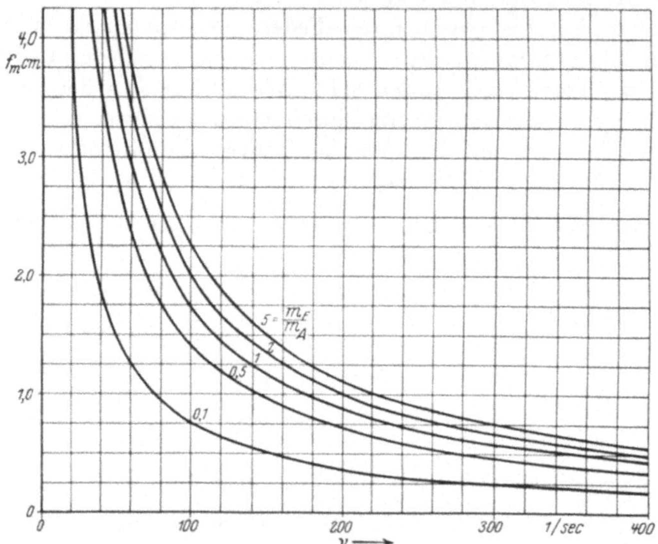

Abb. 61. Zulässiger Größtausschlag f_m in Abhängigkeit von der Eigenschnelle v für verschiedene Verhältniswerte $\dfrac{m_F}{m_A}$.

hinaufzugehen, so daß äußerstenfalls der Wert $f_m^2 \cdot v^2 = 50000$ ($f_m \cdot v^2 = 224$) sein darf. Geht man über diesen Wert hinaus, so ergeben sich sinnlose Verhältnisse.

Durch die vorstehende Beziehung ist es möglich, die Verhältnisse mühelos zu überblicken. Man hat vor Inangriffnahme der Berechnung eines Schwingers nur nötig, den Wert $f_m \cdot v$ auszurechnen, um festzustellen, wie die Verhältnisse für die Ausführbarkeit liegen, insbesondere, ob der Schwinger mit den verlangten Werten f_m und v überhaupt ausführbar ist.

Die endgültige Auswertung der in Gl. (93) enthaltenen Beziehung gibt die Tafel der Abb. 61. Hier sind für verschiedene Massenfaktoren

$\dfrac{m_F}{m_A}$ die zulässigen Größtamplituden f_m in Abhängigkeit von der Eigenschnelle ν aufgetragen. Aus dieser Tafel läßt sich entnehmen, innerhalb welcher Grenzen die Amplitude bei den verschiedenen Frequenzen überhaupt gewählt werden kann.

Durch die drei Abbildungen 59, 60 u. 61 sind alle erforderlichen Berechnungsgrundlagen gegeben. An Hand des nachfolgenden Zahlenbeispiels soll die praktische Handhabung der Berechnung kurz erläutert werden.

Anmerkung: Es sei nochmals betont, daß die Abb. 59 bis 61 nur für den ganz eindeutig definierten Zweck der Abfederung mittels Schraubenfedern dienen und nur hierfür benutzt werden dürfen. Für andere Federarten, z. B. Blattfedern, lassen sich analoge Tafeln mit entsprechend anderen Zahlenbeiwerten nach dem gleichen Schema aufstellen.

Wird die Berechnung für ein Zweimassensystem durchgeführt, so ist für f_m die Summe der Amplituden an beiden Massen einzusetzen, da diese für die Beanspruchung der Feder maßgebend ist.

21. Zahlenbeispiel.

Es ist ein Schwinger zu berechnen, der eine Eigenschnelle von $\nu = 161/\mathrm{sec}$ und eine nutzbare Masse von $m_A = 0,26\,\dfrac{\mathrm{kg}\cdot\mathrm{sec}^2}{\mathrm{cm}}$ besitzen soll. Das Verhältnis der nutzbaren Masse m_A zur Federmasse m_F soll dabei gleich 1 gewählt werden. Es ist die höchstzulässige Amplitude und die Nennleistung des Schwingers zu ermitteln, ferner sind die Abmessungen der Federn zu berechnen.

Lösung a) Aus Abb. 61 ist zu entnehmen, daß mit

$$\frac{m_F}{m_A} = 1; \quad f_{\mathrm{max}} = 1,05\ \mathrm{cm} \qquad (\text{bei } \nu = 161/\mathrm{sec})$$

die zulässige Größtamplitude ist.

b) Nach Gl. (76) berechnet sich die Nennleistung zu:

$$N = c \cdot f_m^2 \cdot \nu \cdot 7,8 \cdot 10^{-6}\ \mathrm{kVA};$$

da

$$c = (m_A + m_F) \cdot \nu^2 = 2\,m_A \cdot \nu^2 = 0,52 \cdot 26000 = 13500\ \mathrm{kg/cm}\,,$$

so wird:

$$N = 13500 \cdot 1,05^2 \cdot 161 \cdot 7,8 \cdot 10^{-6} = 18,6\ \mathrm{kVA}.$$

c) Federberechnung:
Wir wählen die Federzahl: $i = 10$. Somit ergibt sich:
Federkonstante je Feder:

$$c_0 = 1350\ \mathrm{kg/cm}.$$

Arbeitsvermögen je Feder:

$$A_0 = \frac{c_0}{2}\, f_m^2 = 743 \text{ cmkg} .$$

Mit der Windungszahl: $z = 10$ Windungen ergibt sich gemäß Gl. (82):

$$d^5 = \frac{c_0^2 \cdot f_m^3}{z \cdot S_T^3} \cdot 2,065 \cdot G ,$$

$$= \frac{1\,822\,500 \cdot 1,158 \cdot 2,065 \cdot 8 \cdot 10^5}{10 \cdot S_T^3} .$$

$S_T = \sim 700 \text{ kg/cm}^2 .$ $\quad = \dfrac{34,8}{S_T^3} \cdot 10^{10} = 1015 ,$

$$d = 4,0 \text{ cm}^1\, (4^5 = 1024) .$$

Federgewicht gemäß Gl. (87):

$$G_{F_0} = \frac{32\,400 \cdot A_0}{S_T^2} = 49,3 \text{ kg} .$$

Windungsradius gemäß Gl. (81):

$$r = \sqrt{\frac{G \cdot f \cdot d}{4\,\pi \cdot z \cdot S_T}} = \sqrt{\frac{8 \cdot 10^5 \cdot 1,05 \cdot 4,0}{4\,\pi \cdot 10 \cdot 700}}$$

$$= \sqrt{38,2} = 6,18 \text{ gewählt } \mathbf{6,15} \text{ cm} .^1$$

Kontrolle:

Federkonstante:

$$c_0 = \frac{d^4 \cdot G}{64 \cdot z \cdot r^3} = \frac{256 \cdot 8 \cdot 10^5}{64 \cdot 10 \cdot 233} = \mathbf{1375} \text{ kg/cm} .$$

Beanspruchung gemäß Gl. (81):

$$S_T = \frac{d}{r^2} \cdot \frac{G \cdot f_m}{4\,\pi \cdot z} = \frac{4,0 \cdot 8 \cdot 10^5 \cdot 1,05}{37,8 \cdot 4 \cdot \pi \cdot 10} = \mathbf{705} \text{ kg/cm}^2 .$$

Die wirkliche Beanspruchung in der inneren Faser ergibt sich gemäß Abb. 58a mit:

$$\varphi = \frac{2\,r}{d} = 3,08$$

zu:

$$S_T^* = 705 \cdot 1,55 = \mathbf{1092} \text{ kg/cm}^2 .$$

Gewicht der Feder: Da an den Enden je 1,5 Windungen geschlossen
aufgewickelt sind, besitzt die Feder insgesamt 13 Windungen. Demgemäß beträgt das Gewicht:

$$G_F = z \cdot 2\,r\,\pi \cdot d^2\, \frac{\pi}{4} \cdot \gamma = 13 \cdot 2 \cdot 6,15 \cdot \pi \cdot 4^2 \cdot \frac{\pi}{4} \cdot 7,8 \cdot 10^{-3} = \mathbf{49} \text{ kg} .$$

Die Kontrollen stimmen also genau mit den berechneten Werten überein.

---

^{1} Diese Zahlen werden mit Rücksicht auf die Ausführbarkeit abgerundet.

Schließlich ist noch das Gesamtgewicht der Maschine von Interesse. Nimmt man an, daß — wie dies tatsächlich der Fall ist — das Gewicht des Gehäuses etwa gleich dem Gewicht von Federung plus aktiver Masse gesetzt werden kann, so ergibt sich:

$$G_{ges} = G_A^{\cdot} + 10 \cdot G_{F_0} + G_{Geh} = 1600\,\text{kg}\,.$$

Das Gewicht je 1 kVA, das für die Ausnutzung des Materials maßgebend ist, berechnet sich zu:

$$\frac{G_{ges}}{N} = \frac{1600}{18,6} = 86\,\text{kg/kVA}\,.$$

Da, wie bereits erwähnt, die Wattleistung einer Schwingungsmaschine in der Regel nur etwa ⅓ ihrer Nennleistung sein soll, so ergibt sich für die vorliegende Maschine eine Wattleistung von ca. **6 bis 7 kW.** Dementsprechend wäre der Antriebsmotor zu bemessen.

Zweites Kapitel.

Drehschwinger.

A. Grundlegende Erwägungen.

22. Allgemeine Gesichtspunkte.

Alle bisher besprochenen Beispiele von Schwingungssystemen tragen das charakteristische Merkmal, daß die Masse im wesentlichen „translatorische" Bewegungen ausführt, d. h. daß alle Punkte der Masse ganz oder nahezu parallele Bahnen beschreiben. In diesem Fall kann die Bewegung nach den Lehren der allgemeinen Mechanik unter dem Begriff des „materiellen Punktes" erfaßt werden, d. h. man braucht bei Betrachtung der Schwingungen keine Rücksicht darauf zu nehmen, wie die Masse des schwingenden Körpers verteilt ist, vielmehr genügt es, die Gesamtmasse im Schwerpunkt vereinigt zu denken und sich auf die Beobachtung der Schwerpunktsbewegungen zu beschränken.

Wesentlich anders liegen die Verhältnisse bei der zweiten Grundform der mechanischen Schwingung, der Drehschwingung. Hier erscheint die Bewegung des schwingenden Körpers als Drehbewegung um eine meist durch den Schwerpunkt gehende raumfeste Achse. Bei Betrachtung der hier stattfindenden Schwingungsvorgänge sind die Gesetze der Dynamik der Drehbewegung anzuwenden. Demgemäß ergibt sich die Notwendigkeit, eine Anzahl neuer Begriffe und Meßgrößen einzuführen.

An Stelle der Kraft tritt das Kräftepaar (Drehmoment).

An Stelle des **Weges** tritt der **Drehwinkel** (zu messen im Bogenmaß).

An Stelle der **Masse** tritt das **Massenträgheitsmoment** bezüglich der Schwingungsachse.

An Stelle der **Längsfederung** tritt die **Drehfederung**.

Dagegen bleiben die Begriffe der potentiellen und der kinetischen Energie und die auf Grund derselben hergeleitete Energiegleichung der Schwingung unverändert. Letztere bildet das Bindeglied zu den bisherigen Untersuchungen und ermöglicht es, die bisher gewonnenen Erfahrungen und Gesetzmäßigkeiten auf die vorliegenden Probleme zu übertragen.

Die Drehschwingungen sind insbesondere von dem Begriff des Massenträgheitsmoments beherrscht. Während es bei den translatorischen Schwingungen stets mit Leichtigkeit möglich ist, durch Auswiegen die Größe der schwingenden Masse exakt festzulegen, so daß bei Berechnung der Eigenschnelle in der Regel nur die Ermittlung der Federkonstanten eine weitgehendere Arbeit erfordert, muß bei Berechnung des Drehschwingers gewöhnlich die Hauptarbeit auf die Ermittlung des Massenträgheitsmomentes verwandt werden. Um hierfür das nötige Rüstzeug zu gewinnen, erscheint es notwendig, nach Betrachtung der grundlegenden Gesetzmäßigkeiten des Drehschwingers die wesentlichsten Lehren der „Massengeometrie" zusammenzustellen.

23. Die Schwingungsgleichung.

Abb. 62 zeigt einen Drehschwinger einfachster Form. Eine Stahlwelle vom Durchmesser d cm und der Länge l cm ist am unteren Ende fest eingespannt und auf ihrer freitragenden Länge durch ein oder mehrere Lager gegen etwaige seitliche Auslenkungen (Verbiegungen) geführt. Sie trägt am oberen freien Ende eine flußeiserne Scheibe vom Durchmesser D cm, der Höhe H cm und dem spezifischen Gewicht γ kg/cm³. Die Eigenschnelle des Schwingers ist zu berechnen.

Bei Aufstellung der Schwingungsgleichung gehen wir zweckmäßig wieder von der Energiegleichung aus und berechnen deshalb zunächst die Werte der potentiellen und der kinetischen Energie als Funktionen des Ausschlagswinkels ψ.

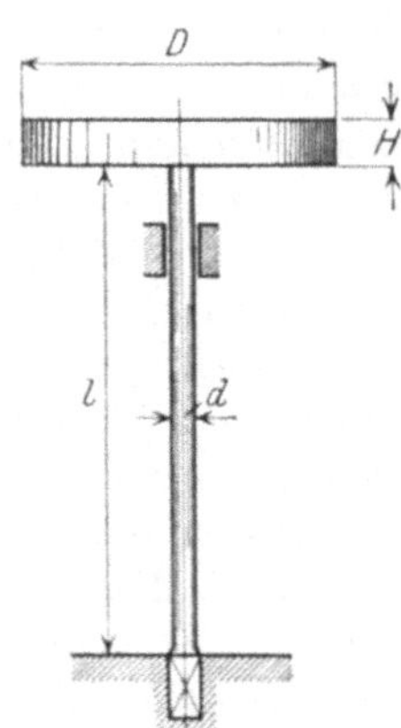

Abb. 62. Einfachste Anordnung eines Drehschwingers.

a) Potentielle Energie.

Den Sitz der potentiellen Energie bildet die als Drehfeder dienende federnde Welle. Das ihr eigentümliche Kraftfeld läßt sich in analoger Weise wie bei der Schraubenfeder dadurch beschreiben, daß man das Rückstellmoment M_c der

Federung in Abhängigkeit von dem Verdrehungswinkel ψ aufträgt. An Hand einer bekannten Formel der Festigkeitslehre[1] läßt sich leicht die gesuchte Gesetzmäßigkeit berechnen. Es ist:

$$(94) \qquad M_c = \frac{J \cdot G}{l} \cdot \psi = c_M \cdot \psi \ \text{cmkg},$$

wobei:

$l =$ federnde Länge der Welle in cm,

$J =$ polares Flächenträgheitsmoment des Wellenquerschnitts in cm^4,

$G =$ Gleitmodul des Wellenwerkstoffs $= 8 \cdot 10^5$ kg/cm^2 für Stahl.

Wir bezeichnen den durch die Wellenabmessungen bestimmten Wert $c_M = \frac{J \cdot G}{l}$ als Federkonstante der Drehfeder. c_M ist begrifflich de-

finiert als das Drehmoment, gemessen in cmkg, das notwendig ist, um die federnde Welle um den Winkel 1, gemessen im Bogenmaß (d. h. $\sim 57^0$ im Winkelmaß), zu verdrehen; c_M ist, analog zum gleichbenannten Wert bei translatorischen Schwingungen, gegeben durch das Verhältnis $\frac{M_c}{\psi}$. Im Diagramm der Abb. 63 kennzeichnet sich die Kraftfeldfunktion $M_c = f(\psi)$ als schräg ansteigende Gerade, deren Steigung

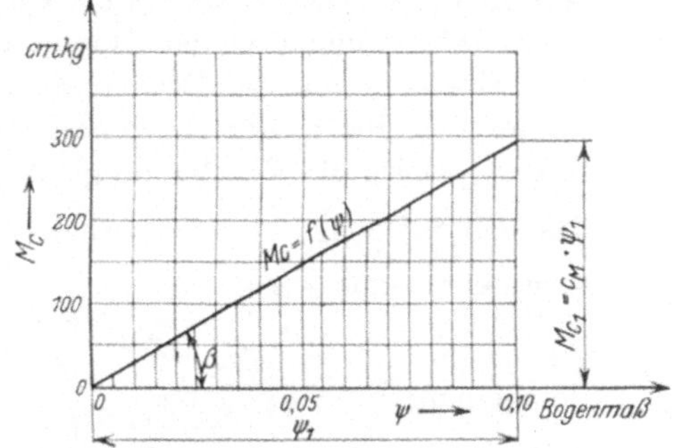

Abb. 63. Kraftfeld-Diagramm einer Drehfeder. Berechnung der potentiellen Energie der Feder.

(tg β) demnach gleich der Federkonstanten c_M ist. Letztere kennzeichnet sich also wie bei der translatorischen Schwingung ganz allgemein als Differentialquotient der Kraftfeldfunktion.

Nach den Gesetzen der Dynamik ist die bei Drehbewegungen geleistete Arbeit gleich Drehmoment $\times$ Winkelweg. Demgemäß ist im vorliegenden Fall die elastische Formänderungsarbeit für einen Winkelweg $d\psi$:

$$dA_p = M_c \cdot d\psi = c_M \cdot \psi \cdot d\psi;$$

demgemäß wird die bei Verdrehung aus der Ruhelage bis zum Verdrehungswinkel ψ_1 geleistete gesamte Formänderungsarbeit:

$$(95) \qquad A_{p1} = \int_0^{\psi_1} dA_p = \int_0^{\psi_1} c_M \cdot \psi \cdot d\psi = c_M \cdot \frac{\psi_1^2}{2}.$$

Diese Summe (Integral) ist im Diagramm der Abb. 63 anschaulich dar-

---

[1] Siehe „Hütte" Bd. 1, S. 634.

gestellt durch die schraffierte Dreiecksfläche unterhalb der Geraden, deren Inhalt sich gleich dem angegebenen Betrag ablesen läßt

$$\left(\text{Grundlinie} = \psi_1; \ \text{Höhe} = M_{c_1} = c_M \cdot \psi_1; \ \text{Inhalt} = \frac{1}{2} \psi_1 \cdot M_{c_1} = \frac{c_M}{2} \cdot \psi_1^2\right).$$

b) Kinetische Energie.

Mit der Definitionsgleichung der kinetischen Energie

$$(96) \qquad A_k = \int \frac{dm}{2} \cdot v^2$$

schließen wir unmittelbar an die Gesetze der translatorischen Bewegung an. Nicht ganz einfach ist es, den Summenwert im vorliegenden Fall auszurechnen, da alle Massenteilchen dm des schwingenden Körpers verschiedene Geschwindigkeiten v besitzen. Bekanntlich verhalten sich die Geschwindigkeiten der Massenteilchen bei der Drehbewegung wie ihre Abstände von der Drehachse. Ist z. B. bei der vorliegenden kreisrunden Scheibe r_0 der Außenradius und die zugehörige Geschwindigkeit v_0, so ist die Geschwindigkeit v eines beliebigen Massenteilchens, das sich auf dem Radius r befindet, aus der Proportion $\dfrac{v}{v_0} = \dfrac{r}{r_0}$ zu bestimmen; somit wird:

$$v = \frac{r}{r_0} \cdot v_0,$$

demgemäß:

$$(97) \qquad A_k = \frac{1}{2} \frac{v_0^2}{r_0^2} \cdot \int dm \cdot r^2.$$

Der Ausdruck $\int dm \cdot r^2$ wird als **Massenträgheitsmoment** θ des schwingenden Körpers bezüglich der Drehachse bezeichnet. Im folgenden Abschnitt über die Elemente der Massengeometrie soll das Massenträgheitsmoment θ für die wichtigsten Körperformen berechnet werden.

Weiterhin kann bekanntlich

$$v_0 = r_0 \cdot \frac{d\psi}{dt}$$

(Radius $\times$ Winkelgeschwindigkeit) gesetzt werden. Unter Einführung dieser Werte ergibt sich endgültig als Ausdruck für die kinetische Energie der Drehschwingungen:

$$(98) \qquad A_k = \frac{1}{2} \left(\frac{d\psi}{dt}\right)^2 \cdot \theta.$$

c) Die Energiegleichung.

Unter Einführung der berechneten Werte für A_p und A_K läßt sich die Energiegleichung anschreiben. Sie lautet:

$$(99) \qquad A_0 = A_p + A_K = c_M \cdot \frac{\psi^2}{2} + \frac{1}{2} \theta \left(\frac{d\psi}{dt}\right)^2.$$

Differenziert man diese Gleichung einmal nach der Zeit und bringt sie
dann in die Normalform, so erhält man die Kraftgleichung des Drehschwingers:

$$\theta \cdot \frac{d^2\psi}{dt^2} + c_M \cdot \psi = 0;$$

(100)
$$\boxed{\frac{d^2\psi}{dt^2} + \frac{c_M}{\theta} \cdot \psi = 0.}$$

Diese Gleichung kann man auch unmittelbar als Bewegungsgleichung der schwingenden Scheibe nach dem dynamischen Grundgesetz für die Drehbewegung aufstellen.

Die vorliegende Schwingungsgleichung für die Drehbewegung stimmt
in ihrem Aufbau vollständig mit der bei den translatorischen Schwingungen gefundenen Kraftgleichung überein. Demgemäß können wir
alle dort gewonnenen Gesetzmäßigkeiten übernehmen. Insbesondere
stellt auch hier der Faktor des linearen Glieds das Quadrat der Eigenschnelle dar, so daß sich hierfür die Beziehung ergibt:

(101)
$$\nu = \sqrt{\frac{c_M}{\theta}}.$$

Dieser Ausdruck hätte auch unmittelbar auf Grund der oben gekennzeichneten Analogien hingeschrieben werden können. Es erschien jedoch zweckmäßiger, diese wichtige Beziehung besonders zu begründen.
Sie bildet die Grundlage für die Berechnung der Eigenschnelle von
Drehschwingern.

An Hand von Zahlenbeispielen einer Reihe der technisch wichtigsten Drehschwinger soll die praktische Handhabung der Berechnung
gezeigt werden. Zuvor müssen jedoch die Gesetze der Massengeometrie
als Rüstzeug für die Berechnung der Massenträgheitsmomente besprochen werden.

B. Elemente der Massengeometrie.

Bei Ermittlung der Eigenschnelle von Drehschwingern bildet die
Berechnung des Massenträgheitsmoments des schwingenden Körpers
die Hauptarbeit. Die wichtigsten für diese Berechnung erforderlichen
Gesetzmäßigkeiten sind im folgenden zusammengestellt:

I. Berechnung der Massenträgheitsmomente der wichtigsten Grundformen von Körpern.

24. Massenträgheitsmoment einer homogenen Kreisscheibe

vom Durchmesser D cm, der Höhe H cm und dem spezifischen Gewicht
γ kg/cm³ um eine durch den Schwerpunkt gehende Achse senkrecht
zur Scheibenebene.

Wir gehen aus von der Definitionsgleichung:

$$\theta = \int\limits_{0}^{\frac{D}{2}} dm \cdot r^2.$$

Zwecks Bildung der durch das Integral gekennzeichneten Summe $dm \cdot r^2$ denkt man die Scheibe in eine sehr große Anzahl von konzentrischen Ringen mit dem Radius r, der Höhe H und der Dicke dr zerlegt. Die Masse eines solchen Ringes berechnet sich zu:

$$dm = 2\,\pi \cdot H \cdot \frac{\gamma}{g} \cdot r \cdot dr.$$

Da alle Teilchen eines Ringes den gleichen Abstand r von der Achse besitzen, ist der Wert von dm zwecks Erhalt des Massenträgheitsmoments $d\theta$ des Elementarringes lediglich mit r^2 zu multiplizieren, so daß man erhält:

$$d\theta = 2\,\pi \cdot H \cdot \frac{\gamma}{g} \cdot r^3 \cdot dr.$$

Um das Trägheitsmoment des Gesamtkörpers zu ermitteln, hat man nur noch nötig, die Trägheitsmomente aller Elementarringe über den ganzen Körper zu summieren. Es ergibt sich:

$$(102) \qquad \theta = \int\limits_{0}^{\frac{D}{2}} 2\,\pi \cdot H \cdot \frac{\gamma}{g} \cdot r^3 \cdot dr = \frac{\pi}{32}\,\boldsymbol{D^4 \cdot H} \cdot \frac{\gamma}{g} \ \text{cmkgsec}^2.$$

Der Trägheitsradius i. In vielen Fällen ist es zweckmäßig, sich das Trägheitsmoment eines Körpers dadurch entstanden zu denken, daß man seine Gesamtmasse m etwa in Form eines **Massenpunktes** an einem Radius bestimmter Größe vereinigt denkt. Diesen Radius bezeichnet man als **Trägheitsradius** i. Seine Größe ergibt sich an Hand der nachstehenden Definitionsgleichung zu:

$$(103) \qquad\qquad \theta = m \cdot \mathrm{i}^2; \quad \mathrm{i} = \sqrt{\frac{\theta}{m}}.$$

Im vorliegenden Fall erhält man für den Trägheitsradius einer homogenen Kreisscheibe, da

$$m = \frac{\pi}{4} \cdot D^2 \cdot H \cdot \frac{\gamma}{g}$$

ist, den Wert:

$$(104) \qquad\qquad \mathrm{i} = \sqrt{\frac{D^2}{8}} = 0{,}355\,\boldsymbol{D}.$$

Zahlenbeispiel: Es ist das Trägheitsmoment für den Fall zu berechnen, daß $D = 20$ cm, $H = 4$ cm, $\gamma = 7{,}8 \cdot 10^{-3}$ kg/cm³. Man erhält:

$$\theta = \frac{\pi}{32} \cdot 20^4 \cdot 4 \cdot \frac{7{,}8}{981} \cdot 10^{-3} = 0{,}50 \text{ cmkgsec}^2,$$

$$i = 7{,}10 \text{ cm}.$$

25. Trägheitsmoment einer homogenen Kugel.

Es ist das Trägheitsmoment einer homogenen Kugel vom Durchmesser D cm, dem spezifischen Gewicht γ kg/cm³ bezüglich einer beliebigen, durch den Schwerpunkt, d. h. den Kugelmittelpunkt, gehenden Achse zu bestimmen.

Um im vorliegenden Fall in einfacher Weise zum Ziel zu gelangen, führen wir den Begriff des „polaren" Massenträgheitsmomentes θ_p ein. Man versteht darunter die Summe $\int dm\, \varrho^2$, wobei jedoch unter ϱ

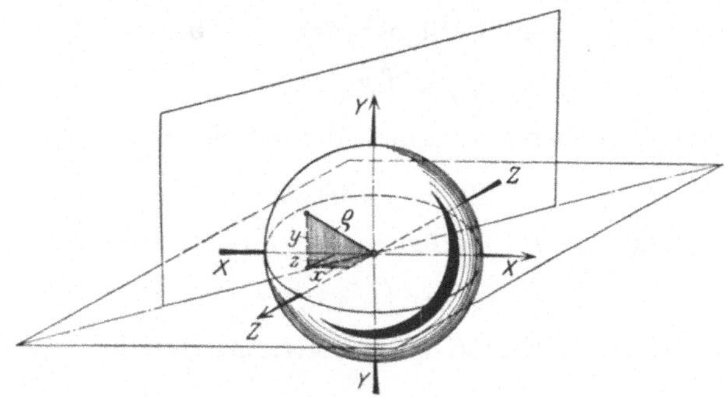

Abb. 64. Berechnung des Massenträgheitsmoments einer Kugel.

nicht der Abstand von einer bestimmten Drehachse, sondern der Abstand von einem bestimmten Punkt, dem Pol, zu verstehen ist. Im vorliegenden Fall wählen wir als Pol den Mittelpunkt der Kugel.

Das polare Massenträgheitsmoment ist zwar lediglich ein mathematischer Begriff, dem ein physikalisch verwirklichbarer Wert nicht entspricht. Doch ist es bei der vorliegenden Rechnung mit gutem Nutzen anzuwenden, da es sich einfach berechnen läßt und in einfachem Zusammenhang mit dem axialen Massenträgheitsmoment steht. Ohne Anwendung des Hilfsbegriffs des polaren Trägheitsmoments würde sich die Berechnung des Massenträgheitsmoments der Kugel sehr verwickelt gestalten.

Die Beziehung zwischen dem polaren und dem axialen Trägheitsmoment läßt sich folgendermaßen herleiten:

Denkt man sich gemäß Abb. 64 durch den Mittelpunkt der Kugel ein rechtwinkliges Achsenkreuz mit den Achsen X, Y und Z gelegt, so gilt für jeden Punkt der Kugel mit den Koordinaten x, y, z die bekannte Beziehung:

$$(105) \qquad \varrho^2 = x^2 + y^2 + z^2.$$

Bei der weiteren Behandlung der Aufgabe ist es notwendig, noch einen mathematischen Hilfsbegriff einzuführen, der ebenfalls mit großem Nutzen bei der Berechnung der Massenträgheitsmomente Anwendung findet, dem jedoch eine physikalische Größe nicht entspricht. Es ist dies der Begriff des sogenannten „Binetschen Trägheitsmoments". Man gibt diese Bezeichnung einem Summenwert, der dargestellt ist durch die Summe aller Massenteilchen dm mal dem Quadrat ihres Abstandes von einer bestimmten Ebene, z. B. der xy-Ebene unseres Koordinatensystems. Im vorliegenden Fall kann man demnach drei Binetsche Trägheitsmomente angeben, deren Definitionsgleichungen lauten:

1. B.-Trägheitsmoment bezüglich der yz-Ebene:

$$B_x = \int dm \cdot x^2.$$

2. B.-Trägheitsmoment bezüglich der zx-Ebene:

$$B_y = \int dm \cdot y^2.$$

3. B.-Trägheitsmoment bezüglich der xy-Ebene:

$$B_z = \int dm \cdot z^2.$$

Führt man diese Begriffe in die geometrische Beziehung der Gl. (105) ein, so findet sich:

$$(106) \qquad \theta_p = \int dm\, \varrho^2 = B_x + B_y + B_z,$$

und da aus Symmetriegründen im vorliegenden Fall $B_x = B_y = B_z$ sein muß:

$$(107) \qquad \theta_p = 3\, B_x.$$

Schließlich ist bei der Berechnung des axialen Massenträgheitsmoments zu beachten, daß der Abstand r eines beliebigen Massenteilchens dm, zum Beispiel von der z-Achse, sich aus der Beziehung berechnet:

$$r^2 = x^2 + y^2,$$

so daß man endgültig für die axialen Massenträgheitsmomente der Kugel findet:

$$(108) \qquad \boxed{\theta_x = \theta_y = \theta_z = 2\,B_x = \frac{2}{3}\,\theta_p\,.}$$

Nach Erhalt dieser Beziehung ist es lediglich noch nötig, aus den Abmessungen der Kugel das polare Massenträgheitsmoment θ_p zu berechnen. Die Durchführung dieser Rechnung gelingt auf Grund einer ähnlichen Überlegung, wie sie bei der Berechnung des Massenträgheitsmoments der kreisförmigen Scheibe angestellt wurde. Man denke die Kugel in eine große Anzahl von dünnwandigen Kugelschalen zerlegt, die konzentrisch um den Mittelpunkt liegen. Ist ϱ der Radius, $d\varrho$ die Wandstärke einer solchen Kugelschale, so berechnet sich ihre Masse zu:

$$dm = 4\pi\varrho^2 \cdot d\varrho \cdot \frac{\gamma}{g}$$

und ihr polares Trägheitsmoment:

$$d\theta_p = dm \cdot \varrho^2 = 4\pi\varrho^4 \cdot d\varrho \cdot \frac{\gamma}{g}\,.$$

Summiert man die polaren Trägheitsmomente sämtlicher Kugelschalen vom Mittelpunkt bis zur Oberfläche der Kugel, so ergibt sich der Wert des gesamten polaren Trägheitsmoments zu:

$$(109) \qquad \theta_p = \int_0^{\frac{D}{2}} 4\pi\varrho^4 \cdot d\varrho \cdot \frac{\gamma}{g} = \frac{\pi}{40} \cdot D^5 \cdot \frac{\gamma}{g}\,.$$

Auf Grund der in Gl. (108) angegebenen Beziehung erhält man somit endgültig für das gesuchte axiale Massenträgheitsmoment der Kugel die Beziehung:

$$(110) \qquad \boxed{\theta_a = \frac{2}{3}\,\theta_p = \frac{\pi}{60} \cdot D^5 \cdot \frac{\gamma}{g} = \frac{2}{5} \cdot m\,r^2\,.}$$

Für den **Trägheitsradius** ergibt sich unter Einführung des Wertes für die Masse der Kugel:

$$m_K = \frac{\pi}{6}\,D^3 \cdot \frac{\gamma}{g}\,,$$

$$i^2 = \frac{\theta}{m} = \frac{D^2}{10}\,;$$

$$(111) \qquad\qquad i = 0{,}316\,D\,.$$

Zahlenbeispiel: Es ist das Massenträgheitsmoment einer homogenen Stahlkugel von $D = 20\,\mathrm{cm}$ Durchmesser zu berechnen; $\gamma = 7{,}8 \cdot 10^{-3}\,\mathrm{kg/cm^3}$. Man erhält:

$$\theta_a = \frac{\pi}{60} \cdot 20^5 \cdot \frac{7{,}8}{981} \cdot 10^{-3} = 1{,}335\,\mathrm{cmkgsec^2}\,,$$

$$m_K = \frac{\pi}{6} \cdot 20^3 \cdot \frac{7{,}8}{981} = 0{,}0333\,\frac{\mathrm{kgsec^2}}{\mathrm{cm}}\,,$$

$$i = 0{,}316\,D = 0{,}316 \cdot 20 = 6{,}32\,\mathrm{cm}\,.$$

Das Trägheitsmoment einer Hohlkugel. Die Hohlkugel kann als Differenz zweier Kugeln aufgefaßt werden. Demgemäß ergibt sich ihr

Trägheitsmoment als Differenz der Trägheitsmomente zweier Kugeln vom Außendurchmesser D_a bzw. Innendurchmesser D_i der Hohlkugel:

$$(112) \qquad \theta_a = \frac{\pi}{60} \cdot \frac{\gamma}{g} \left(D_a^5 - D_i^5 \right).$$

Zahlenbeispiel: Es ist das Trägheitsmoment einer Hohlkugel vom Außendurchmesser $D_a = 20$ cm und dem Innendurchmesser $D_i = 15$ cm zu berechnen. Man erhält:

$$\theta_a = 1{,}335 - 0{,}315 = \mathbf{1{,}02}\ \text{cmkgsec}^2.$$

26. Trägheitsmoment eines Quaders um eine Schwerpunktachse, die senkrecht zu einer der drei Seitenflächen steht.

Die Berechnung gelingt unter Anwendung des Hilfsbegriffs des Binetschen Trägheitsmomentes. Gemäß Abb. 65 legt man durch den Schwerpunkt des Quaders ein Achsenkreuz, dessen Achsen X, Y, Z senkrecht auf den Seitenflächen stehen.

Bezeichnet man, ähnlich wie bei der Kugel, die Binetschen Trägheitsmomente mit B_x, B_y, B_z, so erhält man für diese Werte die folgenden Ausdrücke:

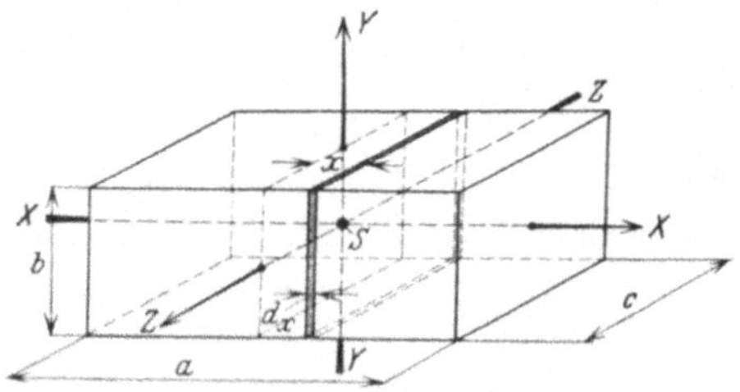

Abb. 65.   Berechnung des Massenträgheitsmoments eines Quaders.

$$B_x = \int dm \cdot x^2; \quad B_y = \int dm \cdot y^2; \quad B_z = \int dm \cdot z^2.$$

Bei der Berechnung von B_x denke man sich den Quader durch Schnitte parallel zur YZ-Ebene in Schichten von der Dicke dx zerlegt. Jede dieser Schichten besitzt die Masse:

$$dm = b \cdot c \cdot dx \cdot \frac{\gamma}{g}.$$

Das Binetsche Trägheitsmoment findet man, wenn man die Summe $\int dm \cdot x^2$ über den ganzen Quader hin bildet. Es ergibt sich:

$$(113) \qquad B_x = \int\limits_{-\frac{a}{2}}^{+\frac{a}{2}} dm \cdot x^2 = \int\limits_{-\frac{a}{2}}^{+\frac{a}{2}} b \cdot c \cdot \frac{\gamma}{g} \cdot x^2 \cdot dx = a \cdot b \cdot c \cdot \frac{a^2}{12} \cdot \frac{\gamma}{g}.$$

Bei der Berechnung der Binetschen Trägheitsmomente B_y und B_z denkt man sich analog den Quader durch Schnitte parallel zur XZ-Ebene bzw. XY-Ebene in dünne Scheiben zerlegt. Man erhält dann auf dieselbe Weise wie bei B_x die Ausdrücke:

$$(113a) \qquad B_y = \int\limits_{-\frac{b}{2}}^{+\frac{b}{2}} dm \cdot y^2 = a \cdot b \cdot c \cdot \frac{b^2}{12} \cdot \frac{\gamma}{g},$$

$$(113b) \qquad B_z = \int\limits_{-\frac{c}{2}}^{+\frac{c}{2}} dm \cdot z^2 = a \cdot b \cdot c \cdot \frac{c^2}{12} \cdot \frac{\gamma}{g}.$$

Zur Berechnung der axialen Massenträgheitsmomente mit Hilfe der Binetschen Trägheitsmomente dient folgende Beziehung:

Fassen wir zunächst das Trägheitsmoment um die X-Achse ins Auge, so gilt für jeden Punkt, der den Abstand a_x von der X-Achse und die Koordinaten y und z besitzt, die Beziehung:

$$a_x^2 = y^2 + z^2.$$

Dementsprechend:

$$\theta_x = \int dm \cdot a_x^2 = \int dm \cdot y^2 + \int dm\, z^2 = B_y + B_z.$$

Analog erhält man für das Trägheitsmoment um die Y-Achse und das Trägheitsmoment um die Z-Achse die Beziehungen:

$$\theta_y = B_x + B_z,$$
$$\theta_z = B_x + B_y.$$

Führt man in diese Gleichungen die Werte für die Binetschen Trägheitsmomente ein, so ergibt sich endgültig:

$$(114) \qquad \begin{cases} \theta_x = \dfrac{\gamma}{g} \cdot \dfrac{abc}{12} \cdot (b^2 + c^2); \\[2mm] \theta_y = \dfrac{\gamma}{g} \cdot \dfrac{abc}{12} \cdot (a^2 + c^2); \\[2mm] \theta_z = \dfrac{\gamma}{g} \cdot \dfrac{abc}{12} \cdot (a^2 + b^2). \end{cases}$$

Unter Berücksichtigung der Tatsache, daß die Masse des Quaders

$$m = \frac{\gamma}{g} \cdot abc,$$

ergeben sich die den Trägheitsmomenten entsprechenden Trägheitsradien zu:

$$(115) \qquad \begin{cases} i_x = \sqrt{\dfrac{b^2 + c^2}{12}}, \\[2mm] i_y = \sqrt{\dfrac{a^2 + c^2}{12}}, \\[2mm] i_z = \sqrt{\dfrac{a^2 + b^2}{12}}. \end{cases}$$

Zahlenbeispiel: Man berechne die Massenträgheitsmomente bezüglich der Hauptachsen eines Bleiquaders $(\gamma = 11{,}4 \cdot 10^{-3}\ \text{kg/cm}^3)$, der die Kantenlängen

$$a = 30\ \text{cm}; \qquad b = 14\ \text{cm}; \qquad c = 8{,}5\ \text{cm}$$

besitzt.

Man erhält:

$$m = 0{,}0415\ \frac{\text{kgsec}^2}{\text{cm}},$$

$$\theta_x = 0{,}928\ \text{cmkgsec}^2,$$

$$\theta_y = 3{,}36\quad \text{cmkgsec}^2,$$

$$\theta_z = 3{,}77\quad \text{cmkgsec}^2,$$

$$i_x = 4{,}73\quad \text{cm},$$

$$i_y = 9{,}0\quad \text{cm},$$

$$i_z = 9{,}53\quad \text{cm}.$$

27. Trägheitsmoment einer Walze um eine Achse senkrecht zur Längsachse.

Auch bei der Lösung dieser Aufgabe gelangt man unter Einführung der Binetschen Trägheitsmomente zum Ziel.

Wieder denken wir uns durch den Schwerpunkt ein Achsenkreuz gelegt, dessen Y-Achse hier mit der Längsachse zusammenfallen möge. Für die Binetschen Trägheitsmomente erhält man die Beziehungen:

$$B_x = \int dm \cdot x^2,$$
$$B_z = \int dm \cdot z^2.$$

Außerdem gilt die Beziehung: $x^2 + z^2 = r^2$, so daß:

$$(116)\quad B_x + B_z = \int dm\, r^2 = \theta_y$$
$$= \frac{\pi}{32} d^4 \cdot H \frac{\gamma}{g}$$

[siehe Gl. (102)].

Somit ergibt sich:

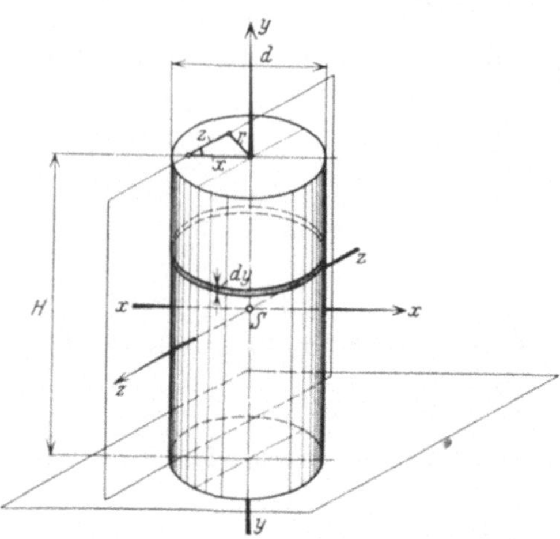

Abb. 66. Berechnung des Massenträgheitsmoments einer Walze bezüglich einer Querachse.

$$(117)\qquad B_x = B_z = \frac{\theta_y}{2} = \frac{\pi}{64} d^4 \cdot H \cdot \frac{\gamma}{g}.$$

Schließlich ergibt sich noch für das dritte Binetsche Trägheitsmoment:

$$(118) \qquad B_y = \int dm\, y^2 = \frac{\pi}{4}\, d^2 \cdot \frac{H^3}{12} \cdot \frac{\gamma}{g}\,,$$

denn bei Berechnung dieses Binetschen Trägheitsmoments denke man sich die Walze durch Schnitte senkrecht zur y-Achse in zahlreiche dünne Scheiben vom Durchmesser d, der Dicke dy und der Masse $d_m = \frac{\pi}{4}\, d^2 \cdot dy \cdot \frac{\gamma}{g}$ zerschnitten. Man findet:

$$B_y = \int_{-\frac{H}{2}}^{+\frac{H}{2}} dm \cdot y^2 = \int_{-\frac{H}{2}}^{+\frac{H}{2}} \frac{\pi}{4}\, d^2 \cdot dy \cdot \frac{\gamma}{g} \cdot y^2 = \frac{\pi}{4} \cdot d^2 \cdot \frac{\gamma}{g} \int_{-\frac{H}{2}}^{+\frac{H}{2}} y^2 \cdot dy$$

$$= \frac{\pi}{4}\, d^2 \cdot \frac{H^3}{12} \cdot \frac{\gamma}{g}\,.$$

Nach Kenntnis der drei Binetschen Trägheitsmomente ergibt sich in genau analoger Weise wie beim Quader das Massenträgheitsmoment bezüglich der x-Achse oder z-Achse zu:

$$(119) \qquad \theta_x = \theta_z = B_x + B_y = \frac{\pi}{4} \cdot d^2 \cdot H \left(\frac{d^2}{16} + \frac{H^2}{12} \right) \cdot \frac{\gamma}{g}$$

$$= \frac{\pi}{4}\, d^2 \cdot H \left(\frac{3\,d^2 + 4\,H^2}{48} \right) \cdot \frac{\gamma}{g}\,.$$

Unter Berücksichtigung der Tatsache, daß die Masse des Zylinders $m = \frac{\pi}{4} \cdot d^2 \cdot H \cdot \frac{\gamma}{g}$ ist, findet man für den Trägheitsradius die Beziehung:

$$(120) \qquad i_x = i_z = \sqrt{\frac{3\,d^2 + 4\,H^2}{48}}\,.$$

Zahlenbeispiel: Es ist das Massenträgheitsmoment einer massiven gußeisernen Walze von 40 cm Durchmesser und 120 cm Länge (spezifisches Gewicht $\gamma = 7,2 \cdot 10^{-3}$ kg/cm³) bezüglich einer senkrecht zur Drehachse stehenden Achse durch den Schwerpunkt zu berechnen.
Man erhält:

$$\theta_x = \theta_z = \frac{\pi}{4} \cdot 1600 \cdot 120 \cdot \left(\frac{4800 + 57\,600}{48} \right) \cdot \frac{7,2}{981} \cdot 10^{-3} = 1440 \text{ cmkgsec}^2\,,$$

$$i_x = i_z = 36,1 \text{ cm}\,.$$

28. Trägheitsmoment von Rotationskörpern.

Vielfach ist die Aufgabe gestellt, das Massenträgheitsmoment von Körpern anzugeben, die durch Rotation einer Fläche um die Drehachse erzeugt gedacht werden können. Es ist deshalb von Wert, ein Verfahren zu kennen, mit Hilfe dessen das Massenträgheitsmoment für solche Körper auch in dem Fall ermittelt werden kann, daß die Fläche von unregelmäßiger Gestalt ist.

Die Berechnung gelingt an Hand eines einfachen graphischen Verfahrens. Hierbei denkt man sich gemäß Abb. 67 den Rotationskörper
durch Schnitte senkrecht zur Drehachse in zahlreiche dünne Kreisscheiben zerlegt. Jede dieser Scheiben (Durchmesser d, Dicke dh) besitzt gemäß Gl. (102) ein Massenträgheitsmoment von der Größe:

$$d\theta = \frac{\pi}{32}\, d^4 \cdot dh \cdot \frac{\gamma}{g}\,.$$

Zwecks Erhalt des gesamten Trägheitsmoments hat man lediglich
nötig, die elementaren Trägheitsmomente über den ganzen Körper zu
summieren, so daß:

$$(121) \qquad \theta = \frac{\pi}{32} \cdot \frac{\gamma}{g} \int\limits_{h=0}^{h=H} d^4 \cdot dh\,.$$

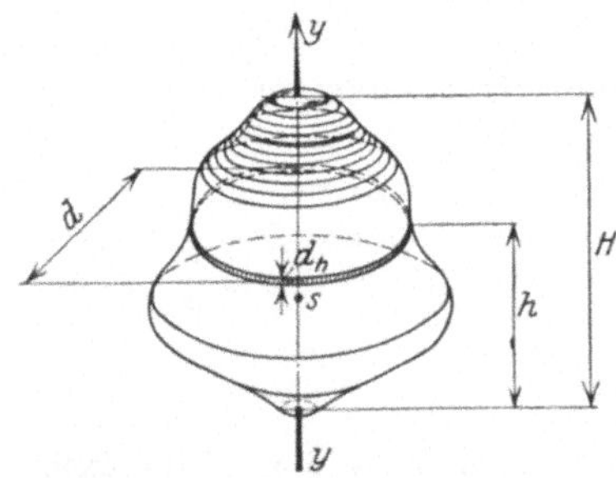

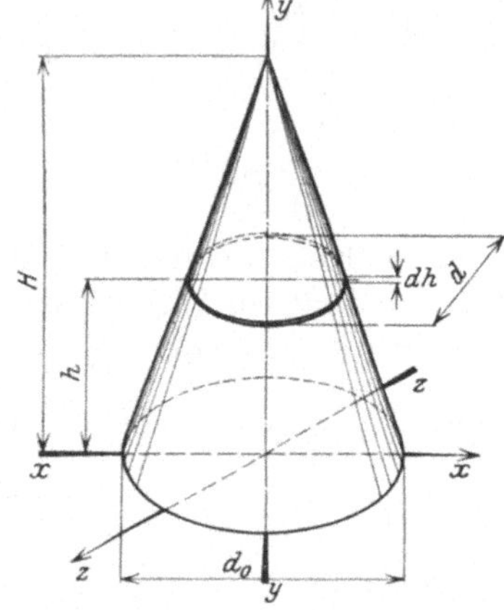

Abb. 67. Berechnung des Massenträgheitsmoments eines Rotationskörpers beliebiger
Form.

Abb. 68. Berechnung des Massenträgheitsmoments eines geraden Kreiskegels bezüglich seiner Längsachse.

Ist es möglich, die Funktion $d = f(h)$ analytisch zu bestimmen,
so kann man die Ermittlung auf rechnerischem Weg zu Ende führen.
Dies ist z. B. der Fall beim geraden Kreiskegel. Hier kann mit den
Bezeichnungen der Abb. 68 die gesuchte Funktion angegeben werden zu:

$$d = \frac{d_0}{H}\,(H - h)\,,$$

so daß

$$\theta_y = \int d\theta = \int\limits_0^H \frac{\pi}{32} \cdot \frac{d_0^4}{H^4} \cdot (H - h)^4 \cdot dh \cdot \frac{\gamma}{g}\,,$$

$$(122) \qquad = \frac{\pi}{32} \cdot \frac{d_0^4}{H^4} \cdot \frac{H^5}{5} \cdot \frac{\gamma}{g}\,, \quad {}^1$$

$$= \frac{\pi}{160} \cdot d_0^4 \cdot H \cdot \frac{\gamma}{g}\ \text{cmkgsec}^2\,.$$

---

[1] Bei der Integration setze $(H - h) = u$; also $dh = -\,du$. Dann ist:

$$\int\limits_0^H (H - h)^4 \cdot dh = -\int\limits_0^H u^4 \cdot du = -\left[\frac{u^5}{5}\right]_0^H = -\left[\frac{(H - h)^5}{5}\right]_0^H = \frac{H^5}{5}\,.$$

Berücksichtigt man, daß die Masse des Kegels

$$m = \tfrac{1}{3} \cdot \frac{\pi}{4} \cdot d_0^2 \cdot H \cdot \frac{\gamma}{g}$$

ist, so ergibt sich der Trägheitsradius zu:

(123)
$$i_y = \sqrt{\frac{3\,d_0^2}{40}}\,.$$

Zahlenbeispiel: Es ist das Massenträgheitsmoment eines geraden Kreiskegels bezüglich seiner Längsachse zu berechnen. Der Durchmesser des Grundkreises ist $d_0 = 18$ cm, die Gesamthöhe $H = 24$ cm. Der Kegel besteht aus Rotguß ($\gamma = 8 \cdot 10^{-3}$ kg/cm³):

$$\theta_y = \frac{\pi}{160} \cdot 18^4 \cdot 24 \cdot \frac{8}{981} \cdot 10^{-3} = 0{,}403 \ \text{cmkgsec}^2\,,$$

$$i_y = \sqrt{\frac{3 \cdot 18^2}{40}} = 4{,}93 \ \text{cm}\,.$$

In den meisten Fällen wird jedoch die Funktion $d = f\,(h)$ lediglich zeichnerisch gegeben sein und sich nicht in eine analytische Form bringen lassen. In diesem Fall bleibt nichts anderes übrig, als das gesuchte Integral $\int d^4 \cdot dh$ der Formel 121 auf graphischem Wege zu ermitteln. Zu diesem Zweck trägt man, wie an dem Beispiel der Abb. 69 erläutert, senkrecht zur Drehachse, d. h. in Abhängigkeit von h, in jedem Punkt den dazugehörigen Wert d^4 in einem entsprechenden Maßstab auf (d abmessen, d^4 berechnen). Verbindet man die Endpunkte

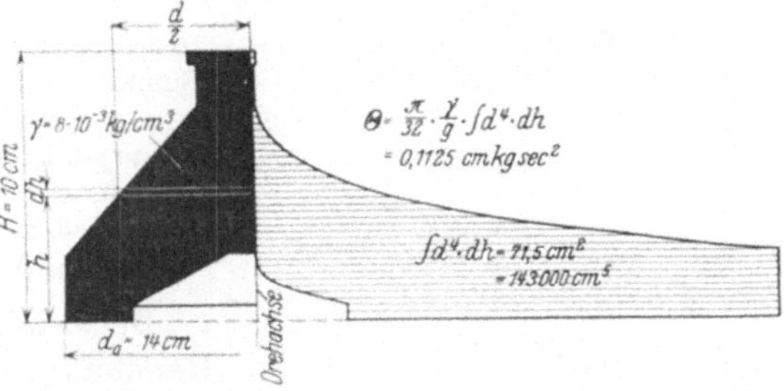

Abb. 69. Graphisches Verfahren zur Ermittlung des Massenträgheitsmoments von Rotationskörpern.

Längenmaßstab: 1 cm der Zeichnung = 1 cm in Wirklichkeit
Maßstab für d^4: 1 cm ,, ,, = 2000 cm⁴ ,, ,,
Flächenmaßstab: 1 cm² ,, ,, = 2000 cm⁵ ,, ,,

der aufgetragenen Strecken zu einer Kurve, so ist der Inhalt der von dieser Kurve begrenzten Fläche gleich dem gesuchten Integral $\int d^4 \cdot dh$. Sein Wert wird am einfachsten durch Ausplanimetrieren der Fläche ermittelt. Hierbei ist darauf zu achten, daß der Zeichnungsmaßstab in richtiger Weise berücksichtigt wird. Es wird niemals möglich sein, den Wert d^4 in natürlicher Größe aufzutragen, vielmehr wird man hierfür in der Regel den verkleinerten Maßstab 1 : 1000 wählen müssen.

War der Längenmaßstab:

1 cm der Zeichnung $= \lambda$ cm in Wirklichkeit,

und der Maßstab für d^4:

$\qquad$ 1 cm der Zeichnung $= \delta$ cm^4 in Wirklichkeit,

so ist der Flächenmaßstab:

$\qquad$ 1 cm^2 der Zeichnung $= \lambda \cdot \delta$ cm^5 in Wirklichkeit.

In dem Beispiel der Abb. 69 sind die in der Vorlage für die Abbildung verwendeten Maßstäbe sowie die erhaltenen Ergebnisse eingetragen.

Ist der Rotationskörper ein Hohlkörper, so ermittelt man zweckmäßig die charakteristische Fläche als Differenz der Integralflächen des Innen- und Außenkörpers.

29. Der Steinersche Satz.

In zahlreichen Fällen geht die Schwingungsachse, bezüglich deren das Trägheitsmoment berechnet werden soll, nicht durch den Schwerpunkt, sondern besitzt einen bestimmten Abstand a von demselben. In diesem Fall läßt sich das Massenträgheitsmoment bezüglich der exzentrischen Achse sofort angeben, wenn man das Trägheitsmoment bezüglich der zu der exzentrischen Achse parallelen Schwerpunktsachse einerseits und ihren Schwerpunktsabstand andererseits kennt. Die erforderliche Berechnungsformel liefert der Steinersche Satz, der lautet:

„Das Trägheitsmoment θ_A eines Körpers bezüglich einer beliebigen Drehachse $A - A$ ist darstellbar als die Summe aus dem Trägheitsmoment θ_s des Körpers bezüglich der zur gegebenen exzentrischen Achse $A - A$ parallelen Schwerpunktsachse $A' - A'$ und dem Produkt aus der Masse m des Körpers und dem Quadrat der Entfernung a seines Schwerpunkts von der Drehachse.“

In Gestalt einer Formel lautet diese Beziehung:

$$(124) \qquad \theta_A = \theta_s + m \cdot a^2 .$$

Der Beweis des Satzes ergibt sich aus folgender an Hand der Abb. 70 durchzuführenden Betrachtung. Nach der Definitionsgleichung des Massenträgheitsmoments ist:

$$\theta_A = \int dm \cdot \bar{r}^2 ,$$

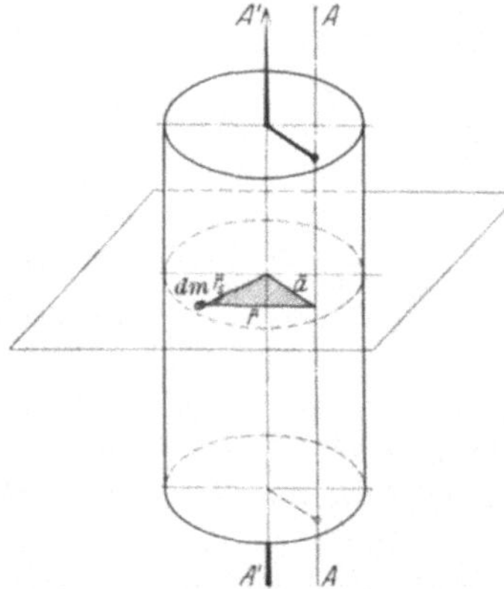

Abb. 70. Ableitung des Steinerschen Satzes.

wobei der Vektor $\bar{r}$ den jeweiligen Abstand des in Betracht gezogenen Massenteilchens dm von der Drehachse $A—A$ bedeutet. Der Vektor $\bar{r}$ läßt sich jedoch gemäß Abb. 70 darstellen als (geometrische) Summe zweier Vektoren, von denen der eine, bei allen Zerlegungen gleichbleibende Vektor die Entfernung $\bar{a}$

der parallelen Schwerpunktsachse $A'—A'$ von der Drehachse $A—A$ darstellt, während der zweite Vektor $\bar{r}_s$ die Entfernung des betrachteten Massenteilchens dm von der Schwerpunktsachse $A'—A'$ bedeutet. Aus dem von den Vektoren $\bar{r}$, $\bar{r}_s$ und $\bar{a}$ gebildeten Dreieck, das, wie Abb. 70 zeigt, in einer Ebene senkrecht zu den Achsen $A—A$ und $A'—A'$ liegt, läßt sich nach dem Cosinussatz folgende Beziehung ablesen (α ist der Winkel, der von den Vektoren $\bar{r}_s$ und $\bar{a}$ eingeschlossen wird):

$$d\theta_A = dm \cdot r^2 = dm(a^2 + r_s^2 - 2\,a\,r_s \cdot \cos \alpha) .\ ^1$$

$$\theta_A = \int d\theta_A = \int dm \cdot a^2 + \int dm \cdot r_s^2 - 2\,a \int dm \cdot r_s \cdot \cos \alpha$$

(125)
$$\boxed{\theta_A = m \cdot a^2 + \theta_s .}$$

Diskussion der Gl. (125): Das erste Glied $\int dm \cdot a^2 = m \cdot a^2$ stellt das Produkt der gesamten Masse m des Körpers mit dem Quadrat seines Schwerpunktabstandes a von der Drehachse dar. Das zweite Glied $\int dm \cdot r_s^2 = \theta_S$ ist ohne weiteres als das Trägheitsmoment des Körpers um die Schwerpunktsachse $A'—A'$ kenntlich. Das letzte Glied $2\,a \int dm \cdot r_s \cdot \cos \alpha$ enthält in dem Produkt $\int dm \cdot r_s \cdot \cos \alpha$ einen dem statischen Moment des Körpers bezüglich der Schwerpunktsachse $A'—A'$ proportionalen Wert[2]. Gemäß der Definition des Schwerpunkts ist dieser Ausdruck jedoch für jede durch den Schwerpunkt gehende Achse gleich Null, da sich der Körper bezüglich jeder beliebigen Schwerpunktsachse statisch im Gleichgewicht befindet. Dieses Glied fällt also heraus, so daß als Ergebnis unserer Rechnung die von dem Steinerschen Satz angegebene Summe übrigbleibt.

---

[1] Die Buchstaben r, r_s und a stellen die absoluten Beträge der Vektoren $\bar{r}$, $\bar{r}_s$ und $\bar{a}$ dar. Die Schreibweise $\bar{r}$ besagt z. B.: daß außer dem Betrag auch die Richtung des Vektors r in Betracht zu ziehen ist, während die Schreibweise r festlegt, daß nur der „absolute Wert" ohne Berücksichtigung der Richtung in die Rechnung eingeht.

[2] Bei der Bildung des statischen Moments gehen wir in anschaulicher Weise folgendermaßen vor: Wir denken die Achse $A'—A'$, für welche das Moment gebildet werden soll, mit horizontaler Richtung so gelagert, daß sich der Körper um sie drehen kann. Das statische Moment wird dann erhalten als die Summe der Drehmomente, welche die einzelnen Massenteilchen ausüben. Ist der Körper so gelegt, daß die Ebene durch die Achsen $A'—A'$ und $A—A$ Horizontalebene wird, so ist der Betrag $r_s \cdot \cos \alpha$ der Hebelarm für das von dem Gewicht $dm \cdot g$ des Masseteilchens gebildete Moment. Das gesamte statische Moment berechnet sich als Summe der Elementarmomente zu $\int dm \cdot g \cdot r_s \cdot \cos \alpha$, wobei die Integration (Summenbildung) über den gesamten Körper zu erstrecken ist.

Gemäß der Definition des Schwerpunkts ist das statische Moment bezüglich jeder durch den Schwerpunkt gehenden Achse gleich Null. Der Körper wird in diesem Fall, wenn die Achse leicht drehbar gelagert ist, in jeder Stellung im Gleichgewicht sein.

Zahlenbeispiel: Es ist das Trägheitsmoment des in Abb. 71 dargestellten Käfigs zu berechnen. Dieser besteht aus einer Welle von $d_1 = 8$ cm Durchmesser und $l_1 = 120$ cm Länge, auf der zwei Scheiben vom Durchmesser $D = 50$ cm und der Dicke $h = 3$ cm aufgekeilt sind, die an ihrem Umfang auf einem Teilkreis mit $D_t = 40$ cm Durch-

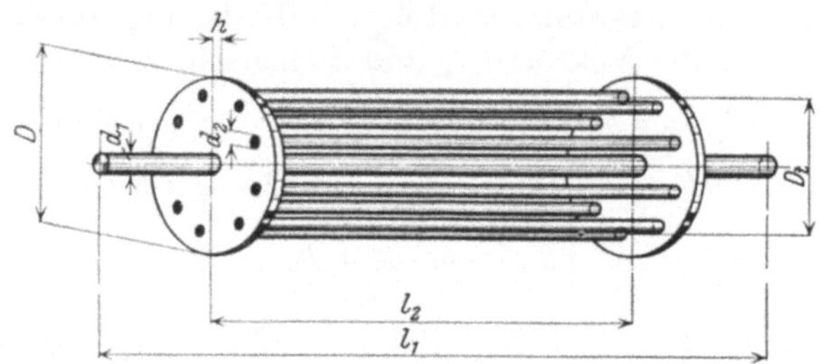

Abb. 71. Berechnung des Massenträgheitsmoments einer Käfigtrommel

messer gleichmäßig verteilt 9 Stäbe von $d_2 = 6$ cm Durchmesser und $l_2 = 60$ cm Länge tragen. Der gesamte Käfig besteht aus Flußeisen $(\gamma = 7{,}8 \cdot 10^{-3}\ \mathrm{kg/cm^3})$.

Bei der Berechnung gehen wir von der Tatsache aus, daß das gesamte Trägheitsmoment eines Körpers gleich der Summe der Trägheitsmomente der einzelnen Teile ist. Ferner beachten wir, daß bei der Berechnung des Trägheitsmomentes der äußeren Stäbe der Steinersche Satz Anwendung findet. Wir erhalten:

Für das Trägheitsmoment der Welle:

$$\theta_1 = \frac{\pi}{32} \cdot 8^4 \cdot 120 \cdot \frac{7{,}8}{981} \cdot 10^{-3} = 0{,}384\ \mathrm{cmkgsec^2}\,.$$

Für das Trägheitsmoment der beiden Scheiben:

$$\theta_2 = \frac{\pi}{32} \cdot 50^4 \cdot 6 \cdot \frac{7{,}8}{981} \cdot 10^{-3} = 29{,}3\ \mathrm{cmkgsec^2}\,.$$

Für das Trägheitsmoment der Stäbe nach dem Steinerschen Satz:

$$\theta_3 = \theta_s + m \cdot r^2 = 9 \left[\frac{\pi}{32} \cdot 6^4 \cdot 60 \cdot \frac{7{,}8}{981} \cdot 10^{-3} + \frac{\pi}{4} \cdot 6^2 \cdot 60 \cdot \frac{7{,}8}{981} \cdot 10^{-3} \cdot 20^2 \right]$$
$$= 9 \cdot (0{,}0607 + 5{,}4) = 49{,}15\ \mathrm{cmkgsec^2}\,.$$

Somit für das Gesamtträgheitsmoment:

$$\theta_{ges} = 78{,}834\ \mathrm{cmkgsec^2}\,.$$

30. Trägheitsmoment eines Ringkörpers.

Eine weitere Berechnung, bei der der Steinersche Satz Anwendung findet, ist die Berechnung des Trägheitsmoments eines Rotationskörpers, dessen erzeugende Fläche in einem bestimmten Abstand von der Drehachse kreist. Wir bezeichnen gemäß Abb. 72 mit $Z—Z$ die Drehachse, bezüglich deren das Trägheitsmoment berechnet werden soll, mit $s—s$

die durch den Schwerpunkt S der erzeugenden Fläche gelegte Achse parallel zur Drehachse, mit R den Abstand des Schwerpunkts der erzeugenden Fläche von der Drehachse.

Die Berechnung gestaltet sich folgendermaßen: Wir denken uns durch eine große Anzahl von Schnitten den Ring in dünnwandige „Elementar"-Zylinderringe zerlegt, die zur Drehachse konzentrisch liegen, und zwar betrage der Radius eines solchen Zylinders r, die Wandstärke dr und die Höhe y, sodaß die Masse des Elementar-Zylinders sich unter Berücksichtigung des spezifischen Gewichts γ berechnet zu:

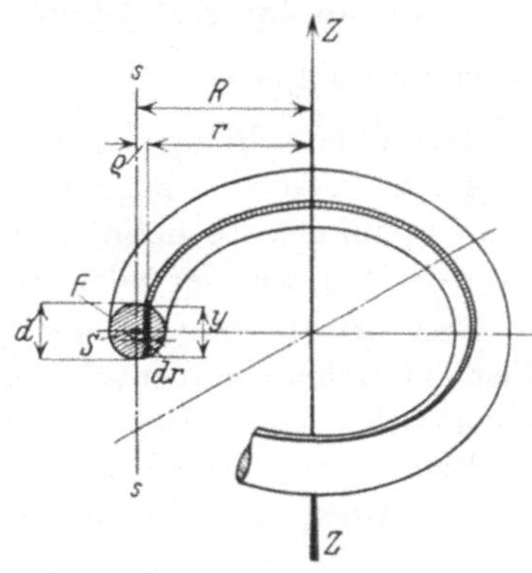

Abb. 72. Berechnung des Massenträgheitsmoments eines Ringkörpers.

$$dm = 2\,r\,\pi \cdot dr \cdot y \cdot \frac{\gamma}{g}\,.$$

Das Trägheitsmoment eines solchen Elementarzylinders bezüglich der Achse Z—Z berechnet sich zu:

$$d\theta = dm \cdot r^2 = 2\,\pi \cdot r^3 \cdot dr \cdot y \cdot \frac{\gamma}{g}\,.$$

Bei Berechnung des Gesamtträgheitsmoments zerlegen wir den Radius r in ähnlicher Weise wie bei Ableitung des Steinerschen Satzes in zwei Komponenten, nämlich den Abstand R des Schwerpunkts der erzeugenden Fläche von der Achse Z—Z und den Abstand ϱ des Elementarzylinders von dem Schwerpunkt S der erzeugenden Fläche. Im vorliegenden Fall haben wir es jedoch nicht nötig, die Zerlegung geometrisch vorzunehmen, vielmehr genügt eine einfache algebraische Summenbildung. Führen wir den Wert $r = R + \varrho$ [1] und dementsprechend sein Differential $dr = d\varrho$ in unsere Gleichung ein, und summieren durch Bilden des Integrals über den gesamten Ringkörper, so ergibt sich:

$$(126) \qquad d\theta = dm\,(R + \varrho)^2 = 2\,(R + \varrho)\cdot\pi\cdot d\varrho\cdot y\cdot\frac{\gamma}{g}\cdot(R + \varrho)^2,$$

$$\theta = \int d\theta = 2\,\pi\cdot\frac{\gamma}{g}\cdot\int y\cdot(R + \varrho)^3\cdot d\varrho,$$

$$\theta = 2\,\pi\cdot\frac{\gamma}{g}\cdot\int y\cdot(R^3 + 3\,R^2\cdot\varrho + 3\,R\cdot\varrho^2 + \varrho^3)\cdot d\varrho,$$

$$\theta = 2\,\pi\cdot\frac{\gamma}{g}\,\Big(R^3\cdot\int y\cdot d\varrho + 3\,R^2\cdot\int y\cdot\varrho\cdot d\varrho$$
$$+ 3\,R\cdot\int y\cdot\varrho^2\cdot d\varrho + \int y\cdot\varrho^3\cdot d\varrho\Big).$$

---

[1] Bei der Bildung der „algebraischen Summe" ist darauf zu achten, daß das Vorzeichen von ϱ, je nach der Lage der Massenelemente dm, positiv und negativ sein kann. Bei der Integration werden die Vorzeichen automatisch berücksichtigt, so daß wir bei der weiteren Rechnung lediglich $r = R + \varrho$ zu setzen brauchen.

Es bleibt noch übrig, den physikalischen Sinn der einzelnen Teilintegrale zu deuten.

Das erste Integral $\int y \cdot d\varrho$ ist nichts weiter als die Fläche F der erzeugenden Figur $= \dfrac{d^2 \pi}{4}$.

Das zweite Integral $\int y \cdot \varrho \cdot d\varrho$ stellt das statische Moment der erzeugenden Fläche bezüglich der Achse s—s dar. Da diese jedoch als Schwerpunktsachse definiert ist, wird dieser Wert $=$ Null, womit das zweite Glied aus der Gleichung herausfällt.

Das dritte Integral $\int y \cdot \varrho^2 \cdot d\varrho$ ist bekannt als das äquatoriale Flächenträgheitsmoment der erzeugenden Fläche bezüglich der Schwerpunktsachse s—s, das wir mit J_s bezeichnen wollen.

Beim vierten Glied können wir eine ähnliche Überlegung wie beim zweiten Glied anstellen, indem wir schreiben:

$$\int y \cdot \varrho^3 \cdot d\varrho = \int \varrho^2 \cdot (y \cdot \varrho \cdot d\varrho) \, .$$

In ähnlicher Weise wie bei Bildung des statischen Moments bezüglich der Schwerpunktsachse s—s wird auch bei diesem Glied jeder positive Wert durch einen gleichgroßen negativen Wert aufgehoben, so daß die Gesamtsumme ebenfalls $= 0$ ist. Somit entfällt auch dieses Glied aus der Gleichung. Als Ergebnis erhalten wir:

$$(127) \qquad \theta_z = 2\pi \cdot (R^3 \cdot F + 3\,R \cdot J_s) \cdot \frac{\gamma}{g} \, .$$

Beispiel: Berechnung des Trägheitsmoments eines flußeisernen Kreisringes, $\gamma = 7{,}8 \cdot 10^{-3}$ kg/cm³. Der erzeugende Kreis besitze den Durchmesser $d = 4$ cm, der Abstand des Schwerpunkts S der erzeugenden Fläche von der Drehachse sei $R = 14$ cm.

Zunächst berechnen wir für die Fläche der erzeugenden Figur den Wert:

$$F = d^2 \cdot \frac{\pi}{4} = 12{,}566 \,\text{cm}^2 \, .$$

Weiterhin ergibt sich für das Flächenträgheitsmoment J_m der erzeugenden Fläche bezüglich der zur Drehachse parallelen Schwerpunktsachse der Wert:

$$J_s = \frac{\pi}{64}\, d^4 = 12{,}57 \,\text{cm}^4 \, .$$

Somit ergibt sich das Gesamtträgheitsmoment zu:

$$\theta = 2\pi \cdot (14^3 \cdot 12{,}566 + 3 \cdot 14 \cdot 12{,}57) \cdot \frac{7{,}8}{981} \cdot 10^{-3} = 1{,}75 \,\text{cmkgsec}^2 \, .$$

Unter Berücksichtigung der Masse des Kreisrings, die sich nach der „Guldinschen Regel" $\big($Schwerpunktsweg $2\,R\pi$ mal der erzeugenden

Fläche $\dfrac{d^2\,\pi}{4}$ mal der Massendichte $\dfrac{\gamma}{g}$) berechnet zu:

$$m = \frac{\pi}{4}\,d^2 \cdot 2\,R \cdot \pi \cdot \frac{\gamma}{g}$$

$$= \frac{\pi^2}{2}\,d^2 \cdot R \cdot \frac{\gamma}{g} = \frac{\pi^2}{2} \cdot 4^2 \cdot 14 \cdot \frac{7{,}8}{981} \cdot 10^{-3}\,,$$

findet man:

$$m = 0{,}0088\,\frac{\mathrm{kg\,sec^2}}{\mathrm{cm}}$$

und somit den Trägheitsradius $i_r = \mathbf{14{,}10}$ cm.

Er ist also nur um einen sehr geringfügigen Betrag von R verschieden, so daß man ohne merklichen Fehler das Glied $3\,R \cdot J_s$ hätte vernachlässigen können.

31. Berechnung des Massenträgheitsmoments eines unregelmäßigen Körpers.

Bei der vorliegenden Aufgabe scheidet eine analytische Lösung aus, da es unmöglich ist, die Eigenschaften eines unregelmäßigen Körpers auf analytischem Weg zu erfassen. Dagegen gelingt die Lösung auf graphischem Weg. Das Verfahren ist dem bei Berechnung des Trägheitsmoments von Rotationskörpern angegebenen ähnlich. Seine Durchführung soll an Hand des praktischen Falles der Abb. 73 gezeigt werden. Hier ist der Propeller eines Hochseedampfers durch Zeichnung gegeben und die Aufgabe gestellt, sein Massenträgheitsmoment bezüglich der Drehachse zu ermitteln.

Zur Lösung der Aufgabe ist es notwendig, sich an Hand einer graphischen Darstellung ein Bild davon zu machen, wie sich die Masse des Körpers in radialer Richtung verteilt. Wir nennen diese für die Berechnung des Massenträgheitsmomentes grundlegende Kurve „Massenverteilungskurve". Um unnötige Rechnung zu vermeiden, trägt man in der Regel an Stelle der Masse das ihr proportionale Volumen auf; man hat dann lediglich noch nötig, nach vollzogener Berechnung das Ergebnis mit der Massendichte $\dfrac{\gamma}{g}$ zu multiplizieren.

Bei Ermittlung der Volumenkurve denken wir uns den Propeller durch gleichmäßig verteilte, zur Drehachse konzentrische Zylinderflächen in eine Anzahl Hohlzylinder von verhältnismäßig geringer Wandstärke zerteilt. Ist r der mittlere Radius eines solchen Hohlzylinders, dr seine Wandstärke und F seine Wandfläche (Schnittfläche mit dem Propeller), so ist sein Inhalt darstellbar durch den Ausdruck $dV = F \cdot dr$. Um die Massenverteilungskurve zu erhalten, haben wir somit lediglich nötig, den Flächeninhalt F der Wandfläche der verschiedenen Schnittzylinder senkrecht über dem zugehörigen Radius r, der in Abb. 73 in der Ordinatenachse der Volumenverteilungskurve dargestellt ist, aufzutragen.

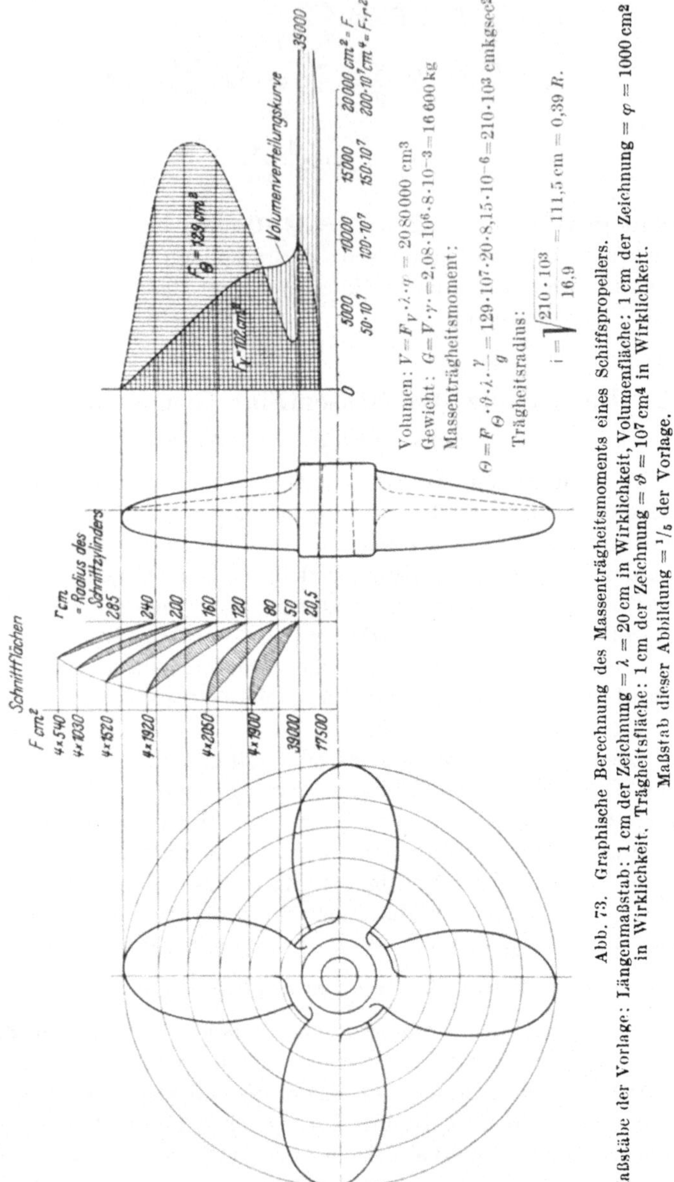

Abb. 73. Graphische Berechnung des Massenträgheitsmoments eines Schiffspropellers.

Maßstäbe der Vorlage: Längenmaßstab: 1 cm der Zeichnung $= \lambda = 20$ cm in Wirklichkeit, Volumenfläche: 1 cm der Zeichnung $= \varphi = 1000$ cm². in Wirklichkeit, Trägheitsfläche: 1 cm der Zeichnung $= \vartheta = 10^7$ cm⁴ in Wirklichkeit.

Maßstab dieser Abbildung $= {}^1/_5$ der Vorlage.

Verbindet man die in dieser Weise erhaltenen Werte, so stellt die Begrenzungskurve die gesuchte Volumenverteilungskurve dar. Der leicht auszuplanimetrierende Flächeninhalt F_V des von der Kurve begrenzten Flächenstücks ist der Rauminhalt des gesamten Propellers.

Die Berechnung der Schnittflächen ist eine etwas zeitraubende Arbeit, die jedoch ohne weiteres an Hand der Zeichnung durchgeführt werden kann.

Die Berechnung des Massenträgheitsmoments an Hand der Volumenverteilungskurve gelingt durch folgende Überlegung:

Als Definitionsgleichung des Massenträgheitsmoments war gegeben:

$$\theta = \int dm \cdot r^2 = \frac{\gamma}{g} \cdot \int F \cdot dr \cdot r^2 \,.$$

Man hat also nur nötig, den in der Volumenverteilungskurve aufgetragenen Wert F an jeder Stelle mit dem zugehörigen Wert r^2 zu multiplizieren, ihn, wie Abb. 73 zeigt, senkrecht über r aufzutragen und die erhaltenen Punkte zu einer neuen Kurve zu verbinden. Dann stellt die leicht zu planimetrierende Fläche F_θ unter dieser Kurve den dem gesuchten Trägheitsmoment θ proportionalen Wert $\int F \cdot dr \cdot r^2$ dar.

Bei der Berechnung hat man in gleicher Weise, wie bereits bei Berechnung des Trägheitsmomentes von Rotationskörpern beschrieben war, streng auf richtige Handhabung der Maßstäbe zu achten. War der Längenmaßstab:

1 cm der Zeichnung $= \lambda$ cm in Wirklichkeit,

der Flächenmaßstab:

1 cm der Zeichnung $= \varphi$ cm² in Wirklichkeit,

der Trägheitsmaßstab, in dem die Werte $F \cdot r^2$ aufgetragen sind:

1 cm der Zeichnung $= \vartheta$ cm⁴ in Wirklichkeit,

so ist die dem Trägheitsmoment proportionale Fläche unter der zuletzt ermittelten Kurve mit dem Wert $\lambda \cdot \vartheta$ und mit der Massendichte $\dfrac{\gamma}{g}$ zu multiplizieren, um den wirklichen Wert des Trägheitsmomentes in cmkgsec² zu erhalten. Aus dem in Abb. 73 dargestellten Beispiel des Propellers ist die zweckmäßige Wahl der Maßstäbe und ihre Handhabung klar zu ersehen.

32. Nicht symmetrische Drehachse.

Bei unseren bisherigen Betrachtungen hatten wir stillschweigend die Annahme gemacht, daß die Drehachse, bezüglich deren das Trägheitsmoment zu berechnen war, eine Symmetrieachse des Körpers oder doch eine hierzu parallele Achse bildet. In fast allen technisch wichtigen Fällen trifft diese Annahme auch zu, so daß wir uns vorläufig darauf beschränken können. Erst an späterer Stelle[1] sollen diese Ausführungen

---

[1] Dritter Band.

eine Ergänzung insofern erfahren, als die ziemlich verwickelten Verhältnisse dargestellt werden, die sich ergeben, wenn die Trägheitsachse keine Symmetrieachse ist. An dieser Stelle sei nur darauf hingewiesen, daß dann zu dem Trägheitsmoment ein neuer Begriff, das sogenannte Zentrifugalmoment oder Deviationsmoment, hinzutritt. Die betreffenden Beziehungen spielen in der Kreiseltheorie eine ausschlaggebende Rolle und sollen bei Behandlung dieses Problems eine ausführliche Darstellung erfahren.

Bei der Bearbeitung praktischer Aufgaben aus dem Gebiet der Drehschwingungen kann ohne Nachteil vorläufig auf die diesbezüglichen Erörterungen verzichtet werden.

II. Versuchsmäßige Ermittlung des Massenträgheitsmoments.

Liegt der Körper, dessen Massenträgheitsmoment bestimmt werden soll, in Ausführung vor, so ist es vielfach sicherer und bequemer, sein Trägheitsmoment versuchsmäßig zu ermitteln, statt eine Rechnung durchzuführen. Dies wird namentlich der Fall sein, wenn der Körper eine unregelmäßige Gestalt oder unregelmäßige Massenverteilung aufweist. Zur Durchführung der versuchsmäßigen Ermittlung dienen im wesentlichen zwei Verfahren, die beide auf schwingungstechnischer Grundlage beruhen.

33. Das Verfahren von Carl Friedr. Gauß (1777 ÷ 1855).

Gemäß Abb. 74 wird der Prüfkörper, z. B. ein Schwungrad, an einem oder mehreren Drähten oder Drahtseilen von genügender Stärke so freischwebend aufgehängt, daß er Drehschwingungen unter der Wirkung der Elastizität der Aufhängung ausführen kann. Aus der Art der Anordnung geht hervor, daß dieses Verfahren nur anwendbar ist, wenn das Massenträgheitsmoment um eine durch den Schwerpunkt gehende Achse ermittelt werden soll. Denn

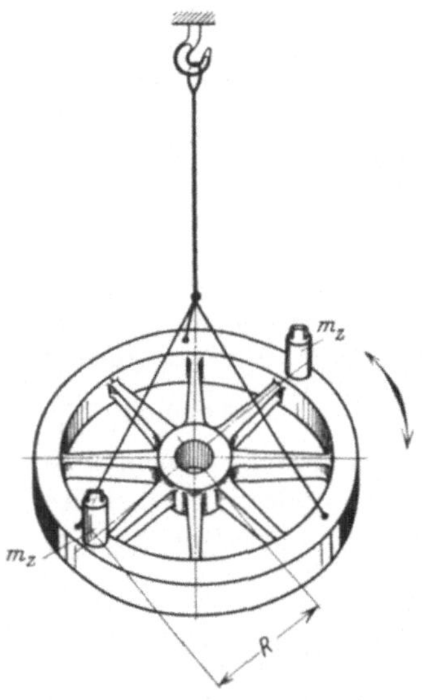

Abb. 74. Versuchsmäßige Ermittlung des Massenträgheitsmoments eines Schwungrads nach dem Gaußschen Verfahren.

der Körper stellt sich stets so ein, daß sein Schwerpunkt senkrecht unter den Aufhängepunkt zu liegen kommt, die Schwingungen also um eine Schwerpunktsachse stattfinden. Man führt mit dieser Anordnung zwei Versuche aus, die folgendermaßen verlaufen:

a) Erster Versuch.

Man versetzt den Prüfkörper in Drehschwingungen und beobachtet mit der Stoppuhr wiederholt die Zeit, die er nötig hat, um eine bestimmte Anzahl, z. B. 100 volle Schwingungen auszuführen.

Aus den Beobachtungen errechne man als Mittelwert die Zeitdauer einer vollen Schwingung T_1 in Sekunden.

Anmerkung: Bei der Beobachtung wähle man einen bestimmten Punkt des Körpers, der eindeutig markiert wird, als Bezugspunkt und beobachte die Anzahl seiner Durchgänge durch einen scharf festgelegten, ortsfesten Punkt. Zu jeder vollen Schwingung gehören zwei Durchgänge, nämlich einer im Uhrzeigersinn und ein zweiter im entgegengesetzten Sinn. Die besten Ergebnisse erhält man, wenn die Aufhängung so gewählt wird, daß der Körper etwa 80 bis 120 Schwingungen in der Minute ausführt. Man beobachtet zweckmäßig die Anzahl der Schwingungen während voller 5 oder 10 Minuten, da eine geringere Beobachtungszeit leicht zu Trugschlüssen Anlaß gibt.

b) Zweiter Versuch.

Man befestigt, wie Abb. 74 zeigt, an dem untersuchten Körper zwei gleichgroße Massen von genau bekannter Größe. Zweckmäßig wird die Masse m_z jedes der Belastungsgewichte etwa $= {}^1/_{10}$ bis ${}^1/_{20}$ des Gesamtgewichts des untersuchten Körpers gewählt. Die Massen sind genau diametral gegenüber und in gleich großem, genau bekanntem Abstand R von der Schwingungsachse anzubringen. Dabei ist der Abstand so groß zu wählen, daß das Trägheitsmoment der aufgesetzten Körper bezüglich ihrer eigenen Schwerpunktsachse gegen den Wert $m_z \cdot R^2$ vernachlässigt werden kann. Bei sehr genauen Messungen, die jedoch technisch nicht in Betracht kommen, muß dieses zusätzliche Trägheitsmoment allerdings ebenfalls berücksichtigt werden.

Nach Befestigen der Zusatzgewichte beobachte man, genau wie beim ersten Versuch, wieder die Zeitdauer einer vollen Schwingung und erhält jetzt als Ergebnis den Wert einer Periodendauer $= T_2$ Sekunden.

c) Auswertung.

Die Auswertung fußt auf der Grundgleichung der Drehschwingungen. Sie besagt, daß die Zeitdauer einer vollen Schwingung

$$T = 2\pi \sqrt{\frac{\theta}{c_M}}$$

ist, wobei θ das gesuchte Massenträgheitsmoment der schwingenden Masse bezüglich der Schwingachse und c_M das unbekannte spezifische Rückstellmoment[1] der Abfederung (Drähte oder Drahtseile) ist. Beim ersten Versuch diente als Massenträgheitsmoment lediglich das gesuchte Trägheitsmoment θ_0 des Prüfkörpers. Beim zweiten Versuch wurde θ_0 um den genau bekannten Betrag $2\,m_z \cdot R^2$ vermehrt. Es

---

[1] auch „Direktionskraft" genannt.

ergeben sich somit für die Berechnung die beiden Gleichungen:

$$T_1^2 = 4\pi^2 \cdot \frac{\theta_0}{c_M};$$

$$T_2^2 = 4\pi^2 \cdot \frac{\theta_0 + 2\,m_z\,R^2}{c_M},$$

$$\frac{T_1^2}{T_2^2} = \frac{\theta_0}{\theta_0 + 2\,m_z\,R^2}$$

und somit:

(128)
$$\theta_0 = \frac{2\,m_z \cdot R^2 \cdot T_1^2}{T_2^2 - T_1^2}.$$

Zahlenbeispiel: Bei einem Schwungrad wurden folgende Versuchswerte beobachtet:

1. Versuch: $T_1 = 0{,}532\ \text{sec}$,

2. Versuch: $m_z = \dfrac{10}{981}\ \dfrac{\text{kgsec}^2}{\text{cm}}$, $R = 28\ \text{cm}$,

                 $T_2 = 0{,}976\ \text{sec}$.

Ergebnis: $\theta_0 = \dfrac{2 \cdot 10 \cdot 784 \cdot 0{,}283}{981\,(0{,}953 - 0{,}283)} = 6{,}75\ \text{cmkgsec}^2$.

34. Das Pendelverfahren.

Dieses Verfahren findet besonders dann mit Vorteil Anwendung, wenn die Drehachse des Körpers, dessen Trägheitsmoment bestimmt werden soll, exzentrisch liegt. Aber auch bei Körpern mit zentrischer Drehachse, z. B. Rotoren von Elektromaschinen und dergleichen, ist es durchführbar. Nur muß man bei diesen Körpern gemäß Abb. 75 eine Zusatzeinrichtung verwenden. Diese besteht im wesentlichen aus zwei Schneiden, die durch geeignete Halter mit den Laufzapfen verbunden werden. Die Schneiden werden auf der Reißplatte genau in

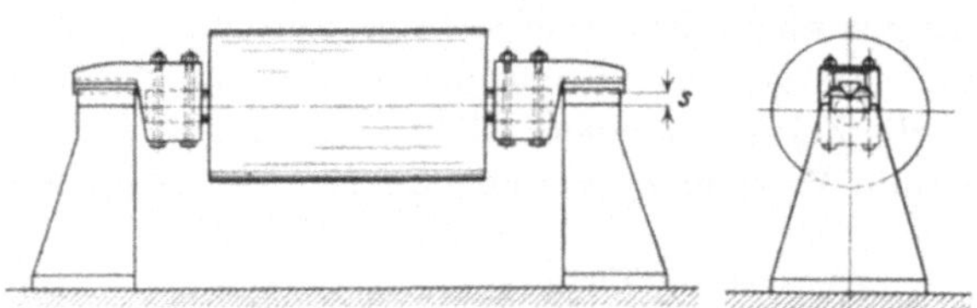

Abb. 75. Versuchsmäßige Ermittlung des Massenträgheitsmoments eines schweren Rotors durch Auspendeln mittels besonderer Vorrichtung.
Auf die Laufzapfen werden mit Schneiden versehene Halter aufgeklemmt. Die Schneidenachse wird so ausgerichtet, daß sie im Abstand s parallel zur Drehachse läuft.

eine Achse ausgerichtet und der genaue Abstand der Schneidenachse von der Drehachse gemessen.

Vor Beginn des Versuchs muß durch Auswiegen oder dergleichen der Schwerpunkt des Prüfkörpers, insbesondere sein Abstand s von der Pendelachse, genau ermittelt werden. Gleichzeitig stellt man das genaue Gewicht G des Prüfkörpers fest.

Wie das Auswiegen des Schwerpunkts zweckmäßig zu erfolgen hat, ist an dem Beispiel einer Pleuelstange aus Abb. 76 ersichtlich. Durch jede der beiden Bohrungen der Pleuelstange schiebt man eine genau passende Welle. Diese wird am einen Lagerkopf auf zwei ortsfeste Schneiden aufgelagert, die senkrecht zur Achse der Welle verlaufen. Die Welle des zweiten Lagerkopfes wird auf zwei Schneiden aufgebracht, die auf einer Waagschale aufgestellt sind. Beim Einstellen des Versuchs ist darauf zu achten, daß die Achse der Pleuelstange während der Wägung möglichst genau waagrecht steht, da sonst erhebliche Meßfehler unterlaufen. Ferner ist vor der Wägung das Gewicht der auf der Waagschale befestigten Schneiden sowie dasjenige der durch den Pleuelkopf gesteckten Welle auszutarieren.

Die genaue Berechnung des Schwerpunkts erfolgt an Hand der Hebelgleichung. Ist l der ge-

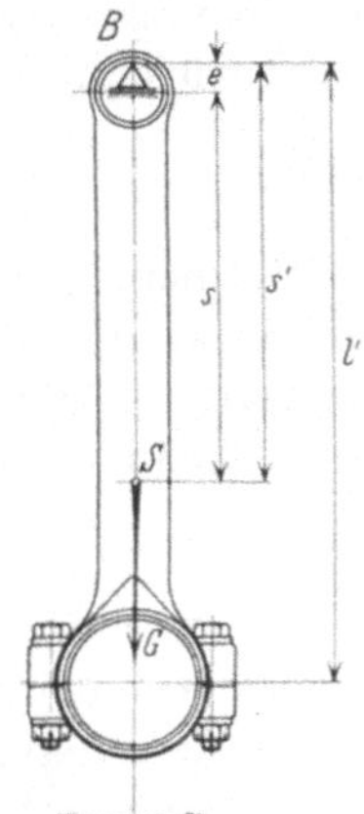

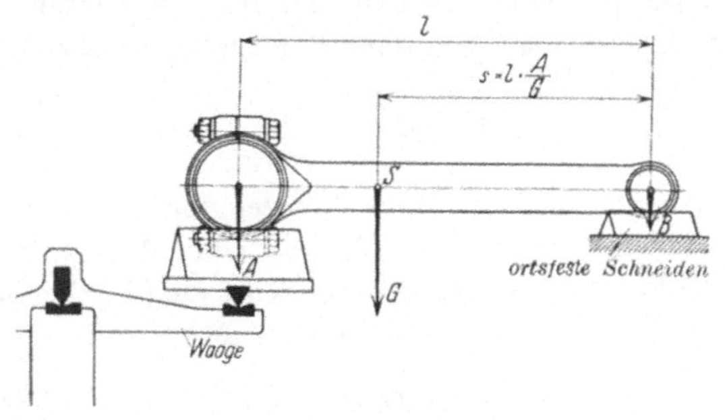

Abb. 76. Ermittlung des Schwerpunkts einer Pleuelstange durch Auswiegen.

Abb. 77. Ermittlung des Massenträgheitsmoments einer Pleuelstange durch Auspendeln.

naue Mittenabstand der beiden Lagerköpfe der Pleuelstange, G ihr Gesamtgewicht und A der bei der Wägung festgestellte Lagerdruck des einen Pleuelkopfes auf die Waagschale, so ist der Abstand des Schwerpunkts von der Mitte des ortsfest aufgelagerten Pleuelkopfes:

$$(129) \qquad s = l \cdot \frac{A}{G}.$$

Nach Durchführung dieses Vorversuchs hängt man den Prüfkörper, also z. B. die Pleuelstange, gemäß Abb. 77 pendelnd auf. Im vorliegenden Fall geschieht dies zweckmäßig derart, daß durch den oberen Pleuelkopf eine möglichst dünne Welle oder eine Schneide gesteckt wird, die seitlich fest aufgelagert ist.

In diesem Fall hat man einwandfrei die Gewißheit, daß die Pendelung um die Berührungslinie zwischen Pleuellager und Welle stattfindet. Die Aufhängung kann auch in beliebiger anderer Weise erfolgen, jedoch ist stets zu fordern, daß die Pendelachse, insbesondere ihr Abstand vom Schwerpunkt, eindeutig und genau festliegt.

Mit dieser Aufhängung beobachtet man, ähnlich wie beim Gaußschen Verfahren, die Pendelzeit des Prüfkörpers $= T$ sec.

Auswertung: Der Prüfkörper stellt ein physikalisches Pendel dar. Nach der bekannten Formel beträgt dessen Schwingungszeit T (für Hin- und Hergang):

$$T = 2\pi \sqrt{\frac{\theta_B}{s' \cdot G}},$$

wobei θ_B das gesuchte Massenträgheitsmoment des Prüfkörpers bezüglich der Schwingungsachse, s' der Abstand des Schwerpunkts von der Schwingungsachse und G das Gewicht des Pendelkörpers ist. An Hand dieser Gleichung findet man das gesuchte Massenträgheitsmoment zu:

$$(130) \qquad \theta_B = \frac{T^2}{4\,\pi^2} \cdot s' \cdot G \,.$$

Will man noch das Trägheitsmoment des Prüfkörpers bezüglich der zur gewählten Pendelachse parallelen Schwerpunktsachse wissen, so hat man nur nötig, den Betrag $m \cdot s'^2$ von dem Betrage θ_B abzuziehen, so daß man findet:

$$(131) \qquad \theta_S = \theta_B - \frac{G}{g} \cdot s'^2 \,.$$

Zahlenbeispiel: Bei der Pleuelstange eines Flugzeugmotors wurden folgende Versuchswerte ermittelt: $G = 2{,}9$ kg, $l = 32{,}5$ cm, $A = 1{,}95$ kg und bei Aufhängung im Kolbenbolzenlager mittels Schneide ($d = 3{,}2$ cm) die Schwingungszeit von $T = 1{,}18$ sec. Dann ergibt sich:

$$s = l \cdot \frac{A}{G} = 32{,}5 \cdot \frac{1{,}95}{2{,}9} = 21{,}9 \,\text{cm};$$

da

$$s' = s + e = 21{,}9 + 1{,}6 = 23{,}5 \,\text{cm},$$

so wird

$$\theta_B = \frac{T^2}{4\,\pi^2} \cdot s \cdot G = \frac{1{,}18^2}{4\,\pi^2} \cdot 23{,}5 \cdot 2{,}9 = 2{,}41 \,\text{cmkgsec}^2,$$

und

$$\theta_s = \theta_B - \frac{2{,}9 \cdot 552}{981} = 2{,}41 - 1{,}63 = 0{,}78 \,\text{cmkgsec}^2.$$

III. Massenreduktionen und Theorie der Ersatzpunkte.

35. Massenreduktionen.

a) Stellung der Aufgabe.

In vielen technisch wichtigen Fällen hat man die Drehschwingungen von unregelmäßig geformten Körpern zu berechnen. Als Beispiele seien genannt: Schwinghebel von Ventilsteuerungen, Pleuel- und Exzenterstangen, Waagebalken, ganze Getriebeketten und dergleichen. In allen diesen Fällen ist die Aufgabe gestellt, die Trägheitswirkung des Getriebes auf einen bestimmten Punkt, z. B. den Angriffspunkt der Federung beim Ventil, vereinigt zu denken. Man macht dann die rechnerisch sehr bequem verwertbare Annahme, daß eine Trägheitswirkung, die der Trägheit der gesamten Getriebekette äquivalent ist, hervorgebracht sei durch eine in dem Bezugspunkt nach Art eines „Massenpunkts" konzentriert gedachte Masse. Diese Ersatzmasse bezeichnet man als „reduzierte Masse".

Das Verfahren zur Berechnung der reduzierten Masse beruht gewissermaßen auf der Umkehrung der bei der Berechnung des Trägheitsradius benutzten Vorstellungen. Dort ging man von der bekannten Masse des Gesamtkörpers aus und berechnete den sogenannten Trägheitsradius, d. h. den ideellen Abstand von der Drehachse, in dem man sich die gesamte Masse des Körpers nach Art eines Massenpunktes vereinigt denken kann. Das so geschaffene Idealsystem besitzt dann dasselbe Trägheitsmoment wie der ersetzte Körper.

Im vorliegenden Fall betrachtet man den Abstand des Bezugspunktes von der Drehachse als gegeben und stellt sich die Aufgabe, die Größe der reduzierten Masse zu berechnen, die in dem Bezugspunkt angebracht werden muß, damit das Ersatzsystem das gleiche Trägheitsmoment besitzt wie der ersetzte Körper oder die ersetzte Getriebekette.

Die Einzelheiten der an sich einfachen Berechnungsmethode werden am besten an Hand einiger Zahlenbeispiele erläutert:

b) Berechnung der reduzierten Masse eines Hebels.

Man soll die reduzierte Masse des in Abb. 78 gezeichneten Schwinghebels einer Nockensteuerung berechnen. Als Bezugspunkt dient der Angriffspunkt der Federung. Er besitzt von der Drehachse des Schwinghebels den Abstand $a = 4{,}2$ cm.

Das Trägheitsmoment des Schwinghebels bezüglich seiner Drehachse wurde auf experimentellem Weg durch Auspendelung zu $\theta = 0{,}0093$ cmkgsec^2 ermittelt. Das durch Auswiegen gefundene Gewicht des Hebels beträgt 0,76 kg.

Man erhält die Größe der reduzierten Masse, wenn man das bekannte Trägheitsmoment θ durch das Quadrat des gegebenen Reduktionshebelarms a dividiert. Es ist also:

$$m_{\mathrm{red}} = \frac{\theta}{a^2} = \frac{0{,}0093}{17{,}6} = 0{,}00053 \, \frac{\mathrm{kgsec}^2}{\mathrm{cm}}.$$

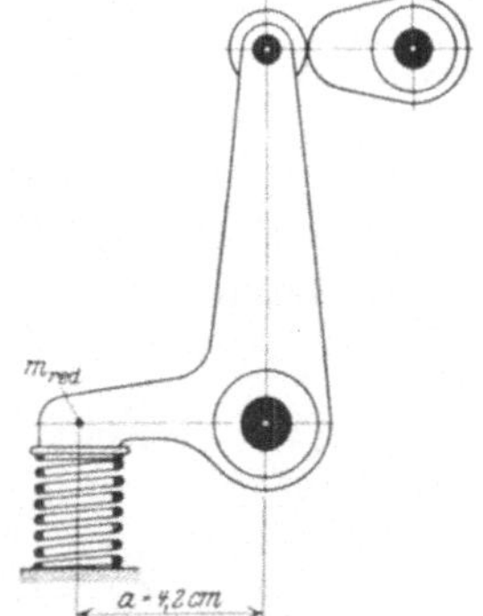

Abb. 78. Massenreduktion an einem Schwinghebel.

c) Berechnung der reduzierten Masse einer Pendelkette.

Man soll die reduzierte Masse der in Abb. 79 dargestellten Getriebekette bestimmen. Als Bezugspunkt dient der Angriffspunkt der

Federung. Er besitzt den Abstand a von der Drehachse des Haupthebels.

Als Vorbereitung für die Lösung der Aufgabe ist es notwendig, die Massen der einzelnen Getriebeteile sowie die Trägheitsmomente der um

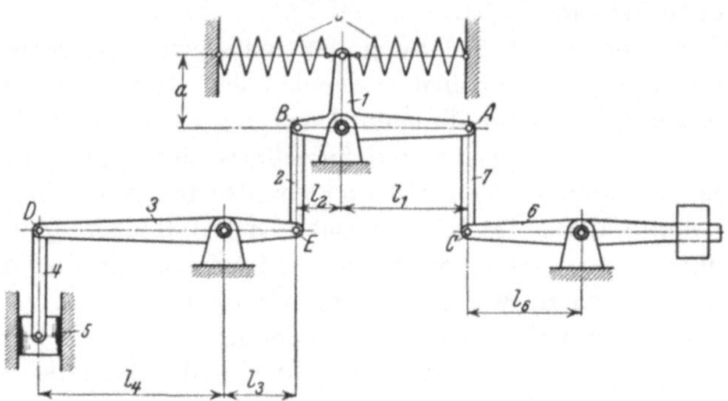

Abb. 79. Massenreduktion an einer Getriebekette.

Drehachsen schwingenden Hebel bezüglich dieser Drehachsen zu bestimmen. Bei dem Getriebe des Beispiels, das in Ausführung vorlag, ergaben sich durch versuchsmäßige Bestimmung folgende Werte:

Glied 1: Gewicht 0,780 kg
　　　　Trägheitsmoment bezüglich der Drehachse $\theta_1 = 0,038$ cmkgsec²,
Glied 2: Gewicht 0,215 kg
Glied 3: Gewicht 0,565 kg
　　　　Trägheitsmoment bezüglich der Drehachse $\theta_3 = 0,029$ cmkgsec²,
Glied 4: Gewicht 0,135 kg
Glied 5: Gewicht 0,340 kg
Glied 6: Gewicht 0,620 kg (einschl. Gegen-Gewicht)
　　　　Trägheitsmoment bezüglich der Drehachse $\theta_6 = 0,0188$ cmkgsec²,
Glied 7: Gewicht 0,176 kg.

Der Übersichtlichkeit halber bilden wir vor Berechnung der endgültigen Lösung eine Zwischenlösung. Sie besteht darin, daß die Massen der links und rechts am Haupthebel angreifenden Getriebeketten zunächst auf die Gelenkpunkte A und B des Haupthebels reduziert werden, so daß also unsere erste Aufgabe darin besteht, gemäß Abb. 80 ein Ersatzsystem zu schaffen, das aus dem Haupthebel 1 besteht, in dessen Gelenkpunkten A und B die reduzierten Massen m_{red_A} und m_{red_B} angebracht sind.

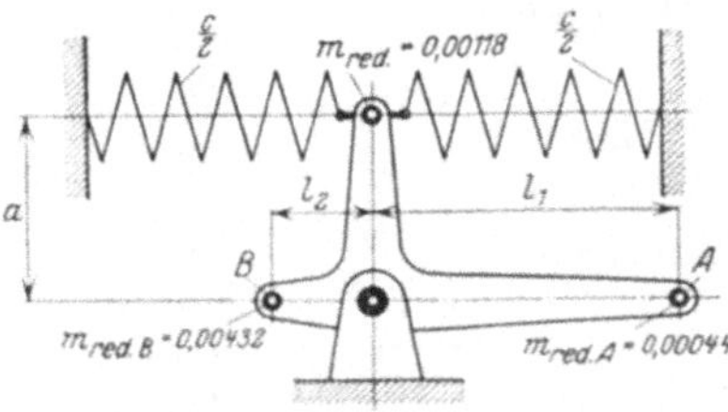

Abb. 80. Massenreduktion der Getriebekette der Abb. 79 auf den Haupthebel 1.

Wir beginnen mit der Reduktion bei Hebel 6 und reduzieren dessen Masse auf den Angriffspunkt der nach dem Haupthebel führenden

Schubstange. Der betreffende Hebelarm besitzt den Wert $l_6 = 8,5$ cm. Demnach findet man als reduzierte Masse des Hebels 6:

$$m_{r6} = \frac{\theta_6}{l_6^2} = \frac{0,0188}{72,25} = 0,00026 \, \frac{\text{kgsec}^2}{\text{cm}}.$$

Die Masse der Kuppelstange 7 überträgt sich in voller Größe auf den Gelenkpunkt A und wird noch um die reduzierte Masse des Hebels 6 vermehrt. Somit beträgt die reduzierte Masse:

$$m_{\text{red }A} = 0,00044 \, \frac{\text{kgsec}^2}{\text{cm}}.$$

In analoger Weise wird die Massenreduktion bei der in Punkt B angelenkten Getriebekette durchgeführt. Wir gehen aus von dem Hebel 3. Hier verwenden wir als Reduktionshebelarm den Abstand des Gelenkpunktes E der Schubstange 2 an Hebel 3, dessen Betrag $l_3 = 5,5$ cm ist. Zunächst ergibt sich demgemäß:

$$m_{r3} = \frac{\theta_3}{l_3^2} = 0,00096 \, \frac{\text{kgsec}^2}{\text{cm}}.$$

Auf den gleichen Punkt müssen noch die im Gelenkpunkt D des Hebels 3 angreifenden Massen reduziert werden. Die hier angreifenden Massen 4 und 5 haben, bezogen auf den Drehpunkt des Hebels 3, das Trägheitsmoment $(m_4 + m_5) \cdot l_4^2$ $(l_4 = 14,0$ cm$)$. Die Reduktion dieser Massen auf den Punkt E geschieht durch Division dieses Trägheitsmomentes durch das Quadrat des Abstands l_3, so daß die gesamte in Punkt E konzentriert zu denkende Masse den Betrag besitzt:

$$m_{\text{red }E} = 0,00314 + 0,00096 = 0,0041 \, \frac{\text{kgsec}^2}{\text{cm}}.$$

Diese Masse überträgt ihre Trägheitswirkung unmittelbar auf den Punkt B. Zwecks Erhalt der in B reduzierten Masse ist sie noch um die Masse der Koppelstange 2 zu vergrößern, so daß sich endgültig ergibt:

$$m_{\text{red }B} = 0,0041 + 0,00022 = 0,00432 \, \frac{\text{kgsec}^2}{\text{cm}}.$$

Nach Erhalt dieser übersichtlichen Zwischenlösung hat man nur noch nötig, die Gesamtmasse des erhaltenen Ersatzsystems auf den Angriffspunkt der Federung, der den Hebelarm $a = 10,2$ cm von der Drehachse besitzt, zu reduzieren. Man erhält das Ergebnis:

$$l_1 = 9,6 \,\text{cm}, \qquad m_{\text{red}} = \frac{\theta_1}{a^2} + \frac{m_{\text{red }A} \cdot l_1^2}{a^2} + \frac{m_{\text{red }B} \cdot l_2^2}{a^2}$$

$$l_2 = 3,2 \,\text{cm}, \qquad \qquad \quad = 0,000365 + 0,000390 + 0,000425$$

$$= 0,00118 \, \frac{\text{kgsec}^2}{\text{cm}}.$$

d) Massenreduktion bei einem Zahnradvorgelege.

Eine Dampfturbine, deren Läufer die Drehzahl $n = 3000/\text{min}$ und das Massenträgheitsmoment $\theta_T = 19\,500$ cmkgsec^2 besitzt, arbeite über ein Pfeilradvorgelege[1] mit der Übersetzung $1 : 30$ auf die Schiffspro-

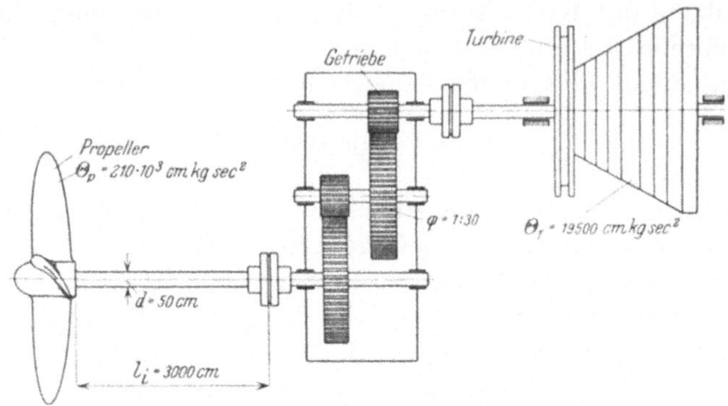

Abb. 81. Schema einer Schiffsturbinenanlage mit Marschgetriebe.

pellerwelle. Diese ist 30 m lang und besitzt einen Durchmesser von 500 mm. Der Propeller hat die in Abb. 73 gezeichnete Form und das dort berechnete Massenträgheitsmoment von 210000 cmkgsec^2. Es ist die Eigenschnelle des aus den Massen von Propeller- und Turbinenläufer und der Schiffswelle als Federung gebildeten Drehschwingungssystems zu berechnen[2].

Um die Rechnung durchführen zu können, ist es notwendig, zunächst ein Idealsystem zu berechnen, bei dem die Trägheitswirkung des Turbinenläufers auf die Propellerwelle reduziert ist. In welcher Weise die durch das Zahnradvorgelege bedingte Massenreduktion stattzufin-

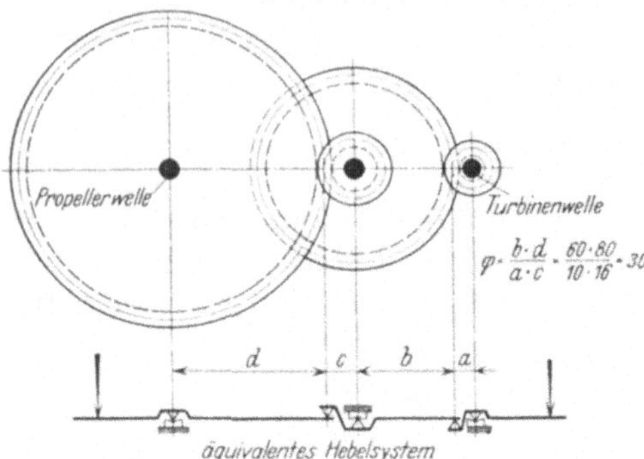

Abb. 82. Schema für die Massenreduktion beim Getriebe.

den hat, erkennen wir, wenn wir uns das in Abb. 81 gezeichnete Getriebe in Ruhe denken. Dann wirkt die Übersetzung einfach wie ein Hebelsystem. In Abb. 82 ist neben dem Getriebe das ihm entsprechende Hebelsystem schematisch gezeichnet. Am zweckmäßigsten erscheint

---

[1] Der Einfachheit halber ist in Abb. 81 ein Stirnradgetriebe gezeichnet.

[2] Nach „Bauer, Schiffsmaschinen" kommt infolge des mitkreisenden Wassers zu dem Massenträgheitsmoment des Propellers noch ein Zuschlag von $10 \div 20\%$.

es, zunächst das Trägheitsmoment θ_T der Turbine auf den Teilkreis
des langsam laufenden, mit der Propellerwelle starr gekuppelten Zahn-
rads zu reduzieren. Bei dieser Reduktion wollen wir das auch in Wirklichkeit ganz unerhebliche Trägheitsmoment des Getriebes gegenüber
demjenigen der Turbine vernachlässigen. Die Reduktion selbst wird in
genau der gleichen Weise durchgeführt, wie sie in Beispiel c) ausführlich beschrieben war. Wir können also das Ergebnis sofort hinschreiben;
es lautet:

$$m_{\text{red}} = \frac{\theta_T}{a^2} \cdot \frac{b^2}{c^2} \frac{\text{kgsec}^2}{\text{cm}}.$$

Demgemäß ergibt sich das auf die Propellerwelle reduzierte Trägheitsmoment der Turbine zu:

$$(132) \qquad \theta_{rT} = m_{\text{red}} \cdot d^2 = \theta_T \cdot \frac{b^2}{a^2} \cdot \frac{d^2}{c^2} = \theta_T \cdot \varphi^2.$$

$$\left(\varphi = \frac{b \cdot d}{a \cdot c} = \text{Übersetzung des Getriebes.} \right)$$

Aus dieser Gleichung erkennen wir die wichtige Beziehung, daß die
Reduktion des Massenträgheitsmoments bei einem Zahnradvorgelege
durch Multiplikation des zu reduzierenden Trägheitsmoments mit dem
Quadrat des Übersetzungsverhältnisses erfolgt, einerlei in
welcher Weise die
Übersetzung zustande
kommt.

In Abb. 83 ist das
ideelle Ersatzsystem un-
seres Drehschwingers ge-
zeichnet. Es besteht aus
der trägen Masse des
Propellers mit dem
Trägheitsmoment $\theta_p =$
210000 cmkgsec², der
auf die Propellerwelle
reduzierten trägen Masse

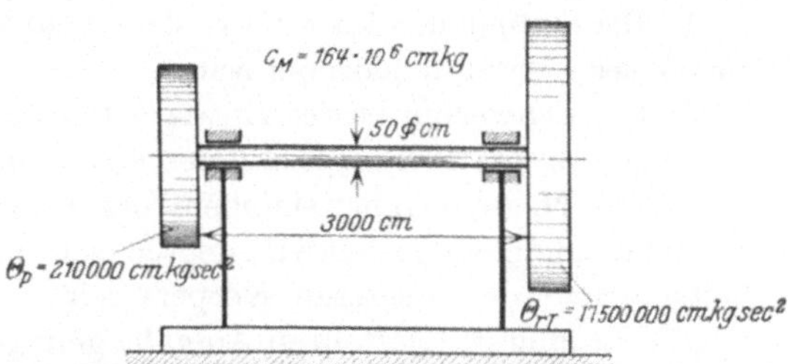

Abb. 83. Ideelles Ersatzsystem einer Schiffsturbinenanlage,
bestehend aus einem Schwungrad vom Massenträgheitsmoment
des Schiffspropellers und einem Schwungrad vom reduzierten
Massenträgheitsmoment der Dampfturbine, die beide durch
eine federnde Welle von den Abmessungen der Propellerwelle
miteinander verbunden sind.

des Turbinenläufers mit einem Massenträgheitsmoment von
$\theta_{rT} = 17\,500\,000$ cmkgsec² und der Elastizität der Welle, deren Federkonstante sich nach der auf S. 87 angegebenen Formel berechnet zu:

$$c_M = \frac{J \cdot G}{l} = \frac{614000 \cdot 8 \cdot 10^5}{3000} = 164 \cdot 10^6 \text{ cmkg.}$$

Bei der Berechnung der Eigenschnelle des demnach vorliegenden
Zweimassendrehschwingungssystems gelten genau dieselben Über-
legungen, wie sie auf S. 63 für das Zweimassensystem des translatorischen
Schwingers durchgeführt wurden. Der einzige Unterschied besteht darin,

daß an die Stelle der Massen die Trägheitsmomente und an die Stelle
der Längsfederung die Drehfederung getreten sind. Somit ergibt sich
als reduziertes Trägheitsmoment (Analogon zur reduzierten Masse des
translatorischen Schwingers) im vorliegenden Fall:

$$(133) \qquad \theta_{\mathrm{red}} = \frac{\theta_p \cdot \theta_{r\,T}}{\theta_p + \theta_{r\,T}} = 207\,500 \text{ cmkgsec}^2$$

und die Eigenschnelle des vorliegenden Systems zu:

$$\nu = \sqrt{\frac{c_M}{\theta_{\mathrm{red}}}} = 28{,}1/\text{sec} \qquad (n^* = 269/\text{min})\,.$$

Die Betriebsdrehzahl des Propellers liegt bei $n_B = 95/\text{min}$.

36. Aufgabenstellung für die Theorie der Ersatzpunkte.

Eine besondere Art der Massenreduktion ist in der Theorie der Ersatzpunkte ausgebildet worden. Man versteht hierunter den Ersatz
eines beliebigen Körpers durch ein System von starr miteinander verbundenen Massenpunkten, deren Größe und Lage zueinander so zu
bestimmen ist, daß die von dem Ersatzsystem ausgehenden Wirkungen
in statischer und dynamischer Beziehung genau die gleichen sind wie
diejenigen des ersetzten Körpers. Im einzelnen sind die Bedingungen
hierfür folgende:

1. Die Summe der Massen der Ersatzpunkte muß gleich der Gesamtmasse des ersetzten Körpers sein.

2. Der Schwerpunkt des Ersatzsystems muß genau die gleiche Lage
besitzen wie der Schwerpunkt des ersetzten Körpers.

3. Das Massenträgheitsmoment des Ersatzsystems bezüglich der in
Betracht kommenden Schwingungsachsen muß genau gleich dem Trägheitsmoment des ersetzten Körpers sein.

Die Lösung der gestellten Aufgabe gelingt dadurch, daß man gemäß
den vorstehenden drei Bedingungen Gleichungen anschreibt, mit Hilfe
deren Lage und Größe der Ersatzpunkte berechnet werden können.

An sich können beliebig viele Ersatzpunkte gewählt werden. Doch
entspricht es dem gesetzten Ziel, die Anzahl der Ersatzpunkte auf ein
Minimum zu beschränken. Im einfachsten Fall kommt man mit zwei
Ersatzpunkten aus; in der Regel wird man jedoch genötigt sein, drei
Ersatzpunkte zu wählen. In seltenen Ausnahmefällen sind vier Ersatz-
punkte nötig.

37. Reduktion auf zwei Ersatzpunkte.

Setzt man sich das Ziel, den vorliegenden Körper auf ein Ersatzsystem von nur zwei Massenpunkten zurückzuführen, so kann man
nur die Lage des einen Ersatzpunktes vorschreiben, während man in
der Wahl des zweiten Massenpunktes vollkommen freie Hand haben

muß. Außerdem muß man die Größe der beiden Massenpunkte so wählen können, wie es die Rechnung fordert.

Der Rechnung zugrunde gelegt werden folgende Bestimmungsstücke des zu ersetzenden Körpers:

1. Die Gesamtmasse m;

2. Der Abstand s_1 des ersten Ersatzpunktes m_1 von dem Schwerpunkt des Körpers;

3. Das Massenträgheitsmoment des Körpers bezüglich der Schwerpunktsachse, die zu der in Betracht kommenden Schwingungsachse parallel ist.

Wir beginnen die Rechnung mit der Aufstellung der drei vorgeschriebenen Bedingungsgleichungen. Sie lauten:

$$(134) \qquad \begin{cases} 1. \quad m_1 + m_2 = m. \\ 2. \quad m_1 \cdot s_1 = m_2 \cdot s_2.\,^1 \\ 3. \quad m_1 \cdot s_1^2 + m_2 \cdot s_2^2 = \theta_0 = m \cdot i^2. \end{cases}$$

Hierbei bedeutet i den Trägheitsradius des Körpers bezüglich der in Betracht gezogenen Schwerpunktsachse.

Lösung des Gleichungssystems: Aus

$$m_2 = m - m_1$$

und

$$m_1 \cdot s_1 = m_2 \cdot s_2 = m \cdot s_2 - m_1 \cdot s_2$$

ergibt sich:

$$(135) \qquad \begin{cases} m_1 = \dfrac{m \cdot s_2}{s_1 + s_2}, \\[2mm] m_2 = \dfrac{m \cdot s_1}{s_1 + s_2}. \end{cases}$$

Setzt man diese Werte in Gl. (134, 3) ein, so findet man:

$$m \cdot \frac{s_2}{s_1 + s_2} \cdot s_1^2 + m \cdot \frac{s_1}{s_1 + s_2} \cdot s_2^2 = m \cdot i^2;$$

oder:

$$s_1 \cdot s_2 \frac{(s_1 + s_2)}{s_1 + s_2} = i^2.$$

Somit:

$$(136) \qquad s_2 = \frac{i^2}{s_1}.$$

Hieraus ist, da s_1 gegeben, s_2 zu berechnen.

Unter Einsetzen dieses Wertes in Gl. (135) ergibt sich endlich:

$$(137) \qquad \boxed{\,m_1 = \frac{m \cdot i^2}{s_1^2 + i^2}\,} \quad \text{und} \quad \boxed{\,m_2 = \frac{m \cdot i^2}{s_2^2 + i^2}\,}.$$

---

[1] Diese Gleichung besagt, daß sich die statischen Momente der Massen m_1 und m_2 bezüglich des Schwerpunktes im Gleichgewicht halten.

Die Handhabung dieser einfachen Formeln soll an Hand einiger Beispiele gezeigt werden.

Beispiel: Reduktion des physikalischen Pendels auf ein gleichwertiges mathematisches Pendel. Die vorstehend beschriebene einfachste Möglichkeit, für den Ersatz eines Körpers durch ein System von zwei Massenpunkten, deren Verbindungslinie mit dem Schwerpunkt des ersetzten Körpers in einer Geraden liegt, findet ihr klassisches Beispiel in der Theorie des physikalischen Pendels. Als solches bezeichnet man bekanntlich einen an sich beliebig geformten Körper, der gemäß Abb. 84 um eine nicht durch den Schwerpunkt gehende feste Achse drehbar gelagert ist. Die Durchführung der Reduktion gelingt an Hand der soeben berechneten Beziehungen. Um möglichst einfache Verhältnisse zu erhalten, verlegen wir den ersten Massenpunkt m_1 in die Pendelachse, während der zweite Massenpunkt m_2 auf der Verlängerung der Verbindungsgeraden der Pendelachse mit dem Schwerpunkt des Körpers liegen muß. Ihr Abstand vom Schwerpunkt ist zu berechnen. Ferner ist die Größe der beiden Ersatzmassen anzugeben.

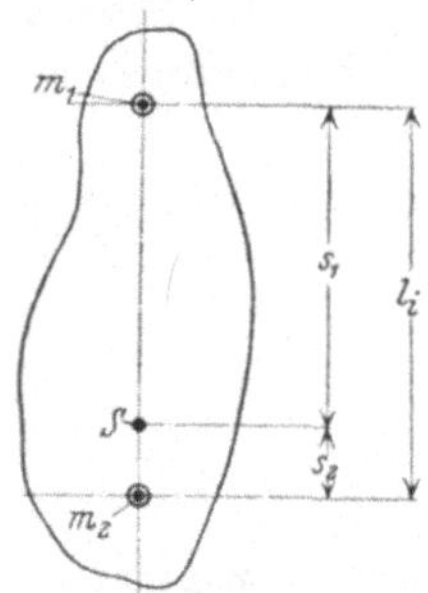

Abb. 84. Massenreduktion beim physikalischen Pendel.

Die Gesamtmasse des Pendels ist m, die Entfernung des Schwerpunktes von der Pendelachse $= s_1$ cm, das Massenträgheitsmoment des Pendelkörpers um die zur Pendelachse parallele Schwerpunktsachse besitzt den Betrag θ_S, der entsprechende Trägheitsradius den Wert $i = \sqrt{\dfrac{\theta_s}{m}}$.

An Hand der in Gl. (136) errechneten Formel ergibt sich sofort der gesuchte Abstand $s_2 = \dfrac{i^2}{s_1}$.

Die im Drehpunkt befindliche Ersatzmasse besitzt den Betrag

$$(138\,\text{a}) \qquad m_1 = \frac{m \cdot i^2}{s_1^2 + i^2},$$

die im Punkt 2 anzubringende Ersatzmasse den Betrag

$$(138\,\text{b}) \qquad m_2 = \frac{m \cdot i^2}{s_2^2 + i^2}.$$

Hiermit ist die gestellte Aufgabe gelöst, und das physikalische Pendel ist ersetzt durch ein mathematisches Pendel, dessen Fadenlänge

$$(138\,\text{c}) \qquad l_i = s_1 + s_2 = s_1 + \frac{i^2}{s_1} = \frac{s_1^2 + i^2}{s_1}$$

ist. Die Masse des mathematischen Pendels, die an sich für die Berechnung der Eigenschnelle belanglos ist, besitzt den Wert m_2, während die Ersatzmasse m_1 in der Pendelachse sich in Ruhe befindet, die Schwingung also nicht beeinflußt.

38. Reversionspendel.

Befestigt man in dem Pendelkörper an der für die Ersatzmasse m_2 berechneten Stelle, also auf der Verlängerung der Verbindungslinie Drehachse—Schwerpunkt im Abstand s_2 vom Schwerpunkt eine zur Pendelachse parallele Drehachse und läßt den Körper um diese schwingen, so wird seine Eigenschnelle die gleiche sein wie im ersteren Fall, da sich an der Pendellänge $l_i = s_1 + s_2$ nichts ändert, wenn man s_1 mit s_2 vertauscht. Ein Pendelkörper, der in der vorstehenden Art mit zwei vertauschbaren Pendelachsen ausgerüstet ist, heißt „Reversionspendel".

Zahlenbeispiel: Ein Flacheisen von $a = 400$ mm Länge, $b = 100$ mm Breite, $c = 20$ mm Dicke wird um eine zur Breitseite senkrecht stehende Achse, die $s = 100$ mm vom Schwerpunkt entfernt ist, pendelnd aufgehängt. Es ist das Zweipunkt-Ersatzsystem zu berechnen, dessen eine Masse in der Pendelachse liegt. Die Eigenschnelle des Pendels ist anzugeben.

Als Konstanten des Pendelkörpers berechnen wir:

$$1. \qquad m = 0{,}00635 \,\frac{\text{kgsec}^2}{\text{cm}} \,,$$

$$2. \qquad \theta_s = \frac{m}{12} \cdot (40^2 + 10^2) = 0{,}9 \ \text{cmkgsec}^2 \,,$$

$$3. \qquad i = \sqrt{\frac{0{,}9}{0{,}00635}} = 11{,}90 \ \text{cm} \,.$$

Demnach ergibt sich für das reduzierte Pendel:

$$s_2 = \frac{i^2}{s_1} = \frac{141{,}6}{10} = 14{,}16 \ \text{cm},$$

$$m_1 = \frac{i^2}{s_1^2 + i^2} \cdot m = \frac{141{,}6}{100 + 141{,}6} \cdot 0{,}00635 = 0{,}00372 \,\frac{\text{kgsec}^2}{\text{cm}} \,,$$

$$m_2 = \frac{i^2}{s_2^2 + i^2} \cdot m = \frac{141{,}6}{200{,}8 + 141{,}6} \cdot 0{,}00635 = 0{,}00263 \,\frac{\text{kgsec}^2}{\text{cm}} \,.$$

Die Länge des reduzierten Pendels beträgt demnach:

$$l_i = s_1 + s_2 = 24{,}16 \ \text{cm},$$

mithin die Eigenschnelle $v = \sqrt{\dfrac{g}{l_i}} = 6{,}37/\text{sec}$, d. h. das Pendel macht in der Minute $n^* = \dfrac{60}{2\,\pi} \cdot v = 60{,}8$ Schwingungen.

39. Der Stoßmittelpunkt.

In der Technik spielt die Aufgabe eine wichtige Rolle, bei Hämmern und sonstigen Schlagwerkzeugen die Schneiden bzw. den Schlagmittelpunkt in dem Pendelkörper so zu legen, daß die Drehachse, um die der Hammer schwingt, durch die Schläge möglichst gar nicht be-

lastet wird. Es gibt in dem Pendelkörper einen bestimmten Punkt, in
dem ein Schlag oder Stoß derart ausgeübt werden kann, daß die Achse
vollkommen kräftefrei bleibt. Es ist an Hand der Theorie der Ersatzpunkte sofort möglich, die Lage dieses Punktes zu berechnen und ferner
auch in einfacher Weise anzugeben, welche Bewegung der vorliegende
Körper ausführt, wenn er in diesem Punkt von einem Stoß bestimmter
Intensität getroffen wird.

Zu diesem Zweck haben wir lediglich nötig, den vorliegenden Pendelkörper durch ein System von zwei Ersatzpunkten zu ersetzen, wobei,
wie bei dem bisherigen Beispiel, der erste Punkt
in die Drehachse gelegt wird. Die Lage des
zweiten Punkts im Pendelkörper bestimmt dann
den Stoßmittelpunkt. Denn es ist ohne weiteres
klar, daß der Körper, wenn er in dem Ersatz-
punkt m_2 getroffen wird, sich genau so verhält,
als wenn lediglich die Masse m_2 vorhanden wäre.
Voraussetzung hierbei ist allerdings, daß der
Stoß senkrecht zur Verbindungslinie $m_1 \div m_2$ ausgeübt wird. Weiterhin ist die Bewegung des
Körpers leicht zu berechnen, wenn man annimmt, daß für die Bewegung lediglich die
Masse m_2 in Betracht kommt, so daß man das
ganze Problem auf die Lehren von der Bewegung
des Massenpunktes zurückgeführt hat. Gerade
aus diesem Beispiel erkennt man, wie außerordentlich nützlich für praktische Berechnungen
die Theorie der Ersatzpunkte ist.

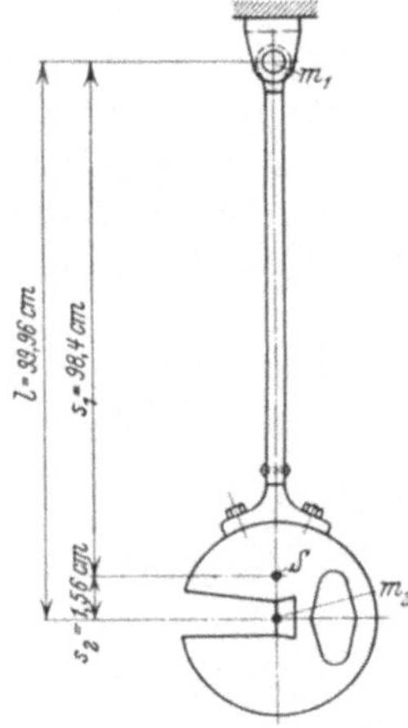

Abb. 85.   Berechnung   des
Stoßmittelpunktes bei einem
Pendelhammer.

$m_1 = 0{,}162 \cdot 10^{-3}$ kgsec²cm
$m_2 = 10{,}238 \cdot 10^{-3}$ kgsec²cm

Zahlenbeispiel: Man soll für den Pendelham-
mer eines Pendelschlagwerks den Stoßmittelpunkt berechnen, da mit
diesem Punkt die Mitte der Schlagschneide des Hammers zusammenfallen muß, wenn bei den sehr starken Schlägen die in Kugellagern
laufende Achse des Hammers auf die Dauer unbeschädigt bleiben soll.
Für die Berechnung des in Abb. 85 dargestellten Hammers sind folgende Unterlagen gegeben:

a) Gewicht des Hammers $G = 10{,}2$ kg $\left(m = 0{,}0104\ \dfrac{\text{kgsec}^2}{\text{cm}}\right)$,

b) Abstand des Hammerschwerpunkts von der Pendelachse
$s_1 = 98{,}4$ cm,

c) Trägheitsmoment θ_s des Hammers bezüglich des Schwerpunktes:
(Es wurde in einem Schwingungsversuch gemäß S. 112 ermittelt, wobei
die Schwingungszeit $T = 2{,}006$ sec gefunden wurde.)

$$\theta_s = 1{,}60\ \text{cmkgsec}^2.$$
$$i = 12{,}4\ \text{cm}.$$

Wir berechnen:

$$s_2 = \frac{i^2}{s_1} = 1{,}56 \text{ cm}\,,$$

$$m_1 = \frac{i^2}{s_1^2 + i^2} \cdot m = 0{,}162 \cdot 10^{-3}\,\frac{\text{kgsec}^2}{\text{cm}}\,,$$

$$m_2 = \frac{i^2}{s_2^2 + i^2} \cdot m = 10{,}238 \cdot 10^{-3}\,\frac{\text{kgsec}^2}{\text{cm}}\,.$$

Die Mitte der Schlagschneide muß somit von der Mitte Pendelachse einen Abstand von $l = s_1 + s_2 = 99{,}96$ cm besitzen. Ferner kann die Gesamtwirkung des Hammers ersetzt gedacht werden durch eine im Stoßmittelpunkt konzentriert gedachte Masse von $m_2 = 10{,}238 \cdot 10^{-3}\,\frac{\text{kgsec}^2}{\text{cm}}$.

40. Reduktion auf drei Ersatzpunkte.

Nicht immer ist die Bestimmung des Ersatzpunktsystems derart möglich, daß die Lage nur eines Ersatzpunktes, insbesondere sein Abstand vom Schwerpunkt, gegeben ist, während die Lage des zweiten Ersatzpunktes frei gewählt werden kann. Nur unter dieser Voraussetzung war die Bildung des Ersatzsystems durch nur zwei Massenpunkte möglich. Ist dagegen die Lage von zwei Massenpunkten fest gegeben, so wird das Ersatzsystem aus wenigstens drei Ersatzpunkten bestehen müssen. In dem meist zutreffenden Fall, daß die beiden Massenpunkte, deren Lage gegeben ist, mit dem Schwerpunkt in einer Geraden liegen, wird die dritte Masse zweckmäßig in den Schwerpunkt verlegt. An sich erfolgt die Berechnung nach denselben Grundsätzen wie in dem oben betrachteten Fall. Demnach lauten die Bedingungsgleichungen:

(139)

1. $m_1 + m_2 + m_3 = m$.

   (Summe der Ersatzmassen gleich der Masse des zu ersetzenden Körpers).

2. $m_1 \cdot s_1 = m_2 \cdot s_2$.

   (Der Schwerpunkt des Ersatzsystems muß die gleiche Lage haben wie der Schwerpunkt des zu ersetzenden Körpers.)

3. $m_1 \cdot s_1^2 + m_2 \cdot s_2^2 = \theta_s = m \cdot i^2$.

   (Das Massenträgheitsmoment des Ersatzsystems ist gleich dem des zu ersetzenden Körpers.)

Die Lösung wird in analoger Weise durchgeführt wie die der auf S. 119 gegebenen Gleichungen. Als Ergebnis finden wir:

$$(140) \quad m_1 = \frac{m \cdot i^2}{s_1\,(s_1 + s_2)}\,; \quad m_2 = \frac{m \cdot i^2}{s_2\,(s_1 + s_2)}\,; \quad m_3 = m\left(1 - \frac{i^2}{s_1\,s_2}\right).$$

Wieder soll an Hand einiger Zahlenbeispiele der Wert der Methode gezeigt werden.

Zahlenbeispiel 1: Die Pleuelstange eines Automobilmotors ist durch ein Ersatzsystem, bestehend aus drei Massenpunkten, zu ersetzen. Dabei soll Punkt *1* mit Mitte Kolbenbolzen, Punkt *2* mit Mitte Kurbelzapfen und Punkt *3* mit dem Schwerpunkt zusammenfallen. Gegeben ist das Gesamtgewicht der Stange mit $G = 1{,}74$ kg. Der Schwerpunkt besitzt den Abstand $s_1 = 16{,}2$ cm von Mitte Kolbenbolzen und den Abstand $s_2 = 7{,}8$ cm von Mitte Kurbelzapfen. Das in einem Pendelversuch ermittelte Trägheitsmoment bezüglich der zum Kolbenbolzen parallelen Schwerpunktsachse ist $\theta_s = 0{,}21$ cmkgsec², $i = 10{,}9$ cm. Demnach ergeben sich nach den soeben abgeleiteten Formeln folgende Werte:

$$m_1 = 0{,}54 \cdot 10^{-3}, \quad m_2 = 1{,}13 \cdot 10^{-3}, \quad m_3 = 0{,}10 \cdot 10^{-3}\,\frac{\text{kgsec}^2}{\text{cm}}.$$

Das der Pleuelstange entsprechende Ersatzsystem ist in Abb. 86 zusammen mit der Pleuelstange dargestellt.

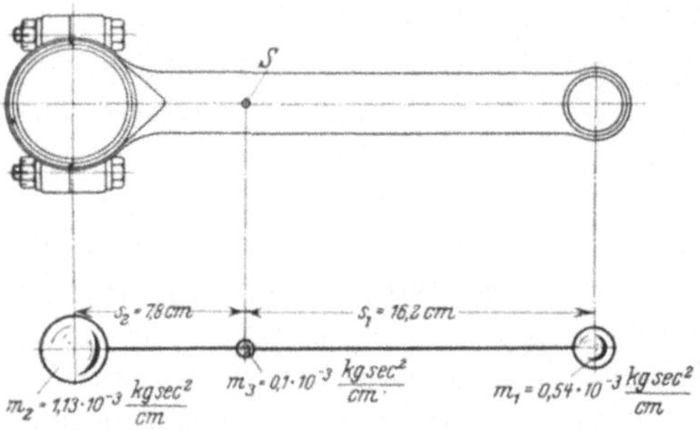

Die vorliegende Massenreduktion besitzt den großen Wert, daß man auf Grund derselben sofort übersieht, in welcher Weise die Masse der Pleuelstange auf den oszillierenden und den rotierenden Anteil zu verteilen ist. Die auf den Kolbenbolzen reduzierte Masse wird mit ihrer vollen Größe zu der Masse des Kolbens, also zur oszillierenden Masse zuzuschlagen sein. Umgekehrt wird die auf den Kurbelzapfen reduzierte Masse in voller Größe als rein rotierende Masse mit dem Kurbelzapfen vereinigt gedacht werden können.

Abb. 86. Berechnung des Ersatzpunktsystems der Pleuelstange eines Flugzeugmotors.

Die im Schwerpunkt verbleibende Restmasse m_3 ist meistens sehr klein, so daß es sich nicht lohnt, die verhältnismäßig komplizierten Rückwirkungen, die sich aus ihrer Bewegung ergeben, im einzelnen zu erfassen. Man wird den wirklichen Verhältnissen sehr nahekommen, wenn man diese Masse nach Maßgabe der Schwerpunktslage, d. h. im umgekehrten Verhältnis der Hebelarme s_1 und s_2, auf die oszillierende bzw. rotierende Masse verteilt. Demgemäß wäre im vorliegenden Fall beim oszillierenden Anteil der Pleuelstange eine Masse von $0{,}0325 \cdot 10^{-3}\,\dfrac{\text{kgsec}^2}{\text{cm}}$

und beim rein rotierenden Anteil eine Masse von $0{,}0675 \cdot 10^{-3}\,\dfrac{\text{kgsec}^2}{\text{cm}}$ hinzuzufügen, so daß man als Endergebnis erhält:

$$m_1' = 0{,}5725\,\frac{\text{kgsec}^2}{\text{cm}}$$

und

$$m_2' = 1{,}1975\,\frac{\text{kgsec}^2}{\text{cm}}.$$

Zahlenbeispiel 2: Gegeben ist eine massive gußeiserne Walze von $d = 400$ mm Durchmesser und $l = 1200$ mm Länge. Die Walze ist durch ein Ersatzsystem zu ersetzen, das aus zwei auf die Mitte der beiden Lager reduzierten Massen und einer im Schwerpunkt der Walze angebrachten Masse besteht. Die Mittenentfernung der beiden Lager beträgt $L = 1400$ mm.

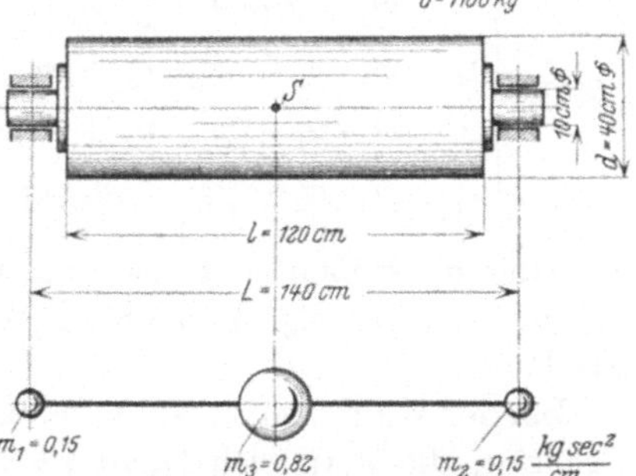

Abb. 87. Berechnung des Ersatzpunktsystems einer gußeisernen Walze.

Durch Rechnung findet man:

1. $G =$ Gewicht der Walze $= 1100$ kg,

2. $\theta_0 =$ Trägheitsmoment der Walze bezüglich einer Schwerpunktsachse senkrecht zur Drehachse Gl. (119) $= 1460$ cmkgsec²; $i = 36,1$ cm, wobei das Gewicht der Lagerzapfen vernachlässigt ist. Der Schwerpunkt der Walze liegt in der Mitte zwischen den beiden Lagern.

Für die Größe der Ersatzmassen findet man:

$$m_1 = \frac{m \cdot i^2}{s_1\,(s_1 + s_2)} = \frac{1300}{70 \cdot 140} \cdot 1,12 = 0,15\,\frac{\text{kgsec}^2}{\text{cm}},$$

$$m_2 = \frac{m \cdot i^2}{s_2\,(s_1 + s_2)} = \frac{1300}{70 \cdot 140} \cdot 1,12 = 0,15\,\frac{\text{kgsec}^2}{\text{cm}},$$

$$m_3 = \left(1 - \frac{i^2}{s_1\,s_2}\right) \cdot m = \left(1 - \frac{1300}{4900}\right) \cdot 1,12 = 0,82\,\frac{\text{kgsec}^2}{\text{cm}},$$

$$s_1 = s_2 = 70\ \text{cm}.$$

Eine derartige Massenreduktion findet mit großem Nutzen Anwendung bei der Betrachtung der Massenkopplung, wie sie im dritten Band gezeigt wird.

41. Andere Möglichkeiten für die Durchführung der Ersatzpunktrechnung.

Liegen die beiden vorgeschriebenen Ersatzpunkte nicht in einer Geraden mit dem Schwerpunkt, so muß auch der dritte Massenpunkt außerhalb des Schwerpunktes liegen, und zwar derart, daß er in die durch die beiden festliegenden Ersatzpunkte sowie den Schwerpunkt gehende Ebene zu liegen kommt. In diesem Fall wird die Berechnung dadurch erschwert, daß eine zweite Koordinate zu Hilfe genommen werden muß. Das Koordinatensystem, das in der durch den Schwerpunkt und die beiden Ersatzpunkte festgelegten Ebene gezogen wird, wird so gewählt, daß sein Nullpunkt mit dem Schwerpunkt übereinstimmt.

Die im vorliegenden Fall notwendigen Bestimmungsgleichungen lauten:

$$(141) \quad \begin{cases} 1. & m_1 + m_2 + m_3 = m\,, \\ 2a. & m_1 \cdot x_1 + m_2 \cdot x_2 + m_3 \cdot x_3 = 0\,,^1 \\ 2b. & m_1 \cdot y_1 + m_2 \cdot y_2 + m_3 \cdot y_3 = 0\,, \\ 3. & m_1\,(x_1^2 + y_1^2) + m_2\,(x_2^2 + y_2^2) + m_3\,(x_3^2 + y_3^2) = m \cdot i^2\,. \end{cases}$$

Von diesen Größen sind bekannt: m, i, x_1, x_2, y_1, y_2. Gesucht werden: x_3, y_3, m_1, m_2, m_3. Von diesen Werten kann x_3 oder y_3 frei gewählt werden.

Bei der Wahl von x_3 ist zu beobachten, daß es nur innerhalb gewisser Grenzen, die man sich leicht zeichnerisch klarmacht, gewählt werden kann. Werden sie überschritten, so wird die Gleichung unlösbar, da m_3 negativ werden müßte, was unmöglich ist.

Die vorliegenden Ausführungen wurden lediglich der Vollständigkeit halber gegeben, um zu zeigen, daß man auch in komplizierteren Fällen ein Ersatzpunktsystem planmäßig berechnen kann. Nur ausnahmsweise wird man Gelegenheit haben, die hier gegebenen Formeln zu benutzen. Im allgemeinen werden Schwerpunkt und Ersatzpunkte in einer Geraden liegen.

Es gibt noch eine große Anzahl weiterer Varianten des Ersatzpunktproblems, die aber eine noch geringere praktische Bedeutung besitzen und deshalb hier außer acht gelassen werden sollen. Z. B. kann man vorschreiben, daß beim Ersatz durch drei Massenpunkte sämtliche drei Massenpunkte gleiche Größe besitzen sollen. Auch läßt sich das Problem durch Festlegen des dritten Punktes auf ein räumliches Problem mit vier nicht in einer Ebene liegenden Ersatzpunkten erweitern.

C. Die Anwendung von Drehschwingungssystemen in der Praxis.

42. Berechnung der Eigenschnelle der Unruhe einer Taschenuhr.

Ein anschauliches Beispiel eines Drehschwingers kleinster Abmessungen enthält jede Taschenuhr in der sogenannten Unruhe. Diese besteht gemäß Abb. 88 im wesentlichen aus einem kleinen Schwungrädchen, dessen Kranz einen Außendurchmesser von etwa $D_a = 12$ mm und eine Dicke von $H = 1$ mm besitzt und dessen Achse mit Spitzen versehen ist, die nahezu reibungsfrei in Achatpfannen laufen. Die für

---

^{1} Beim zahlenmäßigen Anschreiben dieser Gleichungen sind die Vorzeichen von x und y genau zu beachten.

die Schwingung erforderliche Rückstellkraft erhält das Rädchen durch
eine feine Spiralfeder, deren eines Ende an der Achse des Schwungrädchens befestigt ist, während das zweite Ende am Gehäuse verkeilt
wird. Durch eine besondere Vorrich-
tung ist es möglich, die freie Länge
der Spiralfeder und damit die Eigenschnelle des Schwingers einzuregeln.

Für den Betrieb der Uhr ist es
notwendig, daß die Unruhe genau
120 volle Schwingungen in der Minute ausführt. Sie muß somit
eine Eigenschnelle von $v = \dfrac{2\,\pi}{60} \cdot 120$
$= 12{,}56/\mathrm{sec}$ besitzen.

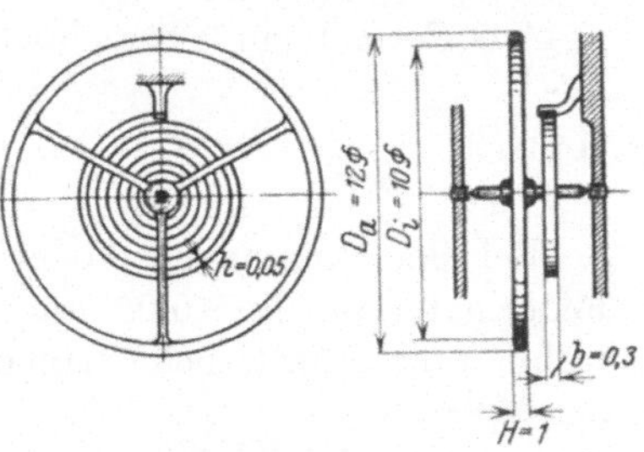

Abb. 88.   Unruhe einer Taschenuhr als
Drehschwingungssystem.

Wir stellen uns die Aufgabe, die Spiralfeder zu berechnen, die bei
den vorliegenden Abmessungen des Rädchens erforderlich ist, um die
vorgeschriebene Eigenschnelle zu erreichen.

Für die Berechnung der Federkonstanten ist das Trägheitsmoment
des Schwungrädchens anzugeben. Man findet für den Kranz:

$$\theta_K = (D_a^4 - D_i^4)\,\frac{\pi}{32} \cdot H \cdot \frac{\gamma}{g} = 0{,}234 \cdot 10^{-6}\ \mathrm{cmkgsec}^2\,.$$

$$D_a = 12\,\mathrm{mm}\,,$$
$$D_i = 10\,\mathrm{mm}\,,$$
$$H = \ 1\,\mathrm{mm}\,.$$

Hierzu können wir überschlägig für das Trägheitsmoment von
Armen, Achse und Nabe 10% hinzurechnen, so daß sich das Gesamtträgheitsmoment zu

ergibt.
$$\theta_R = 0{,}26 \cdot 10^{-6}\ \mathrm{cmkgsec}^2$$

Demnach berechnet sich die erforderliche Federkonstante zu:

$$c_M = \theta_R \cdot v^2 = 0{,}26 \cdot 10^{-6} \cdot 158 = 41 \cdot 10^{-6}\ \mathrm{cmkg}\,.$$

Zur Berechnung der Federkonstanten der Spiralfeder dient die bekannte Federformel der Festigkeitslehre[1]:

(142) $$\psi = \frac{M_d}{E} \cdot \frac{l}{J}\,.$$

Hierbei bedeuten:

$\psi =$ Verdrehungswinkel des Federendpunktes (im Bogenmaß),

$l =$ mittlere Länge der ausgestreckten Feder,

$E =$ Elastizitätsmodul des Federmaterials, im vorliegenden Fall
   $2{,}2 \cdot 10^6\ \mathrm{kg/cm}^2$,

$J = \dfrac{b\,h^3}{12} =$ Flächenträgheitsmoment des Federquerschnitts, bezogen

---

[1] S. Hütte Bd. 1, S. 661. Ableitung A. Föppl: Technische Mechanik, Bd. 3
S. 212ff.

auf die Achse, in welcher die Biegung des Federmaterials stattfindet,
d. h. also eine zur Drehachse des Schwungrads parallele, durch den
Schwerpunkt des Federquerschnitts gelegte Achse.

Aus Formel (142) berechnet man für die Federkonstante den Wert:

$$(143) \qquad\qquad c_M = \frac{M_d}{\psi} = \frac{E \cdot J}{l}.$$

Bei Berechnung der Feder wählen wir $b = 0,3$ mm als Breite des
Federmaterials, $h = 0,05$ mm als Dicke des Federmaterials und berechnen die erforderliche Länge l. Wir finden für das Trägheitsmoment
den Wert:

$$J = 0,03 \cdot \frac{0,005^3}{12} = 3,12 \cdot 10^{-10}\ \text{cm}^4$$

und für

$$l = \frac{E \cdot J}{c_M} = \frac{2,2 \cdot 10^6 \cdot 3,12 \cdot 10^{-10}}{41 \cdot 10^{-6}} = 16,7\ \text{cm}.$$

Die Feder ist in etwa 8 bis 9 Windungen aufgewickelt. Für die
Eigenschaften des Schwingers, insbesondere seine Eigenschnelle, ist
die Art der Aufwickelung gleichgültig, da die Federkonstante lediglich
durch die Gesamtlänge, das Trägheitsmoment des Querschnitts und
den Werkstoff des Federbandes bedingt ist. Beim Aufwickeln ist lediglich darauf zu achten, daß die einzelnen Gänge nicht miteinander in
Berührung kommen, derart, daß die Feder „frei atmen" kann.

Beanspruchung des Federmaterials. Auch bei einer derartig kleinen
Feder ist es notwendig — da sie der Lebensnerv eines feinfühligen Meß-
instruments ist —, dafür zu sorgen, daß die höchstzulässigen Beanspruchungen nicht überschritten werden. Die erforderlichen Berechnungsgrundlagen sollen nachstehend gegeben werden. Die Beanspruchung ist im vorliegenden Fall eine Biegebeanspruchung. Wie bei
jedem auf Biegung beanspruchten Teil findet man als Biegebeanspruchung $k_b = \frac{M_b}{W}$, wobei M_b das Biegemoment und W das Widerstandsmoment des gebogenen Konstruktionsteils bedeutet. Im vorliegenden
Fall ist

$$M_b = M_d = c_M \cdot \psi \quad \text{und} \quad W = \frac{b\,h^2}{6}; \qquad k_b = \frac{c_M \cdot \psi \cdot 6}{b\,h^2}.$$

Setzt man noch für c_M den in Gl. (143) angegebenen Wert $c_M = \dfrac{E \cdot J}{l}$
ein, so findet man mit $J = \dfrac{b\,h^3}{12}$:

$$(144) \qquad\qquad k_b = \frac{E \cdot h}{2\,l} \cdot \psi.$$

Mit den im vorliegenden Fall erhaltenen Werten ergibt sich somit:

$$k_b = \frac{2{,}2 \cdot 10^6 \cdot 5 \cdot 10^{-3}}{2 \cdot 16{,}7} \cdot \psi = 329 \cdot \psi \ \text{kg/cm}^2 \, .$$

Nehmen wir also z. B. einen Schwingwinkel von $\pm\, 90^0$ an, also $\psi = \frac{\pi}{2}$, so wird $k_b = 329 \cdot \frac{\pi}{2} = 517 \ \text{kg/cm}^2$.

Die für diesen kleinsten Drehschwinger hier gegebenen Überlegungen und Berechnungsformeln lassen sich sinngemäß auch für Schwinger größerer Abmessungen anwenden, die mit Hilfe einer Spiralfeder abgefedert sind. Z. B. findet sich ein derartiges System in dem bekannten Torsiographen von Geiger.

43. Das ballistische Galvanometer.

Zweck des ballistischen Galvanometers ist es, den Impuls eines Stromstoßes und damit die Größe der Ladung eines Kondensators oder einer Induktivität zu messen. Nach den Lehren der elementaren Mechanik bezeichnet man als Impuls oder Antrieb einer Kraftwirkung den Wert:

$$(145) \qquad J = \int_{t_1}^{t_2} P \cdot dt \ \text{ kgsec} \, ,$$

d. h. die Summe der Produkte aus der antreibenden Kraft und der Zeit, während der sie wirkte. In Abb. 89 ist der Verlauf einer Kraft in Abhängigkeit von der Zeit dargestellt. Dann entspricht dem Impuls der Inhalt der schraffierten Fläche unter der Kraftzeitkurve. Um die Richtigkeit dieser Behauptung einzusehen, denken wir uns die Fläche zusehen, denken wir uns die Fläche

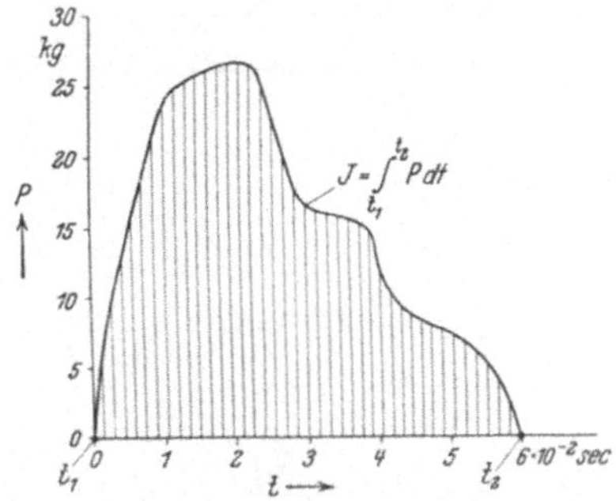

Abb. 89. Ermittlung des Impulses aus der Kraftzeitkurve.

in zahlreiche schmale Streifen von der Breite dt und der Höhe P zerlegt. Der Inhalt eines solchen Streifens ist also:

$$dF = P \cdot dt \, .$$

Die gesamte Fläche also

$$F = \int dF = \int P \cdot dt \, .$$

Die Summe geht in das Integral über, wenn wir uns dt unendlich klein, also die Anzahl der Streifen unendlich groß denken. Ist die Abhängigkeit $P = f(t)$ analytisch gegeben, so läßt sich der Impuls leicht durch eine Integration ermitteln.

Will man die Größe eines derartigen Impulses an Hand der Auslenkung eines Schwingungssystems messen, so muß man dafür sorgen, daß die Eigenschwingungsdauer des betreffenden Schwingungssystems möglichst groß ist gegenüber der Zeitdauer T_1, innerhalb deren der Impuls erfolgt. Diese Forderung sucht das ballistische Galvanometer weitgehendst zu erfüllen. Es ist im wesentlichen ein Drehspul-Galvanometer, wie es allgemein als Milliamperemeter zur Messung von Gleichströmen bekannt ist. Der wesentlichste Unterschied gegenüber dem normalen Instrument besteht darin, daß es eine ungewöhnlich große Eigenschwingungsdauer besitzt und nicht gedämpft ist. Zu diesem Zweck wird das Massenträgheitsmoment des Anzeigesystems, das beim normalen Drehspulgerät so klein wie möglich gehalten wurde, künstlich vermehrt, und zwar in der Regel gemäß Abb. 90 durch Anbringung von Bleimassen in genügendem Abstand von der Drehachse. Für normale Messungen verwendet man Geräte, die eine Eigenschwingungsdauer T_0 von 30 sec und somit eine Eigenschnelle von 0,21/sec besitzen.

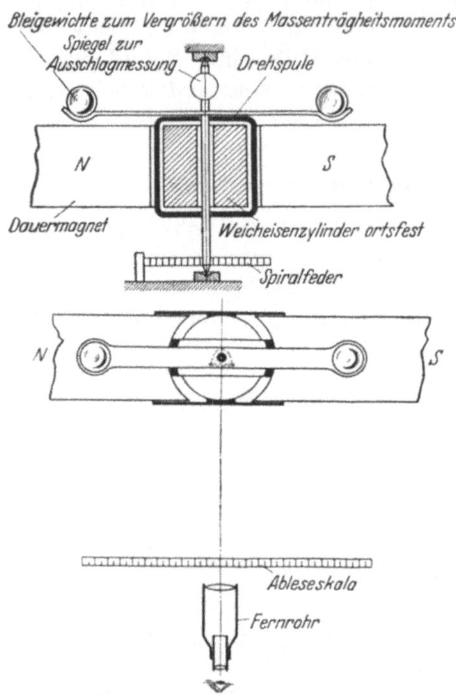

Abb. 90. Ballistisches Galvanometer.

Als Beispiel einer Messung wollen wir die Bestimmung der Ladung Q eines Kondensators (Leydener Flasche) betrachten. Der Kondensator, der die Kapazität C besitzt, werde zunächst durch Anlegen an eine Spannung von e Volt, z. B. an eine Akkumulatorenbatterie, geladen; sodann wird die Batterie abgeschaltet und der Kondensator mit den Klemmen des ballistischen Galvanometers verbunden. Durch Einlegen des Schalters läßt man den Kondensator sich auf das Instrument entladen. Seine Ladung läßt sich darstellen durch die Beziehung:

$$(146) \qquad\qquad Q = \int_0^t i \cdot dt .$$

Da der Strom i in jedem Augenblick ein seiner Größe proportionales Drehmoment am Anzeigesystem des Galvanometers bewirkt, ist die Ladung Q proportional dem mechanischen Drehimpuls, der während der Entladung auf die Drehspule des ballistischen Galvanometers ausgeübt wird.

Die Größe dieses mechanischen Drehimpulses J_d läßt sich aus dem größten Auslenkungswinkel, den das Instrument durch die Entladung erfährt, berechnen. Der Winkel α ist bei geringer Dämpfung des Instruments so groß, daß die gesamte, bei dem Impuls übertragene Energie sich in potentielle Energie der Federung umgesetzt hat. Kennt man einerseits die Eigenschnelle ν des Schwingungssystems und andererseits sein Massenträgheitsmoment θ oder die Federkonstante c_M der Abfederung, so ergibt sich folgende Beziehung:

Die bei dem Ausschlagswinkel α in der Federung aufgespeicherte potentielle Energie beträgt:

$$(147) \qquad A_p = \frac{c_M}{2} \cdot \alpha^2 = \frac{\theta}{2} \cdot \nu^2 \cdot \alpha^2.$$

Der Drehimpuls J_d ist der sogenannten Bewegungsgröße (Drall) $\theta \cdot \dfrac{d\alpha}{dt}$ gleichzusetzen, so daß:

$$\frac{d\alpha}{dt} = \frac{J_d}{\theta} = \text{Winkelgeschwindigkeit am Ende der Stoßperiode.}$$

Diese Gleichung gilt genau nur unter der Voraussetzung, daß die Impulszeit T_1 klein ist gegenüber der Eigenschwingungsdauer T_0 des Schwingers, was bei dem ballistischen Galvanometer stets zutrifft. Dann berechnet sich die durch den Stoß eingeleitete kinetische Energie zu:

$$(148) \qquad A_K = \frac{\theta}{2}\left(\frac{d\alpha}{dt}\right)^2 = \frac{J_d^2}{2 \cdot \theta}.$$

Unter Gleichsetzung dieses Wertes mit dem in Gl. (147) für A_p abgeleiteten Wert ergibt sich:

$$\frac{J_d^2}{2 \cdot \theta} = \frac{\theta}{2} \cdot \nu^2 \cdot \alpha^2$$

und

$$(149) \qquad \boxed{J_d = \theta \cdot \nu \cdot \alpha.}$$

Aus dieser Beziehung erkennt man die wichtige Tatsache, daß der zu messende Drehimpuls J_d dem Ausschlag α proportional ist. Die Konstanten des Instruments θ, ν sowie die durch das Magnetfeld und die Wickeldaten der Spule gegebene Auslenkungskonstante werden in einer gemeinsamen Instrumentenkonstanten vereinigt, die stets durch empirische Eichung ermittelt wird. Demgemäß können wir endgültig aussagen, daß die zu messende Ladung

$$(150) \qquad Q = \int_0^t i \cdot dt = \text{Konstante} \cdot \alpha$$

ist.

Die hier für das ballistische Galvanometer abgeleitete Beziehung zwischen einem Drehstoß J_d und der zugehörigen Auslenkungsamplitude α eines Drehschwingungssystems gilt ganz allgemein für Drehschwinger beliebiger Art.

44. Die Eigenschwingungen des Polrades einer Synchronmaschine.

Bei Synchronmaschinen, z. B. Drehstrom-Synchronmotoren, werden Störungserscheinungen beobachtet, die auf mechanische Drehschwingungen des Polrades zurückzuführen sind. Diese überlagern sich der gleichförmigen Drehbewegung des Motors, welche durch das mit der Netzfrequenz umlaufende Drehfeld gegeben ist.

Die Pendelungen sind deshalb sehr unangenehm, weil sie bei Verwendung des Motors zu Antriebszwecken einen sehr schlechten Gleichförmigkeitsgrad bedingen und bei Verwendung der Synchronmaschine als Generator heftige Pendelungen der Spannung im Gefolge haben.

Wir wollen untersuchen, auf welche Weise die Schwingungen zustande kommen und ihre Eigenschnelle an Hand der Konstruktionsdaten der vorliegenden Maschine vorausberechnen. Bekanntlich kommt die Wirkungsweise des Synchronmotors dadurch zustande, daß das durch Gleichstrom magnetisierte Polrad von dem im Stator durch den Drehstrom gebildeten Drehfeld unter Vermittelung magnetischer Kräfte mitgenommen wird. Diese Kräfte sind bestrebt, die magnetische Mittelebene des Polrades, das bei unserer Untersuchung der Einfachheit halber als zweipolig angenommen sei, stets mit der Drehfeldachse in Übereinstimmung zu halten. Wird durch irgendwelche Ursachen diese Übereinstimmung gestört, so wird ein magnetisches Rückstellmoment, das sogenannte „synchronisierende Moment", wachgerufen, das proportional mit dem Winkel α zwischen der magnetischen Mittelebene des Polrades und der Drehfeldachse anwächst. Dieses Rückstellmoment besitzt demnach die typischen Eigenschaften einer mechanischen Federung.

Ein anschauliches Bild von den Vorgängen erhalten wir, wenn wir uns das mechanische Analogon des Synchronmotors aufzeichnen. Dies ist in Abb. 91 geschehen. Der äußere Ring, der mit der synchronen Geschwindigkeit des Drehstromnetzes umlaufen soll (d. h. also bei einem Netz mit 50 Perioden je Sekunde und zweipoliger Wicklung des Motors mit $n^* = 3000/\text{min}$), verkörpert das Drehfeld. In seinem Innern ist das Polrad eingelagert. Es wird in dem mechanischen Modell durch die elastischen Kräfte der Federn c mitgenommen. Diese treten an die Stelle der magnetischen Kräfte, welche zwischen Drehfeld und Polrad in Erscheinung treten. Wird die Polradmittelebene (magnetische Mittelebene des Polrades) gegenüber ihrer Ruhelage relativ zum rotierenden äußeren Ring (Drehfeldachse) ausgelenkt, so entstehen an den Federn c Rückstellkräfte, welche das Polrad in seine Mittellage zurückzuführen suchen. Sie bilden die unmittelbare Analogie zu den magnetischen Rückstellkräften (dem synchronisierenden Moment), welche bei Winkelabweichung zwischen der magnetischen Mittelebene des Polrades und der Drehfeldachse auftreten.

Um die Eigenschnelle der Schwingungen des Polrades relativ zur Drehfeldachse zu berechnen, ist es vor allem nötig, die Federkonstante

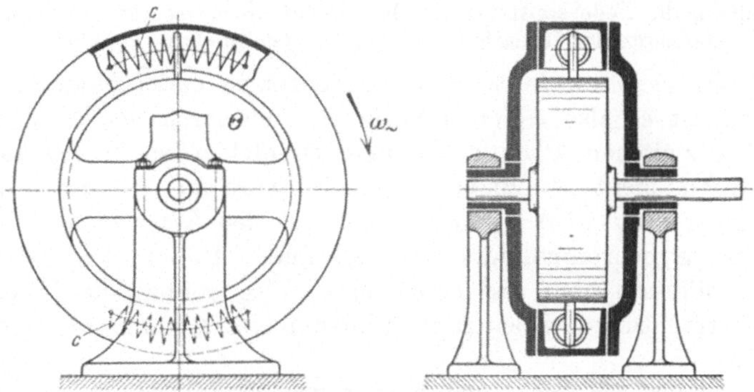

Abb. 91. Mechanisches Modell des Synchronmotors.

des synchronisierenden Moments auf Grund der Abmessungen des Motors zu ermitteln. Wir gehen aus von den Grunddaten des Motors, nämlich:

a) seiner Leistung N_W in Watt,

b) seiner synchronen Drehzahl n/min.

Demgemäß besitzt der Motor bei Vollast ein Drehmoment von:

$$(151) \qquad M_d\,\text{cmkg} = \frac{N\,\text{cmkg/sec}}{\omega_\sim\,^1/\text{sec}} = \frac{10{,}2 \cdot N_W \cdot 60}{2\,\pi \cdot n} = 97{,}5\,\frac{N_W}{n}.$$

$N =$ Leistung des Motors in cmkg/sec. Da 1 Watt $= 10{,}2$ cmkg/sec, so ist $N = 10{,}2 \cdot N_W$ cmkg/sec.

$\omega_\sim =$ Winkelgeschwindigkeit der synchronen Drehzahl $= \dfrac{2\,\pi \cdot n}{60}$.

Zahlenbeispiel: Ein Synchronmotor besitzt eine Leistung von $N_W = 10000$ Watt bei einer Drehzahl von $n = 3000$/min, dann berechnet sich sein Vollastdrehmoment zu:

$$M_d = 97{,}5\,\frac{10000}{3000} = 325\ \text{cmkg}.$$

War die Maschine mit dem gleichbleibenden Drehmoment von M_d cmkg belastet und zeigte dabei einen mechanischen Verschiebungswinkel α zwischen der magnetischen Mittelebene des Polrades und der Drehfeldachse, so ist die gesuchte Federkonstante der magnetischen

Rückstellkraft des Drehfeldes definiert durch die Gleichung:

$$(152) \qquad\qquad c_M = \frac{M_d}{\alpha}\, \mathrm{cmkg} .$$

Unter Wirkung des konstanten Drehmoments M_d muß sich die „elastische Federung des Magnetfelds" (s. Analogon in Abb. 91) so lange spannen, bis Gleichgewicht eintritt, also:

$$c_M \cdot \alpha = M_d .$$

Anmerkung. Um Mißverständnisse zu vermeiden, legen wir ausdrücklich fest, daß c_M die Federkonstante des Rückstellmoments ist, also nicht etwa die Federkonstante der Linearfederung der Vergleichsfedern im Bilde der Abb. 91.

Um die Federkonstante c_M des synchronisierenden Moments zu bestimmen, ist es also lediglich nötig, den mechanischen Auslenkungswinkel α zwischen Polradachse und Drehfeldachse in Abhängigkeit vom Drehmoment M_d zu ermitteln. Es wäre an sich möglich, diese Abhängigkeit aus den Abmessungen und den Wickeldaten der vorliegenden Synchronmaschine zu berechnen. Dieser Weg ist jedoch äußerst mühsam. Auf viel einfacherem Weg gelingt die Berechnung durch Betrachtung des elektrischen Spannungsdiagramms der Synchronmaschine.

Bezeichnen wir mit e den Vektor der Netzspannung, der stets in Phase mit dem Drehfeld umläuft, mit V den Vektor der EMK (elektromotorischen Kraft) des Motors, der stets in Phase mit der magnetischen Mittelebene des Rotors liegt[1], so wird der Winkel zwischen V und e den gesuchten Verdrehungswinkel ϑ, in elektrischen Graden gemessen, darstellen.

Bei einer zweipoligen Maschine sind die elektrischen Grade gleich den mechanischen Graden. Bei mehrpoligen Maschinen mit z Polpaaren gilt die Beziehung:

$$(153) \qquad\qquad\qquad \vartheta = z \cdot \alpha .$$

In erster Näherung kann man die absolute Größe von $V = e$ annehmen. Dann zeigt das Vektordiagramm die in Abb. 92 gegebene Form.

Die infolge der Phasenverschiebung ϑ zwischen V und e entstehende geometrische Differenz wird durch die Summe des Ohmschen und induktiven Spannungsabfalles, der in der Wicklung des Stators entsteht, ausgeglichen. Bei der vorliegenden Berechnung können wir den

---

[1] Die elektromotorische Kraft, auch „Gegenspannung" des Motors genannt, kommt dadurch zustande, daß das Polrad, welches durch Gleichstrom erregt ist, bei der Rotation in den Wicklungen des Stators Spannungen induziert, genau so, wie wenn der Stator einem Generator angehörte. Diese Spannungen sind die notwendige Gegenwirkung zu der aufgedrückten Netzspannung. Sie stehen zu dieser im gleichen Verhältnis wie Wirkung und Gegenwirkung bei einem mechanischen System.

Ohmschen Spannungsabfall vernachlässigen, da er bei Wechselstrommaschinen stets wesentlich kleiner ist als der induktive Spannungsabfall. Ist i der von dem Motor aufgenommene Strom in Ampere und x_a der induktive Widerstand des Motors, so berechnet sich bekanntlich der induktive Spannungsabfall zu:

$$V_x = i \cdot x_a .$$

Der Strom i muß nach einem Grundgesetz der Wechselstromtechnik stets um 90^0 gegen den induktiven Spannungsabfall phasenverschoben sein. Demgemäß ergibt sich die in Abb. 92 eingezeichnete Richtung des Stromvektors. Sie fällt mit der Winkelhalbierenden zwischen V und e zusammen. Aus dem Vektordiagramm der Abb. 92 läßt sich unmittelbar folgende Beziehung ablesen:

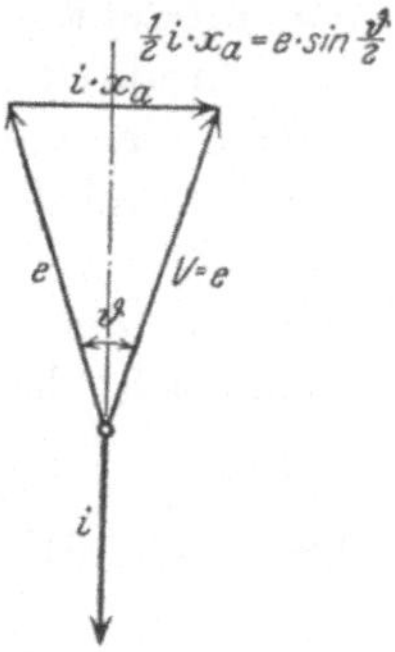

$$i \cdot x_a = 2 \cdot e \cdot \sin \frac{\vartheta}{2} ,$$

$$(154) \qquad i = \frac{2 \cdot e}{x_a} \cdot \sin \frac{\vartheta}{2} .$$

Da der Strom i gegen die Netzspannung e, wie aus der Abb. 92 hervorgeht, um den elektrischen Winkel $\frac{\vartheta}{2}$ phasenverschoben ist, berechnet sich die Leistung je Phase des Synchronmotors zu:

Abb. 92. Vektordiagramm des Synchronmotors.

$$N_1 = i \cdot e \cdot \cos \frac{\vartheta}{2} = \frac{2 \cdot e^2}{x_a} \cdot \sin \frac{\vartheta}{2} \cdot \cos \frac{\vartheta}{2} .$$

Da ϑ ein kleiner Winkel ist, kann man $\cos \frac{\vartheta}{2} = 1$ und $\sin \frac{\vartheta}{2} = \frac{\vartheta}{2}$ setzen, dann ergibt sich:

$$(155) \qquad N_1 = \frac{e^2}{x_a} \cdot \vartheta .$$

Der Wert x_a wird an Hand des sogenannten „Kurzschlußversuchs" ermittelt, d. h. der Stator wird je nach der Spannung im Stern oder im Dreieck kurzgeschlossen. Der Rotor wird bei Motor und Generator mit der synchronen Drehzahl angetrieben. Seine Erregung (Gleichstrom) wird so eingestellt, daß in den Wicklungen des Stators ein Strom entsteht, der etwa gleich dem Normalstrom der Maschine ist. Außerdem wird die bei der eingestellten Erregung auftretende Klemmenspannung e_K gemessen. Sie wird als „Kurzschlußspannung" bezeichnet. Aus dem Kurzschlußversuch läßt sich der induktive Widerstand x_a berechnen zu:

$$(156) \qquad x_a = \frac{e_K}{i_K} \text{ Ohm.}$$

Hiermit ergibt sich die Leistung je Phase zu:

$$N_1 = \frac{e^2}{x_a} \cdot \vartheta = \frac{e^2 \cdot i_K}{e_K} \cdot \vartheta\,.$$

Die Leistung des Gesamtsystems, das drei Phasen enthält, ist das Dreifache dieses Wertes, also:

$$(157) \qquad N_W = 3\,\frac{e^2 \cdot i_K}{e_K} \cdot \vartheta\,.$$

Als Ergebnis des Kurzschlußversuchs wird in der Regel die sogenannte „Kurzschlußleistung VA_K" angegeben. Man versteht darunter das Produkt aus der Normalspannung e des Generators oder Motors, der Anzahl der Phasen und dem Kurzschlußstrom i_K, der eintreten würde, wenn die Erregung des Polrades beim Kurzschlußversuch so gewählt würde, daß die Spannung e_K gleich der Normalspannung wird. (Dieser „ideelle Kurzschlußstrom i_K" ist natürlich wesentlich höher als der Normalstrom.) Mit Einführung dieses Wertes in Gl. (157) ergibt sich, da jetzt $e_K = e$:

$$(158) \qquad N_W = VA_K \cdot \vartheta\,; \quad \text{da:} \quad VA_K = 3\,e \cdot i_K\,.$$

Nach Gl. (151) ist das Drehmoment:

$$(159) \qquad M_d = 97{,}5\,\frac{N_W}{n} = 97{,}5\,\frac{VA_K}{n} \cdot \vartheta \; \text{cmkg}\,.\,[1]$$

Somit ergibt sich die gesuchte Federkonstante des synchronisierenden Moments, das die magnetische Mittelebene des Polrades mit der Drehfeldachse in Einklang zu bringen sucht, zu:

$$(160) \qquad \boxed{\;c_M = \frac{M_d}{\alpha} = 97{,}5\,\frac{VA_K}{n}\;\text{cmkg}\,.\;}$$

Diese Formel gilt natürlich nur für zweipolige Maschinen. Besitzt die Maschine z Polpaare, so entspricht dem mechanischen Winkel ϑ der elektrische Winkel $\alpha = \dfrac{\vartheta}{z}$, so daß die Formel für die Federkonstante lautet:

$$(160\,\mathrm{a}) \qquad \boxed{\;c_M = 97{,}5 \cdot \frac{VA_K \cdot z}{n}\;\text{cmkg}\,.\;}$$

---

[1] Den Maschinenbauer wird die vorliegende, dem Elektriker geläufige Behandlungsweise zunächst etwas befremden. Er möge sich jedoch klarmachen, daß die Kurzschlußleistung eine Konstante ist, die jeder elektrischen Maschine beigegeben ist, genau so wie ihre Leistung und ihre synchrone Drehzahl. Es handelt sich also um eine Größe, die sofort greifbar ist. Der Zweck der vorliegenden Ausführungen war, zu zeigen, wie es an Hand dieser einfachen, stets bekannten Größe möglich ist, ohne größere Berechnungen auf Grund einer einfachen Beziehung die gesuchte Federkonstante des Synchronmotors zu ermitteln. Allerdings setzt das Verständnis der vorliegenden Ausführungen voraus, daß der Leser die Grundbegriffe der Elektrotechnik beherrscht.

Zur Berechnung der Eigenschnelle des Polrades brauchen wir jetzt lediglich noch das Massenträgheitsmoment des Polrades zu kennen, das rechnerisch, oder wenn das Polrad in Ausführung vorliegt, nach einem der auf Seite 108ff. beschriebenen Verfahren versuchsmäßig festgestellt wird. Es sei θ cmkgsec², dann berechnet sich die Eigenschnelle zu:

$$\nu = \sqrt{\frac{c_M}{\theta}}\;.$$

Zahlenbeispiel: Es ist die Eigenschnelle der Pendelung des Polrades eines 60-poligen Synchronmotors zu berechnen, der eine Leistung von $N_W = 500$ kW und eine synchrone Drehzahl von $n = 100/\text{min}$ besitzt. Die Kurzschlußleistung der Maschine ist mit $VA_K = 1560 \cdot 10^3$ Volt-Ampère angegeben. Das Polrad besitzt ein Massenträgheitsmoment von:

$$\theta = 490\,000 \text{ cmkgsec}^2.$$

Die Federkonstante des synchronisierenden Moments berechnet sich nach Gl. (160a) zu:

$$c_M = 97{,}5 \cdot \frac{1560 \cdot 10^3}{100} \cdot 30 = 4{,}57 \cdot 10^7 \text{ cmkg}\;.$$

Somit findet man eine Eigenschnelle von

$$\nu = \sqrt{\frac{4{,}57 \cdot 10^7}{490\,000}} = 9{,}65 \quad 1/\text{sec}\,,$$

entsprechend einer minutlichen Eigenschwingungszahl von $n^* = 92/\text{min}$ und einer Periodendauer von

$$T = \frac{2\,\pi}{\nu} = 0{,}65 \text{ sec}\;.$$

45. Die Theorie der Balkenwaage.

Eine wichtige praktische Nutzanwendung findet die Theorie der Drehschwingungen bei der Balkenwaage. Die wichtigste Bestimmungsgröße jeder Waage ist ihre Empfindlichkeit. Sie ist definiert durch das Verhältnis des Ausschlagwinkels α des Waagebalkens, der durch eine bestimmte, auf eine der beiden Waagschalen aufgelegte Masse m_1 erzeugt wird, und dem Gewicht von $m_1 \cdot g$ dieser Masse. Es läßt sich zeigen, daß die Empfindlichkeit einer Waage dem Quadrat der Eigenschnelle, mit welcher der Waagebalken schwingt, umgekehrt proportional gesetzt werden kann. Hierbei wird Reibungslosigkeit des Schwingungssystems vorausgesetzt.

In Abb. 93 ist das Schema einer gleicharmigen Balkenwaage dargestellt. Die Schneiden für die Pfannen der Waagschalen liegen genau in einer Geraden mit der Unterstützungsschneide. Die beiden Abstände der Schneiden für die Waagschalen von der Unterstützungsschneide sind genau gleich groß und $= l_1$ cm. Der Schwerpunkt des Waagebalkens, der die Masse m_w und das Trägheitsmoment θ_w besitzt, liegt um den sehr kleinen Betrag s cm unterhalb der Unterstützungsschneide. Die Waagschalen besitzen je die Massen m_2.

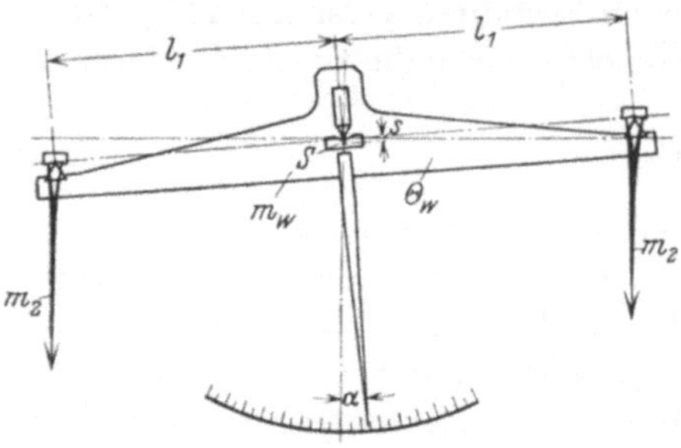

Der Waagebalken stellt ein physikalisches Pendel, also wie dieses ein Drehschwingungssystem dar. Die Rückstellkraft dieses Systems wird durch die Schwerkraft gebildet. Ihre Federkonstante ist das Produkt aus dem Gewicht G des Balkens und dem Abstand des Schwerpunkts von der Unterstützungsschneide $= s$.

Abb. 93. Ermittlung der Empfindlichkeit einer Balkenwaage.

Denn bei einer Auslenkung aus der Ruhelage um den Winkel α sucht das Rückstellmoment $M_R = G \cdot s \cdot \sin \alpha$ den Balken in die Ruhelage zurückzudrehen; da α stets ein sehr kleiner Winkel ist, kann man $\sin \alpha = \alpha$ setzen, so daß:

$$M_R = G \cdot s \cdot \alpha$$

und

$$(161) \qquad \boxed{c_M = \frac{M_R}{\alpha} = G \cdot s.}$$

Das Trägheitsmoment des gesamten Wiegesystems berechnet sich zu:

$$\theta_S = \theta_W + 2\,m_2 \cdot l_1^2.$$

Um bei Berechnung der Empfindlichkeit der Waage alle Einflüsse, insbesondere die Wirkung der trägen Masse, bequem übersehen zu können, ersetzen wir das vorliegende System nach der Ersatzpunktmethode durch ein Ersatzsystem von 2 Massenpunkten, von denen der eine mit der (in der Mitte des Waagebebalkens liegenden) Unterstützungsschneide zusammenfällt, also auf das Gleichgewicht ohne Einfluß bleibt, während der zweite Massenpunkt auf der verlängerten Verbindungsgeraden von Unterstützungsschneide und Schwerpunkt liegt. Nach Durchführung dieses Ersatzes des Balkens durch 2 Massenpunkte können wir den Balken selbst als masselos ansehen. Die Größe der Ersatzmasse m_{II} und ihr Abstand s_{II} von der Unterstützungsschneide berechnet sich auf Grund der bei der Theorie der Ersatzpunkte ermittelten Formeln [siehe Gl. (136) und (137)] zu:

$$(162) \quad s_{II} = \frac{i^2}{s} \quad \text{und} \quad m_{II} = m_w \cdot \frac{i^2}{s_{II}^2 + i^2} = m_w \frac{1}{\dfrac{s_{II}}{s} + 1} = m_w \cdot \frac{s}{s_{II}}\,^{1},$$

---

[1] Da s gegen s_{II} verschwindend klein ist, also 1 gegen $\frac{s_{II}}{s}$ vernachlässigt werden kann.

wobei unter i der Trägheitsradius des Waagebalkens zu verstehen ist:

$$i = \sqrt{\frac{\theta_W + 2\,m_2\,l_1^2}{m_W}}\,.$$

Andererseits ergibt sich nach der Theorie des mathematischen Pendels [s. Gl. (30)] die Eigenschnelle des Waagebalkens zu:

$$(163) \qquad\qquad \nu = \sqrt{\frac{g}{s_{\mathrm{II}}}}\,.$$

Denn nach Durchführung der Ersatzpunktmethode ist das ganze Waagensystem gewissermaßen ersetzt durch ein mathematisches Pendel von der Länge s_{II} und der Masse m_{II}.

Zur Berechnung der Empfindlichkeit der Waage müssen wir von der statischen Gleichgewichtsbedingung ausgehen. Diese besagt, daß das statische Moment einer Zusatzmasse $\varDelta m$ gleich dem durch die Auslenkung des Balkens um den Winkel α entstandenen Rückstellmoment ist. Es ergibt sich somit die Beziehung:

$$m_W \cdot g \cdot s \cdot \alpha = l_1 \cdot \varDelta m \cdot g$$

und die Empfindlichkeit:

$$\varepsilon = \frac{\alpha}{\varDelta m} = \frac{l_1}{m_W \cdot s}\,.$$

Für s können wir gemäß Gl. (162) setzen:

$$s = \frac{i^2}{s_{\mathrm{II}}} = \frac{i^2 \cdot \nu^2}{g}\,,$$

Da gemäß Gl. (163) $s_{\mathrm{II}} = \dfrac{g}{\nu^2}\,.$

Somit ergibt sich für die Empfindlichkeit die endgültige Beziehung:

$$(164) \qquad\qquad \boxed{\varepsilon = \frac{g \cdot l_1}{m_W \cdot i^2 \cdot \nu^2}}\,,$$

d. h. die Empfindlichkeit einer Balkenwaage ist dem Quadrat ihrer Eigenschnelle umgekehrt proportional, so daß letztere als Maß der Empfindlichkeit benutzt werden kann. In der Praxis wird in der Regel die Eigenschnelle bei kleineren Waagen mit:

$$\nu = 0{,}6 \div 0{,}8 \ \ 1/\mathrm{sec} \quad (\text{ca. } 6 \div 8 \ \text{Schwingungen/min})\,,$$

bei großen Waagen mit:

$$\nu = 0{,}2 \div 0{,}4 \ \ 1/\mathrm{sec} \quad (\text{ca. } 2 \div 4 \ \text{Schwingungen/min})\,.$$

als praktisch erreichbares Optimum gewählt.

46. Schwingungen von Schwimmkörpern in ruhendem Wasser.

Eine sehr interessante Anwendung findet die Theorie der Drehschwingungen bei Berechnung der Eigenschnelle, mit welcher Schwimmkörper in ruhendem Wasser pendeln. Bevor die praktische Anwendung bei Schiffen gezeigt wird, sei das Wesen des Vorganges an dem einfachen Beispiel eines schwimmenden Holzklotzes erörtert.

Ein Holzklotz aus Kiefernholz (spez. Gewicht $\gamma_H = 0{,}6 \cdot 10^{-3}$ kg/cm³) und den Kantenlängen $l = 80$ cm, $h = 30$ cm, $b = 40$ cm, schwimme in einem Wasserbehälter mit ruhendem Spiegel. Der Holzklotz werde durch Drehen um seine Längsachse aus der Gleichgewichtslage ausgelenkt und dann losgelassen. Er führt nunmehr Drehschwingungen um seine Längsschwimmachse aus, deren Eigenschnelle berechnet werden soll.

Hierbei müssen zwei Bestimmungsstücke bekannt sein, nämlich:

a) Das Massenträgheitsmoment, welches der Holzklotz hinsichtlich seiner Längsschwimmachse besitzt und dessen Berechnung keine Besonderheiten mit sich bringt.

b) Das spezifische Rückstellmoment c_M (die Drehfederkonstante), welches das Wasser auf den Holzklotz ausübt, wenn er aus seiner Gleichgewichtslage herausgedreht wird. Die Berechnung dieses Wertes soll nunmehr vorgenommen werden.

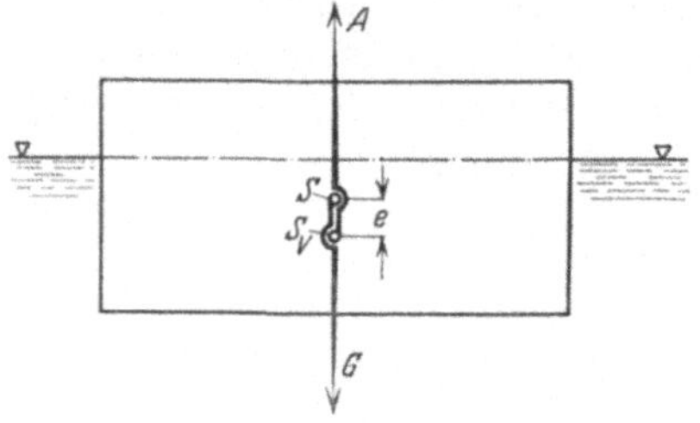

Abb. 94. Schwimmender Holzklotz in Ruhelage.

Zu diesem Zweck wollen wir zunächst feststellen, welches Rückstellmoment M_R den Körper in seine Gleichgewichtslage zurückzudrehen sucht, wenn seine „Schwimmebene" (d. h. die im Ruhezustand durch die Ebene des Wasserspiegels — die wir in Zukunft mit „Spiegelebene" bezeichnen — herausgeschnittene Querschnittebene des Schwimmkörpers) den Winkel φ mit der „Spiegelebene" bildet. M_R wird, wie Abb. 95 erkennen läßt, durch folgende zwei Kräfte hervorgerufen:

A. Das Eigengewicht G des Schwimmkörpers, das im Schwerpunkt G des Schwimmkörpers angreift und senkrecht zur jeweiligen Spiegelebene nach abwärts wirkt.

B. Den Auftrieb A der verdrängten Flüssigkeitsmenge, der stets gleiche Größe besitzt wie G und im Schwerpunkt S_V des verdrängten Flüssigkeitsvolumens senkrecht zur Spiegelebene nach oben hin wirkt.

A und G sind somit 2 gleich große, stets parallel, aber entgegengesetzt wirkende Kräfte. Sie bilden, wenn der Schwimmkörper ausgelenkt ist, ein Kräftepaar, das Rückstellmoment M_R. Der Gleichgewichtszustand des Schwimmkörpers ist stabil, wenn M_R den Prüfkörper in die ursprüngliche Gleichgewichtslage zurückzudrehen sucht, labil, wenn M_R im selben Drehsinn wie die Auslenkung wirkt, also die Auslenkung zu vergrößern sucht, und indifferent, wenn M_R für jeden Auslenkungszustand gleich Null bleibt[1], d. h. der Körper in jeder Lage im Gleichgewicht ist.

Von größter praktischer Bedeutung ist die Tatsache, daß das Gleichgewicht nicht nur dann stabil ist, wenn S unterhalb von S_V zu liegen kommt. Auch bei umgekehrter Lage wird bei geeigneter Form des Schwimmkörpers eine gute Stabilität erreicht. Der Schiffbau hat es fast stets mit dem letzteren Fall zu tun. Er hat ein einfaches, anschauliches Kennzeichen für die Beurteilung der Stabilität ausgebildet, das sogenannte „Metazentrum". Als solches bezeichnet man gemäß Abb. 95 den Schnittpunkt, welchen die Wirkungslinie des im Schwerpunkt S'_V des Flüssigkeitsvolumens bei ausgelenktem Schwimmkörper angreifenden Auftriebs A mit der „Mittelebene" (d. h. der durch den Schwerpunkt gehenden, zur „Schwimmebene" senkrechten Längsschnittebene des Körpers) bildet. Abb. 95 zeigt, daß das von A und G gebildete Kräftepaar aufrichtend wirkt, solange das Metazentrum oberhalb des Schwerpunktes S liegt. Dies ist bei geeigneter Form des Schwimmkörpers durchaus auch dann der Fall, wenn S

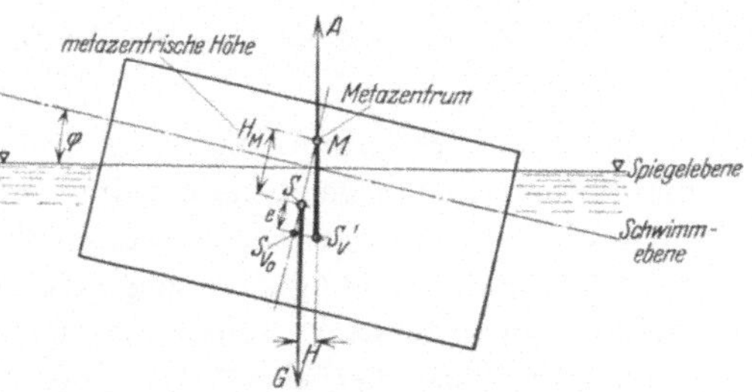

Abb. 95. Entstehung des Rückstellmoments (Stabilisierungsmoments) bei Auslenkung des Holzklotzes aus der Gleichgewichtslage.

oberhalb von S_V angeordnet ist. Als Maß der Stabilität dient die „metazentrische Höhe" H_m, d. h. die Strecke $\overline{SM}$. Im einzelnen ergibt sich gemäß Abb. 95 für das Rückstellmoment M_R die Beziehung:

$$M_R = G \cdot \overline{SM} \cdot \sin \varphi = \sim G \cdot \overline{SM} \cdot \varphi, \quad \text{(da } \varphi \text{ ein kleiner Winkel)}$$

$$(165) \quad c_M = \frac{M_R}{\varphi} = G \cdot \overline{SM}.$$

Statt M_R und c_M durch Ermittlung des Metazentrums, die stets auf zeichnerischem Weg erfolgt (Konstruktion des Schwerpunkts S'_V der verdrängten Flüssigkeitsmenge bei ausgelenktem Schwimmkörper), zu bestimmen, kann man diese Werte auch nach einer Formel berechnen, die eine sehr bequeme Handhabung gestattet und zum erstenmal von dem Physiker Atwood 1796 angegeben wurde. Ihre zweckmäßige und anschauliche Herleitung gelingt an Hand eines Kunstgriffs, dessen

---

[1] Letzteres wird z. B. dann der Fall sein, wenn der Körperschwerpunkt und der Flüssigkeitsschwerpunkt bei der Auslenkung beide ihre Lage relativ zur Spiegelebene nicht ändern. Man denke z. B. an eine schwimmende Holzwalze bei Drehung um ihre Längsachse.

Einzelheiten man sich an Hand der Abb. 96 u. 97, insbesondere durch Vergleich mit Abb. 95, klarmachen möge. Abb. 97 zeigt, wie man M_R finden kann, ohne das Metazentrum M und den Schwerpunkt S'_V zu konstruieren. Man geht folgendermaßen vor:

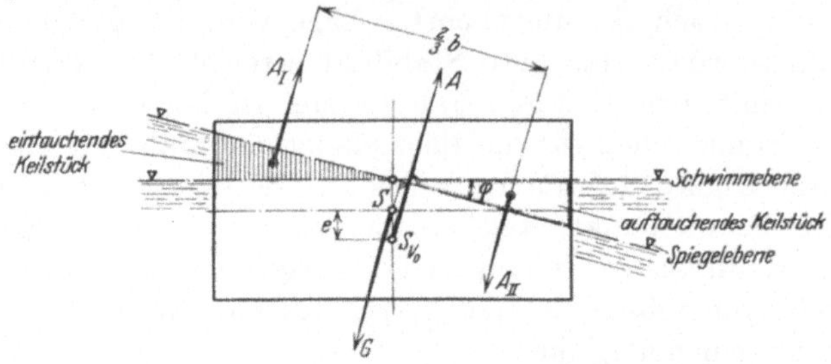

Abb. 96. Zerlegung des durch den Auftrieb bedingten Rückstellmoments bei Schwimmkörpern in zwei Komponenten.

Statt den Schwimmkörper zu drehen, denken wir ihn festliegend und drehen die Spiegelebene um die Schwimmachse. Ferner nehmen wir zunächst an, daß der Angriffspunkt von A in S_{V_0} (dem Schwerpunkt der verdrängten Flüssigkeitsmenge im Ruhezustand) verbleibt. Die tatsächlich auftretende Verschiebung nach S'_V wird auf die nachstehend erläuterte Weise berücksichtigt. Dagegen müssen wir die Wirkungslinien von G und A derart gedreht denken, daß sie senkrecht auf der

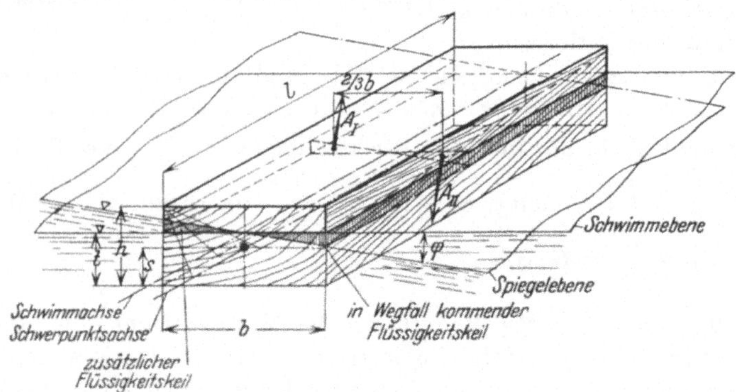

Abb. 97. Hilfskonstruktion zur Ermittlung der zweiten Komponente des Rückstellmoments bei Schwimmkörpern.

neuen Spiegelebene stehen, denn G und A müssen bei ruhender Spiegelebene stets senkrecht zu ihr wirken, einerlei welche Lage der Schwimmkörper einnimmt. Somit bilden G und A ein Moment M_S, das sich gemäß Abb. 96 berechnet zu:

$$(166) \qquad M_S = -G \cdot e \cdot \sin \varphi = -G \cdot e \cdot \varphi \quad (\varphi \text{ ist ein kleiner Winkel}).$$

M_S wirkt, wenn S oberhalb von S_{V_0} liegt, im Sinne der Drehung, also als labiles Moment; es ist somit mit negativem Vorzeichen zu versehen. Es bleibt jetzt noch übrig, die Tatsache rechnerisch zu erfassen, daß sich der Angriffspunkt von A in Wirklichkeit von S_{V_0} nach S'_V (Abb. 95) verschiebt, wodurch ein beträchtliches Moment M_W zustande kommt. Der hierbei in Anwendung kommende Kunstgriff bildet den Kern der Lösung und besteht in folgendem:

Die Verschiebung des Flüssigkeitsschwerpunkts von S_{V_0} nach S'_V kommt dadurch zustande, daß sich gewisse Teile der verdrängten Flüssigkeitsmenge relativ zum Schwimmkörper verschieben. Bei näherem Zusehen erkennt man, daß auf der eintauchenden Seite ein keilförmiges Flüssigkeitsvolumen V_I hinzugefügt wird, während auf der auftauchenden Seite das gleiche keilförmige Volumen V_{II} in Wegfall kommt. Den Keilstücken V_I und V_{II} sind Auftriebskräfte A_I und A_{II} zugeordnet, die gleiche Größe, aber entgegengesetzte Richtung besitzen, in den Schwerpunkten der Keilstücke angreifend zu denken sind und senkrecht auf der Spiegelebene stehen müssen. Die Größe von A_I bzw. A_{II} ist gleich dem Gewicht eines der über die ganze Länge des Schwimmkörpers sich erstreckenden Flüssigkeitskeile, berechnet sich also zu:

$$(167) \qquad A_I = A_{II} = \frac{1}{2} \cdot \frac{b}{2} \cdot \frac{b}{2} \cdot \varphi \cdot l \cdot \gamma = \frac{b^2}{8} \cdot l \cdot \varphi \cdot \gamma \,.$$

A_I und A_{II} bilden ein Kräftepaar, dessen Hebelarm gleich dem Abstand der Schwerpunkte der beiden Keilstücke gefunden wird, sich also berechnet zu:

$$L = \tfrac{2}{3} b \,.$$

Somit ergibt sich:

$$(168) \qquad M_W = \frac{b^2}{8} \cdot l \cdot \varphi \cdot \gamma \cdot \frac{2}{3} b = \frac{b^3}{12} \cdot l \cdot \varphi \cdot \gamma = J_S \cdot \varphi \cdot \gamma \,,$$

denn der Ausdruck $\frac{b^3}{12} \cdot l = J_S$ stellt das äquatoriale Flächenträgheitsmoment der Schwimmebene bezüglich der Schwimmachse dar.

Das Gesamtrückstellmoment M_R ist die algebraische Summe von M_W und M_S, berechnet sich somit zu:

$$(169) \qquad M_R = M_W + M_S = J_S \cdot \varphi \cdot \gamma - G \cdot e \cdot \varphi \,.$$

Die spezifische Rückstellkraft (Drehfederkonstante) ergibt sich demgemäß zu:

$$(170) \qquad \boxed{c_M = \frac{M_R}{\varphi} = J_S \cdot \gamma - G \cdot e \,.}$$

Zur Berechnung der Eigenschnelle des Schwimmkörpers denken wir uns gemäß Abb. 98 das von der Flüssigkeit ausgeübte Rückstellmoment durch Federn (z. B. eine Spiralfeder) bewirkt und den Schwimm-

körper mit einer Drehachse gelagert, welche mit der Schwimmachse
übereinstimmt. Wir brauchen dann zur Bestimmung der Eigenschnelle
außer der soeben ermittelten Federkonstanten des Rückstellmoments
lediglich noch das Massenträgheitsmoment θ_A des Körpers bezüglich

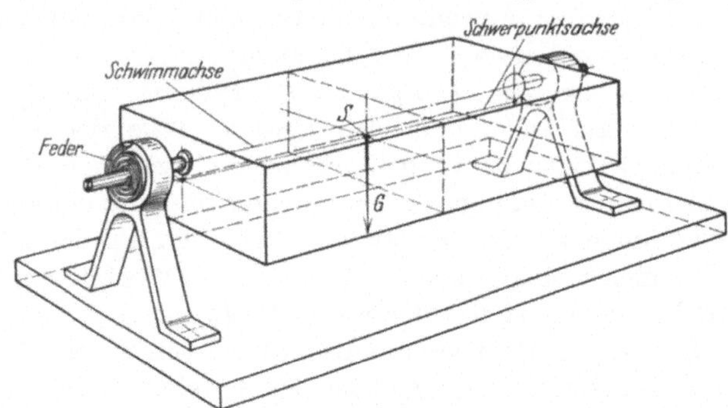

Abb. 98. Mechanisches Modell für die Schwingungen des schwimmenden Holzklotzes.

der Schwimmachse zu bestimmen. Dieses berechnet sich nach dem
Steinerschen Satz zu:

$$\theta_A = \theta_0 + m_0 \cdot u^2 ,$$

wobei $\theta_0 =$ Trägheitsmoment um die zur Schwimmachse parallele
Schwerpunktachse und $u = t - \dfrac{h}{2}$ ($t =$ Eintauchtiefe) der Abstand des
Schwerpunkts S von der Schwimmachse ist.

Die Eigenschnelle der Pendelung des Schwimmkörpers berechnet
sich schließlich zu:

$$(171) \qquad\qquad v = \sqrt{\frac{c_M}{\theta_A}} .$$

Anmerkung: Die Stabilitätstheorie der Schwimmkörper erscheint nach den
vorstehenden Ausführungen als ein schwingungstechnisches Problem. Aus der
Eigenschwingungszahl des Schwimmkörpers läßt sich ohne weiteres ein Rück-
schluß auf die Größe der Stabilität ziehen. Hierbei muß man allerdings die Masse
bzw. das Massenträgheitsmoment des Schwimmkörpers mit in Betracht ziehen.
Bei Schwimmkörpern von gleichem Massenträgheitsmoment ist jedenfalls die
Stabilität um so größer, je höher ihre Eigenschwingungszahl gefunden wird. Im
übrigen kann bei gleicher Stabilität die Eigenschnelle um so kleiner sein, je schwerer
der Schwimmkörper ist.

Im Schiffbau pflegt man das Rückstellmoment des Schwimmkörpers durch
den sogenannten Krängungsversuch zu ermitteln. Er besteht darin, daß durch
Anhängen eines einseitigen Zusatzgewichtes, das der Größe des Schwimmkörpers
angepaßt ist, in ruhendem Wasser eine Auslenkung aus der Mittelebene herbei-
geführt wird. Die Größe des Auslenkungswinkels wird mit Hilfe eines einfachen
Fadenpendels, das auf dem Schwimmkörper aufgehängt wird, gemessen. Trägt
man das Auslenkungsmoment in Abhängigkeit von dem Auslenkungswinkel auf, so
stellt die Steigung der erhaltenen Diagrammgeraden die gesuchte Federkonstante c_M

dar. Abb. 99 zeigt schematisch die prinzipielle Anordnung beim Krängungsversuch.

Für das Zahlenbeispiel unseres Holzklotzes erhalten wir folgende Werte:

Trägheitsmoment der Schwimmfläche bezüglich der Schwimmachse:

$$J_S = \frac{l \cdot b^3}{12} = \frac{80 \cdot 40^3}{12} = 427\,000 \text{ cm}^4\,.$$

Spezifisches Gewicht der Schwimmflüssigkeit (Wasser):

$$\gamma_W = 1{,}0 \cdot 10^{-3} \text{ kg/cm}^3\,.$$

Gewicht des Schwimmkörpers:

$$G = 80 \cdot 40 \cdot 30 \cdot 0{,}6 \cdot 10^{-3} = 57{,}5 \text{ kg}\,.$$

Eintauchtiefe des Schwimmkörpers [1]:

$$t = h \cdot \frac{\gamma_H}{\gamma_W} = 30 \cdot \frac{0{,}6}{1{,}0} = 18 \text{ cm}.$$

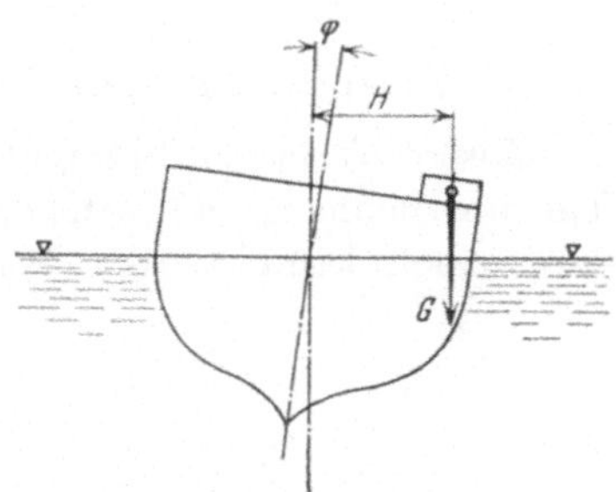

Abb. 99. Krängungsversuch.

Abstand des Körperschwerpunkts S vom Flüssigkeitsschwerpunkt S_V:

$$e = \frac{h}{2} - \frac{t}{2} = 6 \text{ cm}\,.$$

Federkonstante des Rückstellmoments der Auftriebskräfte:

$$c_M = J_S' \cdot \gamma_W - e \cdot G = 427\,000 \cdot 10^{-3} - 6 \cdot 57{,}5 = 82 \text{ cmkg}\,.$$

Massenträgheitsmoment des Schwimmkörpers bezüglich seiner Längsschwimmachse:

$$\theta_A = \theta_0 + m_0 \cdot \left(t - \frac{h}{2}\right)^2,$$

$$\theta_0 = (h^2 + b^2) \cdot \frac{\gamma_H}{g} \cdot \frac{b \cdot l \cdot h}{12}$$

$$= (30^2 + 40^2) \cdot \frac{0{,}6 \cdot 10^{-3}}{981} \cdot \frac{40 \cdot 80 \cdot 30}{12} = 12{,}2 \text{ cmkgsec}^2\,.$$

$$m_0 = b \cdot l \cdot h \cdot \frac{\gamma_H}{g} = 0{,}0587 \, \frac{\text{kg sec}^2}{\text{cm}},$$

$$\theta_A = 12{,}2 + 0{,}0587 \cdot 9 = 12{,}74 \text{ cmkgsec}^2\,.$$

---

[1] Es ist:

$$G = A; \quad G = l \cdot b \cdot h \cdot \gamma_H$$

$$A = l \cdot b \cdot t \cdot \gamma_W\,.$$

Somit
$$t = h \cdot \frac{\gamma_H}{\gamma_W}\,.$$

Eigenschnelle der Schwingung des Holzklotzes um die Längsschwimmachse:

$$v = \sqrt{\frac{c_M}{\theta_A}} = \sqrt{\frac{82}{12,74}} = 2,58 \ 1/\text{sec} \ .$$

Periodendauer der Schwingung:

$$T = \frac{2\pi}{v} = 2,42 \ \text{sec} \ .$$

Erweiterung der Theorie auf Schiffe (Abb. 100).

Unsere bisherigen Betrachtungen lassen sich durchweg auch für den
Fall übernehmen, daß nicht ein einfacher Holzklotz, sondern ein Schiff
mit seinen komplizierten Formen den Gegenstand der Berechnung

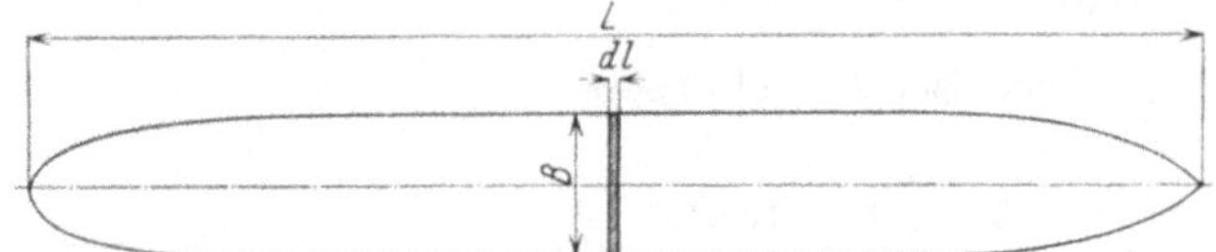

Abb. 100. Schwimmebene eines Schnelldampfers.

bildet. In diesem Fall bedürfen die abgeleiteten Gleichungen insofern
einer Nachprüfung, als zu beweisen ist, daß auch bei Schiffen das
Trägheitsmoment der Schwimmfläche bezüglich der Schwimmachse
für die Berechnung des Rückstellmoments maßgebend ist.

Der Beweis gelingt an Hand einer einfachen Überlegung. Um auf
die beim Holzklotz entwickelte Theorie zurückgreifen zu können,
denken wir uns das Schiff durch eine große Anzahl von senkrecht
zur Schwimmachse geführten Schnitten in einzelne Scheiben zerlegt.
Die Schnittfläche jeder dieser Scheiben mit der Schwimmebene kann
als ein Rechteck betrachtet werden. Demnach sind die am Holzklotz
entwickelten Theorien für jede der Teilscheiben streng richtig. Das
Rückstellmoment M_W einer beliebigen Teilscheibe berechnet sich somit zu:

$$d M_W = \frac{b^3}{12} \cdot d l \cdot \varphi \cdot \gamma \ .$$

Um das gesamte Rückstellmoment M_W des Schiffes zu erhalten, hat
man nur nötig, die Elemente über die gesamte Schiffslänge L zu addieren.
Man findet:

$$(172) \qquad M_W = \int_0^L d M_W = \varphi \cdot \gamma \int_0^L \frac{b^3}{12} \cdot d l = \varphi \cdot \gamma \cdot J_S \ .$$

Der Ausdruck unter dem Integral stellt das Flächenträgheitsmoment J_S der Schwimmebene des Schiffes bezüglich seiner Schwimm-

achse dar. Da die Überlegungen hinsichtlich des vom Eigengewicht G und Auftrieb A gebildeten Momentanteils M_S für das Schiff unverändert bestehen bleiben, berechnet sich auch hier die Federkonstante der Rückstellkräfte zu:

$$c_M = J_S \cdot \gamma - e \cdot G \, .$$

Die Berechnung des Massenträgheitsmoments bezüglich der Schwimmachse dürfte beim Schiff auf theoretischem Weg kaum gelingen, oder doch überaus mühsam sein. Man wird den umgekehrten Weg gehen, indem man durch Versuche an ausgeführten Schiffen die Federkonstante c_M (Krängungsversuch) einerseits und die Eigenschnelle ν der Schwingung andererseits ermittelt. Auf Grund des hieraus berechneten Massenträgheitsmoments $\theta_A = c_M \cdot \nu^{-2}$ berechnet man den Trägheitsradius i_A und setzt ihn in Beziehung zur größten Breite B des Schiffes. Im Mittel dürfte $i_A = 0{,}35$ bis $0{,}4\,B$ sein. An Hand dieses Erfahrungswertes kann man dann leicht näherungsweise den gesuchten Wert für $\theta_A = i_A^2 \cdot \dfrac{G}{g}$ für Schiffe, die ähnliche Abmessungen haben, wie das bei den Versuchen benutzte Schiff, errechnen.

Ganz analoge Betrachtungen lassen sich für die Ermittlung der Schwingungen um die Querschwimmachse durchführen. Man bezeichnet bei Schiffen diese Schwingungen als „Stampfbewegungen“, im Gegensatz zu den „Roll- oder Schlingerbewegungen“, die wir als Drehschwingungen um die Längsschwimmachse kennenlernten.

47. Drehschwingungen von Kurbelwellen.

Die Lehre von den Drehschwingungen findet in der Berechnung der kritischen Torsionsdrehzahlen (Drehschwingungsresonanzen von Kurbelwellen) ein Anwendungsgebiet von größter praktischer Bedeutung. Hierbei ist die Aufgabe gestellt, die Eigenschnelle der Verdrehungsschwingungen von Kurbelwellensystemen zu berechnen. Bei den kritischen Torsionsdrehzahlen treten, während die Maschine in vollem Betrieb arbeitet, Verdrehungsschwingungen innerhalb des Wellensystems auf, die sich der gleichförmigen Drehung überlagern. Da die Schwingungseigenschaften des Systems während der Drehung die gleichen sind wie bei Stillstand der Welle, können wir uns darauf beschränken, die Eigenschnelle der Verdrehungsschwingungen des ruhenden Systems zu berechnen. Handelt es sich um eine einfach gekröpfte Welle, z. B. einen Einzylinder-Dieselmotor, so ist die Aufgabe mit Hilfe der bisher erworbenen Kenntnisse exakt zu lösen. Liegt dagegen, wie dies in der Regel der Fall ist, ein mehrfach gekröpftes Wellensystem vor (wie z. B. bei Automobil- und Flugzeugmotoren), so können wir zunächst nur eine Näherungslösung durchführen, da

die exakte Lösung wesentlich verwickelter ist und die eingehende
Kenntnis der Theorie der Koppelschwingungen voraussetzt. In zahlreichen Fällen reicht jedoch die Näherungslösung aus, um die praktisch
in Betracht kommenden Fragen zu beantworten.

Die Ermittlung des Ersatzsystems. Um die Berechnung in übersichtlicher Weise durchführen zu können, müssen wir das tatsächlich
zur Berechnung vorliegende Kurbelwellensystem, das recht verwickelt
erscheint, auf ein einfaches mechanisches Bild zurückführen.

Als solches wählen wir gemäß Abb. 101 ein Zweimassen-Drehschwingungssystem, das aus zwei Schwungrädern und einer dazwischen
liegenden glatten Welle besteht. Das Ersatzsystem muß so bemessen
werden, daß es dieselben schwingungs-
technischen Eigenschaften, insbesondere
dieselbe Eigenschnelle, besitzt wie das
tatsächliche System. Den Rechnungsgang wollen wir uns an Hand einiger
Beispiele klarmachen.

Beispiel 1: Es ist die Aufgabe gestellt, das Ersatzsystem für die in
Abb. 102 schematisch dargestellte Kurbelwellenanlage eines Einzylinder-Dieselmotors zu berechnen. Als Unterlagen für die
Berechnung dienen folgende Zahlenwerte:

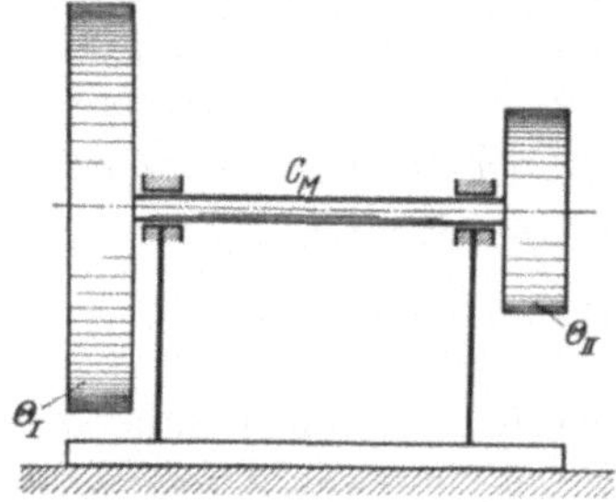

Abb. 101. Ersatzschema für das Drehschwingungssystem einer Kurbelwellenanlage.

Schwungrad: Durchmesser . . . . 315 cm

Gesamtgewicht . . . . 7000 kg

Gewicht des Schwungkranzes. . . . . 5800 kg

Schwerpunktsradius des Schwungkranzes . . 144 cm

Kolben: Gewicht des kompletten Kolbens + Kreuzkopf . . . . $G_k = 320$ kg

Pleuelstange: Gewicht der kompletten Pleuelstange . $G_p = 210$ kg

Länge der Pleuelstange von Mitte Kreuzkopfbolzen bis Mitte Kurbelzapfen . $L = 170$ cm

Abstand des Pleuelstangenschwerpunkts
von Mitte Kreuzkopfbolzen . . . . $L_s = 122$ cm

Kurbelradius . . . . $r = 33$ cm

Zur Lösung unserer Aufgabe sind zunächst die Trägheitsmomente
der beiden Schwungräder des Ersatzsystems zu berechnen.

Das Schwungrad I der Abb. 101 entspricht dem Schwungrad der
tatsächlichen Anlage und besitzt das gleiche Trägheitsmoment wie
dieses.

Wir berechnen das Trägheitsmoment des Schwungkranzes zu:

$$\theta_S = \frac{5800}{981} \cdot 144^2 = 123\,000 \text{ cmkgsec}^2.$$

Es wurde dadurch erhalten, daß wir die Masse des Schwungkranzes $\left(\dfrac{5800}{981}\,\dfrac{\text{kgsec}^2}{\text{cm}}\right)$ mit dem Quadrat des Schwerpunktsradius (144 cm) multiplizieren. Dieses Trägheitsmoment muß zur Berücksichtigung des Trägheitsmoments von Nabe und Armen um ca. 20% vermehrt werden. Somit besitzt das Schwungrad I des Ersatzsystems ein Massenträgheitsmoment von:

$$\theta_I = 148000 \ \text{cmkgsec}^2.$$

Das Trägheitsmoment des Schwungrades II der Abb. 101 entspricht dem Trägheitsmoment des Kurbelwellensystems ohne Schwungrad. Dieses wird einerseits durch die Masse der Kurbelwelle selbst, insbesondere der Kröpfung, andererseits durch die Massen des Triebwerks (Pleuelstange und Kolben) gebildet.

Die Berechnung gestaltet sich folgendermaßen:

a) Berechnung des Trägheitsmoments der Kröpfung: Das Trägheitsmoment des glatten Wellenstückes, das zwischen Schwungrad und Kröpfung liegt, können wir gegenüber dem Trägheitsmoment der Kröpfung vernachlässigen. Letzteres setzt sich zusammen aus dem Trägheitsmoment des Kurbelzapfens und den Trägheitsmomenten der beiden Wangen. Man berechnet (nach dem Steinerschen Satz S. 100):

Trägheitsmoment des Kurbelzapfens:

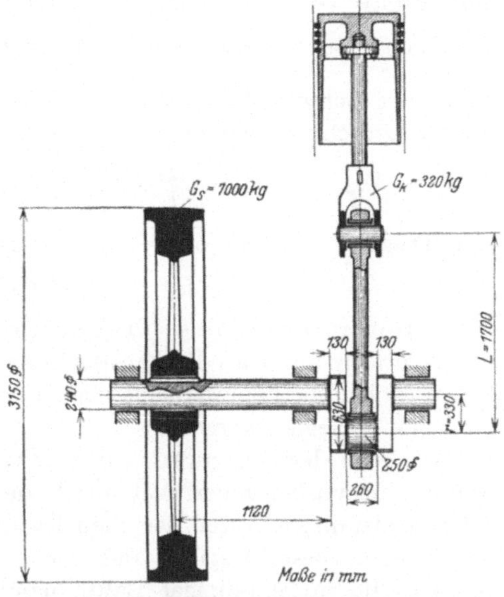

Abb. 102. Schema der Kurbelwellenanlage eines Einzylinder-Dieselmotors.

$$\theta_z = m_z \cdot r^2 + \frac{\pi}{32} \cdot D_z^4 \cdot l_z \cdot \frac{\gamma}{g}.$$

Hierbei bedeuten:

m_z = Masse des Kurbelzapfens, der einen Durchmesser von $D_z = 25$ cm und eine Länge $l_z = 26$ cm besitzt

$$m_z = \frac{\pi}{4} D_z^2 \cdot l_z \cdot \frac{\gamma}{g} = \frac{\pi}{4} \cdot 25^2 \cdot 26 \cdot \frac{7,8}{981} \cdot 10^{-3} = 0,1 \ \frac{\text{kgsec}^2}{\text{cm}},$$

r = Kurbelradius = 33 cm.

Der Ausdruck $\dfrac{\pi}{32} D_z^4 \cdot l_z \dfrac{\gamma}{g} = 7{,}94$ cmkgsec^2 gibt das Massenträgheitsmoment des Kurbelzapfens für eine parallel zur Drehachse liegende Schwerpunktsachse an. Wir finden:

$$\theta_z = 0{,}1 \cdot 33^2 + 7{,}94 = \mathbf{116{,}94 \ cmkgsec^2}.$$

Trägheitsmoment der Kurbelwangen: Die Kurbelwangen können als Parallelflache angesehen werden, die eine Länge von $l = 63$ cm, eine Breite von $b = 39$ cm und eine Dicke von $h = 13$ cm besitzen. Die Masse jeder Wange beträgt demnach $m_W = 0{,}254 \dfrac{kgsec^2}{cm}$. Der Abstand des Schwerpunkts von der Achse beträgt $r_W = 16{,}5$ cm. Demgemäß berechnet sich das Trägheitsmoment beider Wangen zu:

$$\theta_W = 2 \cdot \left(m_W \cdot r_W^2 + \frac{m_W}{12} \cdot (l^2 + b^2) \right) = \mathbf{365 \ cmkgsec^2}.$$

Das Trägheitsmoment der gesamten Kröpfung ergibt sich zu:

$$\theta_1 = \mathbf{481{,}94 \ cmkgsec^2}.$$

b) **Berechnung des Trägheitsmoments der Triebwerksmassen (Pleuel und Kolben):** Vom Standpunkt der Mechanik aus lassen sich die Triebwerksmassen in zwei getrennt zu behandelnde Gruppen zerlegen, nämlich:

1. **die schwingenden oder oszillierenden Massen.** Diese werden im vorliegenden Fall durch den Kolben mit Kreuzkopf und einen bestimmten Anteil der Pleuelstangenmasse gebildet. Ihr Hauptkennzeichen besteht darin, daß sie sich während der Drehung der Kurbelwelle in geradliniger Bahn, nämlich in der Zylinderachse, hin- und herbewegen.

2. **die rotierenden Massen.** Diese werden im vorliegenden Fall durch einen bestimmten Anteil der Pleuelstangenmasse gebildet. Sie führen mit dem Kurbelzapfen eine reine Drehbewegung aus.

Die Zerlegung der Pleuelstange in einen rotierenden und einen schwingenden Anteil könnten wir nach der auf S. 124 angegebenen Ersatzpunktmethode vornehmen.

Eine zweite Möglichkeit, die sich wesentlich einfacher gestaltet und sehr brauchbare Ergebnisse liefert, besteht darin, daß man die Pleuelstange als Pendel betrachtet, das um den Kolbenbolzen schwingt und die Masse dieses Pendels auf den Kurbelzapfen reduziert. Liegt die Pleuelstange in Ausführung vor, so hat man zwei Versuche durchzuführen: Bei dem ersten Versuch wird die Schwerpunktslage der Pleuelstange bestimmt und insbesondere angegeben, welche Entfernung der Schwerpunkt von Mitte Kreuzkopfbolzen besitzt. Beim zweiten Versuch ermittelt man die Eigenschnelle v_p, welche die Pleuelstange besitzt, wenn sie um den Kreuzkopfbolzen pendelt[1]. Ist m_p die

---

[1] Siehe Seite 111.

Masse der Pleuelstange, L_s der Abstand des Schwerpunkts von Mitte Kreuzkopfbolzen und L die Entfernung von Mitte Kreuzkopfbolzen bis Mitte Kurbelzapfen, so berechnet sich die reduzierte Masse nach der Gleichung

(173)
$$m_{\text{red}} = \frac{m_p \cdot L_s}{v_p^2 \cdot L^2},$$

m_{red} ist als rotierende Masse zu betrachten.

Als schwingende Masse kann man dann die Differenz zwischen m_{red} und der Gesamtmasse m_p der Pleuelstange ansprechen. Dieses Verfahren hat sich bei der versuchsmäßigen Nachprüfung ausgezeichnet bewährt und dürfte den praktisch zu stellenden Anforderungen voll genügen.

Bei den normalen Ausführungen der Pleuelstange wird man, wie die Erfahrung zeigt, den wirklichen Verhältnissen bereits sehr nahe kommen, wenn man die Zerlegung der Pleuelstangenmasse in den rotierenden und schwingenden Anteil nach Maßgabe der Schwerpunktslage vornimmt, d. h. man betrachtet die Pleuelstange als Balken, der im Kreuzkopfbolzen und im Kurbelzapfenmittelpunkt frei aufgelagert ist. Dann entspricht der Auflagedruck im Kolbenbolzen mit guter Näherung dem schwingenden Gewichtsanteil und der Auflagedruck im Kurbelzapfen dem rotierenden Gewichtsanteil der Pleuelstange. Zwischen dem letzteren und dem Gewichtsanteil $G_{\text{red}} = m_{\text{red}} \cdot g$, welcher der reduzierten Masse entspricht, besteht meist ein Unterschied von nur 2 bis 3 % und weniger.

Im vorliegenden Fall ist das Gewicht und die Schwerpunktslage der Pleuelstange gegeben. Demnach berechnen wir unter Verteilung der Pleuelstangenmasse nach der Schwerpunktslage:
Rotierende Masse:
$$m_{\text{rot}} = \frac{G_p}{981} \cdot \frac{L_s}{L} = \frac{210 \cdot 122}{981 \cdot 170} = 0{,}154 \ \frac{\text{kgsec}^2}{\text{sec}},$$
Schwingende Masse:
$$m_{\text{sch}} = \frac{G_p}{981} \cdot \frac{(L - L_s)}{L} = \frac{210 \cdot 48}{981 \cdot 170} = 0{,}0605 \ \frac{\text{kgsec}^2}{\text{cm}}.$$

Anmerkung: In keinem Fall sollte man die auch nur angenähert richtige Faustformel benutzen, die merkwürdigerweise noch in den Köpfen vieler Ingenieure spukt, daß ⅓ der Pleuelstangenmasse als schwingender Anteil und ⅔ als rotierender Anteil anzusehen sei. Diese Formel, die im Dampfmaschinenbau vor vielen Jahren als ungefährer Anhaltspunkt gegeben wurde, führt bei den meist zur Berechnung vorliegenden Explosionsmotoren zu sehr beträchtlichen Fehlern. Es ist stets ein leichtes, durch Auswiegen oder Berechnen die genaue Schwerpunktslage der Pleuelstange festzustellen und so die Werte m_{rot} und m_{sch} mit praktisch genügender Genauigkeit zu bestimmen[1].

---

[1] Siehe z. B. Gutermuth, M. F.: Dampfmaschine. Bd. 1. Berlin: Julius Springer.

Das Trägheitsmoment des rotierenden Massenanteils ergibt sich aus der Überlegung, daß m_{rot} gewissermaßen als mit dem Kurbelzapfen fest verbundener Massenpunkt betrachtet werden kann, der die Drehbewegung des Kurbelzapfens mitmacht.

Er nimmt also mit seinem vollen Betrag an der Trägheitswirkung teil. Sein Trägheitsmoment ergibt sich zu:

$$\theta_{rot} = m_{rot} \cdot r^2.$$

Wesentlich schwieriger ist die Ermittlung der Trägheitswirkung des schwingenden Massenanteils. Er wird durch die Masse des Kolbens und den soeben ermittelten Anteil m_{sch} der Pleuelstangenmasse gebildet.

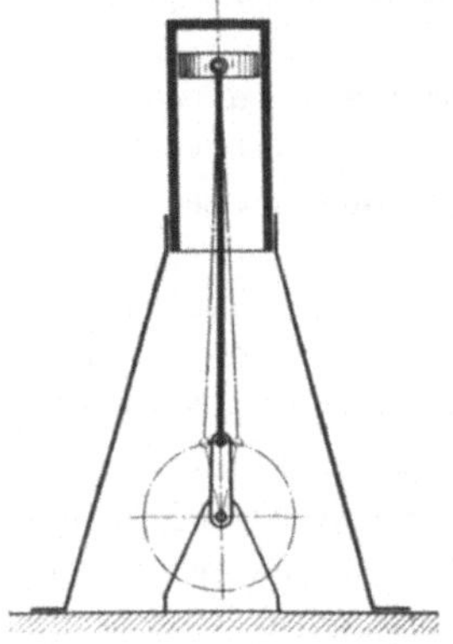

Abb. 103. Ermittlung des mitschwingenden Anteils der oszillierenden Massen einer Kurbelwelle in der Totlage.

Wir wollen untersuchen, in welcher Weise die schwingende Masse auf den Schwingungsvorgang der Kurbelwelle einwirkt. Wie die nachstehenden Ausführungen zeigen, ist die Einwirkung je nach der Winkellage, welche die Kröpfungsebene mit der Zylinderachse bildet, verschieden. Betrachten wir zunächst gemäß Abb. 103 den Fall, daß die Kröpfungsebene der Kurbel mit der Zylinderachse zusammenfällt, die Kurbel also in der unteren oder oberen Totlage steht. Wir denken uns das Schwungrad in dieser Lage festgehalten und die Kurbel mit aufmontierten Triebwerksteilen in irgendwelcher Weise zu Drehschwingungen erregt.

Wie die Anschauung zeigt, wird in diesem Fall auch bei verhältnismäßig großer Schwingungsamplitude der Kolben und damit die schwingende Masse keine nennenswerten Bewegungen ausführen, denn die Schwingungsrichtung steht senkrecht zur Bewegungsrichtung. Dieser Zusammenhang ist ein rein kinematischer. Die Schwingungen werden demnach im wesentlichen so erfolgen, als ob die Masse m_{sch} überhaupt nicht vorhanden wäre. Bei dieser Kurbelstellung nimmt also von den Triebwerksmassen nur der Massenanteil m_{rot} an der Schwingung teil.

Ganz andere Verhältnisse ergeben sich, wenn die Kröpfungsebene senkrecht zur Zylinderachse steht. Dieser Fall ist in Abb. 104 dargestellt. Jetzt nimmt die Masse m_{sch} mit ihrem vollen Betrag an der Schwingung teil, denn die Schwingungsrichtung fällt mit der Bewegungsrichtung von m_{sch} zusammen.

In analoger Weise läßt sich für jede Zwischenstellung der Kurbel der Prozentsatz der schwingenden Masse angeben, der in Betracht zu ziehen ist. Man findet, daß dieser Prozentsatz sich mit dem Sinus des Drehwinkels zwischen 0 und 100 % ändert.

Die Drehschwingungen der Kurbelwelle finden statt, während die Welle mit ihrer vollen Drehzahl umläuft; sie überlagern sich also der gleichmäßigen Drehbewegung. Hierbei wird m_{sch} je nach der Winkellage der Kröpfung ganz verschieden einwirken. Die Berücksichtigung dieses Einflusses ist ein sehr verwickeltes Problem, dessen exakte Lösung bis heute noch nicht gelungen ist. Sie führt in das schwierige Gebiet der nichtharmonischen Schwingungen, mit dem wir uns an dieser Stelle nicht befassen.

Glücklicherweise läßt sich die mittlere Einwirkung der schwingenden Masse auf den Drehschwingungsvorgang nach einem sehr einfachen Schlüssel berücksichtigen.

Wie zahlreiche Versuche ergeben haben, erzielt man Ergebnisse, die mit dem wirklichen Verhalten befriedigend übereinstimmen, wenn man die Hälfte der schwingenden Masse m_{sch} als rotierende Masse auf dem Kurbelradius angebracht denkt. Dieser Schlüssel entspricht auch der rein gefühlsmäßigen Schätzung, da man eine Masse, die teils ganz, teils gar nicht ihren Einfluß auf den Schwingungsvorgang ausübt, in erster Näherung zur Hälfte einsetzen wird. Man darf jedoch bei Anwendung dieser Berechnungsart nie vergessen, daß es sich um eine praktische Näherungslösung handelt, und daß man gelegentlich auf Erscheinungen stoßen wird, die mit dieser Näherungslösung nicht zu erfassen sind, sondern eine exaktere Behandlung erfordern.

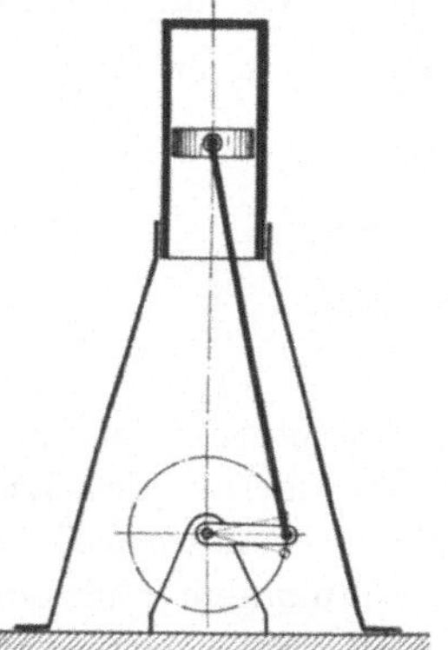

Abb. 104. Ermittlung des mitschwingenden Anteils der oszillierenden Massen einer Kurbelwellenanlage in der 90°-Stellung.

Nach den vorstehenden Ausführungen läßt sich das Trägheitsmoment des gesamten Triebwerks nach folgender Formel berechnen:

$$(174) \qquad \theta_T = r^2 \cdot \left[m_{\text{rot}} + \frac{1}{2} \left(m_{\text{sch}} + \frac{G_k}{g} \right) \right].$$

Mit den Zahlenwerten des vorliegenden Beispiels ergibt sich:

$$\theta_T = 33^2 \cdot (0{,}154 + \tfrac{1}{2}(0{,}0605 + 0{,}327)) = 379 \ \textbf{cmkgsec}^2.$$

Das Gesamtträgheitsmoment der Kurbelwelle und damit des Schwungrads II des Ersatzsystems ergibt sich somit zu:

$$\theta_{II} = 481{,}94 + 379 = 860{,}94 \ \textbf{cmkgsec}^2.$$

Berechnung der Ersatzelastizität. Die im Ersatzsystem Abb. 101 zwischen den Schwungrädern angeordnete Welle versinnbildlicht die ideelle Drehfederung der Kurbelwelle. Die Verhältnisse gestalten sich am übersichtlichsten, wenn man den Durchmesser dieser Welle gleich dem Kurbelzapfendurchmesser, also $D = 25$ cm, macht. Die Länge der Ersatzwelle, die auch als „reduzierte Länge" der Kurbelwelle bezeichnet wird, ist so zu bemessen, daß die Welle die gleiche Federkonstante besitzt wie die Kurbelwelle selbst. Letztere besteht im vorliegenden Fall aus einem glatten Wellenstück und der Kröpfung. Zunächst berechnen wir die „reduzierte Länge", welche dem glatten Wellenstück entspricht. Es ist von Mitte Schwungradnabe bis zur vorderen Wange der Kröpfung zu messen und besitzt eine Gesamtlänge von $l_1 = 112$ cm sowie einen Durchmesser von 24 cm. Seine reduzierte Länge ist die Länge eines Wellenstückes von 25 cm Durchmesser, das die gleiche Federkonstante besitzt wie das wirkliche Wellenstück. Da die Federkonstante eines Wellenstückes $c_M = \dfrac{J \cdot G}{l}$ ist, so gilt die Beziehung:

$$\frac{J_{24}}{l_1} = \frac{J_{25}}{l_{\text{red}}},$$

somit:

$$l_{\text{red}} = \frac{J_{25}}{J_{24}} \cdot l_1 = \frac{38350}{32572} \cdot 112 = 132 \text{ cm}.$$

Weiterhin ist die Kröpfung durch ein glattes Wellenstück vom Durchmesser des Kurbelzapfens $= 25$ cm zu ersetzen, dessen Länge so bestimmt wird, daß es sich bei Beanspruchung durch das gleiche Drehmoment um den gleichen Winkel verdreht wie die Kröpfung. Es hat sich als aussichtslos erwiesen, die reduzierte Länge der Kröpfung aus den Abmessungen der Kurbelwelle durch Berechnung zu finden. Die bei der Rechnung zu machenden Annahmen sind derart unsicher, daß ein praktisch brauchbares Ergebnis nicht zustande kommt.

Einen sicheren Anhaltspunkt für die Reduktion erhält man nur an Hand des Versuchs. Geiger gibt z. B. folgende Formel an, der die Auswertung der Verdrehungsversuche an großen Dieselmotorkurbelwellen zugrunde liegt:

(175)
$$\boxed{l_{\text{red}} = l_1 + l_2 + l_3,}$$

wobei:

$l_1 = $ Länge der konzentrisch liegenden Laufzapfen $+\ 0,4\,h$,

$$l_2 = 0,773\,(r - z \cdot d) \cdot \frac{J_{pw}}{J_{as}},$$

$$l_3 = (\text{Kurbelzapfenlänge} + 0,4\,h) \cdot \frac{J_{pw}}{J_{pk}}.$$

$r = $ Kurbelradius,

$d = $ Durchmesser des Laufzapfens.

$$z = 0 \text{ für } \frac{b}{d} = 1{,}6 \div 1{,}63 \text{ und } \frac{r}{d} = 1{,}2 \div 0{,}92$$

$$= 0{,}4 \text{ für } \frac{b}{d} = 1{,}49 \text{ und } \frac{r}{d} = 0{,}84 \,,$$

b = Breite des Kurbelschenkels in cm,

h = Dicke eines Kurbelschenkels in cm,

J_{pw} = polares Trägheitsmoment des Laufzapfenquerschnitts,

$J_{as} = \dfrac{b^3 \cdot h}{12}$ = äquatoriales Trägheitsmoment des Kurbelschenkelquerschnitts,

J_{pk} = polares Trägheitsmoment des Kurbelzapfenquerschnitts,

Diese Formel ist aber nur gültig für Dieselmotorwellen großer Abmessungen. Für Automobil- oder Flugzeugkurbelwellen dürfte sie Werte liefern, die sehr stark von den tatsächlichen Elastizitäten abweichen.

Um bei den Kurbelwellen von Flugzeug- und Automobilmotoren die Verdrehungselastizität zu bestimmen, wird die Welle an einem Ende fest eingespannt und am zweiten Ende mit einem bekannten Drehmoment belastet. Während des Versuchs muß die Welle in ihrer betriebsmäßigen Lagerung eingelagert sein, wenn ein richtiges Ergebnis herauskommen soll, denn die Art der Lagerung besitzt einen wesentlichen Einfluß auf die Verdrehungselastizität der Kröpfung. Gemessen wird die Relativverdrehung zwischen dem fest eingespannten und dem belasteten Wellenende in Abhängigkeit von dem aufgebrachten Drehmoment. Bei der Auswertung der Ergebnisse zieht man von dem gemessenen Drehwinkel zunächst die Verdrehung der konzentrisch zur Drehachse liegenden Wellenstücke ab. Diese läßt sich an Hand der bekannten Formeln mit genügender Sicherheit berechnen. Nach Abzug des so ermittelten Drehwinkels von der Gesamtverdrehung bleibt die Verdrehung der Kröpfungen selbst übrig. Auf Grund dieses Wertes läßt sich leicht berechnen, welche Länge ein glattes Wellenstück vom Durchmesser des Kurbelzapfens haben muß, das bei dem gleichen Drehmoment die gleiche Verdrehung erleidet. Es ist am übersichtlichsten, das Ergebnis des Versuchs dahin zusammenzufassen, daß man angibt, wievielmal diese „reduzierte Länge der Kröpfung" größer ist als die glatte Länge des Kurbelzapfens.

Die ausführliche Auswertung eines derartigen Verdrehungsversuchs wird im nächsten Beispiel für die Kurbelwelle eines Flugmotors durchgeführt. Für Dieselmotorkurbelwellen der im vorliegenden Beispiel gegebenen Konstruktion ist durch Versuche die reduzierte Länge der Kröpfung gleich der 2- bis 2,2fachen Länge des Kurbelzapfens ermittelt worden. Man erhält also im vorliegenden Fall:

$$l_{\mathrm{red}\,K} = 26 \cdot 2{,}2 = 57{,}2 \text{ cm} \,.$$

Die gesamte reduzierte Länge des Kurbelwellensystems, d. h. also die Länge der Welle des Ersatzsystems ergibt sich somit zu:

$$L_{\mathrm{red}} = l_{\mathrm{red}} + l_{\mathrm{red}\,K} = 132 + 57{,}2 = \mathbf{189{,}2 \text{ cm}} \,.$$

Mit dieser Angabe ist das Ersatzsystem vollständig. Seine Eigenschnelle läßt sich nach der auf S. 117 angegebenen Formel für das Zweimassen-Drehschwingungssystem berechnen zu:

$$\nu = \sqrt{\frac{c_R}{\theta_\text{red}}} \,,$$

wobei

$$\theta_\text{red} = \frac{\theta_\text{I} \cdot \theta_\text{II}}{\theta_\text{I} + \theta_\text{II}} = \frac{148\,000 \cdot 860{,}94}{148\,861} = 856 \text{ cmkgsec}^2$$

= reduziertes Trägheitsmoment des Zweimassensystems.

$$c_R = \frac{J_R \cdot \mathsf{G}}{L_\text{red}} = \frac{38\,350 \cdot 7{,}5 \cdot 10^5}{189{,}2} = 152 \cdot 10^6 \text{ cmkg}$$

= Federkonstante der reduzierten Welle des Ersatzsystems.

Somit:

$$\nu = \sqrt{\frac{152 \cdot 10^6}{856}} = 423/\text{sec} \,,$$

d. h. die minutliche Eigenschwingungszahl unserer Kurbelwellenanlage beträgt:

$$n_e = \frac{60}{2\,\pi} \cdot \nu = 4030/\text{min} \,.$$

Kritische Drehschwingungszahlen erreicht die Wellenanlage dann, wenn ihre Betriebsdrehzahl mit einem Bruchteil dieser Eigenschwingungszahl zusammenfällt[1].

Im allgemeinen sind die in der kritischen Drehzahl auftretenden Schwingungen um so heftiger, je niedriger die Ordnungszahl der Schwingungen ist, je kleiner also der Quotient aus Eigenschwingungszahl und Betriebsdrehzahl ausfällt. Bei Dieselmotoren werden kritische Drehzahlen im allgemeinen bis zur 12. Ordnung beobachtet, d. h. es werden dann noch Schwingungen wahrgenommen, wenn die Betriebsdrehzahl den 12. Teil der Eigenschwingungszahl ausmacht. Da im vorliegenden Fall die Betriebsdrehzahl ca. 200/min beträgt, würde erst eine kritische Drehzahl 20. Ordnung in das Betriebsgebiet fallen. Eine solche kritische Drehzahl kommt jedoch nicht mehr in Betracht. Das Ergebnis unserer Rechnung kann also dahin zusammengefaßt werden, daß bei der vorliegenden Wellenanlage das Auftreten von kritischen Torsionsdrehzahlen im Betriebsbereich nicht zu befürchten ist.

Beispiel 2: Berechnung der kritischen Torsionsdrehzahlen eines Sechszylinder-Flugmotors. Es ist die Aufgabe gestellt, die kritischen Drehzahlen eines Sechszylinder-Flugmotors zu berechnen,

---

[1] Die eingehende Begründung für diese Tatsache wird im zweiten Band gegeben werden. Hier soll lediglich darauf hingewiesen werden, welche praktische Bedeutung die Berechnung der Eigenschwingungszahlen von Kurbelwellensystemen besitzt.

dessen Kurbelwelle in Abb. 105 dargestellt ist. Außer der Maßzeichnung der Kurbelwelle sind folgende Angaben gemacht:

1. Massenträgheitsmoment des Propellers . . . . $\theta_I = 112\ \text{cmkgsec}^2$
2. Gewicht jedes der 6 Kolben . . . . $G_K = 2{,}92\ \text{kg}$
3. Gewicht jedes der 6 Pleuel . . . . $G_P = 2{,}90\ \text{kg}$
   Länge des Pleuels von Mitte Kolbenbolzen bis Mitte
   Kurbelzapfen . . . . $L\ \ = 32{,}5\ \text{cm}$
   Entfernung des Schwerpunkts der Pleuelstange
   von Mitte Kolbenbolzen . . . . $L_S = 22{,}1\ \text{cm}$
4. Kurbelradius . . . . $r\ \ \ = 9{,}5\ \text{cm}$.

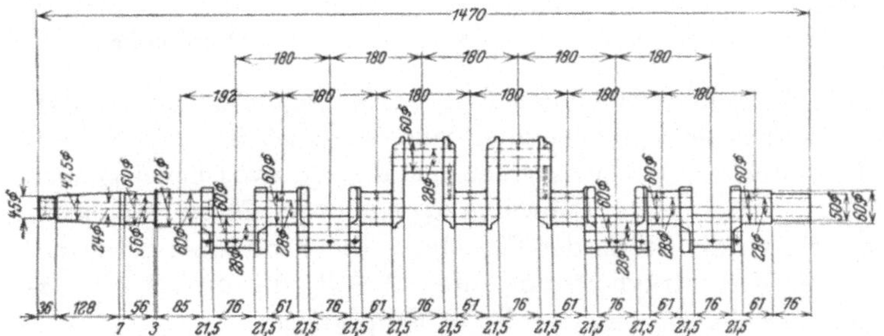
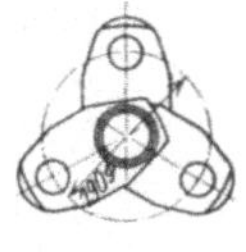

Abb. 105. Kurbelwelle eines Flugzeugmotors.

Die Berechnung des Ersatzsystems der vorliegenden Welle erfolgt nach den gleichen Gesichtspunkten, wie sie bei der Einzylinderwelle gegeben waren. Das Ersatzsystem, das in Abb. 106 gezeichnet ist, besteht wieder aus zwei Schwungrädern und einer dazwischen liegenden glatten Welle. Zu seiner Ermittelung benutzen wir ein Näherungsverfahren, das sich praktisch gut bewährt hat. Wir machen das Trägheitsmoment des Schwungrades I gleich demjenigen des Propellers, also $\theta_I = 112\ \text{cmkgsec}^2$, das Trägheitsmoment des Schwungrades II gleich dem Trägheitsmoment der gesamten Kurbelwelle einschließlich der Getriebemassen.

Das Wellenstück zwischen den beiden Ersatzschwungrädern entspricht der redu-

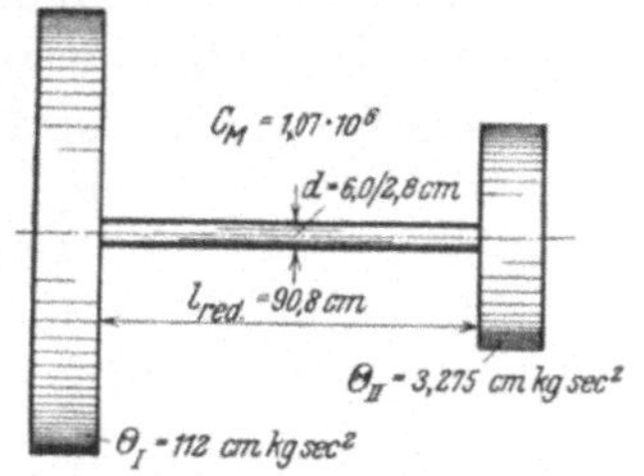

Abb. 106. Vereinfachtes Ersatzsystem der Kurbelwellenanlage eines Flugzeugmotors.

zierten Wellenlänge des Kurbelwellenstückes, das von Mitte Propellernabe bis zum Schwerpunkt der Kurbelwellenmassen, also bis zur mittelsten Lagerstelle reicht. Bei Berechnung dieses Wellenstückes ist also die reduzierte Länge von 3 Kröpfungen einschließlich der zugehörigen Lagerstellen einzusetzen.

Die Eigenschwingungszahl des an Hand dieser Näherungsrechnung

festgelegten Ersatzsystems entspricht lediglich der Eigenschwingungszahl der Grundschwingung des Wellensystems. Für alle praktischen
Fragen ist diese jedoch bei Automobil- und Flugmotoren allein maßgebend. Die exakte Berechnung des Wellensystems, deren Durchführung erst nach dem Studium der Koppelschwingungen möglich ist,

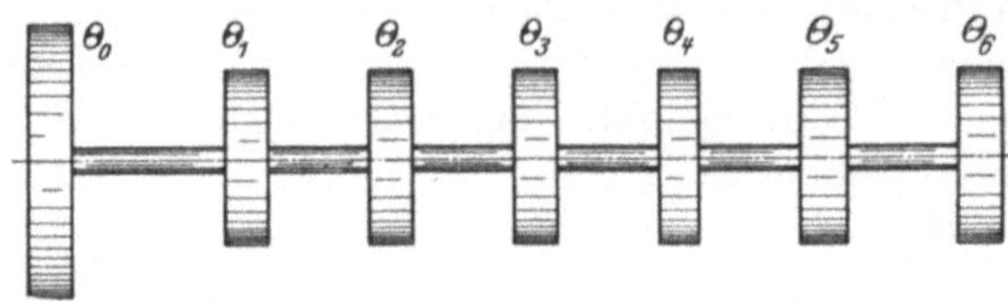

Abb. 107. Vollständiges Ersatzsystem der Kurbelwellenanlage eines Flugzeugmotors.

zeigt, daß die Welle in Wirklichkeit 6 Eigenschwingungszahlen besitzt.
Das dieser Tatsache entsprechende Ersatzsystem ist in Abb. 107 angedeutet. Es besteht aus 7 Schwungrädern und den dazwischen liegenden
Wellenstücken.   Das erste Schwungrad mit dem Massenträgheitsmoment θ_0 tritt an die Stelle des Propellers, die 6 weiteren Schwungräder mit den Massenträgheitsmomenten $\theta_1 \div \theta_6$ dienen als Ersatzmassen für die Trägheitswirkung der 6 Kröpfungen.

Die Berechnung sämtlicher 6 Eigenschwingungszahlen spielt bei
der Dimensionierung von Sechszylinder-Dieselmotoren, wie sie im
Schiffsbetrieb verwendet werden, eine wichtige Rolle. Im vorliegenden
Fall kam es lediglich darauf an, zu zeigen, wie mit Hilfe der bis jetzt
erworbenen Kenntnisse die in vielen Fällen ausreichende Grundschwingungszahl mit einfachen Mitteln berechnet werden kann.

Das Trägheitsmoment der Kurbelwelle. Wir berechnen zunächst das Trägheitsmoment einer Kröpfung.

Kurbelzapfen: $d_a = 6{,}0\ \text{cm}$,

$d_i = 2{,}8\ \text{cm}$,

$l = 7{,}6\ \text{cm}$,

$G = 1{,}31\ \text{kg}$,

$m \cdot r^2 = 0{,}12\ \text{cmkgsec}^2$,

$\theta_S = 0{,}0073\ \text{cmkgsec}^2 =$ Trägheitsmoment bezüglich der durch den Schwerpunkt des Kurbelzapfens gehenden Achse,

$\theta_z = m \cdot r^2 + \theta_S = 0{,}127\ \text{cmkgsec}^2 =$ Gesamtträgheitsmoment des Kurbelzapfens.

Kurbelwangen: $G = 1{,}72\ \text{kg} =$ Gewicht einer Wange,

$r_S = 4{,}7\ \text{cm} =$ Schwerpunktsradius der Wange,

$m \cdot r_S^2 = 0{,}039\ \text{cmkgsec}^2$,

$\theta_S = 0{,}031\ \text{cmkgsec}^2 =$ Trägheitsmoment um eine
zur Drehachse parallele Schwerpunktsachse

der Wange. Dieses Trägheitsmoment wurde graphisch nach dem auf S. 106 angegebenen Verfahren ermittelt.

$$\theta_W = 0{,}039 + 0{,}031 = 0{,}07 \ \text{cmkgsec}^2 = \text{Gesamt-}$$
trägheitsmoment einer Wange.

Trägheitsmoment der Getriebemassen:

$$m_{\text{rot}} = 0{,}00201 \ \frac{\text{kgsec}^2}{\text{cm}},$$

$$m_{\text{sch}} = 0{,}00392 \ \frac{\text{kgsec}^2}{\text{cm}},$$

$$\theta_T = r^2 \cdot (m_{\text{rot}} + \tfrac{1}{2} \, m_{\text{sch}}) = 0{,}358 \ \text{cmkgsec}^2.$$

Gesamtträgheitsmoment einer Kröpfung einschließlich der Getriebemassen:

$$\theta_K = 2 \cdot 0{,}07 + 0{,}127 + 0{,}358 = 0{,}625 \ \text{cmkgsec}^2.$$

Das Trägheitsmoment der gesamten Kurbelwelle, das im Ersatzsystem in dem Trägheitsmoment des Schwungrades *II* zusammengefaßt wird, ist 6 mal so groß wie dasjenige der einzelnen Kröpfung, also:

$$\theta_{\text{II}} = 6 \cdot 0{,}625 = 3{,}75 \ \text{cmkgsec}^2.$$

Berechnung der reduzierten Länge der Ersatzwelle. Zur Ermittlung der reduzierten Länge der Kurbelwelle wurde folgender Versuch durchgeführt (s. Abb. 108):

Die Welle wurde am Propellerende mit einem Hebel von 1 m Länge versehen, der mit dem Kraftmesser einer Zerreißmaschine oder einer Dezimalwaage in Verbindung stand. Auf dem zweiten Wellenende wurde ein zum ersten Hebel um 180⁰ versetzter gleich langer Hebel befestigt, der durch den Belastungsmechanismus der Zerreißmaschine unter Spannung gesetzt wurde. Während des Versuchs war die Welle betriebsmäßig in ihrem Gehäuse eingelagert und das Gehäuse selbst auf einer Spannplatte gut befestigt. Auf diese Weise konnte bei dem Versuch der Einfluß der Lagerung mit erfaßt werden. Die Anordnung gestattete, Drehmomente von beliebiger Größe aufzubringen und genau zu messen. Außer dem Drehmoment war bei dem Versuch die Relativverdrehung der beiden Wellenenden festzustellen. Die Messung erfolgte mit Hilfe von Spiegeln, die in Verlängerung der Wellenachse befestigt waren. Abb. 108 zeigt schematisch die Anordnung. Ihre Verdrehung wurde in der üblichen Weise mit Hilfe von Fernrohr und Skala beobachtet. Das Ergebnis der Messung war folgendes:

Bei einem Drehmoment von 10000 cmkg besaß die Relativverdrehung der Wellenendquerschnitte den Betrag von 0,018, gemessen im Bogenmaß. Im übrigen war der Verdrehungswinkel dem Drehmoment genau proportional.

Um aus diesem Versuchsergebnis die äquivalente elastische Länge der einzelnen Kröpfungen zu berechnen, muß man zunächst ermitteln, wie lang eine Welle vom Durchmesser des Kurbelzapfens ($d_a = 6{,}0$ cm; $d_i = 2{,}8$ cm; polares Flächenträgheitsmoment $J_p = 121$ cm^4) sein muß, um sich bei dem gleichen Drehmoment von 10000 cmkg um den gleichen Winkel $\vartheta = 0{,}018$ zu verdrehen.

Wir berechnen:

$$l_i = \frac{J_p \cdot G}{M_d} \cdot \vartheta = \left(\frac{121 \cdot 8 \cdot 10^5}{10\,000}\right) \cdot 0{,}018 = 174 \text{ cm}.$$

Bei dieser Rechnung wurde der Gleitmodul des Stahls $G = 8 \cdot 10^5$ kg/cm^2 gesetzt, wie dies für vergüteten Chromnickelstahl, aus dem die Welle gefertigt ist, zutrifft.

Aus diesem Wert berechnet man die „reduzierte Länge" einer Kröpfung, wenn man die reduzierte Länge der konzentrisch liegenden Wellenstücke (Lagerzapfen usw.) von l_i abzieht und die restliche Länge durch 6 (Anzahl der Kröpfungen) teilt.

Die reduzierten Längen der Lagerzapfen werden dadurch berechnet, daß man die natürliche Länge mit dem Quotienten aus

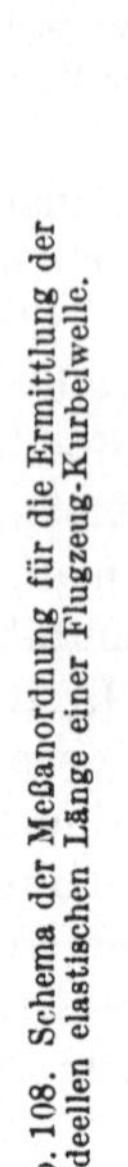

Abb. 108. Schema der Meßanordnung für die Ermittlung der ideellen elastischen Länge einer Flugzeug-Kurbelwelle.

Tabelle 5.

	J_p	natürliche Länge l cm	reduzierte Länge l_r cm
1	93	6,4*	8,3
2	93	5,6	7,2
3	124	8,5	8,3
4	121	6,1	6,1
5	121	6,1	6,1
6	121	6,1	6,1
7	121	6,1	6,1
8	121	6,1	6,1
9	121	6,1	6,1
10	45	3,8*	10,2

$l_r = 70{,}6$ cm

* Bis Mitte Nabe des Belastungshebels gemessen.

dem Trägheitsmoment des Normaldurchmessers $J_0 = 121$ cm^4 und dem Trägheitsmoment des zu reduzierenden Wellenzapfens multipliziert, also

$l_r = l_0 \cdot \dfrac{J_p}{J_0}$ berechnet. Die gesuchte Länge ist an Hand der Tabelle 5 ermittelt. In Spalte 1 sind die polaren Flächenträgheitsmomente der zu reduzierenden Zapfen, in Spalte 2 die natürlichen und in Spalte 3 die gesuchten reduzierten Längen eingetragen. Man findet als Summe der reduzierten Längen den Wert 70,6 cm. Demnach beträgt die reduzierte Länge einer Kröpfung:

$$l_{\mathrm{red}\,K} = \frac{174 - 70{,}6}{6} = 17{,}25 \text{ cm}.$$

Somit ist im vorliegenden Fall die reduzierte Länge einer Kröpfung gleich dem 2,27fachen Betrag der Kurbelzapfenlänge (= 7,6 cm). Die reduzierte Länge der zentrisch zur Achse liegenden Wellenstücke vom Propellerende bis Mitte Welle ermittelt man zu 39,05 cm.

An Hand dieser Ermittlungen errechnet sich die reduzierte Wellenlänge des Ersatzsystems zu:

$$l_{\mathrm{red}} = 3 \cdot 17{,}25 + 39{,}05 = 90{,}8 \text{ cm}.$$

Man findet weiterhin als Federkonstante des Ersatzsystems:

$$c_R = \frac{J_0\,G}{l_{\mathrm{red}}} = \frac{121 \cdot 8 \cdot 10^5}{90{,}8} = 1{,}07 \cdot 10^6 \text{ cmkg}.$$

Das reduzierte Trägheitsmoment ergibt sich zu:

$$\theta_{\mathrm{red}} = \frac{\theta_I \cdot \theta_{II}}{\theta_I + \theta_{II}} = \frac{112 \cdot 3{,}75}{115{,}75} = 3{,}63 \text{ cmkgsec}^2,$$

so daß die Eigenschnelle des Ersatzsystems:

$$\nu = \sqrt{\frac{c_R}{\theta_{\mathrm{red}}}} = \sqrt{\frac{1{,}07 \cdot 10^6}{3{,}63}} = 543/\mathrm{sec},$$

entsprechend einer minutlichen Eigenschwingungszahl von:

$$n_e = \frac{60}{2\,\pi} \cdot \nu = 5190/\mathrm{min}.$$

Die Berechnung der kritischen Torsionsdrehzahlen an Hand dieser Angabe geschieht auf Grund der Erfahrungstatsache, daß beim Sechszylinder-Explosionsmotor kritische Drehzahlen zu erwarten sind, wenn die Drehzahl mit dem 2., 3., 4., 4,5., 5. und 6. Teil der Eigenschwingungszahl zusammenfällt. Im vorliegenden Fall beträgt die höchste Betriebsdrehzahl des Flugmotors 1500/min. Es ergibt sich:

die kritische Drehzahl 6. Ordnung bei $n_6 \quad = \quad 865/\mathrm{min}$

$\quad$,, $\quad\quad$,, $\quad\quad$,, $\quad$ 5. $\quad$,, $\quad\quad$,, $n_5 \quad = \quad 1040/\mathrm{min}$

$\quad$,, $\quad\quad$,, $\quad\quad$,, $\quad$ 4,5. $\quad$,, $\quad\quad$,, $n_{4,5} = 1150/\mathrm{min}$

$\quad$,, $\quad\quad$,, $\quad\quad$,, $\quad$ 4. $\quad$,, $\quad\quad$,, $n_4 \quad = 1300/\mathrm{min}$

$\quad$,, $\quad\quad$,, $\quad\quad$,, $\quad$ 3. $\quad$,, $\quad\quad$,, $n_3 \quad = 1730/\mathrm{min}$

$\quad$,, $\quad\quad$,, $\quad\quad$,, $\quad$ 2. $\quad$,, $\quad\quad$,, $n_2 \quad = 2595/\mathrm{min}$.

Es fallen also insgesamt 4 kritische Drehzahlen in das Betriebsgebiet. Bei jeder dieser Drehzahlen besteht die Gefahr, daß durch die zusätzlichen Verdrehungsschwingungen die Welle, die mit Rücksicht auf geringes Gewicht ohnehin äußerst hoch beansprucht ist, durch Ermüdungsbruch zerstört wird. Der Pilot darf deshalb nicht in der Nähe dieser kritischen Drehzahlen fahren und muß beim Anfahren möglichst rasch darüber hinweggehen. Trotzdem läßt sich eine Bruchgefahr nur ausschalten, wenn besondere Maßnahmen getroffen werden. Diese bestehen darin, daß der Motor mit einem besonderen Dämpferapparat ausgerüstet wird, der die Schwingungen in den kritischen Drehzahlen auf geringen Beträgen hält, oder daß zwischen Propeller und Motor eine sehr elastische Kupplung angeordnet wird, deren Berechnung in analoger Weise zu erfolgen hat wie die der elastischen Kupplung des im nächsten Abschnitt durchgerechneten Beispiels.

Auch bei Automobilmotoren, namentlich bei Sechs- und Achtzylindermotoren, treten heftige kritische Torsionsdrehzahlen in Erscheinung, die sehr unliebsame Erschütterungen bedingen. Bei Konstruktion der Kurbelwelle derartiger Motoren muß man darauf bedacht sein, die Grundschwingung der Welle von vornherein möglichst hoch zu legen. Dies geschieht dadurch, daß die Kurbelzapfen kurz und mit sehr großem Durchmesser konstruiert werden. Eine derartige Maßnahme ist im Automobilbau bereits zur Regel geworden. Im übrigen erfolgt die Berechnung der Grundschwingungen von Automobilkurbelwellen nach dem gleichen Schema, wie es vorstehend für Flugzeugkurbelwellen gegeben wurde. Zu beachten ist lediglich, daß die reduzierte Länge der Kröpfungen wesentlich von den bei Flugzeugkurbelwellen gemessenen Werten abweicht.

Nach den zahlreichen vom Verfasser durchgeführten Versuchen kann man bei modernen Konstruktionen die reduzierte Länge bei Sechszylinderwellen im Mittel mit der dreifachen Kurbelzapfenlänge, bei Achtzylinderkurbelwellen im Mittel mit der 3,5fachen Kurbelzapfenlänge angeben.

Diese Werte gelten unter der Voraussetzung, daß die Kurbelzapfenlänge gleich oder kleiner ist als der Kurbelzapfendurchmesser und die Wangen nicht abnormal schwach gehalten sind, Verhältnisse, die bei den modernen Automobilkurbelwellen in der Regel zutreffen. Wenn man sichere Unterlagen für die Berechnung der reduzierten Länge der Kröpfung in Händen haben will, so wird sich die Durchführung des geschilderten Verdrehungsversuchs nicht umgehen lassen. Für Näherungsrechnungen genügen auf jeden Fall die vorgenannten Werte.

48. Torsionsschwingungen einer Ventilatorenanlage und ihre Beseitigung durch Einbau einer elastischen Kupplung.

Den Gegenstand der Berechnung bildet die in Abb. 109 dargestellte Ventilatorenanlage. Sie besteht aus einer Tandemverbunddampfmaschine von $N = 600$ PS Leistung und $n = 80$ bis $110/\text{min}$, die über ein Zahnradvorgelege mit Übersetzung $1 : 2{,}17$ einen Grubenventilator antreibt. Der Ventilator ist mit der schnellaufenden Ritzelwelle des Getriebes fest gekuppelt. Zwischen Dampfmaschine und Getriebe war zunächst auch eine feste Kupplung angeordnet.

Bei Inbetriebnahme der Anlage unter diesen Verhältnissen zeigte sich, beginnend bei einer Drehzahl von $n = 80/\text{min}$, ein heftiges Schlagen des Getriebes und der zugehörigen Lager. Bei $n = 95 \div 100/\text{min}$ wurde das Schlagen so stark, daß eine ernstliche

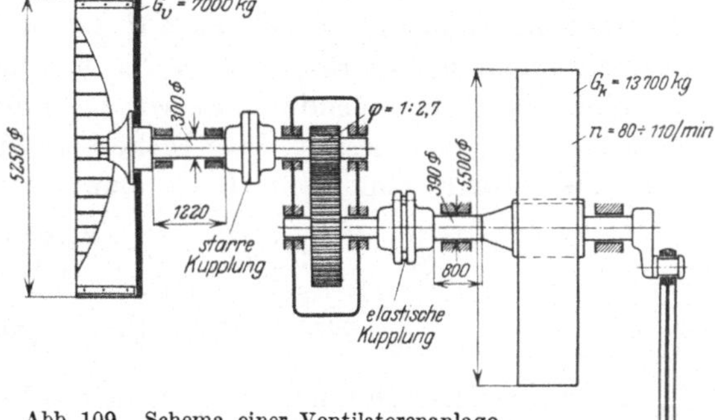

Abb. 109. Schema einer Ventilatorenanlage.

Beschädigung des Getriebes und der zugehörigen Lager befürchtet werden mußte. Von $n = 100/\text{min}$ ab wurde das Schlagen wieder schwächer. Von Interesse ist ferner, daß 4 Schläge je Umdrehung des Schwungrades beobachtet wurden.

Unsere Aufgabe besteht darin, zu untersuchen, auf welche Ursachen das Schlagen des Getriebes zurückzuführen ist und welche Maßnahmen zur Beseitigung der Störung ergriffen werden können. Aus den beobachteten Erscheinungen läßt sich für den Schwingungsfachmann der sichere Schluß ziehen, daß es sich um Torsionsschwingungen der Anlage handelt. Deshalb soll zunächst die Torsionseigenschwingungszahl des Systems berechnet werden.

a) Das Ersatzsystem der Anlage.

Um eine übersichtliche Berechnung durchführen zu können, führen wir auch im vorliegenden Fall die Anlage auf ein aus 2 Schwungrädern mit dazwischen liegender glatter Welle bestehendes Ersatzsystem zurück. Das Trägheitsmoment des Schwungrades I kann mit dem Trägheitsmoment des Dampfmaschinenschwungrades gleichgesetzt werden. Dieses besitzt ein Kranzgewicht von 13700 kg. Der Schwerpunktsradius besitzt den Betrag $R_S = 252{,}25$ cm. Demnach ergibt sich das Massen-

11*

trägheitsmoment des Schwungkranzes zu:

$$\theta_K = 890\,000 \text{ cmkgsec}^2.$$

Hierzu muß für das Massenträgheitsmoment von Nabe und Armen ein Zuschlag von 20% hinzugerechnet werden, so daß sich ergibt:

$$\theta_I = 1\,070\,000 \text{ cmkgsec}^2.$$

Das Schwungrad *II* des Ersatzsystems verkörpert die Trägheitswirkung des Ventilators. Dieser besitzt ein Gesamtgewicht von 7000 kg und einen Durchmesser von 525 cm. Die angenäherte Berechnung seines Massenträgheitsmoments gelingt auf Grund der Annahme, daß die Massenverteilung des Rotors etwa die gleiche sein wird wie bei einer Scheibe, die den Außendurchmesser des Flügelrades und das gleiche Gewicht wie dieses besitzt. Ihre Dicke berechnet sich zu: $h = 4{,}18$ cm. Als Massenträgheitsmoment findet man:

$$\left(\frac{\gamma}{g} = 8 \cdot 10^{-6} \, \frac{\text{kgsec}^2}{\text{cm}^4} \right)$$

$$\theta_V = \frac{\pi}{32} \cdot 525^4 \cdot 4{,}18 \cdot 8 \cdot 10^{-6} = 250\,000 \text{ cmkgsec}^2.$$

Da wir bei Berechnung des Systems alle Werte auf die Schwungradseite beziehen wollen, ist das Trägheitsmoment θ_V noch mit dem Quadrat des Übersetzungsverhältnisses des Getriebes $\varphi = 2{,}17$ zu multiplizieren (siehe die Ausführungen über Massenreduktion auf S. 116ff.). Man erhält demgemäß:

$$\theta_{II} = 1\,180\,000 \text{ cmkgsec}^2.$$

Die Trägheitsmomente der Zahnräder des Getriebes können gegenüber den Trägheitsmomenten von Ventilator und Dampfmaschinenschwungrad unberücksichtigt bleiben.

b) **Berechnung der reduzierten Länge der Welle des Ersatzsystems.** Die Berechnung der reduzierten Länge verursacht im vorliegenden Fall eine erhebliche Rechenarbeit. Am übersichtlichsten gestalten sich die Verhältnisse, wenn die einzelnen Wellenabschnitte auf den Durchmesser des Schwungradlagerzapfens $D = 39$ cm reduziert werden. Die einzelnen Werte sind in Tabelle 6 zusammengestellt. Hierzu ist folgendes zu bemerken:

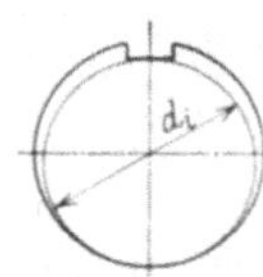

Abb. 110. Ermittlung des ideellen Wellendurchmessers bei genuteten Wellen.

Für die Berechnung des Flächenträgheitsmoments eines Wellenstückes, das mit Keilnut versehen ist, hat man den Durchmesser eines Kreises einzusetzen, der gemäß Abb. 110 die Welle einerseits und die Keilnut andererseits tangiert.

Die Berechnung des mittleren Flächenträgheitsmoments eines konischen Wellenstückes, wie es in dem Übergangskegel der Schwungrad-

Tabelle 6. Berechnung der reduzierten Wellenlänge einer Ventilatorenanlage. Bezugsdurchmesser 39 cm; $J_p = 227\,120$.

Nr.	Wellenstück	d cm	l cm	J_{pm} cm^4	l_{red} cm
1	Schwungradnabe	58*	45	1 110 000	9,2
2	Übergangskegel	56/41	34	500 000	15,6
3	Lagerzapfen.	39	79,5	**227 120**	79,6
4	Kupplungszapfen der Schwungradwelle .	29,4*	16,5	73 000	51,5
5	Kupplungszapfen der Getriebewelle . .	25,4*	16,5	41 000	91,2
6	Lagerzapfen	30	45	79 520	129,0
7	Getriebeausgleichwelle der Ventilator- seite	22	102	23 000 ⎫	215,0
8	Kupplungszapfen der Getriebewelle . .	25*	22,5	38 350 ⎪	28,5
9	Kupplungszapfen der Ventilatorwelle. .	26*	19	44 864 ⎬**	20,5
10	Lagerzapfen	30	12,2	79 520 ⎪	7,4
11	Zapfen der Ventilatornabe	22,8*	26,5	26 500 ⎭	48,3
					695,8

welle vorkommt, erfolgt nach der Formel:

$$(176) \qquad J_m = \frac{\dfrac{3\,d_2^4 \cdot \pi}{32}}{\dfrac{d_2}{d_1}\cdot\left[\left(\dfrac{d_2}{d_1}\right)^2 + \dfrac{d_2}{d_1} + 1\right]}.$$

Hierbei bedeuten:

$d_2 =$ größter Durchmesser des konischen Wellenstückes,

$d_1 =$ kleinster Durchmesser des konischen Wellenstückes.

Die reduzierten Längen der einzelnen Wellenstücke werden berechnet, indem man die natürliche Länge mit dem Quotienten aus dem Trägheitsmoment des Bezugsdurchmessers ($d = 39$ cm) und dem mittleren Flächenträgheitsmoment des betreffenden Wellenstückes multipliziert.

Die reduzierte Länge der auf der hochtourigen Seite des Getriebes liegenden Wellenstücke ist durch die zweite Potenz des Übersetzungsverhältnisses $= 2,17^2$ zu dividieren, aus den gleichen Gründen, die bei Zurückführung des Trägheitsmoments des Ventilators auf die langsam laufende Getriebeseite vorliegen.

Gemäß Tabelle 6 findet man, daß die gesamte reduzierte Wellenlänge des Ersatzsystems den Betrag $l_{red} = 695,8$ cm besitzt. Demgemäß ergibt sich eine Federkonstante von:

$$c_R = \frac{J_0 \cdot G}{l_{red}} = \frac{227120 \cdot 8 \cdot 10^5}{695,8} = 260,5 \cdot 10^6 \,\text{cmkg}.$$

Hierbei wurde der Gleitmodul des Stahls $G = 8 \cdot 10^5$ kg/cm^2 gesetzt.

---

* Diese Durchmesser sind der Keilnut einbeschrieben.

** Die reduzierten Wellenlängen der Ventilatorseite sind durch das Quadrat des Übersetzungsverhältnisses (2.17^2) zu dividieren, um die entsprechenden reduzierten Wellenlängen l_{red} auf der Schwungradseite zu erhalten.

Das reduzierte Trägheitsmoment der beiden Ersatz-Schwungräder berechnet sich zu:

$$\theta_{\mathrm{red}} = \frac{\theta_I \cdot \theta_{II}}{\theta_I + \theta_{II}} = \frac{1,07 \cdot 10^6 \cdot 1,18 \cdot 10^6}{2,25 \cdot 10^6} = 0,56 \cdot 10^6 \text{ cmkg}.$$

Somit ergibt sich die Eigenschnelle zu:

$$v = \sqrt{\frac{260,5 \cdot 10^6}{0,56 \cdot 10^6}} = \sqrt{465} = 21,564/\text{sec}.$$

Dementsprechend beträgt die minutliche Eigenschwingungszahl:

$$n_e = 206/\text{min}.$$

Bei der Betriebsdrehzahl von $n = 103/\text{min}$ wird die kritische Drehzahl zweiter Ordnung erreicht. Da diese Tatsache mit der beobachteten Erscheinung, daß bei $n = \sim 100/\text{min}$ das Schlagen des Getriebes am heftigsten ist, übereinstimmt, ist klar erwiesen, daß die vorliegende Störung durch Torsionsschwingen verursacht ist[1].

c) Berechnung einer elastischen Kupplung.

Die Störung wird verschwinden, wenn es gelingt, die Eigenschwingungszahl des Systems so abzuändern, daß die Betriebsdrehzahl wesentlich höher ist als die Eigenschwingungszahl. Als wirksamste Maßnahme zur Erreichung dieses Ziels wird der Einbau einer elastischen Kupplung gewählt. Diese ist geeignet, die Eigenschwingungszahl des Systems so weit herabzusetzen, daß die kritische Drehzahl erster Ordnung bereits bei etwa 40/min überwunden wird. Hiernach ist aber keine weitere Störung zu befürchten, vielmehr wird in dem darüber liegenden Drehzahlgebiet die Anlage bei jeder beliebigen Drehzahl ruhig laufen müssen.

Die Konstruktion einer derartigen elastischen Kupplung geht aus Abb. 111 hervor. Sie besteht im wesentlichen aus 4 geschichteten Blattfedern, wie sie aus dem Fahrzeugbau bekannt sind. Die Kupplung soll zwischen Schwungrad und Getriebe angeordnet werden. Die Federpakete sind an einem Querarm eingespannt, der mit der Schwungradwelle verkeilt ist. Der zweite Arm der Kupplung, an dem 4 zu den Enden der Blattfedern führende Zugstangen angreifen, ist auf dem Wellenstumpf des Getriebes zu befestigen.

---

[1] Schwingt das System in der kritischen Drehzahl zweiter Ordnung, so entfallen auf jede Umdrehung zwei volle Schwingungen. Das Schlagen im Getriebe kommt dadurch zustande, daß das Drehmoment bei großen Ausschlägen negativ wird. Demgemäß heben sich die Zähne ab und kommen mit den Zahnrücken in Eingriff. Zu jeder vollen Schwingung gehört ein zweimaliges Schlagen, entsprechend dem Abheben und Wiederaufschlagen der Zähne. Das viermalige Schlagen je Umdrehung beweist also, daß Schwingungen der zweiten Ordnung vorliegen.

Die Berechnung der Kupplung geht folgendermaßen vor sich:

Zunächst wird an Hand der Forderung, daß die Eigenschwingungszahl des Gesamtsystems $n_e = 40/\text{min}$ sein soll, berechnet, welche Federkonstante die Kupplung besitzen muß, wenn sie als alleinige Drehfederung in dem System eingebaut wäre; denn die Federkonstante der elastischen Kupplung ist so klein, daß die übrige Wellenanlage dagegen praktisch als starr betrachtet werden kann. Man erhält:

$$c_k = v^2 \cdot \theta_{\text{red}} = 4{,}18^2 \cdot 0{,}56 \cdot 10^6 = 9{,}85 \cdot 10^6 \,\text{cmkg}.$$

Hierauf sind die Abmessungen der Federpakete so zu berechnen, daß ihre Biegebeanspruchung bei dem höchsten in Frage kommenden Drehmoment den zulässigen Wert von 5000 kg/cm² nicht überschreiten.

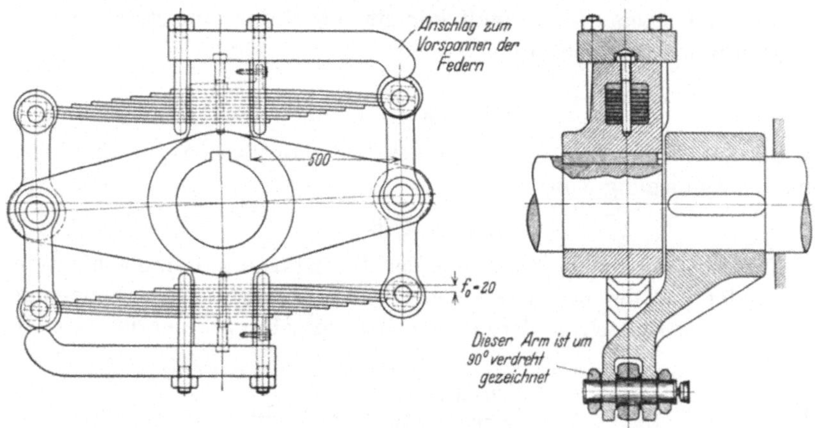

Abb. 111. Elastische Kupplung.

Den Radius des auf der Getriebewelle aufgekeilten Kupplungsarmes, an dem die Zugstangen für die Blattfedern angreifen, wählen wir mit $L = 60$ cm und dementsprechend die freie Länge jeder der 4 Federn mit $l = 50$ cm. Zwischen der Konstanten der Drehfederung c_k cmkg der gesamten elastischen Kupplung und der Linearfederkonstanten c_0 kg/cm einer einzelnen Kupplungsfeder besteht folgende Beziehung:

$$c_k = 4 \cdot c_0 \cdot L^2, \qquad c_0 = \frac{c_k}{4\,L^2},$$

wobei:

$$c_0 = \frac{P}{f},$$

$P =$ Belastung am freien Ende einer der 4 Kupplungsfedern,

$f =$ Durchbiegung, die sich unter Wirkung dieser Belastung einstellt.

Im vorliegenden Fall ergibt sich somit:

$$c_0 = \frac{9{,}85 \cdot 10^6}{4 \cdot 3600} = 683 \text{ kg/cm}.$$

Für die Festigkeitsberechnung der Feder und die Ermittlung der Federabmessungen muß ferner die größte in Frage kommende Durchbiegung des freien Federendes bekannt sein.

Da die Dampfmaschine bei einer Drehzahl von $n = 110/\text{min}$ ihre Höchstleistung mit $N = 1200$ PS abgeben soll, ist das größte für die Kupplung in Betracht kommende Drehmoment:

$$M_{d\max} = 71620\,\frac{N}{n} = \frac{71620 \cdot 1200}{110} = 781\,300 \text{ cmkg},$$

entsprechend einer Umfangkraft von $U = 13000$ kg, bezogen auf den Radius von 60 cm. Demgemäß kommt pro Feder eine durchbiegende Kraft am freien Ende von

$$P_{\max} = \frac{U}{4} = 3250 \text{ kg}$$

in Betracht. Diese bewirkt bei einer Federkonstanten von 683 kg/cm eine Durchbiegung von

$$f_{\max} = 4{,}76 \text{ cm}.$$

Der Zusammenhang zwischen der Blattstärke h der geschichteten Blattfeder und der bei der höchsten Durchbiegung $f_{\max}$ des Federendes in der Einspannstelle auftretenden Beanspruchung k_b ergibt sich aus der Formel:

$$(177) \qquad h = \frac{l^2}{f_{\max}} \cdot \frac{k_b}{\mathsf{E}} = \frac{2500 \cdot 5000}{4{,}76 \cdot 2{,}2 \cdot 10^6} = 1{,}194 \text{ cm} = \sim 1{,}2 \text{ cm}.$$

Die Breite der demgemäß 12 mm starken Federblätter wurde aus konstruktiven Gründen mit $b_0 = 15$ cm gewählt. Schließlich berechnet sich die Anzahl z der pro Feder erforderlichen Federblätter aus der Beziehung[1]:

$$(178) \qquad c_0 = \frac{P}{f} = \frac{2\,\mathsf{E} \cdot z \cdot b_0 \cdot h^3}{12 \cdot l^3}$$

$$z = \frac{6\,l^3 \cdot c_0}{\mathsf{E} \cdot b_0 \cdot h^3} = \frac{6 \cdot 50^3 \cdot 683}{2{,}2 \cdot 10^6 \cdot 15 \cdot 1{,}2^3} = 9.$$

Beim Anfahren der Kupplung müssen verschiedene Drehschwingungsresonanzen des Systems durchfahren werden. Im vorliegenden Fall liegt z. B. die sehr starke Resonanz zweiter Ordnung bei $n = 20/\text{min}$. Werden nicht besondere Schutzmaßnahmen getroffen, so wird die Kupplung beim Anfahren innerhalb weniger Umdrehungen durch diese Resonanzen zerstört.

---

[1] Siehe „Hütte", Band I, S. 660.

Die wirksamste Schutzmaßnahme, die in den verschiedensten Fällen sich ausgezeichnet bewährt hat, besteht darin, daß die Kupplung durch eine besondere Vorspannvorrichtung so lange blockiert wird, bis sämtliche Resonanzen überwunden sind. Um dieses Ziel zu erreichen, hat man lediglich nötig, die Federn der Kupplung im Drehsinne mit einem Moment von solcher Größe vorzuspannen, daß die Federn sich erst bei einer Drehzahl abheben, die oberhalb der kritischen Drehzahl erster Ordnung liegt, also im vorliegenden Fall z. B. erst bei einer Drehzahl von 50 bis 60/min. Beim Anfahren bildet, da infolge der Vorspannung die Federn fest gegen die Anschläge gedrückt waren, die Kupplung gewissermaßen ein starres System. Die Eigenschwingungszahl des Wellensystems liegt demgemäß beim Anfahren so hoch, als wenn an Stelle der elastischen Kupplung eine starre Kupplung eingesetzt wäre. Erst bei einer Drehzahl von $n = 50/\text{min}$ heben sich die Federn der Kupplung von den Anschlägen ab. Hierdurch wird aber die Eigenschwingungszahl des Systems plötzlich auf den Wert von 40/min herabgesetzt, so daß das System außerhalb jeglicher Resonanzgefahr läuft. Dieser an sich sehr einfache Kniff ermöglicht ein vollkommen stoßfreies Anfahren.

Ein Ausführungsbeispiel für die Blockiervorrichtung ist in Abb. 111 dargestellt. Auf den Armen, in denen die Kupplungsfedern eingespannt sind, wurden starre Querbalken fest aufgeschraubt, an deren vorderem Ende Anschläge befestigt waren, mit Hilfe deren die Kupplungsfedern im vorliegenden Beispiel um einen Betrag von 2 cm aus der Ruhelage vorgespannt wurden.

Drittes Kapitel.

Der elektrische Schwingungskreis.

A. Grundlegende Betrachtungen.

49. Schwingungsformen und Energiearten.

Wie im 1. Kapitel ausführlich erörtert wurde, ist das Zustandekommen einer Schwingung an die Voraussetzung gebunden, daß eine bestimmte Energiemenge zwischen den Formen der potentiellen und der kinetischen Energie hin und her pendelt. Man kann umgekehrt folgern, daß überall da eine Schwingung möglich ist, wo ein potentieller und ein kinetischer Energiespeicher derart zusammengefügt werden, daß ein Energieaustausch zwischen beiden stattfinden kann. Welcher Art die pendelnde Energie ist, wird grundsätzlich für das Zustandekommen des Schwingungsvorganges gleichgültig sein. Maßgebend ist lediglich die Menge der pendelnden Energie einerseits, sowie die Aufnahmefähigkeit der Energiespeicher und ihr Größenverhältnis zueinander andererseits.

Wir kennen nur drei Formen der Energie, die technisch von Bedeutung sind, nämlich:

1. die mechanische Energie,
2. die elektromagnetische Energie und
3. die Wärmeenergie.

Die erste Energieform lag unseren bisherigen Betrachtungen über die Schwingungen mechanischer Systeme zugrunde. In dem vorliegenden Kapitel wollen wir uns mit den einfachsten Schwingungen elektromagnetischer Energie befassen und die an Hand der mechanischen Schwingungen gewonnenen Gesetze auf diese Energieform anwenden.

Die Technik der elektrischen Schwingungen bildet ein großes in sich geschlossenes Sondergebiet, das in der Radiotechnik weitgehende Nutzanwendung gefunden hat. Es kann als das heute am weitesten entwickelte Gebiet der gesamten Schwingungstechnik angesehen werden. Wir werden im Verlauf unserer Entwicklung zeigen, daß der elektrische Schwingungskreis insofern die idealste Anordnung eines Schwingungssystems bildet, als hier einerseits die bei mechanischen Schwingungen oft beträchtlich störenden Nebeneinflüsse fast vollständig ausgeschaltet werden können und andererseits die vereinfachenden Annahmen (z. B. die Annahme einer dem Ausschlag proportionalen Federung, einer der Geschwindigkeit proportionalen Dämpfung (s. 4. Kapitel) streng erfüllbar sind. Hinzu kommt der bedeutende Vorteil, daß man mit Hilfe der hoch entwickelten elektrischen Meßgeräte alle Vorgänge in bequemster Weise genau erfassen und verfolgen kann.

In der mechanischen Schwingungstechnik sind bis jetzt keine Meßgeräte geschaffen, die sich den vollkommenen elektrischen Meßgeräten an die Seite stellen ließen. Die Weiterentwicklung und der Aufschwung der mechanischen Schwingungstechnik wird wesentlich davon abhängen, daß den elektrischen Wechselstrom-Meßgeräten gleichwertige mechanische Schwingungsmeßgeräte entwickelt werden. Erst dann ist eine genaue Erforschung aller Vorgänge möglich.

Schließlich darf nicht vergessen werden, daß die elektrische Schwingungstechnik mit einfachen und handlichen Elementen arbeitet und ihre Versuchsapparaturen mit verhältnismäßig geringen Mitteln zusammenstellen kann, während Versuche auf dem Gebiet der mechanischen Schwingungen meist recht kostspielig sind.

Ganz allgemein kann das Vorbild der elektrischen Schwingungssysteme für die mechanische Schwingungstechnik in vieler Hinsicht wegweisend sein.

Über Wärmeschwingungen liegen bisher noch keinerlei Untersuchungen vor. Es scheinen sich in der technischen Praxis auch noch keine Schwingungserscheinungen auf diesem Gebiet gezeigt zu haben, die gebieterisch eine Lösung fordern. Indessen ist grundsätzlich auch eine Wärmeschwingung möglich, die nach den gleichen Grundgesetzen verläuft, wie die mechanischen und elektromagnetischen Schwingungen.

50. Die Elemente des elektrischen Schwingungskreises.

Genau so, wie der mechanische Schwingungskreis, entsteht das elektrische Schwingungssystem durch Verbindung eines potentiellen mit einem kinetischen Energiespeicher. Die genaue Kenntnis dieser beiden Elemente und der zu ihrer Berechnung und Dimensionierung notwendigen Gesetze bildet die Grundlage für das Verständnis und die Beherrschung der elektrischen Schwingungen.

Das Wesen des potentiellen Energiespeichers besteht ganz allgemein darin, daß er in der Lage ist, Energie in Form einer Spannung aufzunehmen und sie so lange auslösungsbereit aufzubewahren, bis die Entladung in geeigneter Weise eingeleitet wird. Dabei verharrt der potentielle Energiespeicher für den Augenschein in Ruhe. Keinerlei Bewegung, kein äußerlich ohne weiteres erkennbares Merkmal deutet darauf hin, daß er geladen ist. Diese Eigenheit hat der potentiellen Energie auch den Namen der latenten, d. h. verborgenen Energie eingetragen. Man erkennt, daß der Kondensator die elektrische Energie in der angegebenen Weise zu speichern vermag. Er übernimmt somit die Rolle des potentiellen Energiespeichers.

Im scharfen Gegensatz hierzu steht das Wesen des kinetischen Energiespeichers. Er kann die Energie nur in Form von Bewegung bestimmter Energieträger aufspeichern. Die Trägheit und das Beharrungsvermögen der bewegten Energieträger bildet seine wesentlichste Grundlage. Er ist entladen, wenn diese Bewegung aufhört. Diese Eigenschaften besitzt die Induktivität.

Der Energieträger ist hier das von der stromdurchflossenen Spule geschaffene magnetische Kraftfeld, das ausgesprochene Trägheitswirkungen besitzt. Diese lassen sich in anschaulicher Weise beim Ein- und Ausschalten des Stromes beobachten. Eine Energieladung besteht nur, solange der Strom fließt (die Energieträger des Magnetfeldes in Bewegung sind). Die Induktivität erfüllt also alle Voraussetzungen, um die Rolle des kinetischen Speichers im elektrischen Schwingungskreis übernehmen zu können.

B. Der Kondensator [1].

51. Die Grundgleichung.

Die einfachste Form des Kondensators ist als Leidener Flasche jedem aus der Physik bekannt. Er besteht im wesentlichen aus zwei Metallbelegen, die durch einen Isolator, das sogenannte „Dielektrikum", getrennt sind. Wird an die beiden Belege eine elektrische Spannung gelegt, so fließt von der die Spannung aufweisenden Stromquelle, z. B. einem Gleichstrom-Leitungsnetz, auf den Kondensator eine bestimmte Elektrizitätsmenge über. Der Kondensator wird mit elektrischer Energie geladen.

Anmerkung: Nach den Anschauungen der modernen Physik kann man beim elektrischen Ladevorgang geradezu davon sprechen, daß eine bestimmte Menge der „elektrischen Substanz", in ähnlicher Weise wie eine grobstoffliche Substanz, auf den Kondensator übertragen wird. Nach unseren heutigen Anschauungen besteht sie aus den „Elektronen" (den „Atomen der Elektrizität"). Durch zahlreiche Versuche ist die Existenz der Elektronen einwandfrei erwiesen. Ferner wurde festgestellt, daß diese kleinsten Teilchen der Elektrizität negativ geladen sind.

Durch das Überströmen von Elektronen ist also nur die Ladung des negativen Belegs erklärt. Die experimentelle Erfahrung zeigt, daß eine negative Ladung allein niemals existieren kann, vielmehr entspricht ihr irgendwo stets eine gleich große positive Ladung. Bei dem Kondensator hat diese ihren Sitz auf dem zweiten Beleg. Es hat sich als unmöglich erwiesen, eine negative oder positive Ladung so zu isolieren, daß sie nicht irgendwo einer Ladung von gleicher Größe, aber entgegengesetztem Vorzeichen entspricht. Beide Ladungen verhalten sich gewissermaßen wie Wirkung und Gegenwirkung. Auf Grund dieser Beobachtung ist man zu der Vorstellung gelangt, daß ein elektrisch neutral erscheinender Körper gleich große positive und negative Ladungen aufweist. Entfernt man einen Teil der negativen Ladung, so kommt der Körper aus dem Gleichgewichtszustand und erscheint positiv geladen, da er eine negative Ladung nötig hat, um wieder neutral zu erscheinen. Eine Erklärungsmöglichkeit dieses eigenartigen Verhaltens wurde dadurch gegeben, daß es bei den Versuchen im luftverdünnten Raum (z. B. bei der Kathodenröhre) leicht gelingt, die negativ geladenen Elektronen abzuspalten und für sich zu beobachten. Dagegen ist es bis jetzt niemals möglich gewesen, auf dem gleichen Weg kleinste Träger der positiven Ladung festzustellen. Man ist deshalb zu der Vorstellung gelangt, daß es eine positive Ladung im Sinne der negativen Ladung überhaupt nicht gibt, sondern daß ein Körper dadurch positiv geladen wird, daß man ihm eine bestimmte Menge von negativen Elektronen entzieht. Dementsprechend gestaltet sich der Vorgang beim Laden des Kondensators folgendermaßen:

---

[1] Obwohl man die nachstehenden Ausführungen zum größten Teil jedem Lehrbuch der Elektrotechnik entnehmen kann, erscheint die hier gegebene Zusammenstellung der wichtigsten Begriffe und Berechnungsformeln für die Elemente des elektrischen Schwingungskreises schon deshalb notwendig, weil sich die vorliegende Arbeit in erster Linie an die Konstrukteure des Maschinenbaues wendet, denen die Gesetze der Elektrotechnik nur wenig geläufig und die erforderlichen Lehrbücher nicht zur Hand sind. Aber auch den Elektrikern und Physikern dürfte eine knappe Zusammenstellung erwünscht sein.

Von der Elektrizitätsquelle fließt in Gestalt der negativen Ladung eine bestimmte Anzahl von Elektronen auf den negativen Beleg über. Gleichzeitig fließt von dem vorher neutralen Kondensator eine gleich große Menge negativer Elektronen vom positiven Beleg auf die Elektrizitätsquelle zurück.

Als Beweis für die Richtigkeit dieser Anschauung gilt die Tatsache, daß der Kondensator nicht geladen wird, wenn man nur den negativen Beleg mit dem negativen Pol der Elektrizitätsquelle verbindet. Wenn wir vom Laden eines Kondensators sprechen, so ist damit also das Zuführen einer bestimmten Elektronenmenge auf den negativen Beleg und das Entfernen der gleichen Elektronenmenge vom positiven Beleg zu verstehen.

Die entwickelte Theorie ist als Arbeitshypothese zu werten, die ein anschauliches und brauchbares Bild bietet, das im Einklang mit dem beobachteten Tatsachenmaterial steht.

Sie wird auch dann noch als sehr wertvolles Mittel zum Verständnis der geschilderten Vorgänge dienen, wenn die Behauptung der neuesten Atomforschung, daß die Elektronen nicht als kleinste Partikelchen der Elektrizität, sondern als Ätherschwingungen zu bewerten seien, sich endgültig bewahrheiten sollte, wenn also die bisherige Auffassung, daß die Elektronen als Korpuskeln (kleinste Körperchen) anzusehen sind, endgültig aufgegeben würde.

Der Betrag dieser Elektrizitätsmenge oder Ladung Q ist bedingt:

a) durch die Größe der angelegten Klemmenspannung e in Volt, und zwar ist die Ladung Q der Spannung e in jedem Fall direkt proportional,

b) durch die Abmessungen des Kondensators, insbesondere den Flächeninhalt der einander gegenüberstehenden Metallbelege und ihren gegenseitigen Abstand; weiterhin auch durch die Eigenschaften des als Dielektrikum verwendeten Isoliermaterials.

Diese konstruktiven Daten werden in einer Konstanten, der sogenannten „Kapazität C" zusammengefaßt. Es besteht die Grundgleichung:

$$(179) \qquad \boxed{Q = e \cdot C\,.}$$

Hierbei ist die Elektrizitätsmenge Q in Amperesekunden (Coulomb[1]), die Spannung e in Volt zu messen. Als Maß für die Kapazität dient das Farad, in der praktischen Technik insbesondere sein millionster Teil, das Mikrofarad (M.F.). Die Definitionsgleichung der Kapazität lautet: (siehe Grundgleichung)

$$(179\,\mathrm{a}) \qquad C = \frac{Q}{e}\,.$$

Demnach besitzt die Einheit der Kapazität (d. h. 1 Farad) ein Konden-

---

[1] 1 Coulomb ist die Elektrizitätsmenge, die auf einen Leiter übertragen wird, wenn auf ihn ein Strom von 1 Amp. Stärke 1 Sekunde lang überfließt. Man hat die Ladung eines Elektrons in sehr sinnreicher Weise gemessen. Sie beträgt $1{,}59 \cdot 10^{-19}$ Amperesekunden und heißt „elektrisches Elementarquantum". In einer Ladung von einer Amperesekunde sind also $6{,}3 \cdot 10^{18}$ Elektronen enthalten. Ein Kondensator von 0,1 Mikrofarad nimmt, wenn an ihn die Spannung von 100 Volt gelegt wird, auf seinem negativen Beleg eine Ladung von $Q = 100 \cdot 10^{-7}$ $= 10^{-5}$ Amp.sec. $= 63000 \cdot 10^{9} = 63000$ Milliarden Elektronen auf.

sator, der eine Ladung von 1 Amperesekunde aufnimmt, wenn an seine Belege die Spannung von 1 Volt gelegt wird. Das Farad ist eine außerordentlich große Einheit. Die praktisch vorkommenden Kapazitäten besitzen die Größenordnung von wenigen Mikrofarad.

Zahlenbeispiel: Ein Kondensator von 10 Mikrofarad nimmt bei einer Spannung von $e = 1000$ Volt eine Ladung auf von $Q = 10 \cdot 10^{-6} \cdot 1000$ $= 0,01$ Amperesekunden auf.

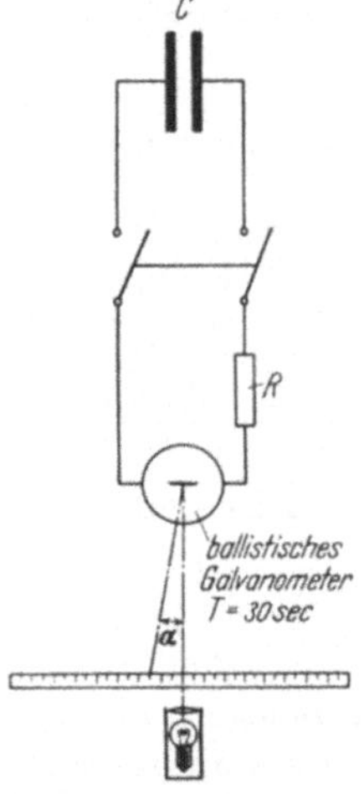

Abb. 112. Schaltschema zur Messung der Ladung eines Kondensators mit Hilfe des ballistischen Galvanometers.

Die Messung der Ladung erfolgt mit Hilfe des auf Seite 130 beschriebenen ballistischen Galvanometers. Gemäß der Schaltung Abb. 112 wird der Kondensator durch Einlegen des Schalters über das Galvanometer entladen. Dieses besitzt eine Eigenperiode von 30 bis 40 Sekunden. Die Entladung erfolgt in Bruchteilen einer Sekunde. Der Stoßausschlag ist ein Maß für den Impuls:

$$\mathsf{J} = \int i \cdot dt = Q \, ,$$

also für die Ladung. Der Ausschlag bleibt ungeändert, wenn man in den Entladungskreis einen Widerstand R einschaltet und dadurch die Entladungszeit erhöht, sofern diese kleiner als $^1/_8$ der Eigenperiode des Galvanometers ist, denn $\int i \cdot dt$ bleibt stets dasselbe.

Die Eichung des Galvanometers erfolgt am einfachsten dadurch, daß man in geeigneter Weise, z. B. mittels Stoppuhrschalter, einen genau bekannten Strom i (z. B. 0,1 Amp.) eine bestimmte Zeit lang (z. B. 3 Sekunden) über das Galvanometer fließen läßt und den entstehenden Ausschlag α mißt. Auf diese Weise erhält man eine Eichkurve $\alpha = f(i \cdot t)$ $= f(Q)$.

52. Das elektrische Kraftfeld.

Um das Wesen der Kapazitätserscheinungen zu verstehen und die Berechnungsgrundlagen für die Dimensionierung der Kondensatoren zu gewinnen, müssen wir die Vorgänge ins Auge fassen, die sich bei der Ladung und Entladung des Kondensators im Dielektrikum abspielen. Sie werden unter dem Bild des **elektrischen Kraftfelds** erfaßt. Es sollen daher zunächst die Begriffe und Mittel zur Beschreibung und Messung des elektrischen Kraftfeldes angegeben werden.

a) Der Begriff des elektrischen (elektrostatischen) Kraftfeldes.

Jeder mit Elektrizität geladene Leiter (etwa eine isoliert aufgestellte Kugel) übt auf einen andern, ebenfalls elektrisch geladenen Leiter mechanische Kräfte aus, die mit geeigneten Apparaten meßbar sind. Die Gesamtheit des Raumes, innerhalb dessen die Kraftwirkungen wahrgenommen werden, wird das „elektrische Kraftfeld" des betreffenden Leiters genannt.

b) Beschreibung des elektrischen Kraftfeldes.

Zur Erforschung und Kennzeichnung eines jeden Kraftfeldes muß
man in der Lage sein, in jedem Punkte des Raumes Größe und Richtung
der Kraftwirkungen anzugeben. Man könnte beim elektrischen Kraftfeld entsprechende Messungen z. B. dadurch vornehmen, daß man
an die betreffende Stelle eine
mit bestimmter Ladung Q_0 versehene Metallkugel bringt, die
nach Art eines Pendels an isolierter Pendelstange aufgehängt
ist (Abb. 113). Das Pendel erfährt eine Auslenkung in der
Kraftrichtung. Als Maß für
die Größe der Kraft kann der
zugehörige Ausschlagwinkel α
des Pendels benutzt werden.

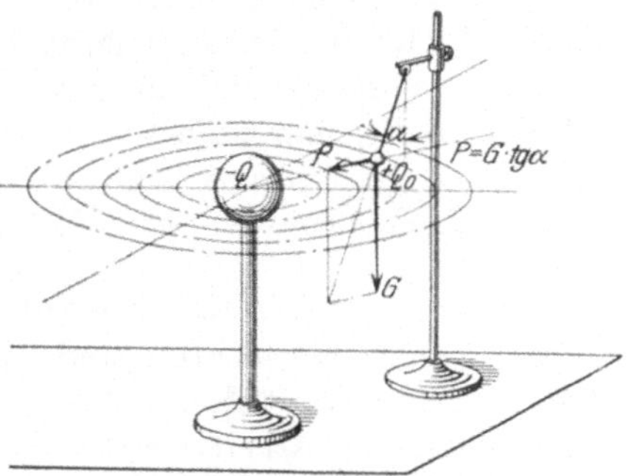

Abb. 113. Messung der elektrischen Feldstärke
(d. h. der Richtung und Größe der mechanischen
Kraftwirkung im elektrischen Feld) mittels eines
elektrostatischen Pendels.

Diese Art der Messungen hat
praktisch keine Bedeutung und
ist sehr umständlich. Sie wird
zur Bestimmung eines elektrischen Kraftfelds niemals ausgeführt. Wir erwähnten sie lediglich, um
klar zu zeigen, daß im elektrischen Feld auf einen geladenen Leiter
mechanische Kraftwirkungen ausgeübt werden, die als Grundlage für
die Beschreibung anzusehen sind, eine Tatsache, die leicht infolge der
gänzlich anders gearteten, in der Praxis üblichen Meßmethoden in Vergessenheit gerät.

c) Das Potential.

Der Begriff des Potentials bietet die Möglichkeit, die Beschreibung
und Ausmessung des elektrischen Kraftfeldes in weit bequemerer Weise
vorzunehmen. Man bezeichnet als Potential eines Punktes in einem
Kraftfeld die mechanische Arbeit, welche nötig ist, um die Ladungseinheit (eine Amp.sec.) aus dem Unendlichen bis auf den betreffenden
Punkt heranzubringen. Jedem Punkt des Kraftfelds muß somit ein bestimmtes Potential zugeschrieben werden[1].

---

[1] Die Tatsache, daß die Definition des Potentials die Heranbringung einer
Elektrizitätsmenge aus dem Unendlichen vorsieht, wirkt im ersten Augenblick
schwer vorstellbar und störend. Wenn man sich jedoch vergegenwärtigt, daß bei
allen Messungen des Potentials lediglich der Potentialunterschied (die Potentialdifferenz) zwischen zwei Punkten des Kraftfelds in Frage kommt, so entfällt diese
Schwierigkeit (siehe e).

d) Die Niveaufläche.

Unmittelbar aus dem Begriff des Potentials ergibt sich die Notwendigkeit, das Kraftfeld übersichtlich in einzelne Zonen zu zergliedern, am zweckmäßigsten derart, daß man alle Punkte gleichen Potentials verbunden denkt. Ihre Gesamtheit ergibt für jedes Potential eine in sich geschlossene Raumfläche, die den das Kraftfeld erzeugenden Leiter allseitig umschließt und „Niveaufläche“ genannt wird. (Z. B. sind die Niveauflächen bei einem kugelförmigen Leiter in Luft Kugeln, die zu diesem konzentrisch liegen.)

Eine gute Übersicht ergibt sich, wenn man die eingetragenen Niveauflächen des Kraftfeldes nach ganzzahligen Werten des Potentials staffelt. Als zwar selbstverständliche, aber doch sehr wichtige Tatsache ergibt sich der Satz: „Man kann auf einer Niveaufläche, d. h. auf einer Fläche konstanten Potentials (Arbeitswertes) eine beliebige Ladungsmenge in beliebigen Bahnen bewegen, ohne daß Arbeit geleistet oder gewonnen wird.“

e) Die Potentialdifferenz.

Wie bereits angedeutet, sind wir praktisch nicht in der Lage, das Potential eines Kraftfeldpunktes dadurch zu messen, daß wir tatsächlich die mechanische Arbeit feststellen, die geleistet werden muß, um die Ladungseinheit aus dem Unendlichen an den betreffenden Punkt heranzubringen. Trotzdem muß dieser Begriff als sehr nützliche Rechnungsgröße beibehalten werden. Praktisch können wir nur die Potentialdifferenz zwischen zwei Punkten eines Kraftfelds messen. Sie ist durch die mechanische Arbeit gekennzeichnet, die geleistet werden muß, um die Ladungseinheit von einem Punkt auf den andern zu bringen. Welcher Weg dabei eingeschlagen wird, ist vollständig gleichgültig.

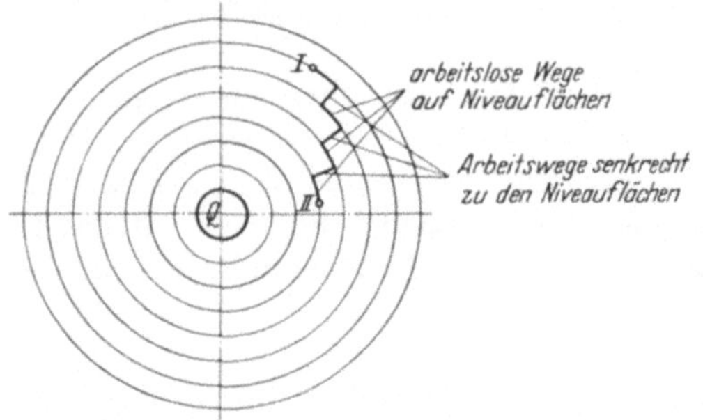

Abb. 114. Ermittlung der Potentialdifferenz zwischen zwei Punkten eines elektrischen Kraftfelds auf mechanischem Weg.
Die Kreise stellen Schnitte der Papierebene mit den Niveauflächen dar.

Zum Beweis dieser Tatsache zerlege man gemäß Abb. 114 einen beliebig gewählten Weg in einen arbeitslosen, der auf Niveauflächen zurückgelegt wird, und einen Arbeitsweg, dessen Abschnitte senkrecht von Niveaufläche zu Niveaufläche verlaufen.

Auch die Messung dieses Arbeitswertes mit Hilfe mechanischer Meßgeräte würde auf wesentliche Schwierigkeiten stoßen. Glücklicherweise hat die Elektrotechnik zur Messung von Potentialdifferenzen ein sehr bequem zu handhabendes Instrument geschaffen, das Voltmeter, das bei Feldmessungen in der Form des elektrostatischen Voltmeters (Elektrometers) benutzt wird. Denn im elektrischen Kraftfeld ist die Potentialdifferenz zwischen 2 Punkten gleichbedeutend mit der zwischen ihnen herrschenden elektrischen Spannungsdifferenz, gemessen in Volt. Für die Messung kleiner Spannungen (30 bis 400 Volt) wird das Zweifadenvoltmeter, Abb. 115, benutzt. Es besteht aus einem Metallgehäuse, das mit dem einen Pol verbunden wird und die beiden Drahtbügel A trägt. Zwischen ihnen ist eine Schleife K aus feinem Platindraht ausgespannt, die durch den Quarzbügel Q in Spannung gehalten wird. Sie wird über den isoliert eingesetzten Metallstift B mit dem zweiten Pol verbunden. Tritt zwischen A und K eine Spannungsdifferenz auf, so nähern die mechanischen Kräfte, die zwischen den entgegengesetzt sich ladenden Drähten K und Bügeln A auftreten, die Drähte den Wänden des Gehäuses. Die Entfernung der Drähte wird mittels Mikroskop gemessen und bildet ein Maß für die Spannung.

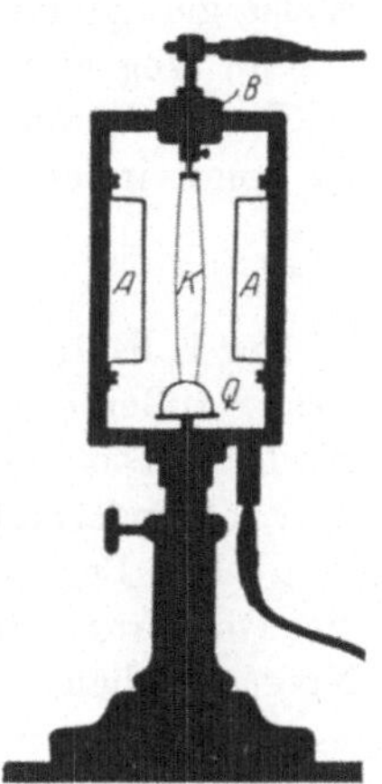

Abb. 115 a. Zweifaden-Voltmeter. (Aus Pohl, Elektrizitätslehre, 2. Auflage.)

Zur Feststellung der Potentialdiffe-

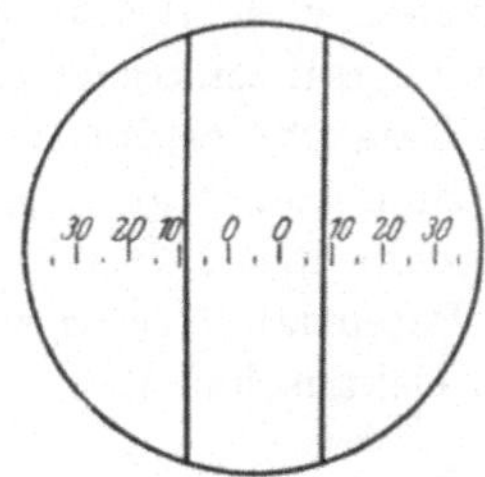

Abb. 115 b. Gesichtsfeld eines Zweifadenvoltmeters. (Aus Pohl, Elektrizitätslehre, 2. Aufl.)

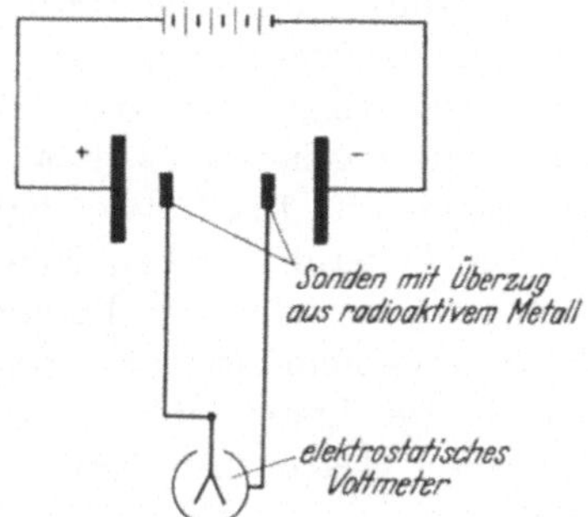

Abb. 116. Messung der Potentialdifferenz zwischen zwei Punkten eines elektrischen Kraftfelds mittels Voltmeter und Sonden.

renz zwischen 2 Feldpunkten hat man gemäß Abb. 116 nur nötig, an die Stelle der betreffenden Feldpunkte zwei besonders präparierte Metallelektroden (Sonden)[1] zu bringen, diese mit den Klemmen des

---

[1] Es genügt nicht, als „Sonden" einfache Metallplatten zu verwenden. Die diesen Platten anhaftende, zunächst neutralisierte Ladung wird durch die Wirkung des elektrischen Feldes in ihren positiven und ihren negativen Teil gespalten und stört die Messung. Versieht man die Sonde mit einem Überzug aus radioaktivem Metall, so wird die störende Elektronenmenge durch die von der radioaktiven Substanz ionisierten Luftmoleküle abgeführt, so daß die Messung einwandfrei gelingt.

Voltmeters metallisch leitend zu verbinden und dann die zwischen den Punkten bestehende Potentialdifferenz in Volt abzulesen. Auf diese Weise gelingt die Ausmessung des elektrischen Feldes auf experimentellem Weg einfach und bequem.

Das technische Maß der Potentialdifferenz ist das Volt, eine Einheit, die somit in letzter Linie als Arbeitsbetrag zu werten ist.

f) Der elektrische Kraftfluß.

Zur vollständigen Kennzeichnung des elektrischen Feldes ist es nötig, dieses außer durch Niveauflächen noch in einer zweiten Art zu zergliedern. Die Zerlegung erfolgt durch sogenannte Kraftröhren. Sie sind folgendermaßen definiert:

α) Die Begrenzungslinien der Kraftröhren fallen an jeder Stelle in die Richtung der Kraftwirkung, stehen also stets senkrecht zu den Niveauflächen.

β) Die Gesamtzahl der „Einheits-Kraftröhren" eines Feldes wird als Maß für die Stärke der Ladung benutzt. Es ist festgesetzt, daß zwischen den beiden Leitern, die ein elektrisches Feld hervorrufen, soviel Einheitskraftröhren verlaufen, als das Feld Ladungseinheiten (Coulomb) enthält[1].

Die Gesamtheit der Kraftröhren bildet den elektrischen Fluß, dessen Stärke durch die Zahl der Einheitskraftröhren gemessen wird, der also zahlenmäßig gleich der Anzahl der Ladungseinheiten gesetzt wird. Die elektrischen Kraftröhren verlaufen vom positiv geladenen zum negativ geladenen Leiter[2]. Sie treffen überall senkrecht zur Leiteroberfläche auf. Die Notwendigkeit dieser Tatsache ergibt sich daraus, daß die Leiteroberflächen Niveauflächen sind, und zwar diejenigen des höchsten bzw. tiefsten Potentials. Innerhalb des Leiters kann kein elektrisches Feld bestehen, da sich jede Potentialdifferenz sofort ausgleicht. Der Leiter bildet also einen vom elektrischen Kraftfluß freien Raum im elektrischen Kraftfeld.

g) Die elektrische Kraftliniendichte (Induktion).

Als Kraftliniendichte $\mathfrak{D}_e$ (oder elektrische Induktion) an irgendeiner Stelle des Kraftfeldes bezeichnet man die Anzahl der Einheitskraftröhren, die an der betreffenden Stelle durch eine senkrecht zu den Kraftröhren

---

[1] Es sind immer zwei durch einen Isolator getrennte Leiter zur Bildung eines elektrischen Feldes nötig. Hat man einen z. B. nur negativ geladenen Einzelkörper vor sich, so sitzt die Gegenladung eben im Erdboden, den Zimmerwänden oder sonstigen Teilen. Die Kraftröhren beginnen dann in dem geladenen Körper und endigen auf den betreffenden Teilen mit Gegenladung.

[2] Wie erwähnt, besitzen die beiden Belege des Kondensators gleich große Ladungen von entgegengesetztem Vorzeichen. Diese sind durcheinander bedingt und gehören zueinander wie Wirkung und Gegenwirkung.

gelegte Fläche — also die Niveaufläche an der betreffenden Stelle —
pro 1 cm² hindurchtritt. Diese Zahl bildet das Maß für die Intensität
des Kraftfeldes. Zwischen dem elektrischen Kraftfluß Φ_e und der Kraftliniendichte $\mathfrak{D}_e$ besteht folgende sehr einfache, aber wichtige Beziehung:

$$(180) \qquad \Phi_e = \int_0^F \mathfrak{D}_e \cdot dF ,$$

wobei die Summe über die gesamte vom Kraftfluß durchdrungene
Fläche zu erstrecken ist und die Flächenelemente dF stets in der Niveaufläche, also senkrecht zu den Kraftröhren, zu messen sind.

Anmerkung: Der Verlauf der elektrischen Kraftröhren läßt sich dem Auge
in anschaulicher Weise dadurch sichtbar machen, daß man in das elektrische
Feld eine Glasplatte einbringt und diese leicht mit Gipspulver bestreut. Die Gips-
kristalle ordnen sich dann in den Kraftlinien an, so daß diese deutlich hervortreten.

h) Die elektrische Feldstärke.

Die elektrische Feldstärke $\mathfrak{E}$ (auch Gradient des elektrischen Feldes
genannt) ist das Maß für die Durchschlagskraft des Feldes und bildet
die notwendige Ergänzung zur Kraftliniendichte $\mathfrak{D}_e$. Sie ist definiert
als die Potentialdifferenz in Volt (Spannungsdifferenz) an den Enden
eines Kraftröhrenstückes von 1 cm Länge. Wird ein mit der Ladungseinheit (1 Coulomb) geladener Leiter in ein Feld von der Feldstärke
$\mathfrak{E} = 1$ Volt/cm gebracht, so erfährt er eine Kraftwirkung von 10^7 Dyn
$= 9,81$ kg.

Die Richtung der Feldstärke steht an jeder Stelle senkrecht zu der
dort hindurchgehenden Niveaufläche, ist also mit der Richtung der
Kraftröhren identisch. Sie wird fälschlicherweise zuweilen mit der elektrischen Induktion $\mathfrak{D}_e$ verwechselt. Beide Größen sind aber grund-
verschiedene Maßangaben, die streng zu unterscheiden sind.

i) Der dielektrische Widerstand und der dielektrische Leitwert.

Den dielektrischen Widerstand eines bestimmten Raumausschnittes
erhält man, wenn man feststellt, wieviel elektrische Einheitskraftröhren
den Raum durchdringen, wenn an seinen Enden die Spannungseinheit
$e = 1$ Volt angelegt wird. Man erhält somit die Beziehung:

$$(181) \qquad R_{el} = \frac{e}{\Phi_e} .$$

Die Anzahl der Kraftröhren nimmt proportional mit dem Querschnitt F des Raumausschnittes zu und proportional mit der zu durch-
dringenden Länge l ab, so daß sich die Beziehung ergibt:

$$(182) \qquad R_{el} = \frac{l}{F} \cdot \mathrm{const} = \frac{e}{\Phi_e} = \frac{e}{\mathfrak{D}_e \cdot F} .$$

Zur Bestimmung der Konstanten setzen wir zunächst für Φ_e seinen Wert $\Phi_e = \mathfrak{D}_e \cdot F$. Weiterhin müssen wir einige versuchsmäßig zu ermittelnde Werte einführen.

Erster Grundversuch: Zwei Metallplatten von 1 cm² Querschnitt stehen sich in 1 cm Abstand in Luft gegenüber. Der vom elektrischen Kraftfeld durchdrungene Raumausschnitt bildet somit eine Röhre von 1 cm² Querschnitt und 1 cm Länge. Durch Anlegen der Spannung von 1 Volt[1] an die beiden Metallbelege wird der so entstandene Kondensator geladen. Hierauf wird nach Abschalten der Ladespannung mit Hilfe eines hochempfindlichen ballistischen Galvanometers die aufgebrachte Ladung gemessen. Sie besitzt, wie sich experimentell feststellen läßt, die Größe:

$$\boxed{Q = 0{,}884 \cdot 10^{-13} \text{ Amp.sec.}}$$

Die zu ermittelnde Anzahl von Einheitskraftröhren ist also:

$$\Phi_e = 0{,}884 \cdot 10^{-13} \text{ Einheitskraftröhren,}$$

so daß der dielektrische Widerstand des Einheitsraumausschnittes sich ergibt zu:

$$(183) \qquad R_{el1} = \frac{e}{\Phi_{el}} = 1{,}13 \cdot 10^{13} \,.$$

Somit berechnet sich die gesuchte Konstante zu:

$$\text{const} = 1{,}13 \cdot 10^{13} \,,$$

so daß allgemein:

$$(184) \qquad \boxed{R_{el} = \frac{e}{\Phi_e} = \frac{l}{F} \cdot \text{const} = \frac{l}{F} \cdot 1{,}13 \cdot 10^{13}.}$$

Die Kapazität $C = \dfrac{Q}{e} = \dfrac{\Phi_e}{e} = \dfrac{1}{R_{el}}$ ist der reziproke Wert des dielektrischen Widerstandes. Zu ihrer Berechnung wird in komplizierten Fällen am zweckmäßigsten zunächst R_{el} ermittelt.

Zweiter Grundversuch: In die Strecke zwischen den Platten des ersten Grundversuchs bringt man der Reihe nach verschiedene Isolationskörper. Man mißt jetzt wieder, wie beim ersten Grundversuch, die bei $e = 1$ Volt vom Kondensator aufgenommene Elektrizitätsmenge und vergleicht sie mit der Ladung bei Luftzwischenraum. Den erhaltenen Verhältniswert, der angibt, das Wievielfache der Ladung bei Luftzwischenraum die erhaltene Ladung bei Einbringen des betreffenden

---

[1] In der Regel wird man den Versuch mit einer Spannung $e = 100$ Volt einer Fläche $F = 100$ cm² und einem Abstand $l = 0{,}1$ cm durchzuführen. Der erhaltene Wert ist dann mit 10^{-5} zu multiplizieren, um die Einheitskonstante zu erhalten.

Isolationskörpers ausmacht, bezeichnet man als **Dielektrizitäts-konstante**. Tabelle 7 gibt die Zahlenwerte von ε für die wichtigsten Isoliermaterialien an.

Der elektrische Fluß Φ_e nimmt gegenüber Luft proportional mit ε zu, der dielektrische Widerstand umgekehrt proportional mit ε ab, so daß endgültig bei gleichbleibendem Flußquerschnitt F für den dielektrischen Widerstand folgende Formel angegeben werden kann:

$$(185) \qquad R_{el} = \frac{l}{F \cdot \varepsilon} \cdot 1{,}13 \cdot 10^{13} \,.$$

Somit erhält man für die Kapazität, d. h. den reziproken Wert des dielektrischen Widerstands, die Formel:

$$(186) \qquad C = \frac{F \cdot \varepsilon}{l} \cdot 0{,}884 \cdot 10^{-13} \ \text{Farad}$$

$$= \frac{F \cdot \varepsilon}{l} \cdot 0{,}884 \cdot 10^{-7} \ \text{Mikrofarad}.$$

Tabelle 7.
Tabelle der relativen Dielektrizitäts-Konstante ε (bezogen auf Luft als Einheit).

Dielektrikum	ε
Luft	1
Glas	ca. 5,5 bis 7
Porzellan . .	4,5
Hartgummi .	2,9
Bernstein . .	2,8
Paraffin. . .	2,3
Papier . . .	ca. 2
Schwefel . .	3,8 bis 4,0
Quarz . . .	4,5
Petroleum. .	1,9 bis 2,3
Wasser . . .	81
Eis.	3,1
Ebonit . . .	3,2
Glimmer 1 .	6,6
Glimmer 2 .	8

Sie gilt unter der Voraussetzung, daß der Flußquerschnitt F gleich bleibt. Bei sich änderndem Flußquerschnitt geht man zweckmäßig so vor, daß man die Widerstände zwischen je zwei Einheitsniveauflächen ermittelt und zum Schluß die so erhaltenen hintereinandergeschalteten Elementarwiderstände zusammenzählt.

In zahlreichen Fällen ersetzt man diese Summation durch eine Integration. Unerläßliche Vorbedingung für ihre Durchführung ist es, daß F, d. h. der Flußquerschnitt, als Funktion des Kraftlinienwegs l eindeutig dargestellt werden kann, so daß:

$$(185\,\text{a}) \qquad R_{el} = \int_{l_1}^{l_2} \frac{dl}{\varepsilon \cdot f(l)} \cdot 1{,}13 \cdot 10^{13} \,.$$

Wie diese Integration, die den Schlüssel zur Berechnung der Kapazität in vielen Fällen bildet, durchgeführt wird, zeigen die nachfolgenden Beispiele:

k) Das Ohmsche Gesetz des elektrischen Flusses.

Zusammenfassend läßt sich sagen, daß der elektrische Fluß in analoger Weise berechnet werden kann, wie der stationäre elektrische Strom (Gleichstrom). Das Gesetz, welches diese Zusammenhänge ausspricht, entspricht dem Ohmschen Gesetz für Gleichströme und lautet:

$$(187) \qquad e = R_{el} \cdot \Phi_e = \frac{1}{C} \cdot Q \,.$$

An Hand dieser Formel lassen sich unter Berücksichtigung der Werte für R_{el} alle Zusammenhänge berechnen.

1) Die dielektrische Durchschlagsfestigkeit der Isolierstoffe.

Bei der Konstruktion der Kondensatoren kann man mit der Feldstärke im Dielektrikum nicht unbegrenzt hoch gehen. Vielmehr ertragen die einzelnen Isolierstoffe nur eine bestimmte Grenzfeldstärke, nach deren Überschreitung sie zerstört werden, indem ein Durchschlag erfolgt. Eine besondere Zweigwissenschaft, die elektrische Festigkeitslehre, befaßt sich damit, diese Zusammenhänge zu klären. Tabelle 8 gibt die mittlere Durchschlagfeldstärke für die wichtigsten Isolationsstoffe an.

Tabelle 8.

Tabelle der mittleren Durchschlag-Feldstärken für die wichtigsten Isolierstoffe bei 1 cm Schichtstärke und Zimmertemperatur.

Isolierstoff	Durchschlag-Feldstärke in kV/cm
Hartpapier	150
Papier in Öl	200
Glimmer	450
Mikanit	220
Mikafolium (Glimmer auf Papier m. Lack)	200
Glas	180
Kolophonium	180
Hartgummi	250
Marmor	100
Porzellan	100 bis 250 (je nach Zusammensetzung)
Buchenholz:	
längs zur Faser	30
quer zur Faser	60
Steingut	17
Mineralöl	100 bis 200 (je nach Reinheit)
Luft, trocken	20

Anmerkung: Die Durchschlag-Feldstärke ändert sich sehr stark mit der Temperatur einerseits und der Stärke der Isolierschicht andererseits. Sie fällt mit steigender Temperatur und wird um so geringer, je dicker man die Isolierschicht wählt. Ferner spielt die Feuchtigkeit der Oberfläche eine große Rolle. Die vorliegenden Werte gelten nur für 1 cm Schichtstärke und sollen lediglich die ungefähre Größenordnung angeben. Ausführliche Angaben findet man in Roth: Hochspannungstechnik. Berlin: Julius Springer 1926.

Das Zustandekommen des Durchschlags erklärt man sich als mechanische Zerstörung des Materials durch Überschreiten der Bruchfestigkeit. Mit Hilfe des polarisierten Lichts läßt sich z. B. bei Glas feststellen, daß beim Einbringen in das elektrische Feld mechanische Spannungen und Dehnungen auftreten, die der Feldstärke etwa proportional gesetzt werden können[1].

---

[1] Die Durchschlagsfestigkeit des Dielektrikums besitzt für den Kondensator (die Feder des elektrischen Schwingers) eine ähnlich ausschlaggebende Bedeutung, für dessen Abmessungen und Leistungsfähigkeit, wie die Schwingungsfestigkeit

53. Berechnung der Kapazität verschiedener Kondensatoren aus ihren Abmessungen.

a) Plattenkondensator.

Der Plattenkondensator besteht in seiner einfachsten Form aus zwei Metallbelegen gleicher Größe (Fläche F cm²), die durch ein Dielektrikum von der Stärke l und der Dielektrizitätskonstante ε voneinander getrennt sind. Er bildet die einfachste Anordnung des Kondensators, die überhaupt möglich ist. Seine Kapazität läßt sich nach der auf Seite 181 abgeleiteten Formel für den dielektrischen Widerstand sofort angeben zu:

$$(188) \qquad C = \frac{F \cdot \varepsilon}{l} \cdot 0{,}884 \cdot 10^{-7} \text{ Mikrofarad.}$$

Beispiel: Die technischen Kondensatoren bestehen aus 2 Stanniolstreifen, die durch eine dünne Schicht von paraffiniertem Papier ($\varepsilon = 2$) getrennt sind. Der oberste Streifen wird nochmals mit einem Papierstreifen isoliert und dann das ganze Band nach dem Schema der Abb. 117 zu einem Paket zusammengerollt und gepreßt. Es soll die Kapazität eines solchen Kondensators berechnet werden. Die Stanniolstreifen besitzen eine Breite von $b = 10$ cm. Sie werden in z. B. 100 Windungen zu einem Paket auf-

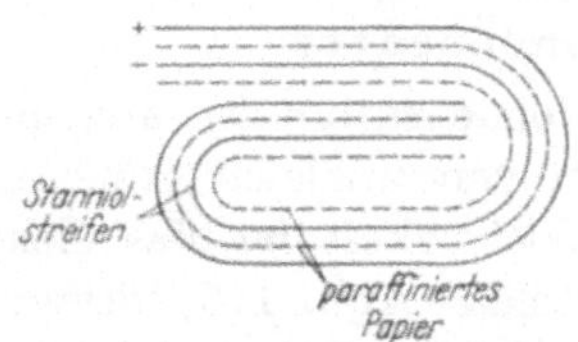

Abb. 117. Schema der Anordnung eines Papierkondensators.

Abb. 118. Handelsüblicher Kondensator der Hydrawerke.

gewickelt, das gepreßt und in einen gestanzten Metallbecher gemäß Abb. 118 untergebracht wird. Die Zwischenräume werden mit Paraffin vergossen, die Zuführungsdrähte zu den Belegen an in dem Deckel isoliert angebrachte Klemmen geführt. Die Dicke der Papierschichten

---

des Werkstoffes für die Federn des mechanischen Schwingers. Demgemäß kommt der elektrischen Festigkeitslehre eine stetig wachsende Bedeutung zu, denn die Wechselspannungen für die Überlandnetze werden immer höher und somit die durch sie bedingten elektrischen Felder, welche für die Beanspruchung der Isoliermaterialien maßgebend sind, immer stärker.

beträgt 0,1 mm. Es ist die Aufgabe gestellt, zu berechnen, welche Länge die Stanniolstreifen aufweisen müssen, für den Fall, daß der Kondensator die Kapazität von 1 Mikrofarad besitzen soll.

Zu klarer Anschaulichkeit bei der Berechnung gelangen wir, wenn wir zunächst das Paket an beiden Seiten aufgeschnitten denken. Es entsteht dann ein Pack, in dem immer ein Stanniolblatt mit einem Papierblatt abwechselt, und zwar so, daß alle ungeradzahligen Stanniolblätter zu dem positiven Beleg und alle geradzahligen Stanniolblätter zu dem negativen Beleg miteinander verbunden sind; je zwei Belege mit der dazwischen liegenden Isolationsschicht bilden einen Plattenkondensator. Es sind also ebenso viele Kondensatoren wie Isolationsschichten vorhanden. Die Gesamtheit aller positiven Belege bildet den einen, die Gesamtheit aller negativen Belege den zweiten Stanniolstreifen. Da infolge der Anordnung im Wickelpack jeder Beleg nach oben und nach unten benutzt wird, so ist die Kapazität des fertigen Kondensators doppelt so groß wie die Kapazität, welche ein Kondensator besitzt, der aus den beiden ausgestreckten Stanniolstreifen mit einer Zwischenschicht gebildet ist.

Ist L die Gesamtlänge jedes der beiden Stanniolstreifen, so beträgt die Kapazität des fertigen Packs:

$$C = 2 \frac{b \cdot L \cdot \varepsilon}{l} \cdot 0,884 \cdot 10^{-7} \text{ Mikrofarad.}$$

Bei einer Streifenlänge von 10 m ergibt sich beispielsweise eine Kapazität von 0,35 Mikrofarad, so daß für die Bildung von 1 Mikrofarad eine Streifenlänge von insgesamt 30 m erforderlich ist.

b) Der Röhren-Kondensator.

Die einfachste Form des Röhren-Kondensators ist allgemein als Leidener Flasche bekannt. Ein Beispiel von ungleich größerer technischer Wichtigkeit ist das elektrische Kabel gemäß Abb. 119, dessen einer Beleg durch den Leiter gebildet wird, während der zweite Beleg durch den Bleimantel dargestellt ist. Als Dielektrikum dient die oft sehr starke Isolierschicht.

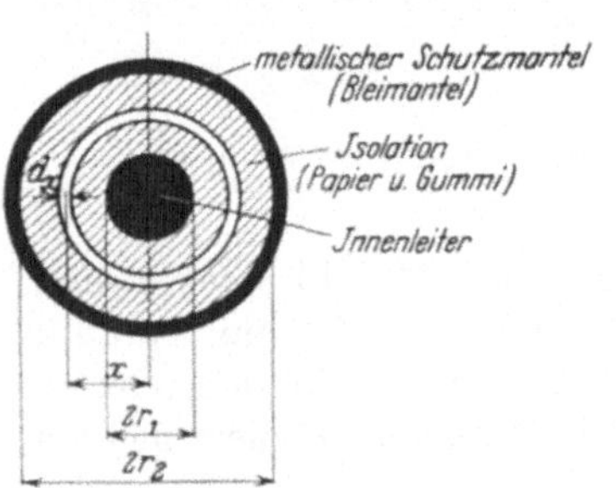

Abb. 119. Schnitt durch ein elektrisches Kabel (Röhrenkondensator).

Die Berechnung der Kapazität des Röhren-Kondensators können wir wieder durch Ermittlung des dielektrischen Widerstandes vornehmen. Die Rechnung ist schwieriger als beim Plattenkondensator, weil sich der Querschnitt des vom elektrischen Fluß durchsetzten Raumes stetig ändert.

Wir können also die einfache, beim Plattenkondensator benutzte Formel nicht anwenden, sondern müssen den dielektrischen Widerstand des gesamten vom Dielektrikum eingenommenen Raumes durch Summation (Integration) des Widerstandes zahlreicher hintereinandergeschalteter dünner Schichten berechnen. Wir denken uns demgemäß die Isolationsschicht in eine große Anzahl von dünnwandigen konzentrischen Röhren zerlegt. Jede der Röhren besitze die Wandstärke dx, den Radius x und die Länge L (des gesamten Kabels). Der dielektrische Widerstand einer solchen Röhre berechnet sich, wenn mit ε die Dielektrizitätskonstante bezeichnet wird, zu:

$$(189) \qquad dR_{el} = \underbrace{\frac{dx \cdot 1{,}13 \cdot 10^{13}}{2\,\pi \cdot x \cdot L \cdot \varepsilon}}_{F} = \frac{dx}{x \cdot L \cdot \varepsilon}\, 18 \cdot 10^{11} \, .$$

Um den Gesamtwiderstand des Dielektrikums zu erhalten, sind die Widerstände sämtlicher Elementarröhren, die zwischen dem inneren und äußeren Leiter liegen, zu summieren. Die Summation erfolgt am zweckmäßigsten durch eine Integration.

Ist r_1 der Radius des Leiters, r_2 der Innenradius des Bleimantels, so berechnet sich:

$$(190) \qquad \begin{aligned} R_{el} &= \int_{r_1}^{r_2} dR_{el} \\[2mm] &= \frac{18 \cdot 10^{11}}{L \cdot \varepsilon} \cdot \int_{r_1}^{r_2} \frac{dx}{x} \\[2mm] &= \frac{18 \cdot 10^{11}}{L \cdot \varepsilon} \cdot \ln \frac{r_2}{r_1} \, . \end{aligned}$$

Die Kapazität C ist, wie auf Seite 180 dargelegt, der reziproke Wert des dielektrischen Widerstandes. Somit ergibt sich:

$$(191) \qquad \boxed{\; C = \frac{1}{R_{el}} = \frac{\varepsilon \cdot L}{18 \cdot 10^{11}} \cdot \frac{1}{\ln \cdot \dfrac{r_2}{r_1}} \; \text{Farad.} \;}$$

Zahlenbeispiel: Es ist die Kapazität eines Kabels von 10 km Länge, einem Leitungsdurchmesser von $2\,r_1 = 1{,}2$ cm und einem Innendurchmesser des Bleimantels $2\,r_2 = 2{,}8$ cm zu berechnen. Die Dielektrizitätskonstante der Isolation wird mit

$$\varepsilon = 4{,}0$$

angegeben.

Man findet:

$$C = \frac{4 \cdot 10^6}{18 \cdot 10^{11} \cdot \ln \frac{1,4}{0,6}} = 2{,}63 \cdot 10^{-6} \text{ Farad}$$

$$= \textbf{2,63 Mikrofarad}^{1}.$$

c) Berechnung der Kapazität mit Hilfe des Potential-
begriffs.

In vielen praktisch wichtigen Fällen ist der Verlauf des elektrischen Flusses so verwickelt, daß es nicht gelingt, den dielektrischen Widerstand auf einfachem Wege zu ermitteln und mit den bisher angewandten Methoden die Kapazität zu berechnen. In diesem Fall führt eine zunächst etwas fremdartig anmutende Berechnungsart, die sich den Potentialbegriff zunutze macht, in einfacher Weise zum Ziel. Der Rechnungsgang ist folgender:

Wie die Grundgleichung $C = \dfrac{Q}{e}$ zeigt, läßt sich C berechnen, wenn man ermittelt, welche Potentialdifferenz e zwischen den beiden Belegen des Kondensators herrscht, wenn eine bestimmte, bekannte Ladung Q auf die Belege gebracht wird. Die Berechnung von e erfolgt mit Hilfe des Potentialbegriffs. In diesem Zusammenhang bedeutet, wie auf Seite 176 dargelegt wurde, e nicht eine elektrische Spannung, die mit dem Voltmeter gemessen wird, sondern eine mechanische Arbeit, die geleistet werden muß, um die Ladungseinheit (1 Coulomb) auf beliebigem Wege von dem einen Beleg auf den anderen zu bringen, während der Kondensator die Ladung Q besitzt. Diese Arbeit ergibt sich als Summe aller Produkte Kraft mal Weg (genannt Linienintegral der Kraft) auf der beim Transport der Ladungseinheit zurückgelegten Bahn. An jeder Stelle des Raumes ist die vom elektrischen Feld auf die Ladungseinheit ausgeübte Kraft $P_e = \mathfrak{E} = $ der Feldstärke in dem betreffenden Punkt. Diese berechnet sich nach den auf Seite 179 gemachten Angaben aus der elektrischen Kraftliniendichte $\mathfrak{D}_e$ zu:

$$(192) \qquad\qquad \mathfrak{E} = \mathfrak{D}_e \cdot 1{,}13 \cdot 10^{13} \text{ Dyn.}$$

$\mathfrak{D}_e$ ergibt sich aus der geometrischen Bedingung, daß die Summe der von einem Leiter ausgehenden elektrischen Kraftröhren gleich der Ladung Q sein muß. Kann man symmetrische Verteilung des Kraftfeldes annehmen, wie dies bei den nachstehend berechneten Fällen zutrifft, so läßt sich $\mathfrak{D}_e$ an einer bestimmten Stelle berechnen, wenn man

---

[1] Der Log. nat. (ln) findet sich in den Tabellen der Hütte. Bd. 1, S. 1 bis 21. Er berechnet sich aus dem dekadischen (Briggsschen) Logarithmus (log) nach der Beziehung

$$\ln x = \frac{\log x}{0{,}43429}.$$

den Flächeninhalt F_e der durch die betreffende Stelle gehenden Niveaufläche in cm² angibt. Man erhält:

$$(193) \qquad \mathfrak{D}_e = \frac{Q}{F_e} \text{ Coulomb/cm}^2.$$

Somit ist in einem bestimmten Raumpunkt x die elektrische Feldstärke:

$$(194) \qquad \mathfrak{E}_x = \frac{Q \cdot 1{,}13 \cdot 10^{13}}{F_{ex}} \text{ Dyn}.$$

Auf diese Weise ist man in der Lage, für jeden beliebigen Raumpunkt die Feldstärke (d. h. die auf die Ladungseinheit wirkende Kraft) anzugeben, so daß die Berechnung des Linienintegrals der Kraft und damit des Potentials ohne weiteres ausführbar wird. Die Berechnung erfolgt nach der allgemeinen Formel:

$$(195) \qquad \Pi = \int \mathfrak{E} \cdot dx \text{ cm Dyn}.$$

Die Einzelheiten des Rechnungsganges werden an Hand der nachstehenden Anwendungsbeispiele klar werden.

α) Berechnung der Kapazität eines Kugelkondensators im unendlichen Raum. Der Kondensator besteht aus einer Metallkugel vom Radius R, die isoliert aufgestellt ist. Sie sei mit der Ladung Q Coulomb geladen. Das Kraftfeld sei vollkommen symmetrisch verteilt. Die Niveauflächen sind demgemäß Kugelschalen, deren Mittelpunkt mit dem des Kugelkondensators übereinstimmt. Demnach ist die Kraftliniendichte in einem Raumpunkt, der den Abstand x cm vom Kugelmittelpunkt besitzt:

$$(196) \qquad \mathfrak{D}_e = \frac{Q}{F_e} = \frac{Q}{4\,\pi \cdot x^2} \text{ Coulomb/cm}^2$$

und die Feldstärke:

$$(197) \quad \mathfrak{E} = \mathfrak{D}_e \cdot 1{,}13 \cdot 10^{13} = \frac{Q}{4\,\pi \cdot x^2} \cdot 1{,}13 \cdot 10^{13} = \frac{Q}{x^2} \cdot 9 \cdot 10^{11} \text{ Dyn}.$$

Das Potential Π ist die mechanische Arbeit, die geleistet werden muß, um die Ladungseinheit aus dem Unendlichen in dem von Q geschaffenen Kraftfeld auf die Leiteroberfläche, also auf den Radius R heranzuschaffen.

Man berechnet mit Hilfe des Linienintegrals der Kraft:

$$(198) \qquad \Pi = \int\limits_R^\infty \mathfrak{E} \cdot dx = \int\limits_R^\infty \frac{Q}{x^2} \cdot dx \cdot 9 \cdot 10^{11}\,{}^*,$$

$$\Pi = Q \cdot 9 \cdot 10^{11} \left[-\frac{1}{x} \right]_R^x = Q \cdot 9 \cdot 10^{11} \left[-\frac{1}{\infty} - \left(-\frac{1}{R} \right) \right] = \frac{Q}{R} \cdot 9 \cdot 10^{11} \text{ cm Dyn}.$$

---

* Denn
$$\int \frac{dx}{x^2} = \int x^{-2} \cdot dx = -x^{-1} = -\frac{1}{x}.$$

Somit ergibt sich die Kapazität zu:

$$(199) \qquad \boxed{C = \frac{Q}{\Pi} = \frac{R}{9 \cdot 10^{11}} \text{ Farad.}}$$

Zahlenbeispiel: Es ist die Kapazität einer Metallkugel von 50 cm Durchmesser zu berechnen:

$$C = \frac{25}{9 \cdot 10^{11}} = 2{,}78 \cdot 10^{-11} \text{ Farad} = \textbf{2{,}78} \cdot \textbf{10}^{-5} \textbf{ Mikrofarad.}$$

β) **Berechnung der Kapazität eines aus 2 im Abstande L cm sich gegenüberstehenden Kugeln gebildeten Kondensators.** Im vorliegenden Fall ermitteln wir das Potential Π als die mechanische Arbeit, die geleistet werden muß, um die Ladungseinheit von der Oberfläche der ersten Kugel (Radius R_1) zur Oberfläche der zweiten Kugel (Radius R_2) zu bringen. Da der Weg beliebig gewählt werden kann, wählen wir die Verbindungsgerade der Kugelmittelpunkte. In einem Punkt, der um x cm vom Mittelpunkt der Kugel I entfernt ist, wollen wir die resultierende Feldstärke berechnen.

Wäre nur die Kugel I vorhanden, so wäre, wie unter d) berechnet, die gesuchte Feldstärke:

$$\mathfrak{E}_I = \frac{Q}{x^2} \cdot 9 \cdot 10^{11} \text{ Dyn} .$$

Wäre nur die Kugel II vorhanden, so wäre, da der beobachtete Punkt von ihrem Mittelpunkt um den Betrag $L - x$ cm entfernt ist, die Feldstärke:

$$\mathfrak{E}_{II} = \frac{Q}{(L - x)^2} \cdot 9 \cdot 10^{11} \text{ Dyn} .$$

Da beide Kugeln gleich, aber entgegengesetzt geladen sind, muß die Kraftrichtung der beiden sich überlagernden Feldstärken ebenfalls gleich sein (Kugel I stößt die in den Punkt x gebrachte positive Ladungseinheit ab, Kugel II zieht sie an). Somit ist die resultierende Feldstärke, weil außerdem die Kraftrichtungen, da wir uns in der Verbindungsgeraden der Kugelmittelpunkte befinden, in die gleiche Wirkungslinie fallen, einfach gleich der Summe der Teilfeldstärken zu setzen. Somit erhalten wir:

$$(200) \qquad \mathfrak{E} = \mathfrak{E}_I + \mathfrak{E}_{II} = Q \cdot 9 \cdot 10^{11} \left(\frac{1}{x^2} + \frac{1}{(L - x)^2} \right) \text{ Dyn}$$

und

$$(201) \qquad \Pi = \int_{R_1}^{L-R_2} \mathfrak{E} \cdot dx = Q \cdot 9 \cdot 10^{11} \int_{R_1}^{L-R_2} \left(\frac{1}{x^2} + \frac{1}{(L - x)^2} \right) \cdot dx$$

$$= Q \cdot 9 \cdot 10^{11} \cdot \left(\frac{1}{R_1} - \frac{1}{R_2} + \frac{1}{(L - R_1)} - \frac{1}{(L - R_2)} \right) \text{ cm Dyn} .$$

Somit ergibt sich die Kapazität zu:

$$(202) \qquad C = \frac{Q}{\Pi} = \frac{1}{9 \cdot 10^{11}} \cdot \frac{R_1 \cdot R_2 \cdot (L - R_1)(L - R_2)}{(R_2 - R_1)[L - (R_1 + R_2)] \cdot L} \ \text{Farad.}$$

Zahlenbeispiel: Es ist die Kapazität einer Hochspannungs-Funkenstrecke zu berechnen, die aus zwei Metallkugeln von $2\,R_1 = 40$ und $2\,R_2 = 60$ cm Durchmesser besteht, deren Mittelpunkte einen Abstand von $L = 150$ cm besitzen. Man findet:

$$C = \frac{1}{9 \cdot 10^{11}} \cdot \frac{20 \cdot 30 \cdot 130 \cdot 120}{10 \cdot 100 \cdot 150} = 0{,}695 \cdot 10^{-10} \ \text{Farad.}$$

γ) Berechnung der Kapazität einer Freileitung im Raum. Die Leitung besitze den Radius r und die Länge L. Sie sei mit der gleichmäßig verteilten Ladung Q geladen.

Das Kraftfeld soll als symmetrisch verteilt angenommen werden. Die Niveauflächen sind demgemäß Zylinderflächen, deren Achse mit der Achse der Leitung übereinstimmt. Demgemäß beträgt die Kraftliniendichte in einem Punkt, der von der Leitungsachse den Abstand x besitzt:

$$(203) \qquad \mathfrak{D}_e = \frac{Q}{F_e} = \frac{Q}{2\,\pi \cdot x \cdot L} \ \text{Coulomb/cm}^2 .$$

Da der Flächeninhalt der durch den betreffenden Punkt gelegten Niveaufläche (Hohlzylinder) $F_e = 2\,\pi \cdot x \cdot L$ ist, ergibt sich die Feldstärke zu:

$$(204) \qquad \mathfrak{E} = \mathfrak{D}_e \cdot 1{,}13 \cdot 10^{13} = \frac{Q}{2\,\pi \cdot x \cdot L} \cdot 1{,}13 \cdot 10^{13} = \frac{Q}{x \cdot L} \cdot 18 \cdot 10^{11} \ \text{Dyn.}$$

Das Potential Π ist die mechanische Arbeit, die geleistet werden muß, um die Ladungseinheit aus dem Unendlichen durch das Kraftfeld der Freileitung auf die Leiteroberfläche heranzubringen. Man findet:

$$(205) \qquad \Pi = \int_{\infty}^{r} \mathfrak{E} \cdot dx = \int_{\infty}^{r} \frac{dx}{x \cdot L} \cdot Q \cdot 18 \cdot 10^{11}$$

$$= \frac{Q}{L} \cdot 18 \cdot 10^{11} \int_{\infty}^{r} \frac{dx}{x}$$

$$= \frac{Q}{L} \cdot 18 \cdot 10^{11} \cdot \ln r \ \text{cm Dyn.}$$

Somit ergibt sich die Kapazität zu:

$$(206) \qquad C = \frac{Q}{\Pi} = \frac{L}{\ln r} \cdot \frac{1}{18 \cdot 10^{11}} \ \text{Farad.}$$

Zahlenbeispiel: Es ist die Kapazität einer Einfachfreileitung von 4,0 cm Durchmesser und 10 km Länge zu berechnen, unter der (nicht

zutreffenden, später berichtigten) Annahme, daß die Leitung als frei
im Raum angesehen werden kann. Man berechnet:

$$C = \frac{10^6}{0{,}693 \cdot 18 \cdot 10^{11}} = 8 \cdot 10^{-7} \text{ Farad.}$$

δ) **Berechnung der Kapazität einer Doppelleitung.** Gegeben sei eine
doppelte Freileitung von der Länge L cm, deren beide Leiter die
Radien r_1 und r_2 cm besitzen und in der Entfernung h cm parallel zueinander laufen. Es soll die Kapa-
zität berechnet werden, welche die
Leiter gegeneinander besitzen.

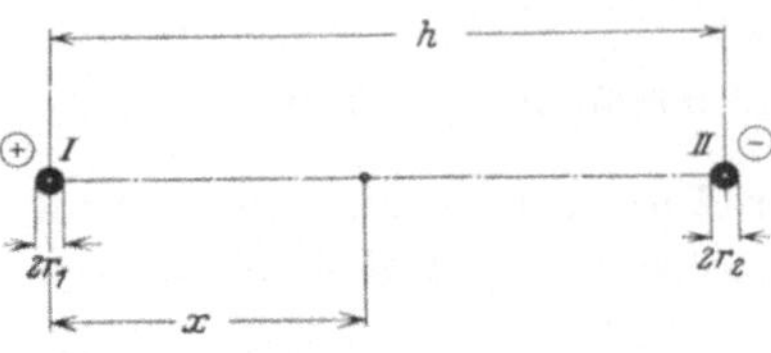
Abb. 120. Berechnung der Kapazität einer
Doppelleitung.

Wir ermitteln das Potential Π als
mechanische Arbeit, die geleistet werden muß, um die Ladungseinheit von
der Oberfläche der Leitung I zur Oberfläche der Leitung II zu bringen. Da
der Weg beliebig gewählt werden kann, wählen wir für die Berechnung die Verbindungsgerade zwischen den Leitern. In einem Punkt,
der um x cm von der Mitte der Leitung I entfernt ist, sei die resultierende Feldstärke berechnet.

Wäre nur die Leitung I vorhanden, so wäre, wie unter γ) (Gl. 204)
berechnet:

$$\mathfrak{E}_I = \frac{Q}{x \cdot L} \cdot 18 \cdot 10^{11} \text{ Dyn.}$$

Wäre nur die Leitung II vorhanden, so wäre, da der Punkt von ihrer
Achse den Abstand $h - x$ besitzt:

$$\mathfrak{E}_{II} = \frac{Q}{(h - x) \cdot L} \cdot 18 \cdot 10^{11} \text{ Dyn.}$$

Da beide Leitungen gleich, aber entgegengesetzt geladen sind, besitzen die beiden Teilfeldstärken gleiche Richtung. Die resultierende
Feldstärke kann also als Summe der Teilfeldstärken berechnet werden zu:

$$(207) \qquad \mathfrak{E} = \mathfrak{E}_I + \mathfrak{E}_{II} = \frac{Q}{L} \cdot 18 \cdot 10^{11} \cdot \left(\frac{1}{x} + \frac{1}{h - x} \right) \text{ Dyn.}$$

Somit ergibt sich das Potential (Linienintegral der Kraft) zu:

$$(208) \qquad \Pi = \int_{r_1}^{h - r_2} \mathfrak{E} \cdot dx = \frac{Q}{L} \cdot 18 \cdot 10^{11} \left[\int_{r_1}^{h - r_2} \frac{dx}{x} - \int_{r_1}^{h - r_2} \frac{dx}{h - x} \right]$$

$$= \frac{Q}{L} \cdot 18 \cdot 10^{11} \cdot \left[\ln(h - r_2) - \ln r_1 - \ln(h - h + r_2) + \ln(h - r_1) \right]$$

$$= \frac{Q}{L} \cdot 18 \cdot 10^{11} \cdot \ln \frac{(h - r_1) \cdot (h - r_2)}{r_1 \cdot r_2} \text{ cm Dyn.}$$

Da wir im vorliegenden Fall r_1 und r_2 gegen h vernachlässigen können, ergibt sich die Näherungsformel:

$$(209) \qquad \Pi = \frac{Q}{L} \cdot 18 \cdot 10^{11} \cdot \ln \frac{h^2}{r_1 \cdot r_2} \text{ cm Dyn.}$$

Demgemäß berechnet sich die Kapazität zu:

$$(210) \qquad C = \frac{Q}{\Pi} = \frac{1}{18 \cdot 10^{11}} \cdot \frac{L}{\ln \dfrac{h^2}{r_1 \cdot r_2}} \text{ Farad.}$$

Zahlenbeispiel: Es ist die Kapazität einer 20 km langen Doppelleitung zu berechnen, deren Drähte einen Durchmesser von $r_1 = r_2 = 25$ mm und einen Abstand von $h = 3$ m besitzen:

$$C = \frac{1}{18 \cdot 10^{11}} \cdot \frac{20 \cdot 10^5}{\ln \dfrac{90\,000}{0,25^2}} = 1{,}015 \cdot 10^{-7} \text{ Farad}$$

$$= 0{,}1015 \text{ Mf.}$$

ε) Berechnung der Kapazität einer Einfachleitung gegen Erde. Diese Aufgabe läßt sich in einfacher Weise auf die unter δ) gelöste Aufgabe zurückführen. Die Erdoberfläche kann stets als Niveaufläche an gesehen werden. Demgemäß ist nach Abb. 121 der Kraftlinienverlauf bei einer Einzelleitung gegen Erde der gleiche, wie wenn im doppelten Abstand von der Erdoberfläche eine zweite gleiche Leitung angebracht wäre. Somit ergibt sich nach der unter g) entwickelten Formel und unter Verwendung der in Abb. 121 eingetragenen Bezeichnungen:

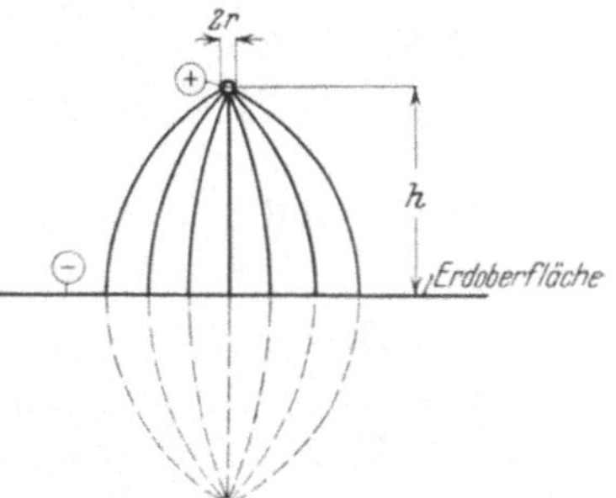
Abb. 121. Verlauf der elektrischen Kraftröhren bei einer Einzelleitung gegen Erde (elektrostatische Spiegelung).

$$(211) \qquad C = \frac{1}{18 \cdot 10^{11}} \cdot \frac{1}{\ln \dfrac{4\,h^2}{r^2}} \text{ Farad.}$$

Zahlenbeispiel: Es ist die Kapazität einer Einfachfreileitung von 6,0 km Länge und einem Durchmesser von 3,0 cm gegen Erde zu berechnen. Der Abstand von der Erdoberfläche beträgt $h = 820$ cm.

$$C = \frac{1}{18 \cdot 10^{11}} \cdot \frac{6 \cdot 10^5}{\ln \dfrac{2\,690\,000}{2,25}} = 2{,}38 \cdot 10^{-8} \text{ Farad.}$$

54. Der Ladevorgang des Kondensators.

Es soll nunmehr im einzelnen untersucht werden, welche Vorgänge sich beim Laden und Entladen des Kondensators abspielen. Vom schwingungstechnischen Standpunkt aus interessiert vor allem die Frage, welche Energiemenge der Kondensator in Abhängigkeit von der angelegten Klemmenspannung aufnimmt. Um die in dem Kondensator steckende Energie zu berechnen, ist es nötig, zu wissen, welche Elektrizitätsmenge unter der Einwirkung der angelegten Klemmenspannung auf den Kondensator übergeflossen ist. Der Strom i wird während der Ladung nicht konstant sein, sondern um so kleiner werden, je mehr sich der Kondensator auflädt und demgemäß an seinen Belegen eine gegenelektromotorische Kraft $V_c = \dfrac{Q}{C}$ wachgerufen wird.

Aus rein begrifflichen Erwägungen heraus können wir von vornherein aussagen, daß der Strom in jedem Augenblick der Differenz aus der angelegten Ladespannung e und der Klemmenspannung V_c des Kondensators proportional sein wird.

Die Ladung, die während eines bestimmten Zeitabschnittes dt auf den Kondensator gelangt, ergibt sich ihrer Definition gemäß, wenn man die Stromstärke i des Ladestroms (gemessen in Ampere), die während des kurzen Zeitabschnittes dt als konstant angesehen werden kann, mit dt multipliziert. Demgemäß berechnet sich die Ladung, die vom Zeitpunkt t_1 bis zum Zeitpunkt t_2 auf den Kondensator übergeflossen ist, durch Summation sämtlicher während dieser Zeit beobachteten Produkte $i \cdot dt$ zu:

$$Q = \int_{t_1}^{t_2} i \cdot dt \ \text{Coulomb.}$$

Wird die auf dem Kondensator befindliche Ladung um den Betrag dQ vermehrt, so erhöht sich die Klemmenspannung des Kondensators um den Betrag $dV_c = \dfrac{dQ}{C}$. Die auf den Kondensator während des Zeitelements dt übertragene Arbeit kann als Produkt aus Strom, Spannung und der Zeit, während welcher der Strom geflossen ist, berechnet werden. Man findet somit die Beziehung:

$$(212) \qquad\qquad dA = V_c \cdot i \cdot dt .$$

Setzen wir an Stelle von $i \cdot dt$ den Wert dQ ein, so ergibt sich:

$$(213) \qquad\qquad dA = V_c \cdot dQ = V_c \cdot C \cdot dV_c .$$

Es bleibt noch übrig, an Hand dieser Beziehung die Arbeit zu berechnen, welche in dem Kondensator aufgespeichert wird, wenn die Klemmenspannung V_c von Null bis auf den Wert der Ladespannung e ansteigt. Durch Integration findet man:

$$(214) \qquad A = \int_0^e dA = \int_0^e V_c \cdot C \cdot dV_c = C \cdot \frac{e^2}{2} \ \text{Joule.}$$

Trägt man gemäß Abb. 122 die Ladung Q in Abhängigkeit von der Ladespannung e auf, so ergibt sich ein Geradliniendiagramm. Aus ihm kann in anschaulicher Weise die Energie A der Ladung entnommen

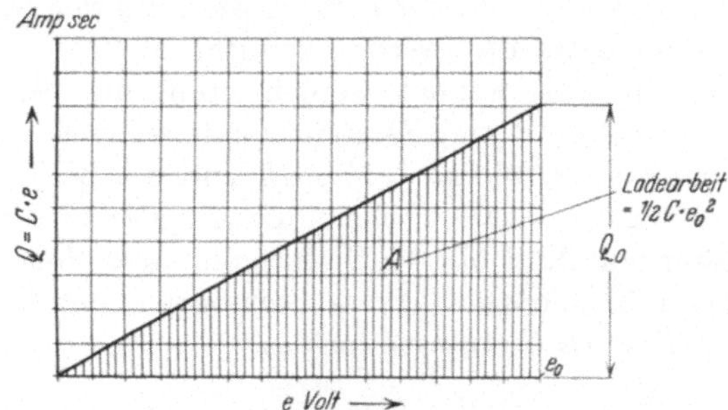

Abb. 122. Ladung Q eines Kondensators in Abhängigkeit von der Ladespannung e. Bestimmung der Ladearbeit.

werden. Der Ausdruck $A = \int\limits_0^e V_c \cdot dQ$ ist dargestellt durch die Dreiecksfläche unter dem Geradliniendiagramm, gerechnet vom Nullpunkt bis zur Spannung e. Ihr Flächeninhalt ergibt sich zu:

$$(215) \qquad A = \frac{e_0}{2} \cdot Q_0 = C \cdot \frac{e_0^2}{2} \text{ Joule}, \quad \text{da} \quad Q_0 = C \cdot e_0 .$$

55. Das mechanische Analogon des Kondensators.

Der Ladevorgang des Kondensators läßt sich anschaulich an Hand eines mechanischen Analogons dem begrifflichen Verständnis näherbringen.

Wir stellen uns gemäß Abb. 123 den Kondensator als einen zu ebener Erde stehenden Behälter vor, der mit Wasser gefüllt werden soll. Der Gegendruck des Behälters (EMK V_c des Kondensators) wird in dem Maße ansteigen, wie seine Wasserfüllung (Ladung Q) und damit seine Spiegelhöhe h steigt. Der Druck P_r, mit dem das Wasser in den Behälter eingepreßt wird, wird gleich der Differenz zwischen dem hydrostatischen Druck P_h (V_c), der vom Behälter ausgeht und dem in der Zuführungsleitung herrschenden Druck P_e (e_c) sein. Die Füllung hört ganz auf, wenn beide Drücke gleich geworden sind. Das zugeführte Wassergewicht Q (Ladung) berechnet sich als Produkt aus der Füllungshöhe h des Wasserbehälters (gemessen in cm), der Grundfläche F des zylindrisch gedachten Behälters, gemessen in

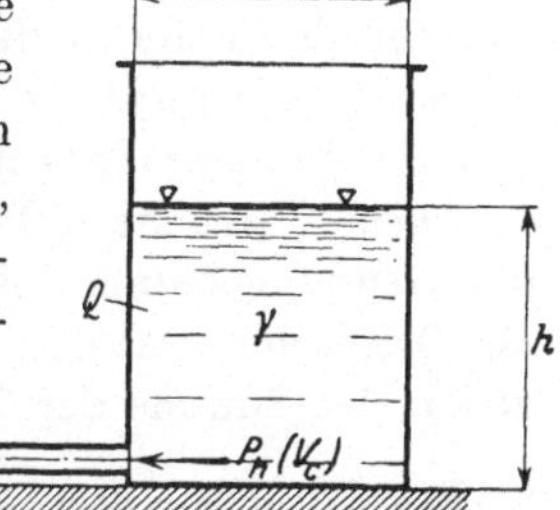

Abb. 123. Das mechanische (hydraulische) Analogon des Kondensators.

cm^2 und dem spezifischen Gewicht γ kg/cm^3. Das Produkt $F \cdot \gamma$ kann als direktes Analogon zur Kapazität C angesehen werden. Die Ladung dQ ist das Produkt aus dem in der Zeiteinheit zufließenden Wassergewicht (dem Strom i) und der Zeit dt, während welcher der Wasserstrom als konstant betrachtet werden konnte.

Die Arbeit, die aufgewendet werden muß, um den Spiegel des Wasserbehälters um den Betrag dh zu heben, berechnet sich als Produkt des zugefüllten Wassergewichts $= F \cdot \gamma \cdot dh$ und des bei der Füllung zu leistenden Hubwegs $= h$. Die Arbeit, die aufgewendet werden muß, um den Behälter von Null bis zur Spiegelhöhe h_0 zu füllen, ergibt sich analog wie beim Kondensator durch Summation der einzelnen Teilarbeiten $dA = F \cdot \gamma \cdot dh \cdot h$ (Integration) zu:

$$(216) \qquad A = \int_0^{h_0} F \cdot \gamma \cdot dh \cdot h = \frac{F \cdot \gamma}{2} \cdot h_0^2 \quad \left(\text{Analogie:} \ \frac{C}{2} \cdot e_0^2 \right).$$

56. Schaltung von Kondensatoren.

In vielen Fällen wird die verlangte Kapazität aus einer größeren Anzahl von Teilkapazitäten zusammengeschaltet werden müssen, denn nur selten wird eine der handelsüblichen Einheiten gerade den benötigten Wert besitzen. Bei der Schaltung gibt es zwei grundsätzliche Möglichkeiten, nämlich die Parallelschaltung und die Hintereinanderschaltung.

a) Parallelschaltung.

Durch Parallelschaltung mehrerer Kondensatoren wird die Kapazität vergrößert. Diese Tatsache wird am sinnfälligsten, wenn man annimmt, daß eine Anzahl von Plattenkondensatoren, die gleich dickes Dielektrikum besitzen, parallelgeschaltet werden. Es wird hierdurch gewissermaßen ein neuer Kondensator geschaffen, dessen Fläche gleich der Summe der Flächen der Teilkapazitäten ist. Demnach ist auch die gesamte Kapazität bei Parallelschaltung gleich der Summe der Teilkapazitäten.

Diese Tatsache läßt sich auch auf mathematischem Weg an Hand der Grundgleichung des Kondensators beweisen. Hierbei geht man von der Tatsache aus, daß die Gesamtladung der Kondensatoren-Batterie gleich der Summe der Teilladungen sein muß, daß also:

$$(217) \quad Q = Q_1 + Q_2 + Q_3 + \cdots = C_1 \cdot e + C_2 \cdot e + C_3 \cdot e + \cdots ,$$

denn die Ladespannung e ist für sämtliche Teilkapazitäten die gleiche. Somit ergibt sich:

$$Q = C_R \cdot e = e \, (C_1 + C_2 + C_3 + \cdots) = e \, \Sigma C_i ,$$
$$(218) \quad C_R = C_1 + C_2 + C_3 + \cdots = \Sigma C_i ,$$

wobei mit C_R die resultierende Kapazität der Kondensatorenbatterie bezeichnet wird.

b) Hintereinanderschaltung.

Wie aus Abb. 124 hervorgeht, ist bei Hintereinanderschaltung die Summe der Spannungen in den Teilkapazitäten gleich der Gesamtspannung e, also:

$$(219) \qquad e = e_1 + e_2 + e_3 + \cdots$$
$$= \frac{Q}{C_1} + \frac{Q}{C_2} + \frac{Q}{C_3} \cdots .$$

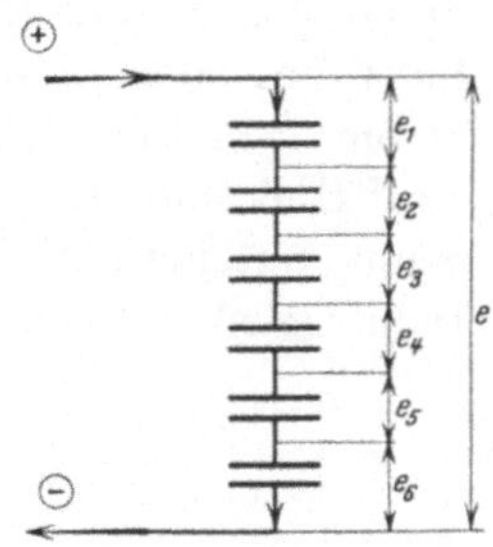

Die Ladung Q muß im vorliegenden Fall bei allen Teilkapazitäten die gleiche sein, denn während des Ladevorgangs fließt durch alle hintereinander geschalteten Kondensatoren in jedem Augenblick der gleiche Strom i. Demgemäß muß auch $\int i \cdot dt = Q$ für alle Teilkondensatoren gleich sein. Somit ergibt sich:

Abb. 124. Hintereinanderschaltung von Kondensatoren.

$$(220) \qquad e = \frac{Q}{C_R} = Q \cdot \left(\frac{1}{C_1} + \frac{1}{C_2} + \frac{1}{C_3} + \cdots \right) = Q \cdot \sum \frac{1}{C_i} ,$$

also:

$$(221) \qquad \frac{1}{C_R} = \frac{1}{C_1} + \frac{1}{C_2} + \frac{1}{C_3} + \cdots = \sum \frac{1}{C_i} ,$$

d. h. bei Hintereinanderschaltung ist der reziproke Wert der Gesamtkapazität gleich der Summe der reziproken Werte der Teilkapazitäten.

Zahlenbeispiel 1: Welche Gesamtkapazität entsteht, wenn 6 Kondensatoren mit den Kapazitäten 2; 3,8; 0,6; 5,3; 1,5 und 4,2 Mikrofarad hintereinandergeschaltet werden?

$$\frac{1}{C_R} = \frac{1}{2} + \frac{1}{3,8} + \frac{1}{0,6} + \frac{1}{5,3} + \frac{1}{1,5} + \frac{1}{4,2}$$
$$= \frac{1}{0,283} ,$$

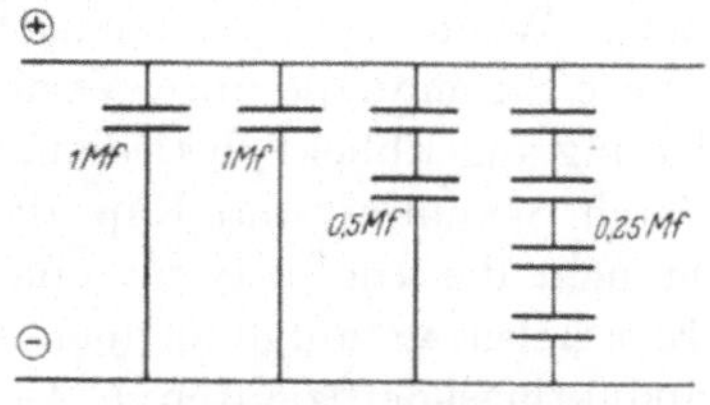

Abb. 125. Gruppenschaltung von Kondensatoren zur Bildung einer Kapazität von 2,75 Mf aus Elementen von je 1 Mf.

$C_R = 0{,}283$ Mikrofarad.

Zahlenbeispiel 2: Man soll die Kapazität 2,75 Mikrofarad aus einer entsprechenden Anzahl von Kondensatoren, deren Kapazität 1,0 Mf beträgt, bilden.

Die Lösung gelingt durch die in Abb. 125 gegebene Gruppenschaltung. Man schaltet 2 Zellen zu 1 Mf parallel mit einer Gruppe von 2 hintereinandergeschalteten Zellen von 1 Mf = 0,5 Mf und einer Gruppe von 4 hintereinandergeschalteten Zellen von 1 Mf = 0,25 Mf.

C. Die Induktivität.

57. Begriff der Induktivität.

Unter einer Induktivität versteht man eine Spule aus isoliertem Draht, die gegebenenfalls einen Eisenkern, der aus dünnen, gegeneinander isolierten Dynamoblechen aufgebaut ist, enthält. Wird die Spule von Strom durchflossen, so induziert sie in dem umgebenden Luftraum oder in dem Eisenkern einen magnetischen Kraftfluß. Der Strom i in der Spule und der dadurch hervorgerufene magnetische Kraftfluß sind durcheinander bedingt, oder, wie es die Elektrotechnik nennt, miteinander verkettet. Als Maßzahl für die Verkettung wird der Induktionskoeffizient L angegeben. Die nachstehenden Ausführungen zeigen, auf welche Weise L aus den Abmessungen der Induktionsspule berechnet werden kann.

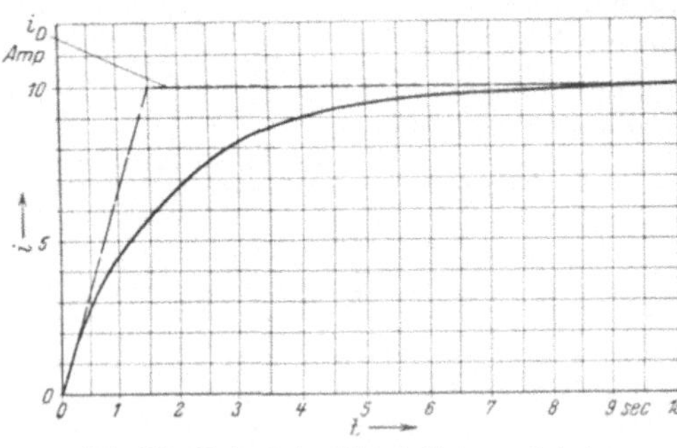

Abb. 126. Verlauf des Einschaltstroms bei einer Drosselspule.

Die Induktivität stellt einen Speicher für kinetische Energie dar. Der Träger der Energie ist das durch die Spule geschaffene Magnetfeld. Es besitzt in analoger Weise wie eine bewegte Masse eine ausgesprochene Trägheitswirkung. Diese tritt am deutlichsten beim Ein- und Ausschalten des die Spule durchfließenden Stroms in Erscheinung. Während ein Kondensator sich beim Anschluß an eine genügend starke Stromquelle unter Verwendung einer genügend starken Anschlußleitung augenblicklich (jedenfalls in Bruchteilen einer Sekunde) mit der durch Spannung und Kapazität bedingten Elektrizitätsmenge auflädt, braucht die Induktivität eine beträchtliche Zeit, bis sie den vollen Energiebetrag aufgenommen hat. Diese Zeit ist eindeutig durch den Induktionskoeffizienten L bedingt. Abb. 126 zeigt den Verlauf des Einschaltstroms einer starken Drosselspule in Abhängigkeit von der Zeit, der unter der Wirkung einer konstanten Gleichspannung e zustande kommt. In Abb. 127 ist als Analogon hierzu die Anlaufkurve eines Schwungrades, die unter der Einwirkung eines konstanten Drehmoments zustande kommt, aufgetragen, und zwar ist die Winkelgeschwindigkeit des Schwungrades in Abhängigkeit von der Zeit dargestellt. Die Kurven entsprechen den praktisch vorliegenden Verhältnissen. Sie tragen somit beim Schwungrad der Lagerreibung, bei der Induktionsspule dem elektrischen Widerstand der Wicklung Rechnung. Gestrichelt eingezeichnet sind die Kurven, die entstehen würden, wenn keine Reibung bzw. kein elektrischer Widerstand vorhanden wäre. Für diese ideellen Kurven, welche die maßgebenden Gesetze klar erkennen lassen, gelten folgende Gleichungen:

a) Für die Drosselspule:

$$(222) \qquad e = \mathsf{L} \cdot \frac{di}{dt},$$

wobei L den Induktionskoeffizienten und e die angelegte Spannung darstellt.

b) Für das Schwungrad:

$$(223) \qquad M_d = \theta \cdot \frac{d\omega}{dt},$$

wobei θ das Massenträgheitsmoment des Schwungrades und M_d das antreibende Drehmoment bedeutet.

Die Gleichungen besagen, daß i bzw. ω bei gleichbleibender Spannung e bzw. gleichbleibendem Drehmoment M_d proportional mit der

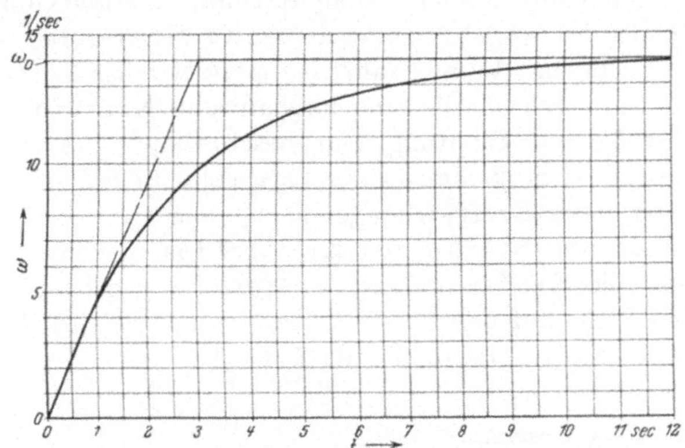

Abb. 127. Anlaufkurve eines unter der Wirkung eines konstanten Drehmoments stehenden Schwungrades.

Zeit wachsen, und daß das Maß des Wachstums in der Zeiteinheit durch die Trägheitsfaktoren L bzw. θ eindeutig festgelegt ist. Praktisch wird dem Wachstum durch den elektrischen Widerstand bzw. die Lagerreibung eine Grenze gesetzt. Die hierdurch bedingten Drehmomente bzw. Spannungsverluste können mit guter Näherung dem Strom i bzw. der Winkelgeschwindigkeit ω proportional gesetzt werden. Sie wachsen also mit steigender Geschwindigkeit bzw. steigendem Strom stetig an. Schließlich wird der Zustand erreicht, daß das gesamte Drehmoment durch die Reibungswiderstände (die Spannung durch die elektrischen Spannungsverluste in dem Widerstand der Spule) aufgezehrt wird, womit ein weiteres Wachsen der Winkelgeschwindigkeit (des Stroms) aufhört. Für den Idealfall können wir uns vorstellen, daß das beschleunigende Moment (die Spannung) weggenommen wird, sobald die durch die Reibungswiderstände (die elektrischen Widerstände) bedingte Grenzgeschwindigkeit erreicht ist.

Anmerkung: Die exakte Entwicklung der bei der Berücksichtigung der Reibung bzw. des elektrischen Widerstandes vorliegenden Gesetze soll im 4. Kapitel gegeben werden. Hier kam es lediglich darauf an, die Tatsache zu erfassen, daß die Trägheitswirkung der Induktivität in der Trägheitswirkung eines Schwungrades ihre vollkommene Analogie findet.

58. Das elektromagnetische Kraftfeld.

a) Beschreibung des elektromagnetischen Kraftfeldes.

In der Umgebung eines vom Strom durchflossenen Leiters entstehen magnetische Kraftwirkungen. Sie können z. B. in bekannter Weise durch Eisenfeilspäne sichtbar gemacht werden, die man auf einem Karton ausstreut.

Der gesamte von den elektromagnetischen Kraftwirkungen erfüllte Raum wird als das „elektromagnetische Kraftfeld" des Leiters bezeichnet. In diesem Raum erfährt ein magnetischer Körper, z. B. ein Stahlmagnet, an jeder Stelle eine mechanische Kraftwirkung von bestimmter Größe und Richtung. Zur Beschreibung des elektromagnetischen Kraftfeldes muß man in der Lage sein, in jedem Punkt Größe und Richtung dieser Kraftwirkungen anzugeben.

Als Maß für die Stärke des Kraftfeldes in einem bestimmten Punkt wird die Kraftwirkung in Dyn[1] angegeben, die an der betreffenden Stelle auf den Einheitspol ausgeübt wird. Sie führt die Bezeichnung „magnetische Feldstärke $\mathfrak{H}$"[2].

---

[1] 1 Dyn $= \dfrac{1}{981}$ Gramm.

[2] Als Einheitspol wird das eine Ende eines möglichst lang gewählten stabförmigen Stahlmagneten (Dauermagneten) bezeichnet, das auf den gleichen Pol, wenn er sich in 1 cm Abstand befindet, die abstoßende Kraft von 1 Dyn ausübt. Das Maß für die so definierte Stärke des Einheitspols heißt „1 Weber".

Der Begriff des Einheitspols gehört zu den unglücklichsten Definitionen der Physik. Vom wissenschaftlichen Standpunkt aus wäre ein punktförmiger, isolierter Einheitspol zur scharfen Definition des magnetischen Kraftfeldes erwünscht. Es ist jedoch physikalisch unmöglich, einen einzelnen Magnetpol, sei es mit positivem oder negativem Vorzeichen, zu isolieren, vielmehr besitzt jeder Magnet zwei gleich starke Pole von entgegengesetztem Vorzeichen. Man hat sich begrifflich aus dieser Schwierigkeit dadurch herauszuhelfen gesucht, daß man den unerwünschten zweiten Magnetpol möglichst weit von der zu untersuchenden Stelle hinwegverlegte, indem man zur Verwirklichung des Einheitspols einen langen Stabmagneten benutzte.

Im übrigen dient der Einheitspol lediglich zur begrifflichen Definition des magnetischen Kraftfeldes; für die Durchführung praktischer Messungen kommt er nicht in Frage.

Ordnet man den Einheitspol frei beweglich an, so wandert er in der Kraftrichtung weiter. Demgemäß läßt sich die Richtung der Kraft an jeder beliebigen Stelle des elektromagnetischen Feldes mit der Bewegungsrichtung des an die betreffende Stelle gebrachten Einheitspols gleichsetzen.

In weit einfacherer Weise läßt sich die Kraftrichtung praktisch dadurch feststellen, daß man eine frei bewegliche Magnetnadel (Kompaß) an die betreffende Stelle bringt. Sie stellt ihre Achse in die Kraftrichtung ein, falls das auszumessende Magnetfeld so stark ist, daß die Wirkung des Erdmagnetismus dagegen vernachlässigt werden kann.

Die von dem Einheitspol bei der Bewegung beschriebene Bahn nennen wir eine Kraftlinie. Der Versuch lehrt, daß die magnetischen Kraftlinien den stromdurchflossenen Leiter in geschlossenen Kurven umgeben. In sehr anschaulicher Weise läßt sich diese Tatsache an Hand des

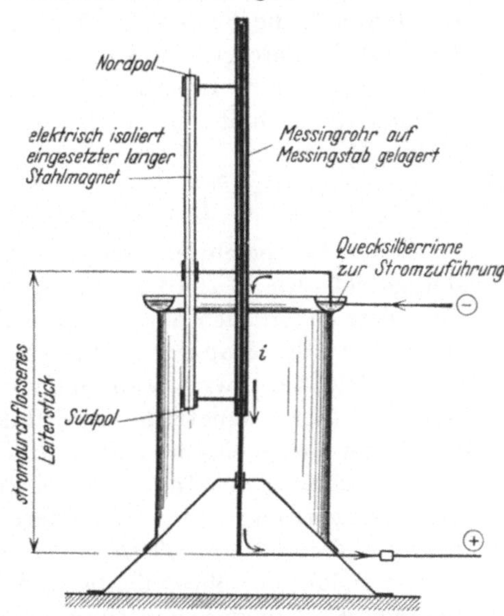

Abb. 128. Versuchsmodell zur Demonstration der Tatsache, daß ein freibeweglicher Magnetpol den stromdurchflossenen Leiter umkreist.

in Abb. 128 gezeichneten Versuchsmodells zeigen. Hier wird in dem magnetischen Feld eines geradlinigen, stromdurchflossenen Leiters nach Art der Definition des Einheitspols der eine Pol eines stabförmigen Dauermagneten frei beweglich angeordnet. Der Versuch lehrt, daß der Pol den Leiter umkreist.

b) Die Kraftröhren.

Nach Faraday unterteilt man, um eine gute Übersicht zu gewinnen, das elektromagnetische Feld in eine große Anzahl von sogenannten Einheits-Kraftröhren. Diese umgeben den Leiter als geschlossene Ringe. Der Querschnitt der Einheitsröhren ist an jeder Stelle durch die Feldstärke $\mathfrak{H}$ festgelegt. Die Definition lautet, daß an jeder Stelle des magnetischen Kraftflusses durch eine Fläche von 1 cm², die senkrecht zu den Kraftlinien gelegt ist, so viel Einheitskraftröhren hindurchtreten, als die Feldstärke $\mathfrak{H}$, gemessen in Dyn, beträgt. Herrscht an einer Stelle des Kraftfeldes z. B. die Feldstärke $\mathfrak{H} = 1700$ Dyn/Weber, so kennzeichnet man dies dadurch, daß man sagt: „An der betreffenden Stelle treten durch eine Fläche von 1 cm², die senkrecht zu den Kraftlinien gelegt ist, 1700 Kraftröhren hindurch". Der Querschnitt einer Kraftröhre beträgt also 1/1700 cm².

Im übrigen können die Kraftröhren ihren Querschnitt während des Verlaufs beliebig ändern; wo er sich verringert, gehen mehr Kraftröhren auf den cm², die Feldstärke $\mathfrak{H}$ nimmt also zu. Wird der Querschnitt der Einheitsröhre größer, so ist dies ein Zeichen dafür, daß die Feldstärke $\mathfrak{H}$ abnimmt. Innerhalb jeder Einheitskraftröhre herrscht jedoch, welchen Querschnitt sie auch besitzen mag, überall die Feldstärke 1 Dyn/Weber.

c) Die magnetische Induktion.

Außer den beschriebenen mechanischen Kraftwirkungen übt das Magnetfeld, wie Faraday nachgewiesen hat, Induktionswirkungen aus. Diese äußern sich darin, daß in einer Schleife aus isoliertem Draht, die man in das Magnetfeld bringt, eine elektrische Spannung wachgerufen (induziert) wird, wenn die von der Drahtschleife umfaßte Kraftlinienzahl (der magnetische Kraftfluß) sich ändert, z. B. dadurch, daß der Strom zuerst ein- und dann ausgeschaltet wird. Zur Beschreibung und Berechnung der Induktionswirkung denkt man sich das Magnetfeld in sogenannte „Induktionsröhren" zerlegt. Dabei erfolgt die Zerlegung in der gleichen Weise wie bei den Kraftröhren.

Die Induktionsröhrendichte, d. h. die durch eine Fläche von 1 cm², die senkrecht zu den Kraftlinien gelegt ist, hindurchtretende Anzahl von Induktionsröhren, auch kurz „Induktion" genannt, wird mit $\mathfrak{B}$ bezeichnet und in Gauß als Einheit gemessen.

Bei den Berechnungen der Elektrotechnik handelt es sich fast stets darum, die Induktionsröhrendichte $\mathfrak{B}$ anzugeben, die unter der Wirkung des stromdurchflossenen Leiters in einem bestimmten magnetischen Kreis zustande kommt. Die Feldstärke $\mathfrak{H}$ tritt in der Regel bei der Berechnung in den Hintergrund.

d) Der magnetische Fluß Φ.

Die Gesamtheit der von einem stromdurchflossenen Leiter (z. B. einer mit isoliertem Kupferdraht bewickelten Spule) hervorgebrachten Induktionsröhren nennt man den magnetischen Fluß des Leiters. Die Einheit, mit der er gemessen wird, ist das Maxwell. Herrscht an einem bestimmten, senkrecht zu den Induktionslinien gelegten Flußquerschnitt, der F cm² beträgt, überall die gleiche Induktion $\mathfrak{B}$ Gauß, so berechnet sich der magnetische Fluß zu:

$$(224) \qquad \Phi = \mathfrak{B} \cdot F \text{ Maxwell} .$$

Ist die Induktion $\mathfrak{B}$ an verschiedenen Stellen des Querschnitts verschieden, so muß man die Fläche F in zahlreiche Teilflächen zerlegen, die von solcher Größe sind, daß innerhalb derselben $\mathfrak{B}$ als konstant angenommen werden kann. Bildet man für jede Teilfläche df das Produkt $\mathfrak{B} \cdot df$, so ist der Fluß Φ als Summe aller Teilprodukte zu errechnen, so daß:

$$(225) \qquad \Phi = \int_0^F \mathfrak{B} \cdot df.$$

Liegt die Fläche nicht überall senkrecht zu den Kraftlinien, so ist für df die senkrecht auf den Kraftlinien stehende Projektion der Fläche einzusetzen.

Die Gesamtheit des vom Magnetfluß durchsetzten, den Leiter ringförmig umgebenden Raumes wird als Flußröhre (auch magnetischer Kreis) bezeichnet.

e) Zusammenhang zwischen dem Strom i und dem durch ihn geschaffenen Magnetfluß Φ.

Die Frage, welcher Magnetfluß Φ in einem bestimmten Kraftfeld zustande kommt, wenn der z. B. als Spule mit z-Windungen angeordnete Leiter vom Strom i Ampere durchflossen ist, wird durch das sogenannte „Ohmsche Gesetz des Elektromagnetismus" beantwortet. Es lautet:

$$\text{Magnetischer Fluß} = \frac{\text{magnetische Spannung}}{\text{magnetischen Widerstand}},$$

eine Gleichung, die in ihrem Aufbau dem Ohmschen Gesetz der Gleichstromtechnik entspricht und deshalb die angegebene Bezeichnung führt. Sie bildet die Grundlage für alle magnetischen Berechnungen der Elektrotechnik.

Als magnetische Spannung A_m, die zwischen 2 Punkten eines magnetischen Kraftfeldes herrscht, bezeichnet man die mechanische Arbeit, die geleistet werden muß, um den magnetischen Einheitspol auf beliebiger Bahn von dem ersten Punkt zum zweiten zu bringen. Diese Arbeit läßt sich berechnen, wenn man jedes Weg-Element dl mit der auf seiner Länge herrschenden Feldstärke $\mathfrak{H}$ (d. h. der Kraft in Dyn, welche das Magnetfeld auf den Einheitspol über die Strecke dl hin ausübt) multipliziert und sämtliche Teilprodukte über die gesamte Weglänge zwischen den beiden Meßpunkten addiert. Diese Summation wird bei unendlich klein gewählten Teilstrecken dl zu einer Integration. Man kann also schreiben:

$$(226) \qquad A_m = \int_I^{II} \mathfrak{H} \cdot dl.$$

Man bezeichnet diesen Ausdruck als „Linienintegral der magnetischen Feldstärke". Besonders wichtig ist es, die magnetische Spannung für den Fall kennenzulernen, daß der Einheitspol von einem bestimmten Punkt ausgehend auf beliebiger Bahn einen vollen Kreislauf um den stromdurchflossenen Leiter beschreibt. Man drückt dies bei der Bildung des Linienintegrals dadurch aus, daß man schreibt:

$$(227) \qquad A_m^0 = \oint H \cdot dl \ ^1$$

und bezeichnet diesen Wert als „magnetische Kreisspannung". Die gegebene Definition der magnetischen Spannung ist deshalb von grundlegender Bedeutung, weil sie klar erkennen läßt, daß es sich bei dieser Meßgröße um einen Arbeitswert handelt. In der Meßtechnik wird sie jedoch niemals als mechanische Arbeit ermittelt, ebensowenig, wie dies bei der elektrischen Spannung (dem elektrischen Potential) geschah.

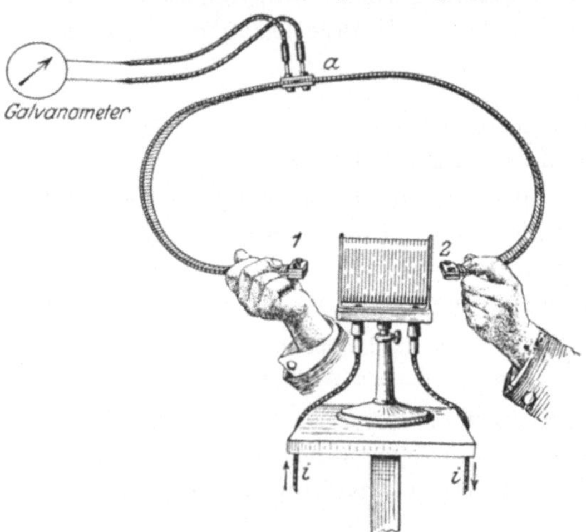

Abb. 129. Magnetischer Spannungsmesser. (Aus Pohl, Elektrizitätslehre, 2. Aufl.)

Vielmehr ist für diesen Zweck ein bequem zu handhabendes elektrisches Meßgerät ausgearbeitet worden, das auf der Induktionswirkung des magnetischen Feldes beruht und als „magnetischer Spannungsmesser" bezeichnet wird. Das Gerät ist in Abb. 129 in der Meßanordnung dargestellt. Es besteht im wesentlichen aus einer langen z. B. auf einen Riemen aufgewickelten Induktionsspule. Sie ist in zwei Lagen mit den Zuleitungen in der Mitte der oberen Windungslage gewickelt. Eine einlagige Spule würde außer der beabsichtigten gestreckten Spule noch eine Induktionsspule mit einer Windung, gebildet aus dem in Schraubenlinien aufgewickelten Draht, darstellen. Abb. 130 zeigt, wie die Messung ausgeführt wird. Es soll die magnetische Spannung zwischen den Punkten *1* und *2* des durch die dargestellte Drahtspule geschaffenen Magnetfeldes gemessen werden. Dies geschieht dadurch, daß man den Strom *i* in der Spule einschaltet, dann den Schalter herauswirft und den Ausschlag abliest, den der in der Spule des magnetischen Spannungsmessers durch das Verschwinden des Magnetflusses induzierte Stromstoß hervorruft. Dieser bildet ein direktes Maß für die magnetische Spannung. Abb. 130 zeigt die Meßanordnung, für den Fall, daß die magnetische Kreisspannung eines einzelnen Leiters gemessen werden

---

[1] Das Zeichen $\oint$ bedeutet, daß die Integration über **einen vollen Kreislauf** zu erstrecken ist. Als Symbol hierfür ist der Kreis in das Integralzeichen gesetzt.

soll. In Abb. 131 ist die Meßanordnung für einen Dauermagneten dargestellt. Die Messung wird hier so
ausgeführt, daß zunächst die Enden
des magnetischen Spannungsmessers
an die Magnetpole gelegt und dann
plötzlich weggenommen werden.

Die magnetische Spannung wird
durch den stromdurchflossenen Leiter geschaffen. Besteht dieser aus einer
Spule, die z Windungen aufweist, die
vom Strom i Ampere durchflossen
werden, so besteht die Beziehung:

$$(228) \qquad \oint \mathfrak{H} \cdot dl = 0{,}4\,\pi \cdot i \cdot z .$$

Hierbei bezeichnet man das Produkt
$i \cdot z$ als Amperewindungszahl des
Leiters. Sie ist der magnetischen
Spannung proportional und kann als
ihre Ursache angesehen werden[1].

An Hand dieser grundlegenden
Beziehung kann die Eichung des

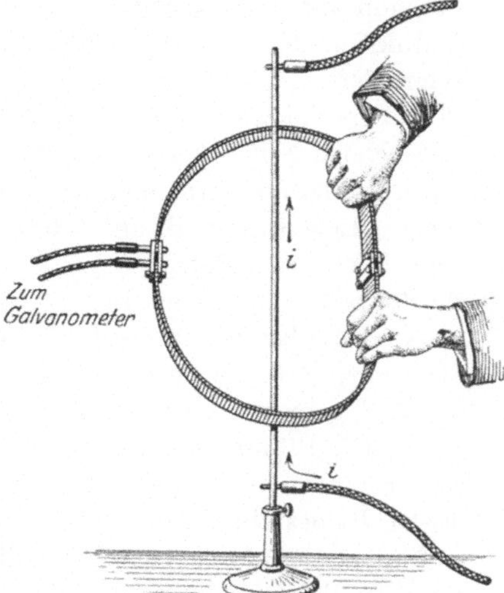

Abb. 130. Messung der magnetischen Kreisspannung eines stromdurchflossenen Leiters
mittels eines magnetischen Spannungsmessers. (Aus Pohl, Elektrizitätslehre,
2. Aufl.)

magnetischen Spannungsmessers leicht auf experimentellem Weg vorgenommen werden.

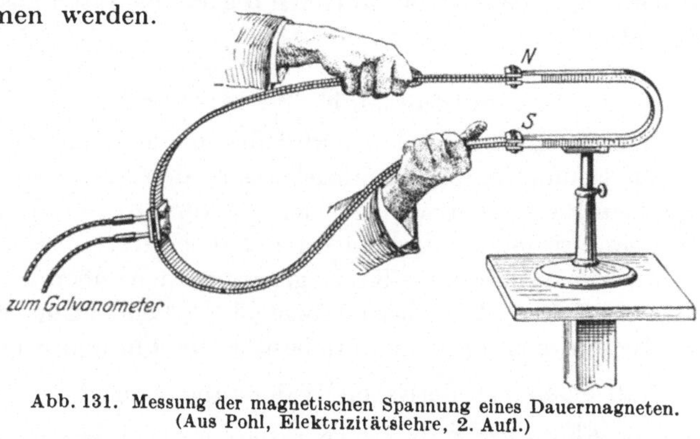

Abb. 131. Messung der magnetischen Spannung eines Dauermagneten.
(Aus Pohl, Elektrizitätslehre, 2. Aufl.)

f) Der grundlegende Unterschied zwischen dem magnetischen und dem elektrischen Kraftfeld.

Vergleicht man die Eigenschaften des magnetischen Kraftfelds mit
denjenigen des elektrischen Kraftfelds, so erkennt man folgende grundlegenden Unterschiede:

---

[1] Öfters wird die Amperewindungszahl direkt als magnetische Spannung bezeichnet. Dies entspricht nicht dem festgelegten Maßsystem und führt bei Berech-

1. Die elektrischen Kraftröhren beginnen auf dem negativen und endigen auf dem positiven Beleg des Kondensators. Die magnetischen Induktionsröhren sind geschlossene Ringe, die in sich selbst ohne Anfang oder Ende zurücklaufen.

2. Im elektrischen Kraftfeld ist die Spannung auf einem geschlossenen Weg gleich Null. Diese Tatsache kennzeichnet das elektrische Kraftfeld als Potentialfeld. Im magnetischen Kraftfeld besitzt die Spannung auf einer geschlossenen Bahn, sofern diese den stromdurchflossenen Leiter umschließt, den Betrag $0,4\,\pi\cdot i\cdot z$. Wird die Bahn 2mal durchlaufen, so verdoppelt sich dieser Betrag usw. Diese Tatsache kennzeichnet das **magnetische Kraftfeld als Wirbelfeld**. (In der Tat stellt man sich vor, daß die träge Masse des Magnetfelds durch **Elektronenwirbel** gebildet wird.)

3. Die Bildung des elektrischen Kraftfelds ist an das Vorhandensein von Elektronen (Elektrizitätsatomen) gebunden. Es ist ein **statisches Feld**. Es besteht, während die Elektronen sich in Ruhe auf ihrem Beleg befinden. Sobald sie wandern, fließt ein Ausgleichstrom und das Feld zerfällt. Beim Magnetfeld fehlt die analoge Erscheinung. Es gibt weder „Atome des Magnetismus", noch einen magnetischen Strom, der einen Zerfall des Magnetfelds bewirkt. Dieses ist ein dynamisches Feld; es besteht aus „Ringwirbeln von Elektronen", die „angedreht" werden, sobald ein Strom fließt. Das Magnetfeld ist an das Fließen des Stroms gebunden; wird er ausgeschaltet, so laufen die Wirbel rasch aus, womit das Magnetfeld erlischt.

g) Der magnetische Widerstand.

Der magnetische Widerstand R_m wird durch die Abmessungen des den Leiter (die Spule) ringförmig umgebenden, den gesamten Magnetfluß umfassenden Raumes, den wir in Zukunft kurz als „Flußröhre" bezeichnen wollen, bestimmt. Im einfachsten Fall besitzt die ringförmige Flußröhre (auch magnetischer Kreis genannt) den überall gleichen Querschnitt von F cm². Die Gesamtlänge möge l cm ausmachen. Bei Verlauf der Induktionsröhren in Luft besitzt die Flußröhre in diesem einfachsten Fall einen magnetischen Widerstand von $R_m = \dfrac{l}{F}$.

Verläuft die Flußröhre teilweise in Eisen, so wird der magnetische Widerstand des von Eisen erfüllten Flußröhren-Abschnittes fast auf Null erniedrigt. Eisen stellt gewissermaßen, im Bilde des Ohmschen Gesetzes gesprochen, einen magnetischen Kurzschluß für die Induktionsröhren dar.

---

nungen leicht zu beträchtlichen Fehlern. Diese Bezeichnungsweise muß deshalb abgelehnt werden. Man erhält die magnetische Spannung, wenn man die Amperewindungszahl mit $0,4\,\pi = 1,25$ multipliziert.

Die Zahl, welche angibt, um wievielmal der magnetische Widerstand eines Flußröhrenstückes bei Anwesenheit von Eisen kleiner ist als bei Verlauf des Flusses in Luft, heißt „Permeabilität" μ. Demgemäß berechnet sich in diesem Fall der magnetische Widerstand zu:

$$(229) \qquad R_{me} = \frac{l}{F \cdot \mu}.$$

Die Permeabilität ist keine Konstante, sondern ändert sich mit der Induktion $\mathfrak{B}$ erheblich. Die Abhängigkeit wird in der Elektrotechnik durch die Magnetisierungskurve Abb. 132 zum Ausdruck gebracht, deren Handhabung sofort erläutert werden soll.

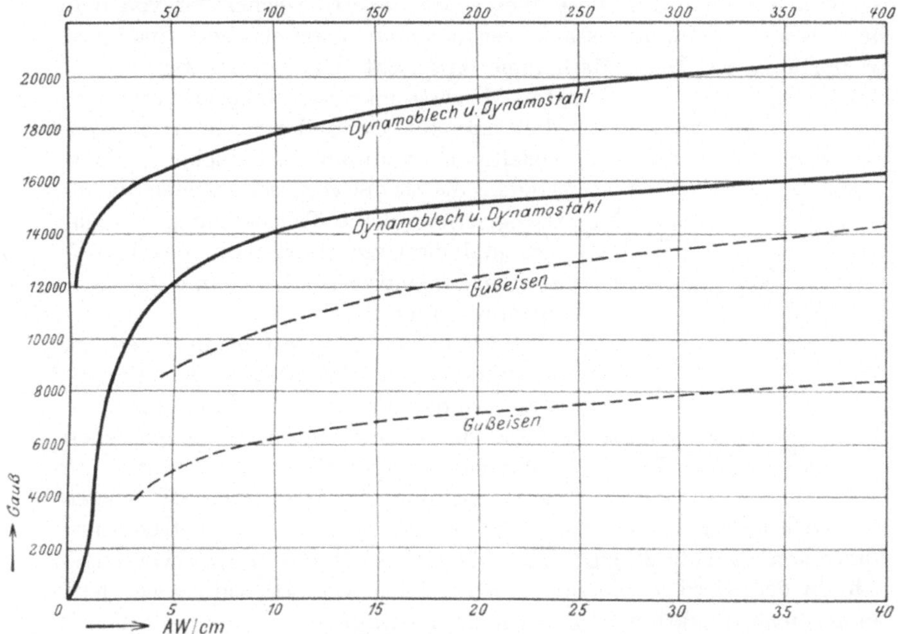

Abb. 132. Magnetisierungskurven. (Aus Thomälen, Elektrotechnik, 10. Aufl.)

Setzt sich die Flußröhre aus mehreren hintereinander geschalteten Strecken von verschiedenem Querschnitt und verschiedener Permeabilität zusammen, so sind bei der Berechnung des magnetischen Flusses die magnetischen Widerstände der einzelnen Strecken über die ganze Flußröhre hin zu addieren.

Die in der Elektrotechnik eingebürgerte praktische Rechnung berechnet nie den magnetischen Widerstand einer Flußröhre, sondern ermittelt unmittelbar die Anzahl der Amperewindungen, die nötig ist, um durch die meist konstruktiv genau festliegende Flußröhre einen bestimmten Magnetfluß Φ von vorgeschriebener Größe zu treiben. Zu diesem Zweck wird für jeden der hintereinandergeschalteten Abschnitte der Flußröhre zunächst die erforderliche Induktion $\mathfrak{B} = \dfrac{\Phi}{F}$ ermittelt, wobei man die in der Regel zutreffende Tatsache voraussetzt, daß an jeder Stelle des Querschnitts die gleiche Induktion $\mathfrak{B}$ herrscht. Für den Verlauf der Flußröhre in Luft ergibt sich dann die Beziehung:

$$(230) \qquad i \cdot z = \frac{1}{0,4\,\pi} \cdot \mathfrak{B} \cdot l = 0,8 \cdot \mathfrak{B} \cdot l \,,$$

wobei l die mittlere Länge des betreffenden Flußröhrenstückes (mittlere Länge des Induktionslinienwegs genannt) bedeutet.

Man berechnet auf diese Weise einen Wert, welcher der von dem betreffenden Flußröhrenstück verbrauchten magnetischen Spannung proportional ist. Diese Maßnahme entspricht dem bei der Berechnung von Gleichstromkreisen üblichen Verfahren, daß man für jeden der hintereinandergeschalteten Spannungsverbraucher (Widerstände) die bei der vorgeschriebenen Stromstärke erforderliche Teilspannung ausrechnet und die Gesamtspannung des betreffenden Stromkreises als Summe der Teilspannungen ermittelt.

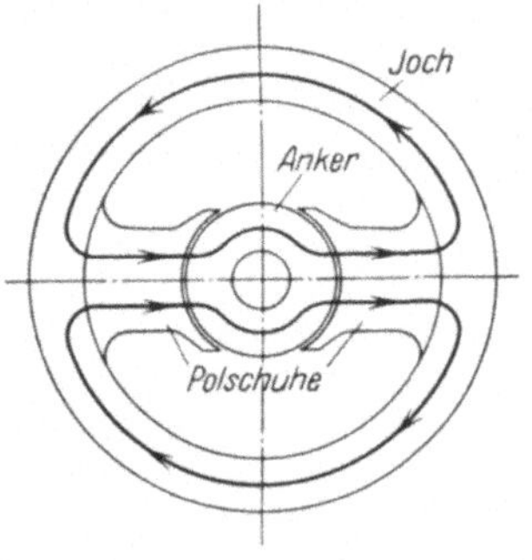

Abb. 133. Berechnung des magnetischen Kreises einer zweipoligen Gleichstrommaschine.

Verläuft der Magnetfluß in Eisen, so wird die für 1 cm des mittleren Kraftlinienwegs erforderliche Amperewindungszahl an Hand der experimentell aufgenommenen „Magnetisierungskurven" bestimmt. In Abb. 132 sind die Magnetisierungskurven der wichtigsten Eisensorten zusammengestellt. Die Magnetisierungskurve kommt dadurch zustande, daß man über der Amperewindungszahl in der Abszisse die dadurch bei 1 cm Induktionslinienweg hervorgerufene Induktion $\mathfrak{B}$ als Ordinate aufträgt.

Zahlenbeispiel: Es ist die Amperewindungszahl zu berechnen, die nötig ist, um einen magnetischen Fluß von $\Phi = 1850000$ Maxwell durch das in Abb. 133 dargestellte, aus Dynamostahlguß bestehende Magnetgestell zu treiben. Für die Berechnung unterteilen wir die Flußröhre in zwei Luftabschnitte und drei Eisenabschnitte, die in Hintereinanderschaltung liegen. Für jeden dieser Abschnitte berechnen wir den Querschnitt F, die mittlere Kraftlinienlänge l und die Induktion $\mathfrak{B}$, die bei dem vorgeschriebenen Fluß Φ herrschen muß. Aus $\mathfrak{B}$ und l lassen sich sofort die erforderlichen Amperewindungen berechnen. Dies geschieht für die Luftabschnitte nach Gl. (230), für die Eisenabschnitte mit Hilfe der Magnetisierungskurve Abb. 132. In Tabelle 9 sind die sich ergebenden Zahlenwerte zusammengestellt.

Tabelle 9.

1	2	3	4	5	6
Teil	Mittlere Länge der Flußröhre cm	Querschnitt der Flußröhre cm²	Material	Induktion $\mathfrak{B}$ Gauß	AW-Zahl
Joch . . .	58	2 × 95	Stahlguß	9800	200
Polschuhe .	20	120	Dynamoblech	15500	400
Anker . . .	18	105	„	17600	1800
Luftspalt .	0,1	140	„	13200	1060

Summe 3460

Dies entspricht bei einer Stromdichte von 1,5 Amp./mm² auf dem Gesamt-wickelquerschnitt einem Spulenquerschnitt jeder der beiden Spulen von ~ 125 cm².

59. Der Induktionskoeffizient L.

Ändert sich der von einer Spule mit z Windungen umfaßte Magnet-fluß Φ, so wird nach dem von Faraday auf experimentellem Weg ge-wonnenen Induktionsgesetz in der Spule eine Spannung von e Volt hervorgerufen, die sich berechnet zu:

$$(231) \qquad e = -z \cdot \frac{d\Phi}{dt} \cdot 10^{-8} \text{ Volt}.$$

Die Flußänderung $\dfrac{d\Phi}{dt}$ kann auf zweierlei Art erzeugt werden:

a) dadurch, daß die Spule ihre Lage in einem fest gegebenen Magnet-feld ändert, das an verschiedenen Stellen verschieden hohe Induktion $\mathfrak{B}$ aufweist. Dieser Fall liegt bei den elektrischen Generatoren vor, kommt jedoch bei den für die Schwingungstechnik maßgebenden In-duktivitäten nicht in Frage;

b) dadurch, daß der Strom i eine Änderung erfährt, während die Spule ihre räumliche Lage beibehält und auch die Flußröhre hinsicht-lich ihrer geometrischen Form und ihres magnetischen Widerstandes ungeändert bleibt.

Wir beschränken uns auf die Betrachtung des Falls b). Aus der Be-ziehung:

$$\Phi = \frac{0{,}4\,\pi \cdot i \cdot z}{R_m}$$

ergibt sich:

$$(232) \qquad \frac{d\Phi}{dt} = \frac{0{,}4\,\pi \cdot z}{R_m} \cdot \frac{di}{dt},$$

so daß:

$$(233) \qquad e = -z^2 \cdot \frac{0{,}4\,\pi}{R_m} \cdot \frac{di}{dt} \cdot 10^{-8} \text{ Volt},$$

$$= -\mathsf{L} \cdot \frac{di}{dt} \text{ Volt}.$$

Der Wert $\mathsf{L} = z^2 \cdot \dfrac{0{,}4\,\pi}{R_m} \cdot 10^{-8}$ heißt „Induktionskoeffizient". Er läßt sich aus den Abmessungen der Induktivität, insbesondere auf Grund ihres magnetischen Widerstandes R_m, berechnen.

Wie erwähnt, wird bei der üblichen technischen Berechnung einer Induktivität nicht der magnetische Widerstand R_m, sondern die Amperewindungszahl ermittelt, die nötig ist, um einen bestimmten Fluß Φ durch die Flußröhre zu treiben. Demgemäß ist durch die Berechnung der Verhältniswert $\dfrac{\Phi}{i \cdot z}$ gegeben. Um auf Grund hiervon die Berechnung des Induktionskoeffizienten L vornehmen zu können, muß Gl. (233) durch Eliminieren von R_m etwas umgestaltet werden. Dies geschieht auf Grund der aus dem Ohmschen Gesetz des Magnetismus sich ergebenden Beziehung:

$$\frac{0{,}4\,\pi}{R_m} = \frac{\Phi}{i \cdot z}.$$

Demgemäß ist:

$$(234) \qquad \mathsf{L} = z^2 \cdot \boxed{\frac{\Phi}{i \cdot z}} \cdot 10^{-8}\ \text{Henry}.$$

Das Maß des Induktionskoeffizienten L ist das **Henry**. Eine Induktivität besitzt dann den Induktionskoeffizienten von 1 Henry, wenn an den Enden ihrer Wicklung eine Spannung von 1 Volt induziert wird, während der Strom i sich gleichmäßig um 1 Amp./sec ändert.

Eine andere begriffliche Auslegung des Induktionskoeffizienten ergibt sich auf Grund der Gl. (234). Danach besitzt eine Induktivität dann den Induktionskoeffizienten 1 Henry, wenn der in der Flußröhre erzeugte Fluß $\Phi = \dfrac{10^8}{z}$ Maxwell ist, sobald durch die Spule der Induktivität ein Strom von 1 Ampere fließt.

Bei schwingungstechnischen Berechnungen muß man in der Lage sein, den Induktionskoeffizienten L aus den Abmessungen der Induktivität zu berechnen. Wie diese Berechnung durchzuführen ist, sei im nachfolgenden an Hand einiger typischer Beispiele gezeigt.

60. Berechnung von Induktivitäten.

a) Induktivitäten ohne Eisenkern.

In der Radiotechnik, die als elektrische Schwingungstechnik im engeren Sinne zu bezeichnen ist, werden ausschließlich Induktivitäten benutzt, deren Kraftfeld in Luft verläuft. Die Einbringung von Eisen in das Magnetfeld wird peinlichst vermieden, da es bei den auftretenden Hochfrequenzströmen auf das empfindlichste stören würde.

Es hat sich als aussichtslos erwiesen, die Berechnung derartiger Induktivitäten mit praktisch genügender Näherung an Hand von theore-

tisch abgeleiteten Formeln vorzunehmen, denn der Verlauf der Kraftröhren läßt sich bei den vorliegenden Spulen nicht in einfacher Weise
erfassen. Die Radiotechnik benutzt deshalb empirische Berechnungsformeln. Am wichtigsten dürften die von Korn-
dörfer angegebenen Gleichungen sein, die auf
Grund von experimentellen Forschungen gebildet
wurden, also im wesentlichen als empirische Gleichungen anzusehen sind.

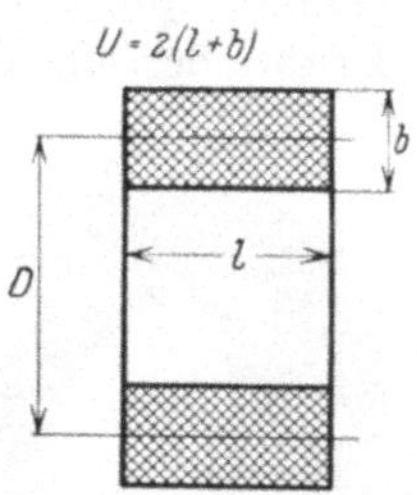

Abb. 134. Eisenfreie Induktivität (Radio-spule).

Danach ist für die Größe des Induktionskoeffizienten einer eisenfreien Spule das Verhältnis des
Wicklungsumfanges $U = 2(l + b)$ (Bedeutung von l
und b s. Abb. 134) zum mittleren Spulendurchmesser D maßgebend.

Es ergeben sich die Beziehungen:

$$(235) \qquad \mathsf{L} = 1{,}05 \cdot z^2 \cdot D \cdot \sqrt[4]{\frac{D}{U}} \cdot 10^{-8} \text{ Henry für } \frac{D}{U} = 0 \div 1,$$

$$(236) \qquad \mathsf{L} = 1{,}05 \cdot z^2 \cdot D \cdot \sqrt{\frac{D}{U}} \cdot 10^{-8} \text{ Henry für } \frac{D}{U} = 1 \div 3.$$

Für größere Werte als $\frac{D}{U} = 3$ sind die Formeln nicht mehr brauchbar.
Im übrigen stimmen, wie an Hand zahlreicher Versuche nachgeprüft
wurde, die an Hand der Formeln berechneten Werte mit einer Genauigkeit von $\pm$ 5% mit den tatsächlichen Werten überein[1].

Ausführungsformen der Spulen. Besonders beliebt sind in der
Radiotechnik die Flachspulen. Hierbei ist $\frac{D}{U}$ in der Regel $\sim = 1$. Es
fällt auf, daß diese Spulen eine eigenartig verwickelte Wicklungsart
zeigen. Sie hat den Zweck, die Spule frei von Kapazitätswirkungen
zu machen. Trifft man diese Maßnahme nicht, so bilden sich innerhalb
der Spule ungewollte in sich geschlossene Schwingungskreise aus, die
empfindliche Störungen in der Verständigung herbeiführen und beträchtliche Nebenverluste bedingen. Bei Empfangsgeräten würde bei
Verwendung nicht kapazitätsfreier Spulen die Reinheit der Abstimmung
völlig verlorengehen, so daß ein klarer und sauberer Empfang nicht
möglich wäre. Deshalb ist die Forderung, nur kapazitätsfrei gewickelte

---

[1] In der Radiotechnik rechnet man in der Regel nicht mit der hier allein
maßgebenden technischen Einheit des Induktionskoeffizienten, dem Henry, sondern mit der in der Physik gebräuchlichen absoluten Einheit ($c \cdot g \cdot s$-System),
dem cm. Es besteht die Beziehung:

$$1 \text{ Henry} = 10^9 \text{ cm}.$$

Dementsprechend muß man dann auch die Kapazität im absoluten Einheiten (cm)
messen, wobei die Beziehung Anwendung findet:

$$1 \text{ Farad} = 9 \cdot 10^{11} \text{ cm}.$$

Induktionsspulen in der Radiotechnik zu verwenden, seit Jahren zur Selbstverständlichkeit geworden. Die gebräuchlichste Form der kapazitätsfreien Wicklung ist durch die sogenannte Honigwabenspule gemäß Abb. 135 gekennzeichnet. Ihr Prinzip beruht darauf, daß die Drähte der einzelnen Windungen fortgesetzt gekreuzt werden; dann ist nämlich die Gesamtladung und damit die Kapazität der Spule gleich Null. Zwei aufeinanderfolgende Abschnitte eines Drahtes würden bei Benutzung der Spule als Kapazität mit gleich großer positiver und negativer Ladung versehen werden, d. h. jeder Drahtabschnitt würde durch den nachfolgenden hinsichtlich seiner Ladung kompensiert werden. Die Gesamtladung der Spule müßte also unter allen Bedingungen gleich Null sein, d. h. aber, daß die Spule überhaupt keine Ladung nach Art eines Kondensators aufzunehmen vermag, daß sie also in der Tat kapazitätsfrei ist.

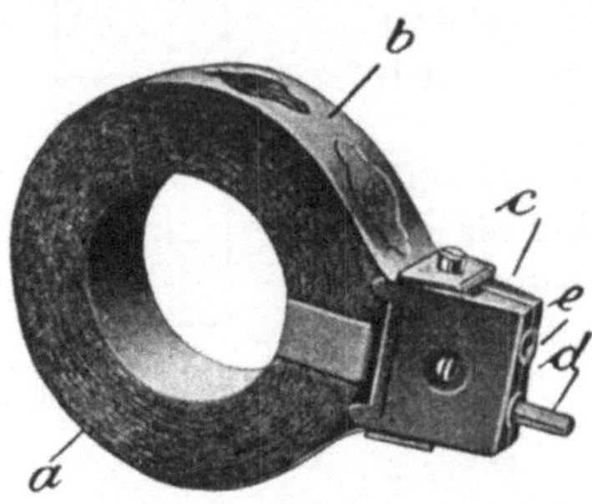

Abb. 135. Honigwabenspule. (Aus Nesper, Radio-Amateur, 6. Aufl.)

Zahlenbeispiel 1: Es ist der Induktionskoeffizient einer Flachspule zu berechnen, die $z = 65$ Windungen, einen mittleren Spulendurchmesser $D = 12$ cm und einen Spulenumfang von $U = 15$ cm ($b = 6$ cm, $l = 1,5$ cm) besitzt:

$$R = 1,05 \cdot 65^2 \cdot 12 \cdot \sqrt[4]{\frac{12}{15}} \cdot 10^{-8} = 5,03 \cdot 10^{-4} \text{ Henry}.$$

Als Sonderfall einer Luftspule kann ein zu einer kreisförmigen Windung zusammengebogener Draht angesehen werden. Für die Berechnung des Induktionskoeffizienten gilt hier die Formel:

$$(237) \qquad R = 4\pi \cdot R \cdot \left(\ln \cdot \frac{2R}{d} + 0,33\right) \cdot 10^{-9} \text{ Henry},$$

wobei R = Halbmesser der Windung in cm, d = Dicke des Drahtes in cm ist.

Zahlenbeispiel 2: Es ist der Induktionskoeffizient eines kreisförmig gebogenen Kupferrohres von $d = 1,0$ cm Außendurchmesser zu bestimmen, wobei der Windungsradius $= 16$ cm ist.

$$L = 4\pi \cdot 16 \cdot \left(\ln \frac{32}{1,0} + 0,33\right) \cdot 10^{-9} = 0,76 \cdot 10^{-6} \text{ Henry}.$$

b) Der Induktionskoeffizient einer Doppelleitung.

In der Telegraphentechnik tritt die Induktivität in der Regel in Form von langgestreckten Leitungen auf. Im nachfolgenden soll an Hand des einfachsten Falls gezeigt werden, wie der Induktionskoeffizient einer Doppelleitung berechnet wird.

Die Leitung bestehe aus 2 Drähten, die beide den Halbmesser r_0 cm und die Länge l cm besitzen und im Abstande h cm zueinander parallel laufen.

Zur Ermittlung des Induktionskoeffizienten L ist der Fluß Φ zu berechnen, der entsteht, wenn die beiden Leiter von einem Strom $J = 1$ Amp. durchflossen werden, wobei zu beachten ist, daß der Strom in einem Leiter hin- und im anderen zurückfließt. Zu diesem Zweck ermitteln wir zunächst die Beziehungen, welche zwischen einem stromdurchflossenen Einzelleiter und dem von ihm geschaffenen Magnetfluß Φ bestehen.

Bekanntlich umgeben die Induktionsröhren den Leiter in Form von konzentrischen Ringen. Wir ermitteln zunächst die Feldstärke $\mathfrak{H}$, die im Abstand r vom Leiter herrscht. Nach der Definitionsgleichung für die magnetische Kreisspannung ist:

$$\oint \mathfrak{H} \cdot dl = 0{,}4\,\pi \cdot i \,.$$

Das Linienintegral läßt sich im vorliegenden Fall in einfacher Weise ausrechnen. Es ist gleich der mechanischen Arbeit zu setzen, die geleistet werden muß, um den Einheitspol auf einem zum Leiter konzentrischen Kreis vom Halbmesser r in einem vollen Kreislauf herum zuführen. Da $\mathfrak{H}$ auf diesem Kreis überall gleich ist, berechnet sich:

$$(238) \qquad \oint \mathfrak{H} \cdot dl = \mathfrak{H} \cdot 2r\pi \,.$$

Da aber außerdem $\oint \mathfrak{H}\,dl = 0{,}4\,\pi \cdot i$, so wird

$$(239) \qquad \mathfrak{H} = \frac{0{,}4 \cdot \pi \cdot i}{2 \cdot r \cdot \pi} = \frac{0{,}2\,i}{r} \,.$$

Zur Berechnung des vom Leiter ausgehenden Flusses Φ zerlegen wir den den Leiter umgebenden Raum in zahlreiche, dünnwandige Röhren, die konzentrisch zur Leiterachse liegen, die Länge l des Leiters und die Wandstärke dr besitzen. Der in einer solchen Röhre kreisende Magnetfluß berechnet sich zu:

$$(240) \qquad d\Phi = \mathfrak{H} \cdot dF = \mathfrak{H} \cdot l \cdot dr = 0{,}2 \cdot i \cdot l \cdot \frac{dr}{r} \,.$$

Zur Ermittlung des in der zwischen den Radien r_1 und r_2 liegenden Flußröhre erzeugten Gesamtflusses haben wir lediglich die Flüsse $d\Phi$ in den zwischen den beiden Grenzwerten liegenden Elementarröhren zu addieren. Wir finden:

$$(241) \qquad \int_{r_1}^{r_2} d\Phi = \int_{r_1}^{r_2} 0{,}2 \cdot i \cdot l \cdot \frac{dr}{r} = 0{,}2\,i \cdot l \cdot \ln \frac{r_2}{r_1} \,.$$

Zur Berechnung des von einer Doppelleitung erzeugten Magnetflusses berechnen wir zunächst den von dem ersten Leiter in dem Raum bis zum zweiten Leiter erzeugten Fluß.

Dieser ergibt sich nach Gl. (241) zu:

$$(242) \qquad \Phi_1 = 0,2\,i \cdot l \cdot \ln\frac{h}{r_0}\,.$$

Da die Ströme in beiden Leitungen gleich, aber entgegengesetzt gerichtet sind, addieren sich die von den beiden Leitern ausgehenden Flüsse. Somit ergibt sich bei $J = 1$ Ampere der Gesamtfluß zu:

$$(243) \qquad \frac{\Phi}{i} = 2 \cdot 0,2 \cdot l \cdot \ln\frac{h}{r_0}\,.$$

Da nach Gl. (234) $\mathsf{L} = z \cdot \dfrac{\Phi}{i} \cdot 10^{-8}$ Henry, ergibt sich im vorliegenden Fall, wo $z = 1$:

$$(244) \qquad \mathsf{L} = 0,4 \cdot l \cdot \ln\frac{h}{r_0} \cdot 10^{-8}\,\text{Henry}\,.$$

Zahlenbeispiel: $\qquad l = 10\ \text{km}\ (10^6\ \text{cm}),$

$$h = 280\ \text{cm},$$

$$r_0 = 0,75\ \text{cm}.$$

Demnach ergibt sich:

$$\mathsf{L} = 0,4 \cdot 10^6 \cdot \ln\frac{280}{0,75} \cdot 10^{-8} = 0,0237\ \text{Henry}.$$

c) Induktivitäten mit Eisenkern.

Bei den Schwingungskreisen der Starkstromtechnik (elektrische Maschinen, Transformatoren u. dgl.) wird die Induktivität in der Regel durch eine Spule gebildet, deren Flußröhre zum größten Teil in Eisen verläuft. Es soll an Hand eines einfachen Beispiels gezeigt werden, wie die Berechnung des Induktionskoeffizienten bei einer solchen Anordnung vorgenommen wird. Abb. 136 zeigt eine hufeisenförmige Drosselspule. Die Wicklung besitzt $z = 600$ Windungen. Der überall gleiche Querschnitt des Magnetflusses beträgt $F = 120\ \text{cm}^2$ (= halbe Polfläche des Hufeisenmagneten). Der Luftspalt (gleichbedeutend mit dem halben Luftweg l_L der Flußröhre) zwischen Anker und Polgestell $= \frac{1}{2}\,l_L = 0,2$ cm. Die Magnetisierungskurve des verwendeten Dynamoblechs kann aus Abb. 132 entnommen werden. Für die Berechnung brauchen wir weiter-

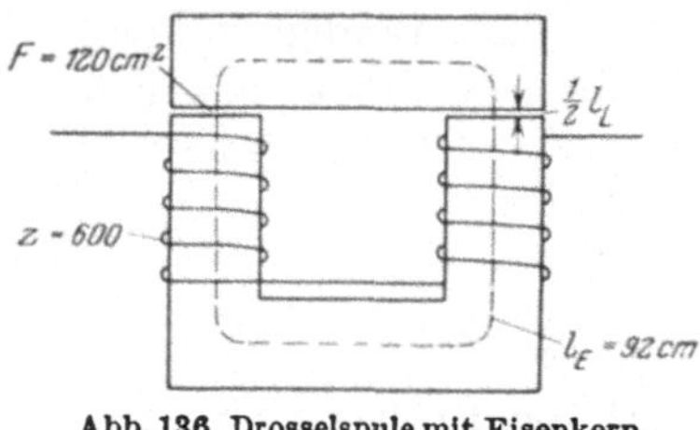

Abb. 136. Drosselspule mit Eisenkern.

hin den mittleren in Eisen verlaufenden Kraftlinienweg, der aus der Abb. 136 mit $l_E = 92$ cm ausgemessen wird.

Bei der Berechnung gehen wir wiederum von der zweiten Definition des Induktionskoeffizienten

$$(245) \qquad \mathsf{L} = z^2 \cdot \frac{\Phi}{i \cdot z} \cdot 10^{-8} \text{ Henry} \qquad \text{(s. Gl. 234)}$$

`aus. Demgemäß berechnen wir zunächst den Wert $\frac{\Phi}{i \cdot z}$ für die gegebenen Verhältnisse. Die Berechnung gelingt, wenn wir die benötigten Amperewindungen (AW) in Abhängigkeit von dem durch sie bedingten Fluß $\Phi = \mathfrak{B} \cdot F$ angeben.

AW für Luft wachsen proportional mit der Induktion $\mathfrak{B}$ an. Die AW für Eisen sind zunächst gegenüber den Luft-AW vernachlässigbar klein, gewinnen aber mit zunehmender Induktion $\mathfrak{B}$ einen immer größeren Anteil an den gesamten AW. In Kurve 1 der Abb. 137 (ausgezogen) sind die Gesamt-AW in Abhängigkeit von Φ ($\mathfrak{B}$) aufgetragen. Aus dieser Kurve gewinnen wir leicht die zur Berechnung von L erforderliche Beziehung:

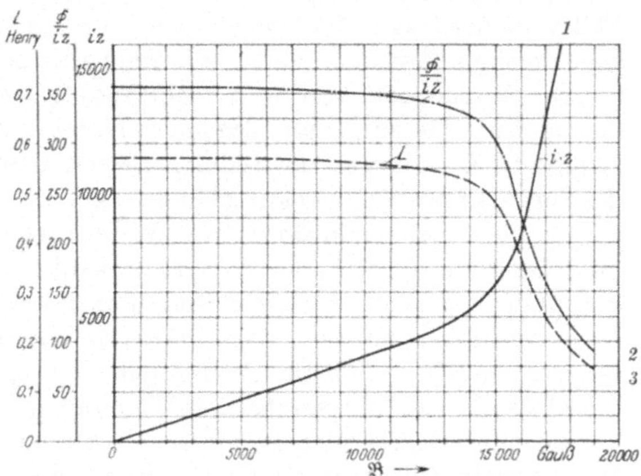

Abb. 137. Amperewindungszahl $i \cdot z$, Verkettungsfaktor $\frac{\Phi}{i \cdot z}$ und Induktionskoeffizient L einer Drosselspule mit Eisenkern in Abhängigkeit von der Induktion $\mathfrak{B}$.

$$\frac{\Phi}{i \cdot z} = f(\Phi) = f(\mathfrak{B}).$$

Diese Beziehung ist in Kurve 2 der Abb. 137 (strichpunktiert) dargestellt. Kurve 3 der gleichen Abbildung (gestrichelt) zeigt schließlich den Induktionskoeffizienten L. Er wird aus Kurve 2 erhalten, wenn man die dort ermittelten Werte mit $z^2 \cdot 10^{-8}$ multipliziert.

Als wichtigstes Ergebnis stellen wir fest, daß L nur für sehr niedrige Werte der Induktion $\mathfrak{B}$ angenähert konstant ist, während es mit wachsendem $\mathfrak{B}$ beträchtlich abnimmt. Diese Tatsache bewirkt z. B., daß die Eigenschnelle des Schwingungssystems, in das die Drossel als Induktivität eingeschaltet ist, mit steigendem Strom zunimmt, jedenfalls sich aber mit dem Strom ändert. Schwingungskreise, die diese Eigenschaften besitzen, bezeichnet man als pseudoharmonische Systeme[1]. Nach dem angegebenen Schema lassen sich die Induktivitäten von Transformatoren, elektrischen Maschinen u. dgl. in sinngemäßer Weise leicht berechnen.

d) Der Induktionskoeffizient einer in Nuten verteilten Wicklung.

Ein Sonderfall tritt ein, wenn die Wicklung nicht in einer oder mehreren Spulen, welche die gesamte Flußröhre umschließen, angeordnet ist, sondern, wie dies insbesondere bei den Generatoren und Motoren der Wechselstromtechnik geschieht, in Nuten verteilt wird. In diesem Fall wird der Magnetfluß nicht mehr, wie im vorhergehenden Beispiel, gleichmäßig mit sämtlichen Windungen verkettet sein, vielmehr sind die inneren Windungen von weit mehr Induktionslinien umschlossen als die in den äußeren Nuten liegenden Leiter. In einem derartigen Fall gelingt die Berechnung des Induktionskoeffizienten L durch Ermittlung des sogenannten Verkettungsfaktors.

Als Verkettungszahl oder kurz „Verkettung" einer Spule bezeichnet man das Produkt $z \cdot \Phi$, wobei z die Anzahl der Windungen der Spule und Φ der von sämtlichen Windungen umfaßte Magnetfluß ist. Bei den bisherigen Berechnungen der Induktivität konnten wir von der Voraussetzung ausgehen, daß der Magnetfluß Φ von sämtlichen Windungen umschlossen, also mit sämtlichen Windungen z verkettet ist. Da diese Tatsache im vorliegenden Fall nicht zutrifft, muß die Gleichung für den Induktionskoeffizienten etwas abgeändert werden. Man findet:

$$(246) \qquad\qquad L = \sum \cdot z \cdot \Phi_1 \cdot 10^{-8}\,.$$

Hierbei ist unter Φ_1 der Magnetfluß zu verstehen, der zustande kommt, wenn in den Leitern der Strom $i = 1$ Ampere fließt. Demgemäß hat man zur Berechnung des Induktionskoeffizienten nur nötig, von jeder Einzelspule den Verkettungsfaktor $z \cdot \Phi_1$ zu ermitteln und die Summe sämtlicher Verkettungsfaktoren zu bilden.

Die Lösung dieser Aufgabe gelingt in anschaulicher Weise, wenn wir zunächst annehmen, daß in jeder Nut nur eine Windung liegt, die von einem solchen Strom durchflossen wird, daß von ihr nur eine Induktionsröhre erzeugt wird. Unter dieser Voraussetzung ergibt der Gesamtverlauf der Induktionsröhren das in Abb. 138 gezeichnete Bild.

---

[1] Diese Bezeichnung rührt daher, daß man auf den ersten Blick dem System die Eigenschaften eines harmonischen Systems beizulegen geneigt ist. Bei eingehender Untersuchung stellen sich jedoch sehr wesentliche Unterschiede heraus. Die Untersuchung des pseudoharmonischen Systems gehört nicht hierher, sondern wird im zweiten Band eine eingehende Erörterung finden. Wir beschränken uns daher auf diesen Hinweis.

Zur Ermittlung des Verkettungsfaktors hat man nur nötig, für jede Windung abzuzählen, von wieviel Induktionsröhren sie umschlossen ist. Um ein anschauliches Bild zu gewinnen, trägt man gemäß Abb. 138 über jeder Windung die abgezählte Anzahl der Verkettungen auf. Die Anzahl der Quadrate, welche die so erhaltene Fläche enthält, stellt ein Maß für die gesuchte Summe der Verkettungen dar. Diese Berechnungsweise soll an Hand eines Zahlenbeispiels noch verdeutlicht werden.

Zahlenbeispiel: Es ist der Induktionskoeffizient der in Abb. 138a dargestellten Wicklung des Stators einer Wechselstrommaschine zu ermitteln[1]. Gemäß unserer Voraussetzung nehmen wir an, daß von jeder Nut eine Kraftröhre aus- geht. Wir erhalten dann das in Abb. 138a gezeich-

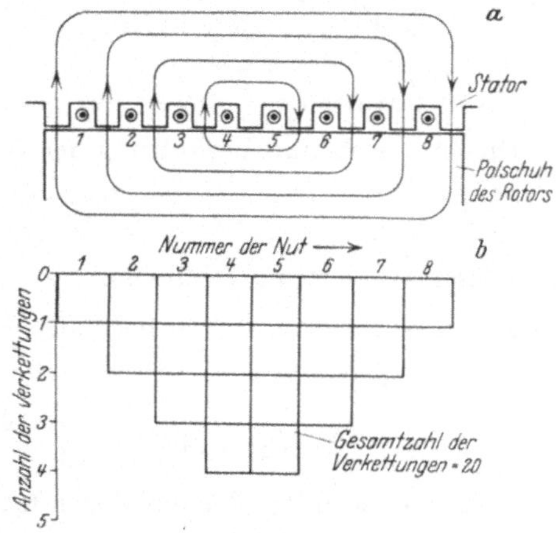

Abb. 138 a und b. Berechnung des Induktions-koeffizienten einer in Nuten verteilten Wicklung.

Tabelle 10.

Nummer der Nut	Anzahl der verketteten Flußröhren
1	1
2	2
3	3
4	4
5	4
6	3
7	2
8	1
Summe der Verkettungen	20

nete schematische Bild. Die in Tabelle 10 zusammengestellte Verkettungsrechnung zeigt, daß insgesamt 20 Verkettungen der 8 Leiter vorliegen. Wäre die Verkettung für alle Spulen gleichmäßig gewesen, so wäre die Anzahl der Verkettungen $= 4 \cdot 8 = 32$ gewesen. Der Gesamtverkettungsfaktor der vorliegenden Anordnung ist also $\frac{20}{32} = 0{,}625$.

In Abb. 138b ist ferner in anschaulicher Weise die Anzahl der Verkettungen über den einzelnen Leitern aufgetragen. Die Summe der von der treppenförmigen Kurve umschlossenen Quadrate stellt die Anzahl der Verkettungen dar, die, wie man sich leicht überzeugt, ebenfalls $= 20$ ist.

Die weitere Rechnung spielt sich folgendermaßen ab:

Wären sämtliche Windungen mit sämtlichen Kraftlinien verkettet,

---

[1] Der Übersichtlichkeit halber ist das in Wirklichkeit kreisförmig gebogene Blechpaket geradlinig ausgestreckt gezeichnet.

so wäre der beim Strom $i = 1$ hervorgebrachte Fluß:

$$\mathfrak{B}_1 \cdot F = \Phi_1 = \frac{0{,}4\pi \cdot z_0 \cdot b \cdot l \cdot k^2}{2\,\delta}$$

Flußquerschnitt:
$$F = \frac{k}{2} \cdot b \cdot l \,,$$

Induktion:
$$\mathfrak{B}_1 = \frac{0{,}4\pi \cdot z_0 \cdot k}{\delta} \,.$$

Hierbei bedeuten:

$b = $ Breite der zwischen den Nuten stehenden Zähne,

$l = $ Nutlänge,

$z_0 = $ Anzahl der Leiter je Nut,

$k = $ Anzahl der Nuten,

$\delta = $ äquivalenter Luftweg des gesamten Magnetkreises.

Die entsprechende Verkettung der Wicklung wäre demnach:

$$\Phi_1 \cdot z_0 = \frac{0{,}4\pi \cdot z_0^2 \cdot b \cdot l \cdot k^2}{2\,\delta} \,.$$

Die Gesamtverkettung erhält man, wenn man den Wert $\Phi_1 \cdot z_0$ mit der Verkettungszahl, also im vorliegenden Fall mit $\frac{20}{32}$ multipliziert. Demnach ergibt sich:

$$\mathsf{L} = \sum \cdot \Phi_1 \cdot z_0 \cdot 10^{-8} = \frac{20}{32} \cdot \frac{0{,}4\pi \cdot z_0^2 \cdot b \cdot l \cdot k^2 \cdot 10^{-8}}{2\,\delta} \,.$$

Beim vorliegenden Beispiel liegen folgende Zahlenwerte vor:

$$b = 1{,}2 \text{ cm}, \qquad l = 23 \text{ cm}, \qquad z_0 = 40 \text{ Leiter je Nut,}$$
$$k = 8 \text{ Nuten}, \quad \delta = 0{,}25 \text{ cm.}$$

Somit ergibt sich als Induktionskoeffizient der vor einem Polschuh liegenden Wicklungshälfte:

$$\mathsf{L} = \frac{20 \cdot 0{,}4\pi \cdot 1600 \cdot 1{,}2 \cdot 23 \cdot 64}{32 \cdot 2 \cdot 0{,}25} \cdot 10^{-8} = \mathbf{0{,}044 \text{ Henry}} \,.$$

e) Die Energie des magnetischen Kraftfeldes.

Wir stellen uns die Aufgabe, die Energie zu berechnen, die in dem Magnetfeld einer Induktivität aufgespeichert wird. Sie ist der elektrischen Arbeit gleichzusetzen, die geleistet werden muß, damit der Strom unter Überwindung der induktiven Gegenspannung $e_s = \mathsf{L} \cdot \frac{di}{dt}$ von 0 auf seinen Endwert ansteigt.

In der kurzen Zeit dt, während deren wir den Strom i als konstant ansehen können, wird demnach die Arbeit:

$$(247) \qquad dA = e_s \cdot i \cdot dt = \mathsf{L} \cdot \frac{di}{dt} \cdot i \cdot dt = \mathsf{L} \cdot i \cdot di \text{ Joule}$$

geleistet. Ist L konstant (d. h. arbeitet die Induktivität, falls sie Eisen enthält, im Gebiet geringer Sättigung $\mathfrak{B} < 10000$ Gauß), so kann man die gesuchte Arbeit, die geleistet wird, während der Strom von 0 bis auf den Endwert i_m ansteigt, leicht durch Integration berechnen. Man findet:

$$(248) \qquad A_m = \mathsf{L} \cdot \int_0^{i_m} i \cdot di = \frac{\mathsf{L}}{2} \cdot i_m^2 \text{ Joule}.$$

Dieser Wert bildet die unmittelbare Analogie zu der Gleichung für die kinetische Energie der bewegten Masse $A_a = \frac{m}{2} \cdot v_m^2$, d. h. also L ist der Masse m, i_m der Geschwindigkeit v_m analog. Diese Beziehung ist grundlegend für die Analogien zwischen dem elektrischen und dem mechanischen Schwingungskreis und kennzeichnet treffend die Energie des Magnetfelds als kinetische Energie.

Ist L nicht konstant, sondern nach der Beziehung

$$\mathsf{L} = \frac{\varPhi}{i} z \cdot 10^{-8} \text{ Henry}$$

als Funktion von i veränderlich, so wird die Energie A_m durch die Beziehung

$$(249) \qquad A_m = \int_0^{i_m} \mathsf{L} \cdot i \cdot di = z \cdot 10^{-8} \int_0^{i_m} \varPhi \cdot di \text{ Joule}$$

dargestellt. Man findet den Wert $\int_0^{i_m} \varPhi \cdot di$ durch graphische Integration der Kurve $\varPhi = f(i)$. [Ausplanimetrieren der Fläche unter der Kurve $\varPhi = f(i)$.]

D. Der elektrische Schwingungskreis.

61. Der Schwingungsvorgang und seine Abschnitte.

Wir haben aus den vorstehenden Ausführungen erkannt, daß der Kondensator als Speicher von elektrischer Energie in potentieller Form angesehen werden kann, während die Induktivität den Speicher für elektrische Energie der kinetischen Form bildet. Werden zwei solche Speicher derart hintereinander geschaltet, daß die Energie zwischen beiden ungehindert hin und her pendeln kann, so entsteht ein elektrischer Schwingungskreis. Abb. 139 zeigt das entsprechende Schaltbild. Um die Schwingung einzuleiten, muß dem elektrischen Schwingungskreis eine bestimmte Energiemenge (Ladung) zugeführt werden. Es geschieht am zweckmäßigsten dadurch, daß man den Kondensator auflädt. Zu diesem Zweck wird er an eine Gleichstromquelle, z. B. eine Akkumulatorenbatterie, gelegt und diese dann abgeschaltet. Besitzt die Stromquelle die Spannung e Volt, so ist der Kondensator mit der Energie

$$A_C = \frac{C}{2} \cdot e^2 \text{ Joule}$$

aufgeladen.

Dem Aufladen des Kondensators entspricht beim mechanischen Schwingungssystem die Auslenkung der schwingenden Masse um einen bestimmten Betrag a cm aus der Ruhelage. Bei dieser Maßnahme wird die dem Kondensator entsprechende Feder (Federkonstante c) mit der Energie $\frac{c}{2} \cdot a^2$ cmkg geladen. Dem Abschalten der Stromquelle von dem

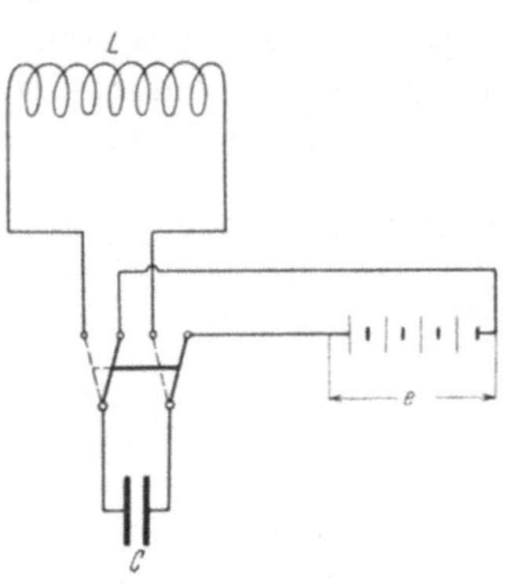

Abb. 139. Schaltschema für den elektrischen Schwingungskreis. Der doppelpolige Umschalter legt in der ausgezogen gezeichneten Stellung den Kondensator an die Klemmen der Gleichstromquelle. Wird er in die punktierte Stellung umgelegt, so wird die Gleichstromquelle abgeschaltet und der Kondensator unmittelbar mit der Induktivität verbunden.

Kondensator entspricht im mechanischen System die Tatsache, daß man die Feder nach erfolgter Auslenkung der Masse durch eine Sperrung in der gespannten Lage sichert und dann die spannende Kraft wegnimmt.

Zur Einleitung des Schwingungsvorganges legt man den zwischen Induktivität und Kondensator befindlichen Schalter ein. Nunmehr wird sich die in dem Kondensator befindende Elektrizitätsmenge auf die Induktivität entladen. Bei diesem Vorgang wird der zur Induktivität hinfließende Strom in jedem Augenblick gleich dem vom Kondensator wegfließenden Strom sein. Er läßt sich aus der grundlegenden Formel

$$e = L \cdot \frac{di}{dt}$$

berechnen. Hierbei ist e die in dem betreffenden Augenblick an den Klemmen des Kondensators und damit auch an den Klemmen der Induktivität herrschende Spannung. Der Strom i ist bei Beginn der Entladung $= 0$. Er steigt mit abnehmender Ladung an. Ein kritischer Punkt wird erreicht, sobald die Kondensatorspannung $= 0$ wird. In diesem Augenblick ist der Kondensator vollständig entladen. Alle Energie befindet sich in Form von kinetischer Energie in der Induktivität, die jetzt ihre Höchstladung aufweist. Demgemäß hat der Strom sein Maximum erreicht.

Der zweite Abschnitt des Schwingungsvorganges ist dadurch gekennzeichnet, daß Kondensator und Induktivität in energetischer Hinsicht ihre Rollen vertauschen. Während im ersten Abschnitt der Kondensator der gebende und die Induktivität der nehmende Teil war, strömt jetzt die Energie von der Spule wieder auf den Kondensator zurück, und zwar so lange, bis in der Induktivität keine Energie mehr aufgespeichert, der Strom also gleich Null geworden ist.

Der Strom, der zu Beginn des zweiten Abschnittes sein Maximum erreicht hatte, kann nicht plötzlich gleich Null werden oder im ent-

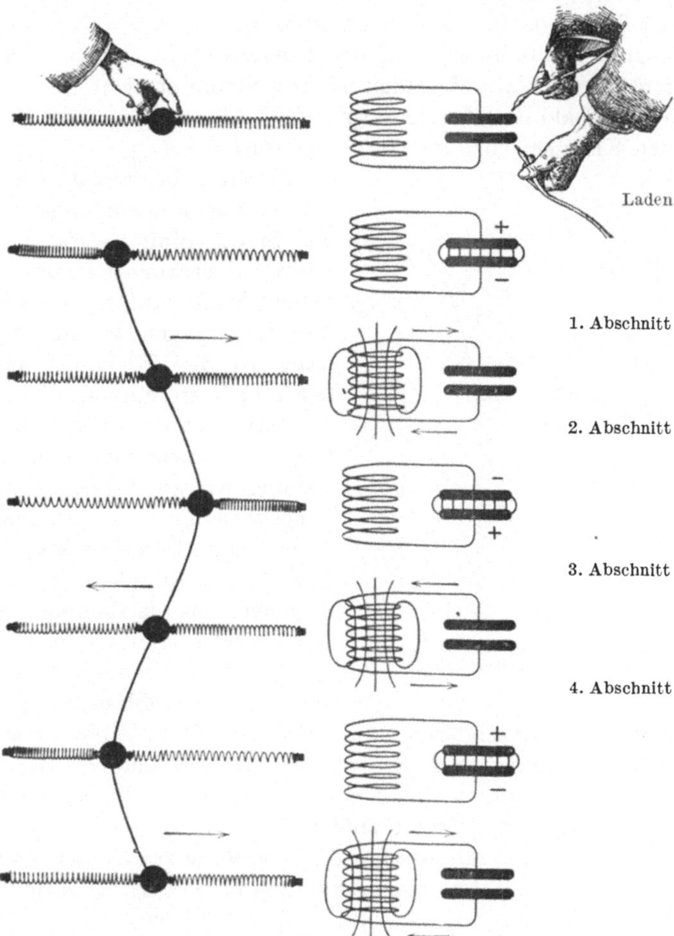

Abb. 140. Die Hauptabschnitte des Schwingungsvorgangs beim mechanischen und elektrischen Schwingungskreis. (Aus Pohl, Elektrizitätslehre, 2. Aufl.)

gegengesetzten Sinn fließen, vielmehr muß er in stetiger Änderung zunächst die gleiche Richtung beibehalten, bis er zu Null geworden ist. Diese Tatsache wirkt sich dahin aus, daß der Kondensator im zweiten Abschnitt mit entgegengesetzter Polarität zu seinem ursprünglichen Zustand aufgeladen wird. Der Ladevorgang ist beendet, sobald alle

Energie aus der Induktivität abgeflossen, der Strom also gleich Null geworden ist.

Der nunmehr sich anschließende dritte Abschnitt gleicht in energetischer Hinsicht dem ersten. Der vollständig aufgeladene Kondensator gibt seine Energie wieder an die Induktivität ab. Ein Unterschied besteht lediglich darin, daß der Strom in umgekehrter Richtung fließt, wie im ersten Abschnitt, weil der Kondensator jetzt mit entgegengesetztem Vorzeichen aufgeladen ist. Der Strom erreicht wiederum sein Maximum, sobald der Kondensator vollständig entladen, die Spannung an seinen Klemmen also gleich Null geworden ist.

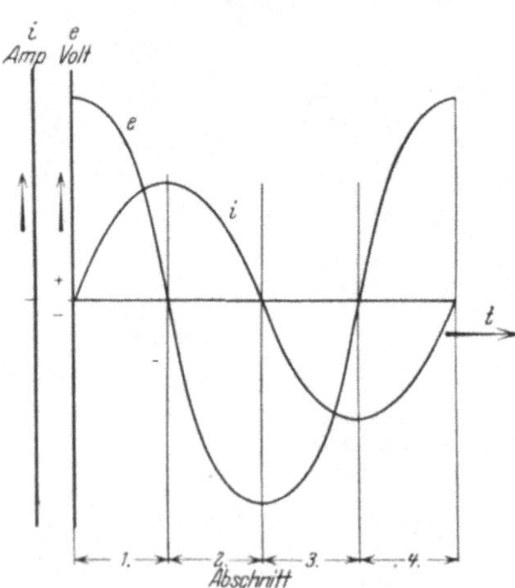

Abb. 141. Zeitlicher Verlauf von Strom und Spannung bei der elektrischen Schwingung.

Nunmehr beginnt der vierte Abschnitt des Schwingungsvorganges. Der Strom nimmt stetig ab, wobei der Kondensator wieder im ursprünglichen Sinne aufgeladen wird, bis der Strom gleich Null und die Spannung an den Klemmen des Kondensators ein Maximum geworden ist. Dann ist der Kondensator mit gleichem Vorzeichen und gleicher Ladung wie zu Beginn des Schwingungsvorganges aufgeladen. Das Spiel beginnt von neuem, um sich in stetem Wechsel so lange zu wiederholen, bis die Energie durch die in der Strombahn wirkenden Widerstände, die bei unserer Betrachtung zunächst vernachlässigt wurden, aufgezehrt ist. Abb. 140 zeigt die charakteristischen Punkte dieser vier Hauptabschnitte der elektrischen Schwingung in symbolischer Darstellung, wobei jeweils die entsprechenden Zustände des mechanischen Schwingungskreises gegenübergestellt sind.

Die Eigenschnelle, mit welcher die Pendelung stattfindet, wird nachstehend an Hand der Schwingungsgleichung berechnet. Sie ergibt sich zu:

$$(250) \qquad \nu = \sqrt{\frac{1}{C \cdot L}} \ \text{1/sec}.$$

Dementsprechend beträgt die Periodendauer:

$$(251) \qquad T = \frac{2\pi}{\nu} = 2\pi \sqrt{C \cdot L} \ \text{sec}.$$

Um ein anschauliches Bild von dem soeben beschriebenen Verlauf zu gewinnen, sind in Abb. 141 Strom und Spannung des Kondensators in Abhängigkeit von der Zeit aufgetragen.

Man kann die Werte von Strom und Spannung während des Schwingungsvorganges mit dem Auge verfolgen, wenn ein Schwingungskreis mit genügend großer Periodendauer (z. B. $2 \div 3$ sec) verwendet wird. Zur Beobachtung wird an die Klemmen der Induktivität ein Drehspul-Voltmeter und in den Stromkreis ein Drehspul-Amperemeter eingeschaltet. Beide Instrumente müssen den Nullpunkt in der Mitte der Skala haben, damit Ausschläge in positivem und negativem Sinne möglich sind. Das Diagramm zeigt, daß die Spannung stets dann durch Null geht, wenn der Strom seinen Höchstwert erreicht und umgekehrt. Der zeitliche Verlauf von Strom und Spannung ist demgemäß durch 2 um ¼ Periode phasenverschobene Sinuskurven gekennzeichnet. Die Begründung dieser Erscheinung ergibt sich auf Grund der Schwingungsgleichung.

62. Die Schwingungsgleichung.

Wie beim mechanischen System gehen wir von der Energiegleichung aus, die lautet:

$$\underbrace{\frac{C}{2} \cdot e^2}_{\text{Potentielle Energie}} + \underbrace{\frac{L}{2} \cdot i^2}_{\text{kinetische Energie}} = \underbrace{A_0}_{\text{Ladungsenergie}} \,.$$

(252)

Um eine lösbare Differentialgleichung zu erhalten, müssen wir e durch i ausdrücken oder umgekehrt i durch die entsprechende Funktion von e ersetzen.

Im ersteren Fall erhalten wir die sogenannte Stromgleichung. Um e durch i zu ersetzen, benutzen wir die Beziehung:

$$e = L \cdot \frac{di}{dt}$$

und erhalten aus Gl. (252) die Beziehung:

$$(253) \qquad \frac{C}{2} \cdot L^2 \left(\frac{di}{dt}\right)^2 + \frac{L}{2} \cdot i^2 = A_0 = \text{const}.$$

Hieraus ergibt sich durch einmaliges Differenzieren folgende Differentialgleichung zweiten Grades:

$$(254) \qquad C \cdot L^2 \cdot \frac{d^2 i}{dt^2} + L \cdot i = 0 \,.$$

In Normalform:

$$(255) \qquad \boxed{\frac{d^2 i}{dt^2} + \frac{1}{C \cdot L} \cdot i = 0 = \textbf{Stromgleichung}\,.}$$

Im zweiten Fall gehen wir aus von der Beziehung:

$$e = \frac{1}{C} \cdot \int i \cdot dt \,,$$

woraus sich durch einmalige Differentiation nach der Zeit $i = C \cdot \dfrac{de}{dt}$ ergibt und erhalten nach Einsetzen dieses Wertes
in die Energiegleichung:

$$(256) \qquad \frac{C}{2} \cdot e^2 + \frac{L}{2} \cdot C^2 \left(\frac{de}{dt}\right)^2 = A_0 = \text{const}.$$

Hieraus ergibt sich nach einmaligem Differenzieren die Differentialgleichung zweiten Grades:

$$(257) \qquad C \cdot e + L \cdot C^2 \frac{d^2 e}{dt^2} = 0,$$

in Normalform:

$$(258) \qquad \boxed{\;\frac{d^2 e}{dt^2} + \frac{1}{C \cdot L} \cdot e = 0 = \textbf{Spannungsgleichung}.\;}$$

Beide Gleichungen besitzen die gleiche Gestalt wie die auf S. 18ff. gelöste Gleichung des translatorischen Schwingers. Gemäß der dort erhaltenen Lösung können wir die Lösungen für den vorliegenden Fall sofort hinschreiben. Sie lauten:

$$i = i_0 \cdot \cos(\nu t + \alpha),$$
$$e = e_0 \cdot \cos(\nu t + \beta).$$

Hierbei ist:

$$\nu = \sqrt{\frac{1}{C \cdot L}} \ 1/\text{sec} = \text{Eigenschnelle des Systems}.$$

Die Amplituden i_0 und e_0 sind aus der Energiegleichung zu berechnen. Zu diesem Zweck ist diese einmal für den Grenzfall anzuschreiben, daß die Gesamtenergie in kinetischer Form vorliegt, also in dem Magnetfeld der Induktivität aufgespeichert ist, das zweite Mal für den Grenzfall, daß alle Energie in potentieller Form vorliegt, also in dem Kondensator aufgespeichert ist. Man findet im ersten Fall:

$$(259) \qquad \frac{L}{2} \cdot i_0^2 = A_0, \quad \text{also } i_0 = \sqrt{\frac{2 A_0}{L}},$$

im zweiten Fall:

$$(260) \qquad \frac{C}{2} \cdot e_0^2 = A_0, \quad \text{also } e_0 = \sqrt{\frac{2 A_0}{C}}.$$

Die Phasenwinkel α und β sind aus den Anfangsbedingungen der Schwingung zu bestimmen. Hierfür setzen wir folgendes fest:
     Zur Zeit:

$$t = 0 \quad \text{ist} \quad e = e_0 \quad \text{und} \quad i = 0.$$

Demgemäß ergibt sich:

$$(261)\begin{cases} i = i_0 \cdot \cos(0 + \alpha) = 0, \quad \text{d. h.} \quad i_0 \cdot \cos \alpha = 0, \quad \cos \alpha = 0; \quad \alpha = 90^0 \\ \text{und} \\ e = e_0 \cdot \cos(0 + \beta) = e_0, \quad \text{d. h.} \quad e_0 \cdot \cos \beta = e_0, \quad \cos \beta = 1; \quad \beta = 0^0. \end{cases}$$

Diese Rechnung bestätigt die bereits rein begrifflich gefundene Tatsache, daß Strom und Spannung bei der elektrischen Schwingung um ¼ Periode phasenverschoben sind.

Auch die Energieaufnahmefähigkeit des elektrischen Schwingungskreises ist in ganz ähnlicher Weise wie die des mechanischen Schwingers begrenzt. In der Regel ist die vom Kondensator ertragbare Höchstspannung dafür maßgebend. Diese wird auch als Prüfspannung des Kondensators bezeichnet und beträgt bei den handelsüblichen Kondensatoren 1000 bzw. 2000 Volt. Die Energieverhältnisse sind so zu wählen, daß die Prüfspannung bei der Schwingung niemals erreicht wird.

In selteneren Fällen ist der Höchststrom, den die Wicklung der Induktivität zu ertragen vermag, maßgebend. Er wird auf Grund der sogenannten „Stromdichte" bestimmt. Als Stromdichte bezeichnet man die Zahl, die angibt, wieviel Ampere pro 1 mm² des Drahtquerschnitts der Wicklung auf die Dauer zugelassen werden können, ohne daß sich die Spule unzulässig erwärmt. In der Regel ist eine Stromdichte von 3 bis 4 Amp./mm² höchstens zulässig.

Zahlenbeispiel: Ein elektrischer Schwingungskreis besteht aus einer Induktivität (eisengeschlossene Drosselspule) von $\mathsf{L} = 1{,}25$ Henry, die eine Wicklung von 6 mm² Querschnitt trägt und einer Kondensatorenbatterie von 40 M.F., deren Zellen mit einer Spannung von 2000 Volt geprüft sind. Eigenschnelle und Arbeitsfähigkeit des Schwingungskreises sind zu berechnen. Man erhält:

$$\nu = \sqrt{\frac{1}{C \cdot \mathsf{L}}} = \sqrt{\frac{10^6}{40 \cdot 1{,}25}} = 14{,}14 \; 1/\text{sec}.$$

Demgemäß beträgt die Periodendauer der Schwingung:

$$T = \frac{2\pi}{\nu} = 0{,}445 \, \text{sec}.$$

Die Arbeitsfähigkeit berechnet sich zu:

$$A^* = e_0^2 \cdot \frac{C}{2} = 2000^2 \cdot \frac{40}{2} \cdot 10^{-6} = 80 \, \text{Joule}[1] = \mathbf{816 \, cmkg},$$

da $e_{0\,max} = 2000$ Volt gesetzt werden kann.

Der entsprechende in der Drossel entstehende Höchststrom (Ampli-

---

[1] 1 Joule = 1 Wattsekunde, d. h. die Arbeit, die geleistet wird, wenn 1 Watt 1 Sekunde lang aufgebracht wird. Da 1 Watt einer mechanischen Arbeit von 10,2 cmkg/sec entspricht, stellt 1 Joule eine Arbeit von 10,2 cmkg dar.

tude des Wechselstroms) berechnet sich aus der Energiegleichung:

$$\frac{\mathsf{L}}{2} \cdot i_0^2 = \frac{C}{2} \cdot e_0^2 = 80 \ \text{Joule}$$

zu:

$$i_0 = \sqrt{\frac{2\,A_0}{\mathsf{L}}} = \sqrt{\frac{160}{1{,}25}} = 11{,}3 \ \text{Ampere}\,,$$

entsprechend einer Stromdichte von ~ 2 Amp./mm².

63. Die Gleichstrommaschine als Kondensator im elektrischen Schwingungskreis.

Die Pendelvorgänge, die zuweilen an Gleichstrommaschinen-Anlagen beobachtet werden, sind auf eine zunächst fremdartig anmutende Erscheinung zurückzuführen. Es zeigt sich nämlich, daß eine Gleichstrom-Nebenschlußmaschine, oder noch besser eine fremderregte, d. h. bei allen Drehzahlen mit angenähert konstanter Feldstärke arbeitende Gleichstrommaschine, sich im Betrieb ähnlich verhält, wie ein Kondensator. Das Zustandekommen dieser merkwürdigen Wirkung wird man sich am besten an Hand der nachstehenden Betrachtung klarmachen.

Gegeben sei ein Gleichstrom-Nebenschlußmotor. Seine Feldwicklung werde unmittelbar an die Netzspannung, die z. B. 220 Volt betrage, gelegt. Demgemäß bleibt die Feldstärke während des gesamten Versuchs ungeändert. Legen wir nunmehr an die Ankerklemmen nacheinander verschiedene Spannungen, z. B. 50, 100, 150, 200 und 250 Volt, so stellen wir fest, daß zu jeder Spannung eine bestimmte Drehzahl des Motors gehört. Tragen wir das Ergebnis zu einer Kurve auf, so erhalten wir die sogenannte Drehzahl-Kennlinie $n = f(e)$. Beobachtung und Theorie zeigen, daß die Drehzahl n bzw. die Winkelgeschwindigkeit ω des Ankers bei konstantem Feld der Spannung e direkt proportional ist, so daß die Beziehung gilt:

$$(262) \qquad\qquad\qquad \omega = k \cdot e\,,$$

wobei k als „Drehzahlkonstante der Maschine" bezeichnet werden möge.

Wird nach Erreichung der vollen Drehzahl die Spannung weggenommen, so würde der Anker, wenn keine Bewegungswiderstände (Lagerreibung, Bürstenreibung, Luftwiderstände u. dgl.) vorhanden wären, mit konstanter Drehzahl weiterlaufen. Wir wären in diesem Idealfall in der Lage, in jedem Augenblick an den Bürsten des Ankers die zum Anwerfen verwendete Spannung zu messen, da die Maschine jetzt als Generator arbeitet.

Anmerkung: Die Tatsache, daß der Anker infolge der Bewegungswiderstände stetig seine Drehzahl vermindert, müssen wir bei der grundsätzlichen Betrachtung außer acht lassen, da wir uns sonst den Blick für das Wesentliche trüben. Die entsprechenden Energieverluste werden an späterer Stelle nachträglich ihre Berücksichtigung finden. Gegebenenfalls möge man sich vorstellen, daß die idealisierten Verhältnisse dadurch erreicht werden, daß die entstehenden Verluste durch eine in geeigneter Weise erfolgende Energiezufuhr (z. B. Antrieb durch einen Hilfsmotor) laufend gedeckt werden.

Wir treffen den Kern der Erscheinung, wenn wir nunmehr die Energieverhältnisse ins Auge fassen. Beim Anwerfen des Ankers wurde in seiner trägen Masse eine bestimmte Energiemenge in Form von kinetischer Energie aufgespeichert. Ihr Betrag berechnet sich zu:

$$(263) \qquad A_k = \frac{\theta}{2} \cdot \omega^2 = \frac{\theta}{2} \cdot k^2 \cdot e^2 \quad (\theta = \text{Massenträgheitsmoment des Ankers}).$$

Werden die Bürsten der Maschine nach Abschalten des Netzes über einen Widerstand oder einen sonstigen Energieverbraucher geschlossen, so wird durch den entstehenden Strom dem Anker Energie entzogen und dementsprechend seine Drehzahl vermindert. Die Entladung ist beendet, wenn der Anker zum Stillstand gekommen ist.

Das geschilderte Verhalten der Gleichstrommaschine gleicht im Prinzip demjenigen eines Kondensators. In beiden Fällen wird durch Anlegen der Spannung die Ladung aufgebracht. Nach Wegnahme der Spannung zeigt sich die Maschine, ebenso wie der Kondensator mit der angelegten Spannung geladen. Sie bewahrt diese Eigenschaft, falls keine Energieverluste vorhanden sind, für beliebig lange Zeitdauer. Durch Verbinden der Klemmen wird der Kondensator sowohl wie die Gleichstrommaschine entladen. Die Größe des Widerstandes, über welche die Verbindung der Klemmen erfolgt, bestimmt die Zeitdauer der Entladung und die Größe des Entladungsstromes.

Alle diese Eigenschaften haben wir als typische Kennzeichen eines potentiellen elektrischen Energiespeichers kennengelernt. Während jedoch beim normalen Kondensator die Energie durch den eigenartigen Spannungszustand des Dielektrikums aufgespeichert wird, dient im vorliegenden Fall die kinetisch-mechanische Energie des Ankers zur Energiespeicherung. Wir haben also die zunächst paradox anmutenden Verhältnisse vor uns, daß ein in allen Eigenschaften typischer, potentieller Energiespeicher für elektrische Energie die Speicherung durch Überführung der zugeführten potentiellen elektrischen Energie in kinetische mechanische Energie vornimmt. Bei dem Ladevorgang fließt genau wie beim Kondensator eine bestimmte Elektronenmenge, die sich durch den Wert $\int i \cdot dt$ darstellen läßt, auf den Anker über. Die gleiche Elektronenmenge fließt bei der Entladung wieder heraus. Von außen her ist also davon, daß die eingeschickte Energie sich durch die Wirkungen des Magnetfeldes in mechanische kinetische Energie umwandelt und auf dem gleichen Weg in elektrische potentielle Energie beim Entladen zurückverwandelt wird, nichts zu merken. Diese Vorgänge sind vielmehr rein innere Angelegenheiten der Gleichstrommaschine. Denken wir uns

z. B. die Gleichstrommaschine vollständig eingekapselt, derart, daß nur zwei Klemmen sichtbar sind, so wird der Beobachter (immer unter der Voraussetzung, daß die Reibungsverluste des Ankers in geeigneter Weise laufend ersetzt werden) nicht in der Lage sein, die Wirkung des Apparates von der eines Kondensators sehr großer Kapazität zu unterscheiden.

Wir wollen jetzt berechnen, wie groß die Kapazität ist, die eine Gleichstrommaschine bestimmter Leistung vortäuscht. Als Berechnungsgrundlagen sind gegeben:

1. Die Drehzahl-Kennlinie bzw. die Drehzahlkonstante k,
2. das Massenträgheitsmoment θ des Ankers.

An Hand der Energiegleichung finden wir:

$$(264) \qquad A = \frac{C}{2} \cdot e^2 = \frac{\theta}{2 \cdot 10,2}\, \omega^2 = \frac{\theta}{2 \cdot 10,2} \cdot k^2 \cdot e^2 \text{ Joule}$$

$$(\text{da } 1 \text{ Joule} = 10,2 \text{ cmkg}).$$

Somit:

$$(265) \qquad \boxed{\; C = \theta \cdot k^2 \cdot \frac{1}{10,2} \text{ Farad} . \;}$$

Zahlenbeispiel: Gegeben sei ein Gleichstrommotor, der bei $e = 220$ Volt eine minutliche Drehzahl von 1450 ($\omega = 152/\text{sec}$) besitzt und dessen Anker ein Massenträgheitsmoment von 3,2 cmkgsec² aufweist. Die scheinbare Kapazität ist zu berechnen.

Lösung:

$$k = \frac{152}{220} = 0,69;$$

$$C = \frac{3.2 \cdot 0,69^2}{10,2} = \mathbf{0,15 \text{ Farad}} .$$

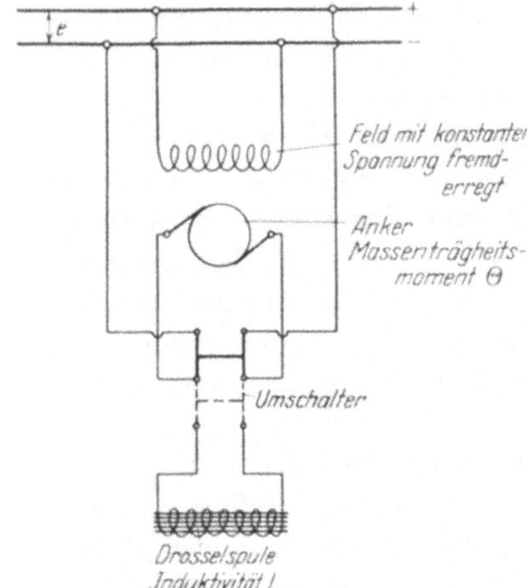

Abb. 142. Die Gleichstrommaschine als Kondensator im elektrischen Schwingungskreis.

Wir haben also hier den Fall vor uns, daß die riesige Kapazität von 0,15 Farad mühelos und auf wirtschaftlichem Wege mit Hilfe eines verhältnismäßig kleinen Gleichstrommotors von etwa 3 kW Leistung verwirklicht werden kann, während es außerordentliche Kosten verursachen würde, die gleiche Kapazität mit normalen Kondensatoren darzustellen.

Am anschaulichsten wird die Kondensatorwirkung, wenn man an die Bürsten der Maschine gemäß Abb. 142 eine Induktivität schaltet und die in dem so entstandenen elektrischen Schwingungskreis sich abspielenden Vorgänge beobachtet. Nehmen wir z. B. an, daß an die

Maschine unseres Zahlenbeispiels eine Drosselspule mit einem Induktionskoeffizienten von $L = 2$ Henry angeschlossen wird, dann entsteht ein Schwingungskreis, dessen Eigenschnelle sich nach der allgemein gültigen Gl. (250) berechnet zu:

$$\nu = \sqrt{\frac{1}{C \cdot L}} = \sqrt{\frac{1}{0,15 \cdot 2}} = 1{,}82/\text{sec} .$$

$$T = \frac{2\pi}{\nu} = 3{,}45 \text{ Sekunden} .$$

Wir haben es also in unserem Beispiel mit einer sehr langsamen elektrischen Schwingung zu tun.

Im einzelnen spielt sich der Vorgang folgendermaßen ab: Zunächst wird der Motor durch Anschließen an die Netzspannung mit Energie geladen. Sobald der Anker seine volle Drehzahl $n = 1450/\text{min}$ erreicht hat, wird durch Betätigen des Umschalters das Netz abgeschaltet und die Drossel an die Bürsten gelegt. Sofort beginnt der Motor seine „potentielle Energie" auf die Drossel zu entladen. Der mittels Amperemeter beobachtete Strom steigt nach einem Sinusgesetz der Zeit an, während die Drehzahl des Ankers sinkt. Der Anker steht still, während der Strom sein Maximum durchschreitet. Die Größe der Stromamplitude läßt sich aus der Größe der Energieladung berechnen. In unserem Zahlenbeispiel ergibt sich, da die Gesamtenergie

$$A_0 = \frac{C}{2} \cdot e^2 = \frac{0{,}15}{2} \cdot 220^2 = 3630 \text{ Joule ist,}$$

$$i_m = \sqrt{\frac{2\,A_0}{L}} = \sqrt{\frac{2 \cdot 3630}{2{,}0}} = \sim 60 \text{ Amp.}$$

Nunmehr pendelt die Energie von der Drossel auf den Anker zurück, während der Strom im gleichen Sinne weiterfließt. Mit $i = 0$ hat der Motor wieder seine volle Drehzahl im entgegengesetzten Sinne und damit die gleiche Ladung wie anfangs, aber mit entgegengesetztem Vorzeichen, erreicht.

Bei dem nunmehr beginnenden dritten Abschnitt kehrt der Strom sein Vorzeichen um. Der Anker entlädt sich wieder auf die Drossel, bis i sein negatives Maximum erreicht hat, während gleichzeitig der Anker stillsteht. Im vierten Abschnitt wird der Anker auf seine ursprüngliche Drehzahl (Ladung) beschleunigt, während der Strom auf 0 abnimmt. Hierauf beginnt das Spiel von neuem.

Will man die recht erheblichen Verluste (Lager- und Bürstenreibung, Luftreibung, Ohmsche und Eisenverluste) laufend ausgleichen, derart, daß eine fortlaufende Schwingung entsteht, so wird man am besten nach jeder Halbperiode durch kurzzeitiges Anlegen der Netzspannung (richtiges Vorzeichen!) den Anker aufladen (d. h. auf volle Drehzahl beschleunigen). Hierfür gibt es verschiedene selbsttätig arbeitende Anordnungen, deren Beschreibung hier zu weit führen würde.

An Hand der vorstehenden Betrachtungen haben wir die wesentlichen physikalischen Tatsachen kennengelernt, welche für das Entstehen der Pendelungen in Gleichstrommaschinenanlagen maßgebend sind. Dabei dienen in der Regel die Feldwicklungen der Maschinen als Induktivitäten. Die entstehenden Schwingungserscheinungen sind oft außerordentlich komplizierter Natur, da ganze Maschinensätze bei den Schwingungen miteinander verkoppelt erscheinen. Wir werden bei Erörterung der Koppelschwingungen (3ter Band) noch im einzelnen darauf zurückkommen.

64. Analogien zwischen den Größen des elektrischen und mechanischen Schwingungskreises.

Für viele schwingungstechnische Berechnungen ist es von Wert, genau darüber im klaren zu sein, welche Größen des elektrischen und des mechanischen Schwingungssystems einander entsprechen. Um einen guten Überblick zu gewinnen, sind die Analogien in Tabelle 11 gegenübergestellt. Zur Begründung dieser Gegenüberstellung sei folgendes ausgeführt:

Wir gehen zweckmäßig von den Gleichungen der kinetischen Energie im mechanischen und elektrischen System aus. Sie lauten:

Im mechanischen System:	Im elektrischen System:
$A_K = \dfrac{m}{2} \cdot v^2 = \dfrac{m}{2} \cdot \left(\dfrac{ds}{dt}\right)^2$ cmkg .	$A_K = \dfrac{\mathsf{L}}{2} \cdot i^2 = \dfrac{\mathsf{L}}{2} \cdot \left(\dfrac{dQ}{dt}\right)^2$ Joule .

Somit entsprechen sich:

Masse .... $m \dfrac{\text{kgsec}^2}{\text{cm}}$	Induktions-Koeffizient L Henry
Geschwindigkeit......... $v \dfrac{\text{cm}}{\text{sec}}$	Strom .... i Ampere
Weg .... s cm, $\dfrac{ds}{dt} = v$	Ladung.... Q Coulomb $\left(\dfrac{dQ}{dt} = i\right)$
Massenkraft:	Spannung an der Induktivität:
$P_m = m \cdot \dfrac{d^2 s}{dt^2} = m \cdot \dfrac{dv}{dt}$ kg	$V_S = \mathsf{L} \cdot \dfrac{di}{dt}$ Volt .

Aus dieser Beziehung geht hervor, daß die Spannung e im elektrischen System einer Massenkraft, oder ganz allgemein gesprochen, stets einer mechanischen Kraft analog ist. Eine entsprechende Beziehung ergibt sich auch aus der Kondensatorengleichung und der ihr entsprechenden Gleichung für die Federspannung.

Federkraft = Federkonstante mal Auslenkungsweg	Spannung am Kondensator $= \dfrac{\text{Ladung}}{\text{Kapazität}}$,
$P_C = c \cdot s$ kg ,	also $V_c = \dfrac{1}{C} \cdot Q$ Volt.

Tabelle 11.

Oberbegriff	Mechanisches translatorisches System		Mechanisches Drehschwingungssystem		Elektrisches System	
1. Kinetische Energie . .	$A_K = \dfrac{m}{2} \cdot v^2$	cmkg	$A_K = \dfrac{\theta}{2} \cdot \omega^2$	cmkg	$A_K = \dfrac{\mathsf{L}}{2} \cdot \ddot{i}^2$	Joule
2. Trägheitsfaktoren . .	Masse m	$\dfrac{\text{kgsec}^2}{\text{cm}}$	Massenträgheitsmoment θ cmkgsec^2		Induktionskoeffizient L Henry	
3. Grundmaß d. Bewegung	Weg s	cm	Winkelweg φ		Ladung Q	Coulomb
4. Änderungsgeschwindigkeit der Größen in 3.	Geschwindigkeit $v = \dfrac{ds}{dt}$	$\dfrac{\text{cm}}{\text{sec}}$	Winkelgeschwindigkeit $\omega = \dfrac{d\varphi}{dt}$	$\dfrac{1}{\text{sec}}$	Strom $i = \dfrac{dQ}{dt}$	Ampere
5. Trägheitswiderstand	Massenkraft $P_m = m \cdot \dfrac{d^2 s}{dt^2}$	kg	Massendruckmoment $M_\theta \dfrac{d\omega}{dt} = \theta \cdot \dfrac{d^2\varphi}{dt^2}$	cmkg	Spannung an der Induktivität $V_S = L \cdot \dfrac{di}{dt}$	Volt
6. Federkonstante . . .	c	$\dfrac{\text{kg}}{\text{cm}}$	c_M	cmkg	$\dfrac{1}{\text{Kapazität}} = \dfrac{1}{C}$	$\dfrac{1}{\text{Farad}}$
7. Federkraft	$P_c = c \cdot s =$ Spannung an den Federenden	kg	Federmoment an den Federenden $M_c = c_M \cdot \varphi$	cmkg	Spannung am Kondensator $V_c = \dfrac{1}{C} \cdot Q$	Volt
8. Eigenschnelle	$v = \sqrt{\dfrac{c}{m}}$	$\dfrac{1}{\text{sec}}$	$v = \sqrt{\dfrac{c_M}{\theta}}$	$\dfrac{1}{\text{sec}}$	$v = \sqrt{\dfrac{1}{C \cdot \mathsf{L}}}$	$\dfrac{1}{\text{sec}}$
9. Periodendauer	$T = \dfrac{2\pi}{v}$	sec	$T = \dfrac{2\pi}{v}$	sec	$T = \dfrac{2\pi}{v}$	sec
10. Potentielle Energie . .	$A_P = \dfrac{c}{2} \cdot s^2 = \dfrac{1}{2c} \cdot P_c^2$	cmkg	$A_P = \dfrac{c_M}{2} \cdot \varphi^2 = \dfrac{1}{2c_M} \cdot M_c^2$	cmkg	$A_P = \dfrac{1}{2 \cdot C} \cdot Q^2 = \dfrac{C}{2} \cdot V_c^2$	Joule
11. Dämpfungswiderstand	ϱ	$\dfrac{\text{kgsec}}{\text{cm}}$	ϱ_m	cmkgsec	R	Ohm

Die Kapazität C entspricht demnach dem reziproken Wert der Federkonstanten c. Dies geht auch aus der Gleichung für die Eigenschnelle hervor, welche lautet:

$$v = \sqrt{\frac{c}{m}}\, 1/\text{sec} \qquad\qquad\qquad v = \sqrt{\frac{1}{C \cdot \mathsf{L}}}\, 1/\text{sec}\,.$$

In analoger Weise entspricht die potentielle Energie eines mit der Spannung e geladenen Kondensators der potentiellen Energie einer mit der Kraft P_c gespannten Feder:

$$A_P = \frac{1}{2c} \cdot P_c^2 = \frac{c}{2} \cdot s^2 \text{ cmkg}, \qquad\qquad A_P = \frac{C}{2} \cdot V_c^2 = \frac{1}{2 \cdot C} \cdot Q^2 \text{ Joule}\,,$$

$$\text{da} \qquad P_c = c \cdot s \text{ kg}\,. \qquad\qquad\qquad \text{da} \qquad V_c = \frac{1}{C} \cdot Q \text{ Volt}\,.$$

Die praktische Auswertung der hier zusammengestellten Analogien stößt insofern etwas auf Schwierigkeiten, als man bei mechanischen Schwingungen stets den Weg s als Veränderliche in die Differentialgleichungen einführt und nicht etwa die Geschwindigkeit v oder die Beschleunigung b.

Im Gegensatz hierzu verwendet man in der Elektrotechnik niemals die dem Weg s des mechanischen Systems entsprechende Ladung Q als Veränderliche der Schwingungsgleichung, sondern ausschließlich den Strom i oder die Spannung e. Dies ist gleichbedeutend damit, als ob man bei den mechanischen Schwingungssystemen die Gleichungen für die Geschwindigkeit oder für die Beschleunigung anschreiben würde.

Solange man es mit mechanischen Schwingungssystemen oder elektrischen Schwingungssystemen gesondert zu tun hat, wirkt dieser Unterschied nicht weiter störend. Man muß lediglich beim Vergleich der Ergebnisse die entsprechenden Analogien beachten. Anders ist es dagegen, wenn, wie dies bei gekoppelten Schwingungssystemen öfters vorkommt, ein mechanischer Schwingungskreis und ein elektrischer Schwingungskreis derart zusammengefügt werden, daß sie sich gegenseitig beeinflussen, insbesondere derart, daß die Energie vom einen in den anderen Kreis übergehen kann. In diesem Fall muß man streng auf die Bedeutung der Analogien achten.

Anmerkung: Zu Tabelle 11 ist folgendes zu bemerken: Die erste Spalte enthält den für sämtliche Systeme maßgebenden Oberbegriff, in der zweiten Spalte sind die Werte für das mechanische translatorische Schwingungssystem, in der dritten Spalte die gleichbedeutenden Werte für das mechanische Drehschwingungssystem und in der vierten Spalte die Werte für das elektrische Schwingungssystem eingetragen. Die Analogien zwischen dem mechanischen translatorischen und dem mechanischen Drehschwingungssystem wurden bereits im zweiten Kapitel eingehend besprochen, so daß auf eine Wiederholung der dort gemachten Angaben an dieser Stelle verzichtet werden kann.

Viertes Kapitel.

Reibung und Dämpfung.

65. Allgemeine Gesichtspunkte.

Bei unseren bisherigen Betrachtungen hatten wir die vereinfachende Annahme gemacht, daß sich die Bewegungsvorgänge verlustfrei abspielen. In Wirklichkeit gibt es keine verlustlos ablaufenden Schwingungsvorgänge, vielmehr wird bei jeder Schwingung ein gewisser Anteil der zu Anfang vorhandenen Energie durch Bremswiderstände verbraucht. Werden diese Verluste nicht (wie es z. B. bei der „erzwungenen Schwin-

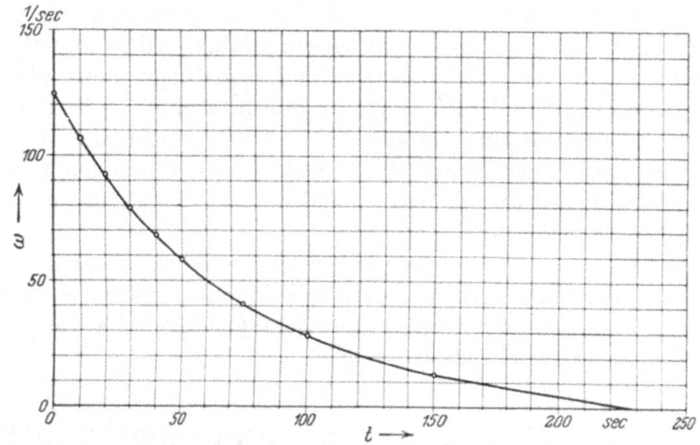

Abb. 143. Auslaufkurve eines Schwungrades.

gung" geschieht) laufend durch Zufuhr neuer Energiemengen ersetzt, so vermindert sich der Energieinhalt stetig, die Schwingungen klingen ab. Das Gesetz des Abklingens wird durch die Größe und Eigenart der Bremswiderstände bestimmt.

Der ganze Vorgang ist in energetischer Beziehung gleichwertig mit dem Auslaufvorgang bei einem Schwungrad, das durch Anwerfen auf eine bestimmte Drehzahl mit (kinetischer) Energie geladen wird und nach Abschalten des Antriebs ausläuft. Dabei wird die aufgespeicherte Energie durch Bremswiderstände (Lagerreibung, Luftreibung usw.) langsam aufgezehrt. Sie klingt nach dem Gesetz der Auslaufkurve ab. Abb. 143 zeigt den typischen Verlauf einer derartigen Auslaufkurve.

Die Eigenart der bei den Schwingungsvorgängen auftretenden Bewegungswiderstände läßt sich mit genügender Näherung erfassen, wenn man folgende 3 Annahmen macht:

1. Die Bremskraft besitzt während des gesamten Verlaufs der Schwingung unveränderliche Größe („Coulombsche Reibung").

2. Die Bremskraft ist der Geschwindigkeit der schwingenden Masse direkt proportional.

3. Die Bremskraft ist dem Quadrat der Geschwindigkeit der schwingenden Masse proportional.

Fall 3 spielt lediglich bei hydrodynamischen Problemen eine Rolle, seine Behandlung bietet erhebliche mathematische und begriffliche Schwierigkeiten. In der Mechanik der Schwingungen fester Körper besitzt er eine untergeordnete Bedeutung. Es soll deshalb an dieser Stelle von einer eingehenden Erörterung Abstand genommen werden.

Fall 2 ist von überragender technischer Bedeutung und soll eine ausführliche Behandlung erfahren; insbesondere werden bei Betrachtung der „erzwungenen Schwingungen" die Bewegungswiderstände so gut wie ausschließlich auf diesen Fall zurückgeführt. Diese Annahme ermöglicht eine einfache mathematische und begriffliche Behandlung der Vorgänge und führt zu Ergebnissen, die den tatsächlichen Verhältnissen mit sehr großer Näherung entsprechen. Eine Schwingung, die durch Bewegungswiderstände gebremst ist, welche der Geschwindigkeit der schwingenden Masse direkt proportional gesetzt werden können, heißt gedämpfte Schwingung.

Fall 1 besitzt bei Betrachtung der freien Schwingungen eine gewisse Bedeutung, allerdings mehr in negativer Hinsicht, insofern, als man bei allen zu Meßzwecken dienenden Schwingern Coulombsche Reibung auf das peinlichste vermeiden muß.

A. Freie Schwingungen unter dem Einfluß der „Reibung".

66. Das Spiel der Kräfte und die Berechnung des Schwingungsverlaufs.

Die Bedingung, daß die Bremskraft während des Verlaufs der Schwingung konstant bleibt und stets der Bewegung entgegengesetzt gerichtet ist, entspricht dem von Coulomb aufgestellten Gesetz der gleitenden Reibung fester Körper mit trockenen (d. h. nicht geschmierten) Gleitflächen. Dieser Fall wird also z. B. dann eintreten, wenn die Masse des Schwingers gemäß Abb. 144 in einer Führung gleitet, wobei Reibkräfte hervorgerufen werden, die dem Eigengewicht proportional sind. Insbesondere kann man schreiben:

$$(266) \qquad R_\mu = \mu \cdot G,$$

wobei μ die Coulombsche Reibungsziffer bedeutet, die abhängig ist von der Beschaffenheit der gleitenden Flächen und $G = m \cdot g$ das Gewicht der schwingenden Masse darstellt.

Läßt man einen derartigen Schwinger die Wegzeitkurve einer freien Schwingung aufzeichnen, so entsteht ein Bild gemäß Abb. 145. Zur näheren Kennzeichnung des Diagramms mißt man die Amplituden in den Umkehrpunkten aus. Die Tabelle rechts oben in Abb. 145 zeigt die Zusammenstellung der entsprechenden Zahlenwerte unseres Beispiels. Man erkennt, daß jede Amplitude um einen konstanten Betrag kleiner ist als die um eine halbe Schwingung vorangehende Amplitude. Die konstante Differenz $\varDelta a$ kann als Maß für die Bremswirkung dienen.

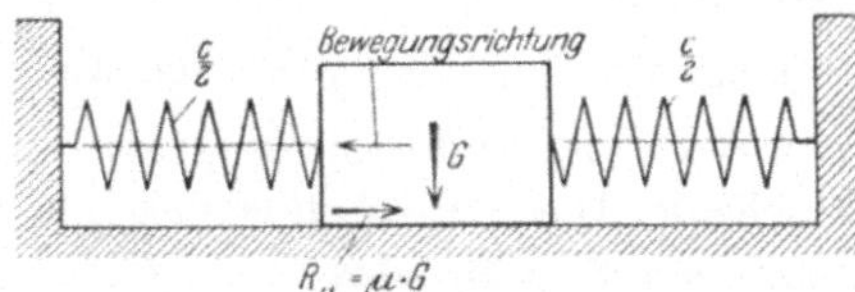

Abb. 144. Schwinger, dessen Bewegung durch Reibkräfte gebremst ist.

Beachtlich ist ferner, daß die reibgebremste Schwingung nicht in der Nullage endet, sondern daß die Masse um einen von den zufälligen Anfangsbedingungen abhängigen Betrag davon entfernt liegen bleibt. Dieser Betrag wird stets kleiner als $\varDelta a$ gefunden.

Die Erklärung für dieses eigenartige Verhalten läßt sich auf rein begrifflichem Weg durch Betrachten der Kraftverhältnisse geben. Die

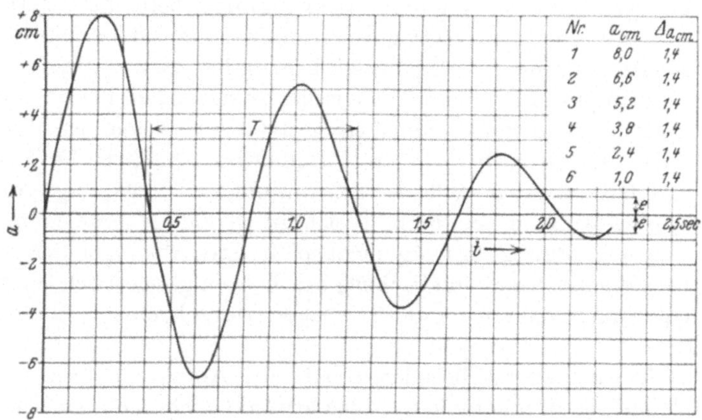

Nr.	a_{cm}	$\varDelta a_{cm}$
1	8,0	1,4
2	6,6	1,4
3	5,2	1,4
4	3,8	1,4
5	2,4	1,4
6	1,0	1,4

Abb. 145. Schwingungsbild (Wegzeitkurve) einer reibgebremsten Schwingung.

Masse werde zu Anfang der Bewegung um den Betrag a_1 aus der Nullage ausgelenkt und dann für die Schwingung freigegeben. Sie steht jetzt unter der Wirkung zweier Kräfte, nämlich:

1. der Federkraft, die den Betrag $c \cdot a_1$ besitzt und 2. der ihr entgegenwirkenden Reibkraft $R_\mu = \mu \cdot G$. Die Rückstellkraft wird Null, sobald die Federkraft gleiche Größe erlangt hat wie die der Bewegung entgegengesetzte Reibkraft, d. h. bei einer Auslenkung $a = \dfrac{R_\mu}{c}$. Die

Schwingung verläuft im übrigen genau so wie eine verlustfreie Schwingung, d. h. nach einem Sinusgesetz der Zeit und mit einer Eigenschnelle, die gleich derjenigen des verlustfreien Systems ist. Der einzige Unterschied gegenüber der verlustfreien Schwingung besteht darin, daß die Nullage um den Betrag $\dfrac{R_\mu}{c}$ den wir in Zukunft mit e bezeichnen wollen, der Bewegungsrichtung entgegen, also im positiven Sinne, verschoben erscheint. Die Schwingung verläuft somit genau so wie bei einem verlustfreien System, das seine Gleichgewichtslage (Ruhelage) schon bei dem Ausschlag e erreicht. Demgemäß schwingt die Masse um den Betrag a_1 — e über die scheinbare Gleichgewichtslage hinaus. Der neue Umkehrpunkt besitzt also den Ausschlag $a_2 = a_1 - 2\,e$ gegenüber der wahren Nullage. Mit Durchschreiten dieses Umkehrpunktes wechselt die Bewegungsrichtung und damit die Reibkraft sprungweise ihr Vorzeichen. Der scheinbare Nullpunkt liegt im weiteren Verlauf der Bewegung um den Betrag e der Bewegungsrichtung entgegen, also jetzt im negativen Sinne gegenüber der wahren Nullage verschoben. Im übrigen gelten für den Verlauf der nunmehr folgenden Halbschwingungen genau dieselben Betrachtungen wie bei der ersten Halbschwingung. Demgemäß wird z. B. der Ausschlag $a_3 = a_2 - 2\,e = a_1 - 4\,e$. In der gleichen Weise kann man beliebig viele weitere Halbschwingungen betrachten. Man findet durch die vorstehenden Überlegungen somit das aus dem Schwingungsbild abgelesene Gesetz einwandfrei begründet, daß die aufeinanderfolgenden Amplituden eine arithmetische Reihe bilden, derart, daß jede Amplitude um den konstanten Betrag $\Delta a = 2\,e$ kleiner ist als die um eine halbe Periode vorhergehende. Ferner findet man die Tatsache bestätigt, daß die Eigenschnelle der Schwingung gleich derjenigen der verlustfreien Schwingung sein muß, da sich im Grunde genommen in beiden Fällen derselbe Bewegungsvorgang abspielt. Das Abklingen der Schwingung bei Vorhandensein von Reibung wurde, rein geometrisch betrachtet, ja lediglich durch das sprungweise Verlagern des scheinbaren Nullpunktes erzielt.

Die Schwingung ist beendet, sobald die Amplitude kleiner als $2\,e$ geworden ist, da dann ein neuer Umkehrpunkt nicht mehr erreicht wird. Die Entfernung von der wahren Nullage, in welcher die Masse liegen bleibt, läßt sich leicht auf Grund der Bedingung berechnen, daß die Masse über den scheinbaren Nullpunkt, der um $\pm$ e von der wahren Nullage entfernt liegt, um den gleichen Betrag hinausschwingt, um den der Ausschlag im letzten Umkehrpunkt diesen Wert übertraf. Das Ende der Schwingung kann somit an beliebiger Stelle innerhalb der Grenzwerte $\pm$ e liegen. Der Wert e gibt also gewissermaßen den Betrag des äußerstenfalls zu erwartenden Nullpunktfehlers an.

67. Energiebilanz der reibgebremsten Schwingungen.

Zur Ergänzung unserer Betrachtungen wollen wir uns noch einen Einblick in die energetischen Verhältnisse bei der vorliegenden Schwingung verschaffen. Zu diesem Zweck soll eine Energiebilanz aufgestellt werden, an Hand deren man verfolgen kann, wie die zu Anfang der Schwingung vorhandene Energiemenge verbraucht wird.

Wir gehen wieder von der Voraussetzung aus, daß die Masse m zu Beginn der Schwingung um den Betrag a_1 aus der Gleichgewichtslage ausgelenkt und somit durch Spannen der Feder c das System mit einem potentiellen Energiebetrag von der Größe $A_0 = \dfrac{c}{2} \cdot a_1^2$ geladen wird. Die stets gleichbleibende Reibkraft besitze die Größe von $R_\mu = \mu \cdot G$ kg.

Bis zur Erreichung der wahren Nullage hat die Masse den Weg a_1 zurückgelegt und dabei durch Überwinden des Bremswiderstandes die Arbeit $R_\mu \cdot a_1$ (Kraft $\times$ Weg) abgegeben. Verfügbar ist also jetzt noch die Energiemenge $\frac{1}{2} c \cdot a_1^2 - R_\mu \cdot a_1$. Der in dem nunmehr folgenden Umkehrpunkt auftretende Ausschlag a_2 errechnet sich aus der Bedingung, daß die dort vorhandene potentielle Energie gleich der soeben berechneten, im Nullpunkt vorhandenen Energie sein muß, abzüglich der bei der Bewegung vom Nullpunkt bis zur Erreichung des Ausschlags a_2 vernichteten Energiemenge. Es besteht also die Gleichung:

$$(267) \qquad \tfrac{1}{2} c \cdot a_2^2 = \tfrac{1}{2} c \cdot a_1^2 - R_\mu a_1 - R_\mu \cdot a_2 ,$$

woraus sich berechnet:

$$a_1^2 - a_2^2 = (a_1 + a_2) \cdot (a_1 - a_2) = \frac{2 R_\mu}{c} (a_1 + a_2),$$

somit:

$$(268) \qquad a_2 = a_1 - \frac{2 R_\mu}{c} = a_1 - 2\,\mathrm{e} .$$

Dieser Wert stimmt also genau mit dem an Hand der vorangehenden Betrachtung gefundenen überein. In analoger Weise berechnet man:

$$(269) \qquad a_3 = a_2 - 2\,\mathrm{e} \ \text{usw.}$$

Anmerkung: Die formal mathematische Behandlung des vorliegenden Problems soll übergangen werden, da sie keinerlei neue Gesichtspunkte bringt und sich im wesentlichen auch an die rein begriffliche Darstellung halten muß. Im übrigen sei auf die Literatur verwiesen.

68. Kritik der durch Reibkräfte gebremsten Schwingung.

Freie Schwingungen gewinnen in der Technik nur bei Meßinstrumenten Bedeutung. Als Beispiele seien erwähnt: Elektrische Meßinstrumente aller Art, Regulatoren, Tachometer, elastische Kraftmesser, Waagen aller Art, insbesondere Neigungswaagen, Erschütterungsmesser und dergleichen. Alle diese Instrumente besitzen als Meßorgan ein Schwingungssystem mit ausgesprochener, oft recht niedriger Eigenschnelle. Bei der Anzeige soll der Zeiger möglichst schwingungsfrei auf die Endlage einspielen. Den Schwingungen, die infolge der bei jeder Messung unvermeidlichen Stöße entstehen, muß folglich durch irgendwelche Mittel die Energie rasch entzogen werden. Es fragt sich, ob für diesen Zweck die Anbringung einer Reibkraft empfehlenswert ist. Diese Frage ist unbedingt zu verneinen, und zwar aus folgendem Grund:

Wie auf Seite 234 gezeigt wurde, kann beim Ausklingen der reibgebremsten Schwingung die schwingende Masse um beliebige Beträge, die zwischen Null und $\pm\,e$ liegen, von der wirklichen Ruhelage entfernt die Schwingung beenden, je nachdem, welche Zufälligkeiten bei Beginn der Schwingung geherrscht haben. Es kann also ein Anzeigefehler von dem Betrag $\pm\,e$ eintreten. Da bei den meisten Meßinstrumenten ein Fehler von weniger als $\pm\,0{,}1\%$, d. h. ein entsprechend genaues Einspielen in die wahre Nullage verlangt werden muß, ist diese Erscheinung unerträglich. Das Vorhandensein von Reibung ist also der schlimmste Feind der Empfindlichkeit und Genauigkeit bei allen Meßinstrumenten. Es ist zu fordern, daß alle Reibung so vollständig wie irgend möglich beseitigt wird. Der Kampf um die Empfindlichkeit der Meßinstrumente ist in erster Linie ein Kampf um die möglichst vollständige Beseitigung aller Reibungen.

Die Reibung als Bewegungswiderstand bei der Schwingung ist somit als ein sehr rohes, technisch fast stets unbrauchbares Mittel gekennzeichnet. Sie findet deshalb nur bei rohen Bremsvorgängen Anwendung, z. B. erfolgt bei den geschichteten Blattfedern, wie sie zum Abfedern von Automobilen, Eisenbahnfahrzeugen usw. verwendet werden, die Abbremsung der Schwingungen fast ausschließlich durch Reibkräfte. Diese sind durch die gleitende Reibung, welche die Federblätter bei der Bewegung gegeneinander erfahren, bedingt. Der Gang einer derartigen reibungsgebremsten Federung ist deshalb verhältnismäßig hart, weil Stoßkräfte von der Größe der Reibkraft auf das Fahrzeug übertragen werden, ohne daß die Feder überhaupt anspricht. Die Feder wirkt also bis zu Kräften von oft beträchtlicher Größe wie ein starrer Amboß; erst wenn die Stoßkraft die Reibung überwunden hat, beginnt die Feder zu arbeiten.

In scharfem Gegensatz zu der reibgebremsten Schwingung steht die gedämpfte Schwingung, deren Gesetze nachstehend eine eingehende Erörterung erfahren. Ihr Hauptkennzeichen besteht darin, daß die Widerstandskraft proportional der Geschwindigkeit ist, daß also insbesondere in der Ruhelage, d. h. bei der Geschwindigkeit Null, überhaupt keine Widerstandskraft wirksam ist. Diese wird vielmehr erst durch das Auftreten der Bewegung wachgerufen und wächst um so mehr an, je schneller die Bewegung erfolgt. Infolgedessen spielt der gedämpfte

Schwinger vollkommen fehlerfrei in den Nullpunkt ein, auch wenn eine sehr starke Energieentziehung vorhanden ist. Deshalb werden sämtliche Meßinstrumente mit einem das „Dämpfungsgesetz" möglichst ideal erfüllenden Bewegungswiderstand ausgerüstet. Auch bei der Fahrzeugfederung wäre die Einführung einer Dämpfung sehr von Nutzen. Sie führt zur Vermeidung der harten Stöße und erzielt einen weichen Gang des Fahrzeugs. In Erkenntnis dieser Tatsache sucht man heute bei den Fahrzeugfedern die Reibung dadurch herabzusetzen, daß man die Federblätter mit Schmiernuten versieht, in die geeignete Schmiermittel eingebracht werden und indem man dünne, gehärtete Stahlbänder zwischen die Federlagen einbringt.

B. Freie Schwingungen unter dem Einfluß der Dämpfung.

Abb. 146 zeigt das Schema eines Schwingers, bei dem das Dämpfungsgesetz möglichst ideal verwirklicht ist. Die Dämpfungskraft wird durch die Widerstände hervorgebracht, die eine mit der schwingenden Masse fest verbundene, in Öl tauchende Platte bei der Bewegung erfährt. Lenkt man die Masse um einen bestimmten Betrag s aus der Ruhelage aus und läßt sie dann los, so entstehen abklingende Schwingungen. Läßt man in der bekannten Weise durch einen an der Masse befestigten Schreibstift das Wegzeitdiagramm aufzeichnen, so ergibt sich ein Bild gemäß Abb. 147. Das Gesetz, nach dem hier das Abklingen der Schwingungen erfolgt, ist, wie man auf den ersten Blick erkennt, wesentlich von dem der reibgebremsten Schwingung verschieden. Zur näheren Kennzeichnung des Schwingungsbildes messen wir die Amplituden der einzelnen Schwingungen aus und tragen sie in eine Tabelle (Abb. 147) ein. Bildet man das Verhältnis je zweier aufeinanderfolgenden Amplituden, so findet man stets den gleichen Wert. Die Amplituden bilden also bei der gedämpften Schwingung eine geometrische Reihe, im Gegensatz zu der reibgebremsten Schwingung, wo eine arithmetische Reihe vorlag. Es wäre naheliegend, den konstanten Quotienten der geometrischen Reihe als Maß für die Dämpfung zu benutzen. Einen geeigneteren Maßstab erhält man jedoch bei Betrachtung der energetischen Verhältnisse.

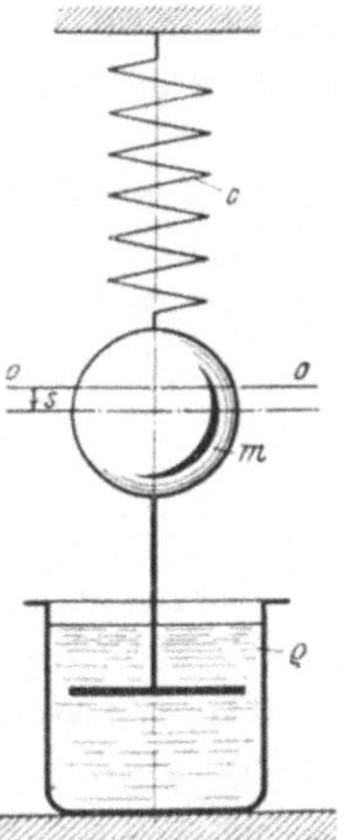

Abb. 146. Schema eines gedämpften Schwingers.

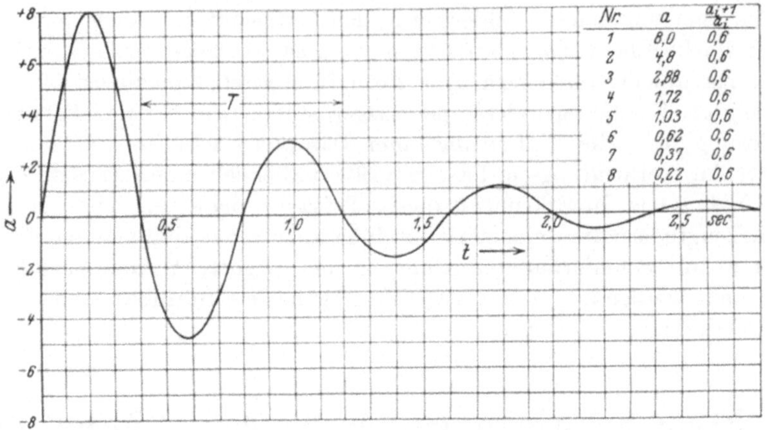

Abb. 147. Schwingungsbild (Wegzeitkurve) einer gedämpften Schwingung.

69. Die Energiegleichung.

a) Aufstellung der Gleichung.

Wir beginnen unsere Untersuchung damit, daß wir die Energiegleichung für die gedämpfte Schwingung aufstellen. Im Gegensatz zu der Energiegleichung der verlustlosen Schwingung ist, wie bereits erwähnt, der Energieinhalt des Schwingers nicht für beliebige Zeitdauer konstant, sondern in steter Abnahme begriffen. Wie erwähnt, kann die Abnahme des Energieinhalts der gedämpften Schwingung in Abhängigkeit von der Zeit durch eine Kurve dargestellt werden, die wesentliche Ähnlichkeit mit der Auslaufkurve eines Schwungrades besitzt. Die Lösung der Energiegleichung muß einen analytischen Ausdruck für diese Kurve liefern. Umgekehrt läßt sich ein Verfahren angeben, mit Hilfe dessen aus dem versuchsmäßig ermittelten Verlauf der Energiezeitkurve oder auch der Wegzeitkurve die Größe des Dämpfungswiderstandes berechnet werden kann.

Zunächst muß der analytische Ausdruck für die Verlustenergie abgeleitet werden. Dies gelingt an Hand der folgenden Betrachtung:

Die Dämpfungskraft erhalten wir entsprechend der Definition der Dämpfung als Produkt der Geschwindigkeit $\frac{ds}{dt}$ mit einem konstanten Faktor ϱ, der ein Maß für die Größe des Bewegungswiderstandes der Dämpfung ist und den wir deshalb als „Dämpfungswiderstand" bezeichnen wollen. Im einzelnen bezeichnet ϱ die Dämpfungskraft in kg, die auftritt, wenn die Masse m die Geschwindigkeit von 1 cm/sec besitzt. ϱ erhält somit die Dimension $\frac{\text{kg sec}}{\text{cm}}$. Es läßt sich also folgende

Beziehung aufstellen:

$$(270) \qquad dA_D = \underbrace{\varrho \cdot \frac{ds}{dt}}_{\text{Kraft}} \cdot \underbrace{ds}_{\text{Weg}} = \varrho \cdot \left(\frac{ds}{dt}\right)^2 \cdot dt \,,$$

$$(271) \qquad A_D = \int_{t_1}^{t_2} \varrho \cdot \left(\frac{ds}{dt}\right)^2 \cdot dt \,.$$

Dieser Ausdruck läßt erkennen, daß die Verlustenergie mit der Zeit stetig anwächst, eine Tatsache, die auf Grund der anschaulichen Betrachtung ohne weiteres klar ist.

Die Lösung der Aufgabe, A_D in Abhängigkeit von der Zeit zu bestimmen, gelingt erst, wenn s und damit $\frac{ds}{dt}$ in Abhängigkeit von der Zeit bekannt ist. Die Berechnung dieses Wertes kann durch Lösen der vollständigen Energiegleichung für die gedämpfte Schwingung vorgenommen werden, sie lautet:

$$(272) \qquad \underbrace{\tfrac{1}{2}\, c \cdot s^2}_{\substack{\text{potentielle Energie}}} + \underbrace{\tfrac{1}{2}\, m \left(\frac{ds}{dt}\right)^2}_{\substack{\text{kinetische Energie}}} + \underbrace{\int \varrho \left(\frac{ds}{dt}\right)^2 dt}_{\substack{\text{Verlustenergie}}} = \underbrace{A_0}_{\substack{\text{Anfangsenergieladung}}} \,.$$

Zwecks Lösung muß diese Gleichung zunächst einmal nach der Zeit differenziert werden, damit das Integral verschwindet. Man erhält auf diese Weise nach Kürzen mit $\frac{ds}{dt}$ eine Gleichung, die der Kraftgleichung identisch ist und auch direkt als solche angeschrieben werden könnte. Sie lautet:

$$(273) \qquad \underbrace{c \cdot s}_{\text{Federkraft}} + \underbrace{m \frac{d^2 s}{dt^2}}_{\text{Massenkraft}} + \underbrace{\varrho \frac{ds}{dt}}_{\text{Dämpfungskraft.}} = 0 \,.$$

b) Die Lösung der Schwingungsgleichung.

Die Lösung der vorstehenden Gleichung gelingt durch den ganz allgemein bei der Lösung von Differentialgleichungen zweiter Ordnung üblichen und bewährten Ansatz[1]:

$$(274) \qquad s = K_1 \cdot e^{\alpha t} + K_2 \cdot e^{\beta t},$$

wobei K_1 und K_2 Integrationskonstanten sind, die später aus den Anfangsbedingungen bestimmt werden sollen und $e = 2{,}7183$ die Basis

---

[1] Man zerbreche sich nicht den Kopf darüber, wie dieser Ansatz zustande kommt, sondern betrachte ihn als ein bewährtes Rezept, das durch einen glücklichen Gedanken gefunden wurde. In der Tat kommt die Lösung der Differentialgleichungen stets darauf hinaus, daß man den erforderlichen Ansatz, der den Schlüssel zur Lösung bildet, kennt. Seine Auffindung kann im allgemeinen nicht nach einfachen Rechnungsregeln erfolgen, sondern erfordert gewissermaßen eine „erfinderische Tätigkeit".

der natürlichen Logarithmen ist. (Letztere spielen bei Behandlung der gedämpften Schwingungen eine maßgebende Rolle).

Durch Einsetzen der entsprechenden Werte für s und seine Differentialquotienten in die Schwingungsgleichung ergibt sich nach Ordnen der Werte:

$$(275) \quad K_1 \cdot e^{\alpha t} (\alpha^2 \cdot m + \alpha \cdot \varrho + c) + K_2 \cdot e^{\beta t} (\beta^2 \cdot m + \beta \cdot \varrho + c) = 0.$$

Diese Gleichung muß für alle Werte von t und für beliebige Werte von K_1 und K_2 erfüllt sein. Dies ist nur möglich, wenn die beiden Ausdrücke in den Klammern jeder für sich gleich Null sind. Somit läuft die Lösung unserer Differentialgleichung auf die Lösung der beiden folgenden quadratischen Gleichungen hinaus, die man als charakteristische Gleichungen bezeichnet.

$$(276) \quad \begin{cases} \alpha^2 + \dfrac{\varrho}{m} \cdot \alpha = -\dfrac{c}{m}, \\[2mm] \beta^2 + \dfrac{\varrho}{m} \cdot \beta = -\dfrac{c}{m}. \end{cases}$$

Die beiden Lösungen dieses Gleichungssystems lauten:

$$(277) \quad \begin{cases} \alpha = -\dfrac{\varrho}{2\,m} \pm \sqrt{\dfrac{\varrho^2}{4\,m^2} - \dfrac{c}{m}}, \\[3mm] \beta = -\dfrac{\varrho}{2\,m} \pm \sqrt{\dfrac{\varrho^2}{4\,m^2} - \dfrac{c}{m}}. \end{cases}$$

Um eine gute Übersicht zu erhalten, setzen wir:

$$\frac{c}{m} = v_0^2 = \text{Eigenschnelle des ungedämpften Schwingers},$$

$$(278) \quad \frac{\varrho}{2\,m \cdot v_0} = D = \text{Dämpfungsmaß oder kurz „Dämpfung''}.$$

Mit diesen Bezeichnungen lauten die beiden Wurzeln der charakteristischen Gleichung:

$$(279) \quad \alpha_1 = \beta_1 = -v_0 D + v_0 \sqrt{D^2 - 1},$$

$$(280) \quad \alpha_2 = \beta_2 = -v_0 D - v_0 \sqrt{D^2 - 1}.$$

Die endgültige Lösung ergibt sich durch Einsetzen der Werte von α_1 und α_2 oder β_1 und β_2 in den Lösungsansatz zu:

$$(281) \quad \boxed{\,s = K_1 \cdot e^{-v_0 \cdot D \cdot t} \cdot e^{v_0 \cdot t \cdot \sqrt{D^2 - 1}} + K_2 \cdot e^{-v_0 \cdot D \cdot t} \cdot e^{-v_0 \cdot t \cdot \sqrt{D^2 - 1}}.\,}$$

c) Bestimmung der Konstanten K_1 und K_2.

Bevor wir in die Diskussion der Lösung eintreten, müssen die Integrationskonstanten K_1 und K_2 bestimmt werden. Dies geschieht durch Einsetzen der Anfangsbedingungen, unter denen die Schwingung zustande kam. Wir können hierbei zwei grundsätzliche Möglichkeiten unterscheiden. Im ersten Fall wird die Anfangsenergieladung auf rein potentiellem Weg zugeführt, d. h. die Masse m wird unter Spannen der Feder c um den Betrag a_0 cm ausgelenkt und zu Beginn der Beobachtung losgelassen. Die Anfangsenergie besitzt dann die Größe $A_p = \frac{c}{2} \cdot a_0^2$. Im zweiten Fall wird die Anfangsladung auf kinetischem Weg aufgebracht, d. h. der Masse m wird zu Beginn der Beobachtung, z. B. durch einen Stoß, die Geschwindigkeit v_0 cm/sec erteilt. Sie besitzt dann die Energieladung $A_k = \frac{m}{2} \cdot v_0^2$.

Im ersten Fall ist: z. Z. $t = 0$; $s = a_0$; $v = 0$.

Setzt man in Gl. (281) $s = a_0$ und $t = 0$, so ergibt sich:

$$(282\,\mathrm{a}) \qquad a_0 = K_1 + K_2\,(\text{da } e^0 = 1).$$

Zur Berücksichtigung der zweiten Bedingung $v = 0$ berechnet man zunächst durch einmalige Differentiation der Gl. (281) nach der Zeit, die auf Grund der „Kettenregel"[1] ohne weiteres durchführbar ist:

$$(282\,\mathrm{b}) \quad v = \frac{ds}{dt} = K_1(-\,\nu_0 \cdot \mathrm{D} + \nu_0 \cdot \sqrt{\mathrm{D}^2 - 1}) \cdot e^{-\nu_0 \cdot \mathrm{D} \cdot t} \cdot e^{\nu_0 \cdot t \cdot \sqrt{\mathrm{D}^2 - 1}}$$

$$+ K_2(-\,\nu_0 \cdot \mathrm{D} - \nu_0 \cdot \sqrt{\mathrm{D}^2 - 1}) \cdot e^{-\nu_0 \cdot \mathrm{D} \cdot t} \cdot e^{-\nu_0 \cdot t \cdot \sqrt{\mathrm{D}^2 - 1}}.$$

Setzt man in dieser Gleichung $v = 0$ und $t = 0$, so ergibt sich (nach Kürzen mit ν_0)

$$(282\,\mathrm{c}) \qquad 0 = K_1\,(-\,\mathrm{D} + \sqrt{\mathrm{D}^2 - 1}) + K_2\,(-\,\mathrm{D} - \sqrt{\mathrm{D}^2 - 1}).$$

Aus Gl. (282 a) und (282 c) berechnet man die Integrationskonstanten K_1 und K_2 zu:

$$(283) \qquad \left|\begin{aligned} K_1 &= \frac{a_0}{2}\left[1 + \frac{\mathrm{D}}{\sqrt{\mathrm{D}^2 - 1}}\right], \\ K_2 &= \frac{a_0}{2}\left[1 - \frac{\mathrm{D}}{\sqrt{\mathrm{D}^2 - 1}}\right]. \end{aligned}\right.$$

Werden schließlich die Werte von K_1 und K_2 in Gl. (281) eingesetzt, so erhält man als endgültige Lösung:

$$(284) \qquad s = \frac{a_0}{2} \cdot e^{-\nu_0 \cdot \mathrm{D} \cdot t}\left[e^{\nu_0 \cdot t \cdot \sqrt{\mathrm{D}^2 - 1}} + e^{-\nu_0 \cdot t \cdot \sqrt{\mathrm{D}^2 - 1}} \right.$$

$$\left. + \frac{\mathrm{D}}{\sqrt{\mathrm{D}^2 - 1}}\left(e^{\nu_0 \cdot t \cdot \sqrt{\mathrm{D}^2 - 1}} - e^{-\nu_0 \cdot t \cdot \sqrt{\mathrm{D}^2 - 1}} \right) \right].$$

Im zweiten Fall ist: z. Z. $t = 0$; $s = 0$, $v = v_0$.

---

[1] Beachte, daß bei: $y = e^x$, $\frac{dy}{dx} = e^x$.

Infolgedessen:

(285a) $0 = K_1 + K_2$,

(285b) $v_0 = K_1 (- v_0\,\mathrm{D} + v_0\,\sqrt{\mathrm{D}^2 - 1}) + K_2 (- v_0\,\mathrm{D} - v_0\,\sqrt{\mathrm{D}^2 - 1})$.

Somit:

(286)
$$\begin{cases} K_1 = + \dfrac{v_0}{2\,v_0\,\sqrt{\mathrm{D}^2 - 1}}\,, \\[2ex] K_2 = - \dfrac{v_0}{2\,v_0\,\sqrt{\mathrm{D}^2 - 1}}\,. \end{cases}$$

Die Lösung lautet dann:

(287)
$$s = \frac{v_0}{2\,v_0\,\sqrt{\mathrm{D}^2 - 1}} \cdot e^{-v_0 \cdot \mathrm{D}\cdot t}\left[e^{v_0 \cdot t \cdot \sqrt{\mathrm{D}^2-1}} - e^{-v_0 \cdot t \cdot \sqrt{\mathrm{D}^2-1}}\right].$$

d) Diskussion der Lösung.

Wir wollen zunächst die Lösung des zweiten Falles diskutieren, da sie die einfacheren Verhältnisse bietet. Diese Lösung schließt zwei grundsätzlich verschiedene Gesetzmäßigkeiten in sich:

Die erste Gesetzmäßigkeit tritt zutage, wenn $\mathrm{D} > 1$ ist, also die Exponenten der in der Klammer stehenden Werte von e reell sind. Dann tritt überhaupt keine Schwingung auf, sondern die Bewegung klingt nach Art einer Auslaufkurve ab. Wir nennen diese Lösung den „aperiodischen Fall" (aperiodisch = nichtschwingend). Die Gleichung erhält eine übersichtlichere Form, wenn wir den hyperbolischen Sinus einführen[1], dessen Definitionsgleichung lautet:

$$\mathfrak{Sin}\,\alpha = \tfrac{1}{2}(e^a - e^{-a})\,.$$

Demgemäß:

(288)
$$s = \frac{v_0}{v_0\,\sqrt{\mathrm{D}^2 - 1}} \cdot e^{-v_0 \mathrm{D}\cdot t} \cdot \mathfrak{Sin}\,(v_0 \cdot t \cdot \sqrt{\mathrm{D}^2 - 1})\,.$$

Die zweite Gesetzmäßigkeit liegt vor, wenn $\mathrm{D} < 1$ ist. Dann wird der Wert $\sqrt{\mathrm{D}^2 - 1}$ imaginär. Wir setzen demgemäß:

$$\sqrt{\mathrm{D}^2 - 1} = j \cdot \sqrt{1 - \mathrm{D}^2}\,, \quad \text{wobei } j = \sqrt{-1}$$

die imaginäre Einheit darstellt.

In diesem Fall stellt die Lösung eine Schwingung dar. Wir nennen sie deshalb den periodischen Fall. Er läßt sich leicht mit Hilfe der Moivreschen Formeln[2] auf die geläufige trigonometrische Form bringen, denn es ist:

$$\sin\alpha = \frac{1}{2\cdot j}(e^{j\cdot a} - e^{-j\cdot a})\,.$$

---

[1] Siehe Hütte Bd. 1, S. 65.   [2] Siehe Hütte Bd. 1, S. 66, Abschnitt E.

Demgemäß:

$$(289) \qquad s = \frac{v_0}{v_0\sqrt{1 - D^2}} \cdot e^{-v_0 D \cdot t} \cdot \sin(v_0 \cdot t \cdot \sqrt{1 - D^2}).$$

Mit diesem Fall werden wir uns im nachfolgenden ausschließlich zu beschäftigen haben.

Wie man aus Gl. (289) erkennt, stellt der Wert $v_0 \cdot \sqrt{1 - D^2}$ die Eigenschnelle der gedämpften Schwingung dar. Wir wollen sie in Zukunft mit v_D bezeichnen. Dann erhält unsere Lösung die übersichtliche Form:

$$(290) \qquad s = \frac{v_0}{v_D} \cdot e^{-v_0 D \cdot t} \cdot \sin(v_D \cdot t).$$

Sie unterscheidet sich von der Gleichung der ungedämpften freien Schwingung nur durch Hinzutreten des Faktors $e^{-v_0 \cdot D \cdot t}$, der das Gesetz des Abklingens bestimmt. Sehr wesentlich ist, daß die Eigenschnelle v_D unabhängig von der Amplitude konstant bleibt, daß die Schwingungen also genau gleiche Periodendauer besitzen, einerlei welche Werte die Amplitude annimmt.

Bei Diskussion der Lösung des ersten Falls müssen wir bei der „aperiodischen Lösung" noch die Definitionsgleichung des hyperbolischen Kosinus heranziehen, die lautet:

$$\mathfrak{Cof}\,\alpha = \tfrac{1}{2}(e^{\alpha} + e^{-\alpha}).$$

Dann ergibt sich aus Gl. (284):

$$(291) \qquad s = a_0 \cdot e^{-v_0 \cdot t \cdot D}\left[\mathfrak{Cof}(v_0 \cdot t \cdot \sqrt{D^2 - 1}) + \frac{D}{\sqrt{D^2 - 1}}\,\mathfrak{Sin}(v_0 \cdot t \cdot \sqrt{D^2 - 1})\right].$$

Für die „periodische Lösung" ist außer der bei Gl. (289) bereits erwähnten Moivreschen Formel für den $\sin\alpha$ noch die entsprechende Formel für den $\cos\alpha$ zu benutzen, die lautet:

$$\cos a = \tfrac{1}{2}(e^{j \cdot a} + e^{-j \cdot a}),$$

dann ergibt sich aus Gl. (284):

$$(292) \qquad s = a_0 \cdot e^{-v_0 \cdot t \cdot D} \cdot \left[\cos(v_D \cdot t) + \frac{D}{\sqrt{1 - D^2}} \cdot \sin(v_D \cdot t)\right].$$

Die Lösung des allgemeinsten Falles, daß zur Zeit $t = 0$, $s = a_0$ und $v = v_0$ ist, daß also die Anfangsladung teils als potentielle, teils als kinetische Energie zugeführt wird, ergibt sich durch einfache Addition der Lösungen des ersten und des zweiten Falles.

So erhält man z. B. für die „periodische Lösung" die Gleichung:

$$(293) \qquad s = e^{-\nu_0 \cdot t \cdot D} \cdot \left[a_0 \cdot \cos(\nu_D \cdot t) + \left(\frac{v_0}{v_D} + a_0 \frac{D}{\sqrt{1 - D^2}} \right) \cdot \sin(\nu_D \cdot t) \right].$$

An Hand der vorstehend entwickelten Gleichungen sind wir in der Lage, für beliebige Anfangsbedingungen und Dämpfungen den Verlauf der Schwingungskurve $s = f(t)$ zu berechnen.

Anmerkung: Die Gleichungen für die Schwinggeschwindigkeit erhält man aus den Gl. (289), (292) und (293) durch einmaliges Differenzieren[1] nach der Zeit. Es ergibt sich:

Für den ersten Fall:

$$(292\,\mathrm{a}) \qquad v = - \frac{a_0 \cdot \nu_D}{(1 - D^2)} \cdot \sin(\nu_D \cdot t) \cdot e^{-\nu_0 D \cdot t}.$$

Für den zweiten Fall:

$$(289\,\mathrm{a}) \qquad v = v_0 \cdot e^{-\nu_0 D \cdot t} \left[\cos(\nu_D \cdot t) - \frac{D}{\sqrt{1 - D^2}} \sin(\nu_D \cdot t) \right].$$

Für den allgemeinen Fall:

$$(293\,\mathrm{a}) \quad v = e^{-\nu_0 D \cdot t} \left[v_0 \cdot \cos(\nu_D \cdot t) - \sin(\nu_D \cdot t) \cdot \left(\frac{a_0 \cdot \nu_D}{(1 - D^2)} + \frac{v_0 \cdot D}{\sqrt{1 - D^2}} \right) \right].$$

Diese Gleichungen sind besonders nützlich, wenn man berechnen will, zu welchem Zeitpunkt t die vorgelegte Schwingung den Größtausschlag erreicht. Man braucht zu diesem Zweck nur $v = 0$ zu setzen und aus der sich dann ergebenden Gleichung für tg $(\nu_D \cdot t)$, den Wert t zu berechnen.

e) Die Eigenschnelle der gedämpften Schwingung.

Aus der Beziehung:

$$(294) \qquad v_0 \sqrt{1 - D^2} = v_D$$

für die Eigenschnelle der gedämpften Schwingung erkennt man, daß sie keineswegs, wie bei der reibgebremsten Schwingung, gleich derjenigen des verlustfreien Systems $= v_0$ ist. Um ein Maß für die Verschiedenheit beider Werte zu erhalten, sei das Verhältnis $\frac{v_D}{v_0}$ berechnet. Man findet:

$$(295) \qquad \frac{v_D}{v_0} = \sqrt{1 - D^2}.$$

Der Verlauf des Wertes $\frac{v_D}{v_0} = f(D)$ wird, wenn gemäß Abb. 148 ein geeigneter Maßstab Verwendung findet, durch einen Viertelkreisbogen

---

[1] Bei der Berechnung beachte man die Beziehung $\dfrac{v_0}{v_D} = \dfrac{1}{\sqrt{1 - D^2}}$.

dargestellt. Diese Gesetzmäßigkeit läßt sich ohne weiteres aus Gleichung (296) ablesen. Schreibt man Gl. (295) nämlich in der Form:

$$(296) \qquad \left(\frac{v_D}{v_0}\right)^2 + D^2 = 1\,,$$

so stellt sie mit $\frac{v_D}{v_0}$ als der einen und D als der zweiten Veränderlichen die Mittelpunktsgleichung eines Kreises dar. Aus dem in Abb. 148 aufgetragenen Diagramm erkennt man:

1. daß für kleine Dämpfungen, etwa bis $D = 0,1$, v_D nur unmerklich von v_0 verschieden ist (weniger als ½%), so daß beide Größen mit befriedigender Näherung gleichgesetzt werden können.

2. daß für $D = 1$; $v_D = 0$ wird. In diesem Grenzfall hat der Schwinger aufgehört, überhaupt schwingungsfähig zu sein, er ist „aperiodisch" geworden.

3. Wird D größer als 1, so wird der Wurzelwert $\sqrt{1 - D^2}$ imaginär, d. h. die Ausklingkurve verläuft nach der ersten Form der Lösung [s. Gl. (288) und (291)], d. h. nach dem hyperbolischen Sinus.

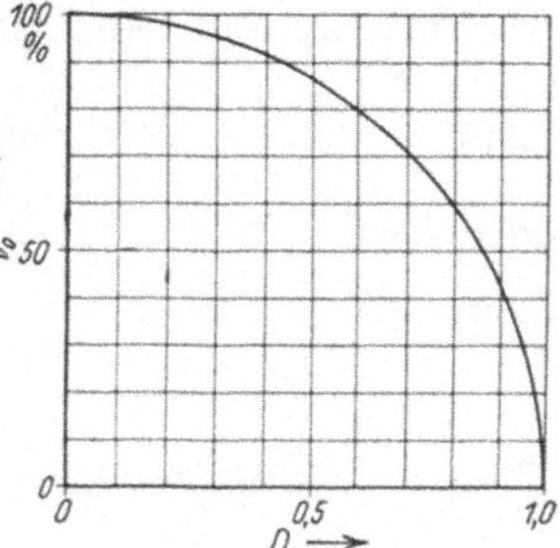

Abb. 148. Prozentualer Unterschied zwischen der Eigenschnelle der gedämpften und derjenigen der ungedämpften Schwingung in Abhängigkeit von der Dämpfung.

f) Abnahme der Energie je Schwingung in Abhängigkeit von D.

Es ist zweckmäßig, wenn man sich einen Überblick darüber verschafft, in welcher Weise sich der Energieinhalt in Abhängigkeit von der Dämpfung von Schwingung zu Schwingung ändert.

Am übersichtlichsten gestalten sich die Verhältnisse, wenn man berechnet, welcher Anteil ΔA der zu Beginn der Schwingung vorhandenen Energiemenge A_0 während einer vollen Schwingung verbraucht wird.

Messen wir die Energie jedesmal im Umkehrpunkt, also dann, wenn sie, da die Geschwindigkeit $= 0$ ist, vollständig in Form von potentieller Energie aufgespeichert ist, so läßt sich ihre Größe aus den zu Beginn und am Ende der Schwingung vorliegenden Amplituden berechnen. War die Amplitude zu Beginn $= a_1$, nach Ablauf einer vollen Schwingung, d. h. nach der Zeit T_D einer vollen Periode $\left(T_D = \frac{2\pi}{v_D}\right)$ aber $= a_2$, so ist:

$$(297) \qquad \frac{\Delta A}{A_0} = \frac{a_1^2 - a_2^2}{a_1^2} = 1 - \left(\frac{a_2}{a_1}\right)^2.$$

Es muß also vor allem das Verhältnis $\frac{a_2}{a_1}$ berechnet werden.

Die Berechnung der Amplituden gelingt an Hand der Gl. (289a) auf Grund der Bedingung, daß im Augenblick des Größtausschlages die Geschwindigkeit $v = 0$ sein muß, da in diesem Augenblick die schwingende Masse zur Ruhe kommt. Die entsprechende Bedingung lautet:

$$(298) \qquad v = 0 = v_0 \cdot e^{-\nu_0 t \cdot D} \left[\cos (\nu_D \cdot t) - \frac{D}{\sqrt{1 - D^2}} \sin (\nu_D \cdot t) \right].$$

Diese Bedingung kann nur erfüllt sein, wenn der Ausdruck in der Klammer zu Null wird, wenn also:

$$(299) \qquad \operatorname{tg} (\nu_D \cdot t_1) = \frac{\sqrt{1 - D^2}}{D} = \frac{\nu_D}{\nu_0 \cdot D},$$

oder, da

$$(300) \qquad \sin \alpha = \frac{\operatorname{tg} \alpha}{\sqrt{1 + \operatorname{tg}^2 \alpha}}, {}^{1}$$

$$(301) \qquad \boxed{\sin (\nu_D \cdot t_1) = \frac{\sqrt{1 - D^2}}{D \sqrt{\dfrac{D^2 + 1 - D^2}{D^2}}} = \sqrt{1 - D^2} = \frac{\nu_D}{\nu_0}.}$$

Somit ergibt sich die Amplitude a_1 nach Gl. (290) zu:

$$(302) \qquad a_1 = \frac{v_0}{\nu_D} \cdot e^{-\nu_0 D \cdot t_1} \cdot \frac{\nu_D}{\nu_0} = \frac{v_0}{\nu_0} \cdot e^{-\nu_0 D \cdot t_1},$$

wobei t_1 sich aus Gl. (301) berechnet zu:

$$(303) \qquad t_1 = \frac{1}{\nu_D} \operatorname{arc} \sin \frac{\nu_D}{\nu_0}.$$

Wir haben uns die Aufgabe gestellt, das Verhältnis zweier Amplituden zu berechnen, die um eine **volle** Periode verschieden sind. Wir erhalten die Amplitude a_2 demnach, wenn wir $t_2 = t_1 + T_D$ setzen, zu:

$$(304) \qquad a_2 = \frac{r_0}{\nu_0} e^{-\nu_0 D (t_1 + T_D)}.$$

Somit ergibt sich:

$$(305) \qquad \frac{a_2}{a_1} = \frac{e^{-\nu_0 D (t_1 + T_D)}}{e^{-\nu_0 D \cdot t_1}} = e^{-\nu_0 D \cdot T_D}.$$

Dasselbe Ergebnis finden wir, wenn nicht das Verhältnis der beiden ersten Amplituden $\frac{a_2}{a_1}$, sondern das zweier beliebigen um eine volle Periode auseinanderliegenden Amplituden gebildet wird, denn:

$$(306) \qquad \frac{a_{n+1}}{a_n} = \frac{e^{-\nu_0 D (t_1 + (n+1) \cdot T_D)}}{e^{-\nu_0 D (t_1 + n \cdot T_D)}} = e^{-\nu_0 D \cdot T_D}.$$

---

[1] Siehe Hütte Bd. I S. 59, Formel 8.

Wir finden hier also durch die exakte Rechnung das eingangs rein empirisch festgestellte Ergebnis bestätigt, daß bei der gedämpften Schwingung das Verhältnis zweier um eine volle Periode auseinanderliegender Amplituden konstant bleibt, einerlei, welche Schwingung herausgegriffen wird.

Vergleichen wir zwei Amplituden miteinander, die um eine halbe Periode verschieden sind, so ändert sich das Ergebnis in:

$$(307) \qquad \frac{a_{n+\frac{1}{2}}}{a_n} = e^{-\nu_0 \mathsf{D} \cdot \frac{T_D}{2}}.$$

Die erhaltene Beziehung gewinnt eine noch übersichtlichere Form, wenn wir den natürlichen Logarithmus bilden. Dann ergibt sich aus Gl. (306):

$$(308) \qquad \ln \frac{a_{n+1}}{a_n} = -\nu_0 \cdot \mathsf{D} \cdot T_D.$$

Mit

$$(309) \qquad T_D = \frac{2\pi}{\nu_D} \quad \text{und} \quad \nu_D = \nu_0 \sqrt{1 - \mathsf{D}^2} \quad \text{wird}$$

$$(310) \qquad \ln \frac{a_{n+1}}{a_n} = -\ln \frac{a_n}{a_{n+1}} = -\nu_0 \cdot \mathsf{D} \cdot T_D = -\frac{2\pi \cdot \mathsf{D}}{\sqrt{1 - \mathsf{D}^2}} = -\mathfrak{d}.$$

Man bezeichnet diesen Wert als das logarithmische Dekrement der gedämpften Schwingung. Es wird vielfach an Stelle von D als Maß der Dämpfung benutzt. Teilweise bildet man auch den natürlichen Logarithmus zweier um eine halbe Periode verschiedener Amplituden und bezeichnet ihn als Dekrement $\mathfrak{d}' = \dfrac{\pi \cdot \mathsf{D}}{\sqrt{1 - \mathsf{D}^2}}$; dieses ist dann halb so groß wie der erstgenannte Wert. Für kleine Dämpfungen kann man $\mathfrak{d} = \sim 2\pi\,\mathsf{D}$ setzen. Für größere Dämpfungen ergibt sich eine weit kompliziertere Beziehung, die an Hand der genauen Formel zu berechnen ist und der Tabelle auf S. 266 entnommen werden kann.

Das Dekrement eignet sich wenig als technisches Maß der Dämpfung. Besonders fühlbar wird dies bei Behandlung der erzwungenen Schwingungen. Bei kleinen Dämpfungen ist es lästig, den Faktor 2π durch die Rechnung mitzuschleppen. Bei großen Dämpfungen verliert man schließlich vollständig den Überblick, da das Dekrement hier unverhältnismäßig große Werte annimmt und bei $\mathsf{D} = 1$ (ein Fall, der gelegentlich auch vorkommt) $= \infty$ wird. Wir benutzen deshalb in Zukunft als Maß der Dämpfung ausschließlich den Wert D. Wenn es wünschenswert erscheint, kann der zugehörige Wert des Dekrements jederzeit aus der Tabelle 13 (S. 266) entnommen werden.

Nach Berechnen des Wertes für das Ausschlagsverhältnis $\dfrac{a_2}{a_1}$ läßt sich die verhältnismäßige Energieabnahme je Schwingung sofort angeben.

Man erhält:

$$(311) \qquad \frac{\Delta A}{A_0} = 1 - \left(\frac{a_2}{a_1}\right)^2 = 1 - e^{-\frac{4\pi D}{\sqrt{1-D^2}}} = 1 - e^{-2b}.$$

Es ist von Interesse, den Wert $\dfrac{\Delta A}{A_0}$ in Abhängigkeit von D zahlen-

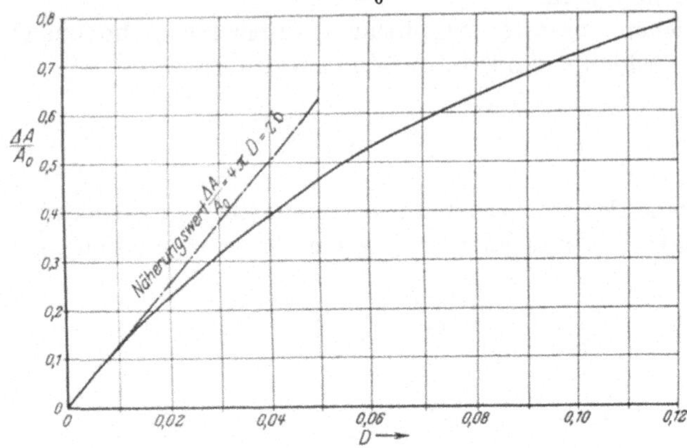

Abb. 149a. Prozentuale Energieabnahme je Schwingung in Abhängigkeit von der Dämpfung für kleine Dämpfungen.

mäßig festzulegen. Diese Abhängigkeit ist in Abb. 149a und 149b als Kurve dargestellt. Es sei auf einige Sonderfälle hingewiesen:

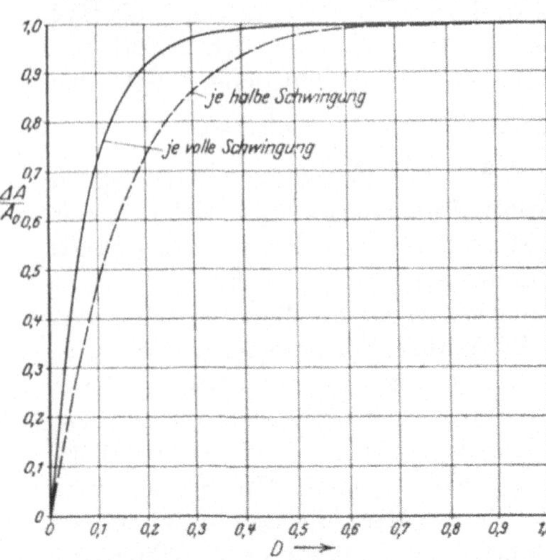

Abb. 149b. Prozentuale Energieabnahme je Schwingung in Abhängigkeit von der Dämpfung für Dämpfungen bis D = 1.

1. Für $D = 1$ wird $\dfrac{\Delta A}{A_0}$ $= 1 - e^{-\infty} = 1$, d. h. die gesamte Energie wird während einer einzigen Schwingung vernichtet. Den Verlauf einer nahezu aperiodisch gedämpften Schwingung zeigt Abbildung 150. Derartig gedämpfte Systeme finden z. B. als Zeigersysteme von Meßgeräten Anwendung. Der Zeiger stellt sich hier schwingungsfrei in die Endlage ein. In der Regel wird man schon mit einer wesentlich kleineren Dämpfung auskommen. Abbildung 149b zeigt, daß bereits bei $D = 0,5$ während einer Schwingung 99% der Energie vernichtet werden, so daß hier bereits eine genügend schwingungsfreie Einstellung in die Nullage stattfindet.

2. Bei sehr kleinen Dämpfungen kann man die Näherungsformel benutzen[1]

$$(312) \qquad \frac{\Delta A}{A_0} = 4\pi \cdot D = 2\mathfrak{d}.$$

Diese gilt, wie man aus Abb. 149a erkennt, mit guter Näherung nur bis $D = 0{,}01$. Bei größeren Dämpfungen muß unbedingt die exakte Formel bzw. Kurve benutzt werden.

Anmerkung: In analoger Weise läßt sich der Energieverlust je Schwingung auch aus der kinetischen Energie herleiten. In diesem Fall hat man festzustellen, welche kinetische Energieladung $\frac{1}{2} m v^2$ in der Masse des Schwingers beim Durch-

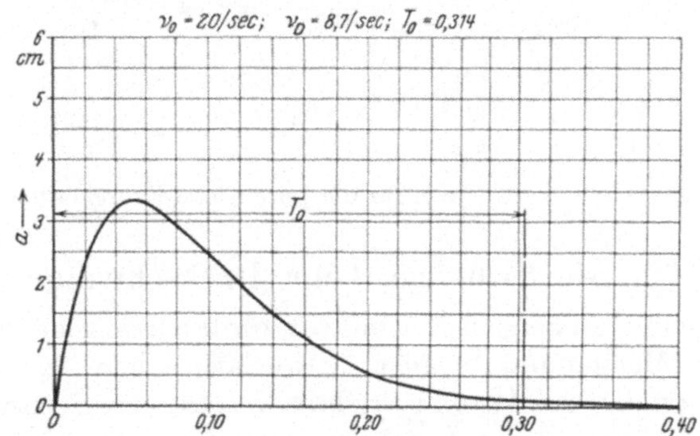

Abb. 150. Schwingungsbild einer nahezu aperiodisch gedämpften Schwingung. $D = 0{,}9$.

schreiten der Nullage am Anfang und am Ende der betrachteten Schwingung enthalten ist. Ist v_1 die Geschwindigkeit zu Beginn, v_2 diejenige am Ende der Schwingung, so ist:

$$(313) \qquad \frac{\Delta A}{A_0} = \frac{v_1^2 - v_2^2}{v_1^2} = 1 - \left(\frac{v_2}{v_1}\right)^2.$$

Unsere Aufgabe läuft also darauf hinaus, das Verhältnis $\frac{v_2}{v_1}$ zu berechnen. Gemäß Gl. (289a) war:

$$(314) \qquad v = v_0 \cdot e^{-\nu_0 D \cdot t}\left[\cos(\nu_D \cdot t) - \frac{D}{\sqrt{1 - D^2}} \cdot \sin(\nu_D \cdot t)\right].$$

---

[1] Gemäß Gl. (311) ist

$$\frac{\Delta A}{A_0} = 1 - \left(\frac{a_2}{a_1}\right)^2 = 1 - e^{-2\mathfrak{d}}.$$

Für kleine Exponenten von e kann man mit genügender Näherung setzen (vgl. Hütte Bd. I, S. 30, Tafel 4 (die beiden ersten Glieder der Reihe für e^α):

$$e^{-\alpha} = 1 - \alpha; \quad \text{z. B.:} \quad e^{-0{,}1} = 0{,}905 = \sim 1 - 0{,}1,$$
$$e^{-0{,}05} = 0{,}9512 = \sim 1 - 0{,}05,$$

so daß

$$\frac{\Delta A}{A_0} = 1 - e^{-2\mathfrak{d}} = \sim 1 - (1 - 2\mathfrak{d}) = \sim 2\mathfrak{d}.$$

Da wir die Geschwindigkeit beim Durchschreiten der Nullage zu bestimmen haben
und nach den festgelegten Anfangsbedingungen die Schwingung in der Nullage
begann, kann die für die Berechnung in Betracht kommende Zeit t nur ein ganzes
Vielfaches der Periode T_D sein. Dann ist aber stets der Wert $v_D \cdot t = 2 \cdot \pi$, so daß
$\cos (v_D \cdot t) = 1$ und $\sin (v_D \cdot t) = 0$ wird. Wir erhalten dann für die Geschwindigkeit
v_n bzw. v_{n+1} zu Beginn bzw. am Ende der $n$ten vollen Schwingung die Werte:

$$(315) \qquad v_n = v_0 \cdot e^{- v_0 \, \mathrm{D} \cdot n \cdot T_D},$$

$$(316) \qquad v_{n+1} = v_0 \cdot e^{- v_0 \, \mathrm{D} \cdot (n+1) \cdot T_D}.$$

Demgemäß:

$$(317) \qquad \frac{v_{n+1}}{v_n} = \frac{e^{- v_0 \cdot \mathrm{D} \cdot (n+1) \cdot T_D}}{e^{- v_0 \cdot \mathrm{D} \cdot n \cdot T_D}} = e^{- \frac{2\pi \, \mathrm{D}}{\sqrt{1 - \mathrm{D}^2}}}$$

und

$$(318) \qquad \frac{\Delta A}{A_0} = 1 - \left(\frac{v_2}{v_1}\right)^2 = 1 - e^{- \frac{4\pi \cdot \mathrm{D}}{\sqrt{1 - \mathrm{D}^2}}} = 1 - e^{-2 b}.$$

Das ist genau derselbe Wert, wie er für die potentielle Energie ermittelt wurde.

70. Die Dämpfung beim Drehschwinger.

Die in den vorstehenden Abschnitten für die freie gedämpfte Schwingung eines Massenpunktes (den „translatorischen Schwinger") abgeleiteten Beziehungen lassen sich ohne weiteres unter Verwendung der
betreffenden Analogien auf den Drehschwinger übertragen. Wie in
Tabelle 11 angegeben, tritt hierbei:

1. an die Stelle der Masse m das Massenträgheitsmoment θ,

2. an die Stelle der Längsfederkonstanten c die Drehfederkonstante c_M,

3. an die Stelle des Weges s der Winkelweg ψ,

4. an die Stelle der Geschwindigkeit $\frac{ds}{dt}$ die Winkelgeschwindigkeit $\frac{d\psi}{dt}$.

5. an die Stelle des Dämpfungswiderstandes ϱ der Drehdämpfungs-
widerstand ϱ_M.

Letzterer ist definiert als das von den Dämpfungskräften bezüglich
der Schwingungsachse gebildete Moment, das in Erscheinung tritt,
wenn die schwingende Masse (Massenträgheitsmoment θ) die Winkelgeschwindigkeit $\frac{d\psi}{dt} = 1$ besitzt. In vielen Fällen wird ϱ_M durch einen
translatorischen Dämpfungsapparat hervorgerufen, der am Radius r
angreift und den Dämpfungswiderstand ϱ besitzt. In diesem Fall berechnet man ϱ_M auf Grund der folgenden Beziehung:

$$(319) \qquad \varrho_M \cdot \frac{d\psi}{dt} = P_\varrho \cdot r = \varrho \cdot \frac{d\psi}{dt} \cdot r^2 = \text{Dämpfungsmoment},$$

da die Dämpfungskraft

$$P_\varrho = \varrho \cdot v \quad \text{und} \quad v = \frac{d\psi}{dt} \cdot r \, .$$

Demgemäß ist:

$$(320) \qquad \varrho_M = \varrho \cdot r^2 \text{ cm kg sec} \, .$$

In Abb. 151 ist ein mit Dämpfung versehener Drehschwinger schematisch dargestellt. Insbesondere
sind die in einem bestimmten Augenblick der Bewegung an der Masse
des Schwingers angreifenden Momente
eingetragen. Mit den in Abb. 151 ein-
geschriebenen Bezeichnungen lautet
die Schwingungsgleichung (Summe
aller an der Masse angreifenden Momente = 0):

$$(321) \; \theta \cdot \frac{d^2\psi}{dt^2} + c_M \cdot \psi + \varrho_M \cdot \frac{d\psi}{dt} = 0 \, .$$

Führen wir die Werte $v_0^2 = \frac{c_M}{\theta} =$ ungedämpfte Eigenschnelle des Dreh-
schwingers und

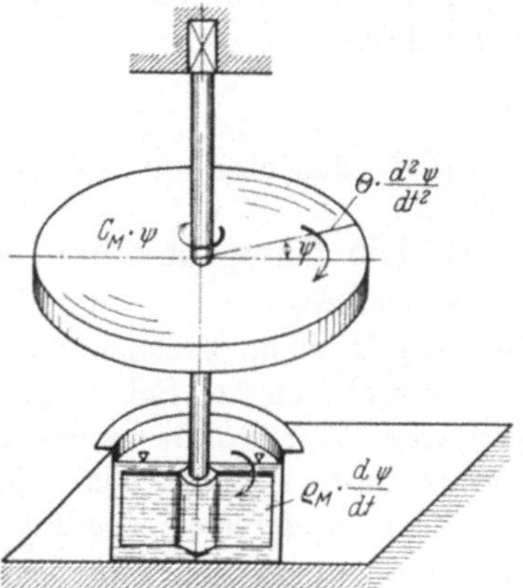

Abb. 151. Kraftwirkungen am gedämpften
Drehschwinger.

$$(322) \qquad D = \frac{\varrho_M}{2 \cdot \theta \cdot v_0} = \text{Dämpfung des Drehschwingers ein,}$$

so ergibt sich für die Schwingungsgleichung die Normalform:

$$(323) \qquad \frac{d^2\psi}{dt^2} + v_0^2 \cdot \psi + 2\, D \cdot v_0 \frac{d\psi}{dt} = 0 \, .$$

Die Lösung erfolgt genau in der gleichen Weise wie bei der Schwingungsgleichung des translatorischen Schwingers. Als Ergebnis findet
man für den Fall, daß die Masse θ des Drehschwingers zu Beginn der
Schwingung die Winkelgeschwindigkeit $\frac{d\psi_0}{dt} = \omega_0$ besaß.

a) für den aperiodischen Fall ($D > 1$):

$$(324) \qquad \psi = \frac{\omega_0}{v_0 \sqrt{D^2 - 1}} \, e^{-v_0 \cdot D \cdot t} \cdot \mathfrak{Sin} \left[v_0 \cdot t \cdot \sqrt{D^2 - 1} \right] .$$

b) für den periodischen Fall ($D < 1$):

$$(325) \qquad \psi = \frac{\omega_0}{v_D} \cdot e^{-v_0 \cdot D \cdot t} \cdot \sin \left[v_D \cdot t \right] ,$$

$$(326) \qquad \text{wobei } v_D = v_0 \sqrt{1 - D^2} \quad \text{(siehe S. 243)} \, .$$

Man erkennt, daß diese Gleichungen bis auf die Bezeichnung der
Anfangsgeschwindigkeit identisch mit denen für den translatorischen
Schwinger sind. Alle dort gemachten Ausführungen über Abhängigkeit

der Eigenschnelle von der Dämpfung, prozentuale Energieabnahme je Schwingung usw. lassen sich somit ohne weiteres auf den Drehschwinger übertragen.

Auch für die durch Reibungskräfte gebremste Schwingung des Drehschwingers können die für den translatorischen Schwinger entwickelten Beziehungen ohne weiteres übernommen werden. Die scheinbare Verlagerung e des Nullpunkts ist in diesem Fall im Bogenmaß zu messen und beträgt:

$$(327) \qquad \psi_e = \frac{M_\mu}{c_M},$$

wobei M_μ das Moment der Coulombschen Reibung bedeutet.

71. Die Dämpfung beim elektrischen Schwingungskreis.

Im elektrischen Schwingungskreis gibt es keine der Coulombschen Reibung ähnliche Erscheinung und infolgedessen auch keine Analogie zur reibgebremsten Schwingung. Die Energieverluste werden durch Ohmsche Widerstände einerseits und durch Hysteresis- bzw. Wirbelstromverluste, die in dem magnetisierten Eisen der Induktivitäten entstehen, andererseits bedingt. Beide Arten von Widerständen entsprechen mit großer Annäherung einer der Geschwindigkeit proportionalen mechanischen Dämpfung.

Besitzt ein Widerstand die Größe von R Ohm und wird er von einem Strom durchflossen, der im Augenblick der Beobachtung den Wert i Amp. besitzt, so verzehrt er nach dem Ohmschen Gesetz eine Spannung $V = R \cdot i$ Volt. Diese entspricht nach den Analogien zwischen dem mechanischen und dem elektrischen Schwinger der Dämpfungskraft $P_\varrho = \varrho \cdot v$ im mechanischen System. Wir erkennen also, daß an die Stelle des mechanischen Dämpfungswiderstandes ϱ der elektrische Widerstand R und an die Stelle der Geschwindigkeit v der Strom i getreten ist.

Die von dem Widerstand R verbrauchte Dämpfungsleistung berechnet sich zu:

$$N_R = V \cdot i = R \cdot i^2 \text{ Watt}.$$

Demgemäß beträgt die von dem Widerstand in der Zeit dt verbrauchte Energie:

$$(328) \qquad dA_R = N_R \cdot dt = R \cdot i^2 \cdot dt \text{ Joule},$$

also die Dämpfungsenergie:

$$(329) \qquad A_R = R \cdot \int_{t_1}^{t_2} i^2 \cdot dt \text{ Joule}.$$

Dieser Ausdruck bildet die unmittelbare Analogie zu dem beim translatorischen Schwinger für die Verlustenergie gefundenen Wert:

$$(330) \qquad A_D = \varrho \cdot \int_{t_1}^{t_2} \left(\frac{ds}{dt}\right)^2 \cdot dt.$$

Die Energiegleichung des gedämpften elektrischen Schwingungskreises, dessen Schema Abb. 152 zeigt, lautet also (siehe Seite 221):

$$\underbrace{A_p}_{\dfrac{C}{2} \cdot e^2} + \underbrace{A_k}_{\dfrac{L}{2} \cdot i^2} + \underbrace{A_R}_{R \cdot \int\limits_{t_1}^{t_2} i^2 \cdot dt} = A_0$$

$$(331) \qquad \frac{C}{2} \cdot e^2 + \frac{L}{2} \cdot i^2 + R \cdot \int\limits_{t_1}^{t_2} i^2 \cdot dt = A_0 .$$

Zur Lösung muß diese Gleichung zwecks Beseitigung des Integrals zunächst einmal nach der Zeit differenziert werden. Dies ergibt:

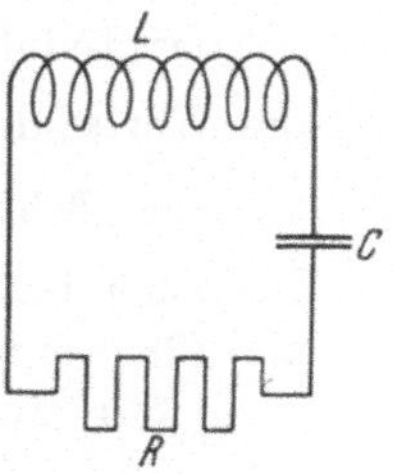

$$(332) \qquad C \cdot e \cdot \frac{de}{dt} + L \cdot i \cdot \frac{di}{dt} + R \cdot i^2 = 0 .$$

In dieser Gleichung ersetzen wir die Spannung e am Kondensator C durch die entsprechende Funktion von i gemäß der Grundgleichung des Kondensators:

$$e = \frac{Q}{C} = \frac{\int i \cdot dt}{C}, \qquad \text{also:} \qquad \frac{de}{dt} = \frac{i}{C} .$$

Abb. 152. Gedämpfter elektrischer Schwingungskreis.

Nach Einsetzen dieser Werte und Kürzen mit i erhält man die Beziehung:

$$(333) \qquad \frac{\int i \cdot dt}{C} + L \cdot \frac{di}{dt} + R \cdot i = 0 .$$

Diese Gleichung hätten wir auch unmittelbar als Spannungsgleichung des elektrischen Kreises, d. h. als die Bedingung anschreiben können, daß die Summe der Spannungen in dem geschlossenen elektrischen Kreis in jedem Augenblick gleich Null sein muß (Kirchhofsches Gesetz).

Die Lösung der Gleichung gelingt nach nochmaliger Differentiation zwecks Wegschaffen des Integrals, wodurch wir erhalten:

$$(334) \qquad \frac{i}{C} + L \frac{d^2 i}{dt^2} + R \frac{di}{dt} = 0 .$$

Unter Einführung der Werte:

$$v_0^2 = \frac{1}{C \cdot L} = \text{Eigenschnelle des ungedämpften elektrischen}$$
$$\text{Schwingungskreises und}$$

$$(335) \qquad D = \frac{R}{2 L \cdot v_0} = \text{Dämpfung des elektrischen Schwingungskreises}$$

ergibt sich als Normalform der Schwingungsgleichung:

$$(336) \qquad \frac{d^2 i}{dt^2} + v_0^2 \cdot i + 2 D \cdot v_0 \frac{di}{dt} = 0 .$$

Man erkennt, daß diese Gleichung in ihrem Aufbau völlig identisch mit der analogen Schwingungsgleichung des translatorischen Schwingers ist.

Zur einwandfreien Festlegung der Anfangsbedingungen machen wir folgende leicht zu verwirklichende Annahme:

$$\text{zur Zeit } t = 0 \quad \text{sei} \quad i = 0;$$

die Schwingung werde dadurch eingeleitet, daß der Kondensator C mit der Spannung V_{C_0} geladen wird. Da im Augenblick des Einschaltens noch kein Strom fließt, ist auch der Spannungsverlust am Ohmschen Widerstand gleich Null; infolgedessen kann V_{C_0} gleich der Spannung an der Induktivität $V_{s_0} = \left(\dfrac{d\,i}{d\,t}\right)_{t=0} \cdot \mathsf{L}$ gesetzt werden. An die Stelle des Wertes der Anfangsgeschwindigkeit v_0 bei der Lösung des translatorischen Schwingers tritt im vorliegenden Fall der Wert $\left(\dfrac{d\,i}{d\,t}\right)_{t=0} = \dfrac{V_{C_0}}{\mathsf{L}}$. Demnach lautet die Lösung, wie sich durch Analogie mit Gl. (288) und (289) ergibt:

a) für den aperiodischen Fall ($\mathsf{D} > 1$):

$$(337) \qquad i = \frac{V_{C_0}}{\mathsf{L} \cdot v_0 \sqrt{\mathsf{D}^2 - 1}} \cdot e^{-v_0 \mathsf{D} \cdot t} \cdot \mathfrak{Sin}(v_0 \cdot t \cdot \sqrt{\mathsf{D}^2 - 1}).$$

b) für den periodischen Fall ($\mathsf{D} < 1$):

$$(338) \qquad i = \frac{V_{C_0}}{\mathsf{L} \cdot v_D} \cdot e^{-v_0 \mathsf{D} \cdot t} \cdot \sin(v_D \cdot t),$$

wobei:

$$v_D = v_0 \sqrt{1 - \mathsf{D}^2}.$$

Im übrigen lassen sich alle für den translatorischen Schwinger durchgeführten Überlegungen sinngemäß übernehmen.

Die dämpfende Wirkung der Eisenverluste.

Unsere bisherigen Betrachtungen waren auf der Voraussetzung aufgebaut, daß der Schwingungskreis lediglich Ohmsche Widerstände enthält. In vielen Fällen wird zu diesen Ohmschen Widerständen als Energieverbraucher noch das Eisen der Induktivitäten hinzutreten. Die Eisenverluste entstehen bekanntlich einerseits durch die magnetische Hysteresis, d. h. die Molekulararbeit, die im Eisen bei der Ummagnetisierung durch den Wechselstrom erforderlich wird, und andererseits durch Wirbelströme. Diese Leistungsverluste wirken sich im Prinzip genau so aus wie die Verluste an Ohmschen Widerständen. Sie sind in der Regel von sehr bedeutender Größe, so daß sie gegenüber den Ohmschen Widerständen des Kreises nicht vernachlässigt werden können.

In der Elektrotechnik ist es allgemein üblich, die Eisenverluste dadurch in bequemer Weise in den Rechnungsgang einzuführen, daß man sie durch einen „äquivalenten" Ohmschen Widerstand ersetzt. Die Größe dieses Ersatzwiderstandes berechnet sich auf Grund der Bedingung, daß die von ihm verbrauchte Leistung gleich der unter gleichen

Verhältnissen durch die Eisenverluste verzehrten Leistung sein muß. Bei der Berechnung des Ersatzwiderstandes gehen wir von folgenden näherungsweise erfüllten Voraussetzungen aus:

1. Die Eisenverluste sind der Frequenz des magnetisierenden Wechselstroms direkt proportional.

2. Die Eisenverluste sind in erster Näherung dem Quadrat der größten Induktion $\mathfrak{B}$ proportional.

3. Die Eisenverluste wachsen proportional mit dem magnetisierten Eisengewicht.

Da der Spitzenwert der Induktion $\mathfrak{B}_m$ dem Spitzenwert i_m des Stroms proportional gesetzt werden kann, ergibt sich die näherungsweise richtige Beziehung für die Eisenverluste:

$$(339) \qquad N_E = R_{\ddot{a}} \cdot i_m^2 = \text{const} \cdot \mathfrak{B}_m^2 \cdot v_0 \cdot G$$

(wobei G das magnetisierte Eisengewicht bedeutet).

Die Konstante der Gleichung läßt sich auf Grund der Bedingung errechnen, daß bei dem normalerweise verwendeten Dynamoblech von 0,5 mm Stärke und Papierisolation zwischen den einzelnen Blechlamellen für eine Induktion $\mathfrak{B}_m$ von 10000 Gauß, die mit einer Frequenz von 50 Perioden ($v_0 = 314/\text{sec}$) wechselt, die Eisenverluste etwa 3,5 Watt/kg betragen.

Aus Gl. (339) ergibt sich somit die Beziehung:

$$\text{const} = \frac{3,5}{\mathfrak{B}_m^2 \cdot v_0 \cdot G} = \frac{3,5}{10^8 \cdot 314 \cdot 1} = 1,1 \cdot 10^{-10} \,.$$

Der Zusammenhang zwischen der Induktion $\mathfrak{B}$ und dem Strom i ist durch die Dimensionen der Flußröhre und die Windungszahl z der Spule bedingt (vgl. S. 204 ff.). Am übersichtlichsten ist es, die Verknüpfung des Stroms i mit der Induktion $\mathfrak{B}$ durch den sogenannten Verkettungsfaktor $k = \dfrac{\mathfrak{B}}{i}$ zum Ausdruck zu bringen. Die Einzelheiten dieser Berechnungsart werden an Hand des nachstehenden Zahlenbeispiels klar werden. Mit Einführung des Verkettungsfaktors und der Konstanten erhalten wir die Gleichung:

$$(340) \qquad R_{\ddot{a}} = \text{const} \cdot v_0 \cdot G \cdot k^2 = 1,1 \cdot 10^{-10} \cdot v_0 \cdot G \cdot k^2 \,.$$

In der weiteren Rechnung wird der Ersatzwiderstand $R_{\ddot{a}}$ genau so behandelt, als ob es ein Ohmscher Widerstand wäre.

Zahlenbeispiel: Es ist die Dämpfung D des in Abb. 153 dargestellten elektrischen Schwingungskreises zu berechnen. Die Induktivität besteht aus einer Drossel, deren Eisenkern ein Gewicht von 35 kg besitzt und aus normalen Dynamoblechen, die bei $\mathfrak{B} = 10000$ Gauß und 50 Perioden für 1 kg Eisen einen Eisenverlust von 3,5 Watt besitzen.

Der Verkettungsfaktor $k = \dfrac{\mathfrak{B}}{i}$ berechnet sich aus der Angabe, daß die

Spule eine Windungszahl von $z = 520$ Windungen besitzt und $z \cdot i = 3800$ AW erforderlich sind, um in dem magnetischen Kreis der Drossel eine Induktion von $\mathfrak{B} = 10000$ Gauß hervorzurufen. Wir erhalten:

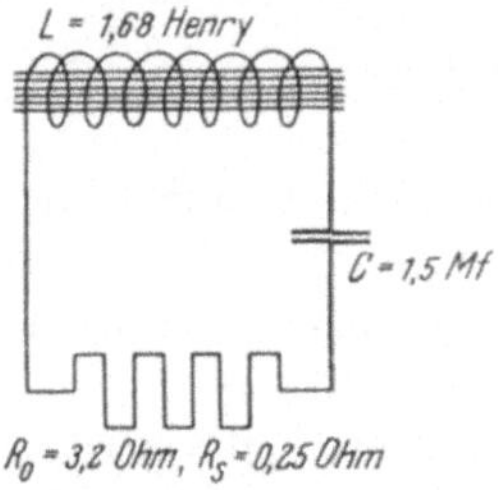

$$k = \frac{10\,000 \cdot 520}{3\,800} = 1370 \,.$$

Abb. 153. Gedämpfter elektrischer Schwingungskreis, dessen Induktivität einen Eisenkern enthält.

Die Drossel besitzt eine Induktivität von $\mathsf{L} = 1{,}68$ Henry. Außerdem enthält der magnetische Kreis eine Kapazität von $C = 1{,}5 \cdot 10^{-6}$ Farad (1,5 Mf). Der Ohmsche Widerstand der Spule der Induktivität beträgt:

$$R_S = 0{,}25\,\text{Ohm}\,.$$

Weiterhin ist in dem Kreis ein besonderer Dämpfungswiderstand von

$$R_0 = 3{,}2\,\text{Ohm}$$

vorgesehen.

Lösung: Zunächst berechnen wir die Eigenschnelle des ungedämpften Schwingungskreises zu:

$$\nu_0 = \sqrt{\frac{1}{C \cdot \mathsf{L}}} = \sqrt{\frac{10^6}{1{,}5 \cdot 1{,}68}} = 630/\text{sec}\,.$$

Weiter finden wir für den äquivalenten Widerstand $R_{\ddot{a}}$ der Eisenverluste:

$$R_{\ddot{a}} = 1{,}1 \cdot 10^{-10} \cdot 630 \cdot 35 \cdot 1370^2 = 4{,}55\,\text{Ohm}$$

und somit für den gesamten Dämpfungswiderstand:

$$R_{\text{tot}} = 0{,}25 + 3{,}2 + 4{,}6 = 8{,}0\,\text{Ohm}\,.$$

Demgemäß ergibt sich für die Dämpfung der Wert:

$$\mathsf{D} = \frac{R}{2 \cdot \mathsf{L} \cdot \nu_0} = \frac{8{,}0}{2 \cdot 1{,}68 \cdot 630} = 0{,}003\,78\,.$$

Zu Beginn der Schwingung möge der Kondensator mit einer Spannung von $V_{C_0} = 4000$ Volt geladen sein. Demgemäß beträgt die Energieladung des Systems:

$$A_0 = \frac{C}{2} \cdot V_{C_0}^2 = \frac{1{,}5 \cdot 10^{-6} \cdot 4000^2}{2} = 12\ \text{Joule}\,.$$

Da D klein ist, kann der prozentuale Energieverlust je Schwingung nach der Näherungsformel:

$$\frac{\varDelta A}{A_0} = 4\pi \cdot \mathsf{D}$$

berechnet werden. Wir finden:

$$\frac{\varDelta A}{A_0} = 0{,}0474\,, \ \text{d. h. } 4{,}74\%$$

und $\varDelta A = 0{,}568$ Joule für die erste Schwingung.

Ferner soll berechnet werden, welcher Höchststrom unter den gegebenen Verhältnissen bei der ersten Schwingung zustande kommt. Da die Schwingung nach dem in Gl. (338) gegebenen Gesetz verläuft, so wird der gesuchte Höchststrom i_1 auftreten, sobald nach Ablauf der Zeit t_1 während der ersten Schwingung $\sin(v_D \cdot t_1) = 1$ geworden ist, so daß:

$$(341) \qquad i_1 = \frac{V_{c_0}}{L \cdot v_0} \cdot e^{-v_0 \cdot D \cdot t_1},$$

wobei sich aus der Bedingung $\sin(v_D \cdot t_1) = 1$ errechnet:

$$(342) \qquad t_1 = \frac{1}{v_D} \cdot \text{arc } \sin \frac{v_D}{v_0}.$$

Da im vorliegenden Fall bei der kleinen Dämpfung $v_D = v_0$ gesetzt werden kann und arc $\sin 1 = \frac{\pi}{2}$ ist, so wird

$$t_1 = \frac{\pi}{2 v_0}.$$

Demgemäß berechnet man:

$$i_1 = \frac{4000}{1{,}68 \cdot 630} \cdot e^{-\frac{\pi}{2} \cdot 0{,}00378} = 3{,}78 \text{ Amp}.$$

Schließlich ist es von Interesse, zu berechnen, nach wieviel Schwingungen der Anfangsstrom i_0 auf den zehnten bzw. hundertsten Teil abgeklungen ist. Aus Gl. (341) geht hervor, daß dies dann der Fall ist, wenn

$$\frac{i}{i_0} = e^{-v_0 D \cdot t} = \frac{1}{10} \text{ bzw. } \frac{1}{100}.$$

An Stelle von v_0 setzen wir den Wert $v_0 = \frac{2\pi}{T_0}$, so daß $v_0 \cdot t = 2\pi \cdot \frac{t}{T_0}$ und erhalten als Antwort auf die Frage, nach wieviel Schwingungen der Strom i auf den zehnten Teil abgeklungen ist, die Beziehung:

$$\frac{t}{T_0} = \frac{\ln 10}{2\pi \cdot D} = \frac{2{,}3026}{6{,}28 \cdot 0{,}00378} = 96{,}8 \text{ Schwingungen}[1].$$

In analoger Weise findet man für den Fall, daß i_0 auf den hundertsten Teil abklingt, einen Wert von:

$$\frac{t}{T_0} = \frac{\ln 100}{2\pi D} = 193{,}6 \text{ Schwingungen}.$$

---

[1] Diese Beziehung ergibt sich, wenn man den Logarithmus naturalis der Beziehung $\frac{i}{i_0} = e^{-v_0 \cdot D \cdot t} = \frac{1}{10}$ bildet, wobei man erhält: $-v_0 \cdot D \cdot t = -2\pi \cdot \frac{t}{T_0} \cdot D = -\ln 10$, so daß: $\frac{t}{T_0} = \frac{\ln 10}{2\pi \cdot D}$. Das Abklingen des Stromes auf den zehnten Teil erfolgt in der Zeit t Sekunden. Die entsprechende Anzahl von vollen Schwingungen ergibt sich, wenn man t durch die Dauer einer vollen Schwingung $T_D = \sim T_0$ dividiert.

72. Ein- und Ausschaltvorgang bei einer Induktivität.

In energetischer Beziehung eng verwandt mit den Dämpfungs-
erscheinungen sind die Vorgänge, die sich beim Ein- und Ausschalten
einer Induktivität (Drossel) abspielen. Sie sollen deshalb in diesem
Zusammenhang behandelt werden.

a) Der Einschaltvorgang.

Gemäß Abb. 154 handelt es sich darum, den zeitlichen Verlauf des
Stroms i zu ermitteln, der entsteht, wenn eine Induktivität, die einen
Induktionskoeffizienten von L Henry
und einen Ohmschen Widerstand von
R Ohm aufweist, plötzlich an eine
Gleichstromquelle von der Spannung e
Volt angeschaltet wird. Der diesbezüg-
liche Versuch zeigt in sehr anschau-
licher Weise die Trägheitswirkung des
Magnetfeldes. Beobachten wir beim
Einschalten den Zeiger des Ampere-
meters, so stellen wir fest, daß (bei
genügend großer Induktivität) der
Strom langsam ansteigt und erst nach
einer beträchtlichen Zeit, die unter

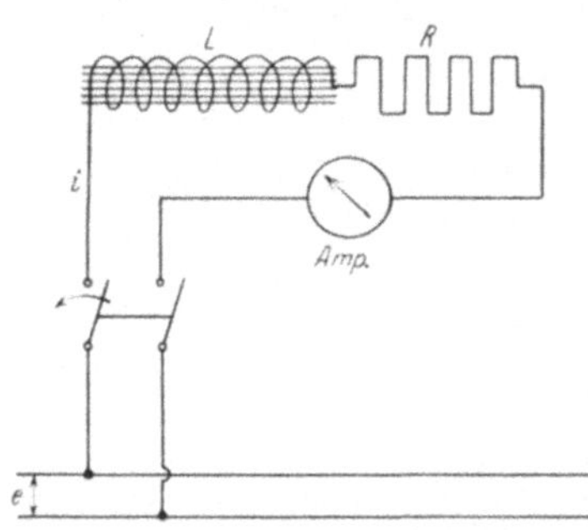

Abb. 154. Schaltschema zum Einschaltvorgang an einer Induktivität.

Umständen 1 Minute und mehr betragen kann, seinen Endwert erreicht. Diese Erscheinung ist folgendermaßen zu erklären:

Das Magnetfeld der Drossel setzt jeder Änderung des Stromes, die
gleichbedeutend ist mit einer Änderung der in ihm aufgespeicherten
kinetischen Energie, einen Widerstand entgegen, der dem Trägheitswiderstand einer bewegten Masse analog ist. Er äußert sich in dem
Auftreten der induktiven Spannung $L \cdot \dfrac{di}{dt}$ an den Klemmen der Drossel.

Diese entspricht der Trägheitskraft $m \cdot \dfrac{dv}{dt} = m \cdot \dfrac{ds^2}{dt^2}$ bei einer bewegten
Masse. Die Spannung e wird zum einen Teil zur Überwindung der in-
duktiven Spannung (Trägheitskraft), zum anderen Teil zur Überwindung des Ohmschen Spannungsabfalles verbraucht. Der erstere Anteil
der zur Vergrößerung des Stroms, also zur Erhöhung der Energie des
Magnetfeldes dient, wird mit wachsendem Strom i stetig verkleinert.
Demgemäß sinkt die Zunahme des Stroms in der Zeiteinheit immer
mehr, bis sie schließlich ganz aufhört. Abb. 155 gibt ein anschauliches
Bild von der auftretenden Gesetzmäßigkeit. Die zahlenmäßige Erfassung der Verhältnisse gelingt auf Grund der nachfolgenden Rechnung. Wir gehen aus von der Spannungsgleichung:

$$(343) \qquad e = \underbrace{i \cdot R}_{\substack{\text{Ohmscher} \\ \text{Spannungsabfall}}} + \underbrace{L \cdot \frac{di}{dt}}_{\substack{\text{induktiver} \\ \text{Spannungsabfall}}}$$

wobei die angelegte Spannung e voraussetzungsgemäß konstant ist. Zur übersichtlicheren Darstellung dividieren wir durch R und erhalten:

$$(344) \qquad \frac{e}{R} = i + \frac{L}{R} \cdot \frac{di}{dt},$$

$$(345) \qquad \frac{e}{R} = i_D$$

ist der Dauerstrom, der sich nach Abklingen des Einschaltstoßes einstellt. Er muß diesen Wert erhalten, da eine Spannung an der Induktivität nur bei Stromänderungen auftritt, das zweite Glied der Glei-

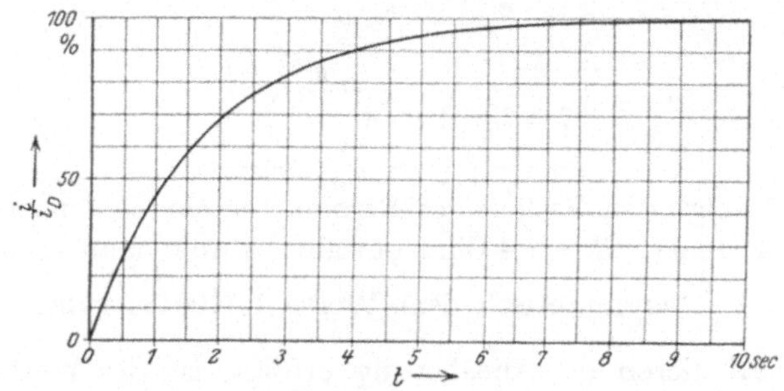

Abb. 155. Verlauf des Einschaltstromstoßes an einer Induktivität

chung also gleich Null wird, wenn sich nach Verlauf einer genügend langen Zeit der stationäre Zustand eingestellt hat.

Durch Trennen der Veränderlichen dt und di berechnen wir aus Gl. (344) die Beziehung:

$$(346) \qquad \frac{R}{L} \cdot dt = \frac{di}{(i_D - i)}.$$

Die Integration dieses Ausdrucks gelingt an Hand der elementaren Integrationsformel:

$$\int \frac{dx}{x} = \ln x + \text{const.}$$

Die Lösung läßt sich sofort hinschreiben, wenn wir die rechte Seite der Gl. (346) etwas umformen. Da i_D eine Konstante ist, ergibt sich: $d\,(i_D - i) = -\,di$, so daß:

$$(347) \qquad \frac{di}{(i_D - i)} = -\frac{d\,(i_D - i)}{(i_D - i)}$$

oder:

$$(348) \qquad -\frac{R}{L} \cdot \int dt = \int \frac{d\,(i_D - i)}{(i_D - i)},$$

$$(349) \qquad -\frac{R}{L} \cdot t = \ln\,(i_D - i) + K.$$

Die Integrationskonstante K bestimmt sich aus der Anfangsbedingung, daß zur Zeit $t = 0$, $i = 0$, daß also:

$$0 = \ln i_D + K\,,$$

$$(350) \qquad K = - \ln i_D\,.$$

Somit lautet das Ergebnis:

$$(351) \qquad -\frac{R}{L} \cdot t = \ln (i_D - i) - \ln i_D = \ln \frac{i_D - i}{i_D}$$

oder

$$i_D \cdot e^{-\frac{R}{L} \cdot t} = i_D - i\,,$$

$$(352) \qquad \boxed{\,i = i_D \cdot \left(1 - e^{-\frac{R}{L} \cdot t}\right).\,}$$

Abb. 155 zeigt den Verlauf des Stroms für ein Zahlenbeispiel, bei dem $L = 2{,}4$ Henry, $R = 1{,}4$ Ohm gewählt wurde. Man erkennt, daß sich der Wert $\frac{i}{i_D}$ asymptotisch dem Werte 1 (100%) nähert. Für die Zeit, innerhalb deren die Annäherung erfolgt, ist der Wert $\frac{R}{L}$ maßgebend. Er wird als „Zeitkonstante" bezeichnet.

Im vorliegenden Fall finden wir z. B., daß der Wert $\frac{i}{i_D} = 0{,}9$, d. h.

$e^{-\frac{R}{L} \cdot t} = 0{,}1$ wird, wenn $-\frac{R}{L} \cdot t = 2{,}3$ oder

$$t = \frac{2{,}3}{\dfrac{R}{L}} = \frac{2{,}3}{0{,}583} = 3{,}95 \text{ sec}\,[1]\,.$$

Der ganze Vorgang trägt, wie man aus dem Verlauf der Stromkurve erkennt, die typischen Kennzeichen eines Anlaufvorganges. Als mechanische Analogie kann der Anlaufvorgang eines Schwungrades vom Massenträgheitsmoment θ (Analogie zu L) gewählt werden, das unter der Wirkung eines konstanten Drehmoments M_d (Analogie zur konstanten Gleichspannung e) in Drehung versetzt wird, während gleichzeitig ein Bremswiderstand ϱ_M (Analogie zum elektrischen Widerstand R) einwirkt, welcher der Winkelgeschwindigkeit $\frac{d\psi}{dt} = \omega$ proportional gesetzt werden kann.

Die der Spannungsgleichung analoge Momentengleichung für den Anlaufvorgang des Schwungrades lautet:

$$(353) \qquad M_d = \varrho_M \cdot \omega + \theta \frac{d\omega}{dt}\,.$$

---

[1] Denn $e^{-2{,}3} = 0{,}1$; siehe Hütte I, Tafel 4, S. 33.

Das Schwungrad strebt einem Endwert der Winkelgeschwindigkeit ω_D zu, die sich aus der Bedingung ergibt, daß das antreibende, konstante Drehmoment M_d vollständig durch die proportional mit der Winkelgeschwindigkeit anwachsenden Bremswiderstände $\varrho_M \cdot \omega_D$ verzehrt wird, so daß $\omega_D = \dfrac{M_d}{\varrho_M}$. Die Lösung der Gleichung:

$$(354) \qquad \omega_D = \frac{M_d}{\varrho_M} = \omega + \frac{\theta}{\varrho_M} \cdot \frac{d\omega}{dt}$$

gestaltet sich analog wie die des elektrischen Anlaufvorgangs. Man erhält demgemäß das Ergebnis:

$$(355) \qquad \boxed{\omega = \omega_D \cdot \left(1 - e^{-\frac{\varrho_M}{\theta} \cdot t} \right).}$$

An die Stelle des Stromes i tritt also die Winkelgeschwindigkeit ω. Als Zeitkonstante muß beim Schwungrad der Wert $\dfrac{\varrho_M}{\theta}$ angesprochen

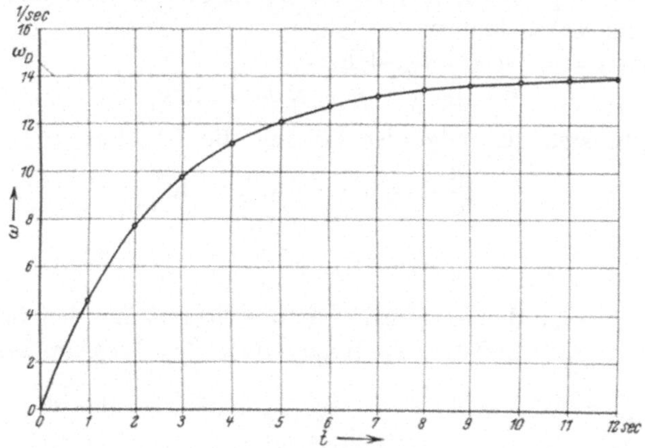

Abb. 156. Anlaufkurve eines Schwungrades mit $\theta = 10\,000$ cmkgsec², $\varrho_M = 4000$ cmkgsec², $\dfrac{\varrho_M}{\theta} = 0{,}4$ 1/sec.

werden. Im übrigen verläuft die Anlaufkurve $\dfrac{\omega}{\omega_D} = f(t)$ ebenso wie diejenige des elektrischen Einschaltstromstoßes. Abb. 156 zeigt die Anlaufkurve für den Fall, daß

$$\theta = 10\,000 \text{ cmkgsec}^2 ,$$
$$\varrho_M = 4000 \text{ cmkgsec} ,$$
$$M_d = 56\,000 \text{ cmkg} ,$$

also
$$\omega_D = 14/\text{sek} ,$$
$$\frac{\varrho_M}{\theta} = 0{,}4 \frac{1}{\text{sec}} .$$

b) Der Ausschaltvorgang (Auslaufkurve).

Wir wollen nunmehr den zeitlichen Verlauf des Stromes i für den entgegengesetzten Fall ermitteln, daß die Spannung an einem die In-

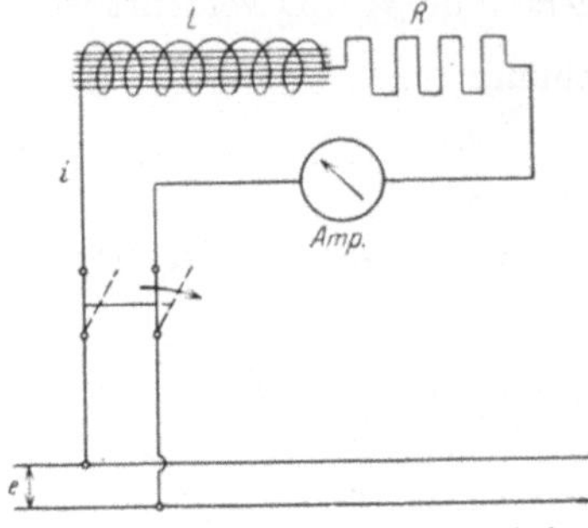

duktivität L und den Widerstand R enthaltenden Stromkreis nach dem Schaltschema der Abb. 157 plötzlich abgeschaltet wird. In diesem Fall lautet die Spannungsgleichung:

$$(356) \qquad R \cdot i + \mathsf{L} \cdot \frac{di}{dt} = 0.$$

Ihre Lösung gestaltet sich in analoger Weise wie beim Einschaltvorgang. Man erhält demgemäß:

Abb. 157. Schaltschema zum Ausschalt-
vorgang an einer Induktivität.

$$(357) \qquad -\frac{R}{\mathsf{L}} \cdot t = \int \frac{di}{i} = \ln i + K.$$

Wie unter a) bestimmt man die Konstante K aus den Anfangsbedingungen. Diese lauten:

Zur Zeit $t = 0$ ist $i = i_D$, d. h.:

$$(358) \qquad 0 = \ln i_D + K; \quad K = -\ln i_D.$$

Somit ergibt sich als endgültige Lösung die Gleichung:

$$-\frac{R}{\mathsf{L}} \cdot t = \ln i - \ln i_D = \ln \frac{i}{i_D},$$

$$(359) \qquad \boxed{i = i_D \cdot e^{-\frac{R}{\mathsf{L}} \cdot t}.}$$

Abb. 158 zeigt die Ausklingkurve des Stroms für den in Abb. 155 dargestellten Fall, daß $\mathsf{L} = 2{,}4$ Henry und $R = 1{,}4$ Ohm ist. Man er-

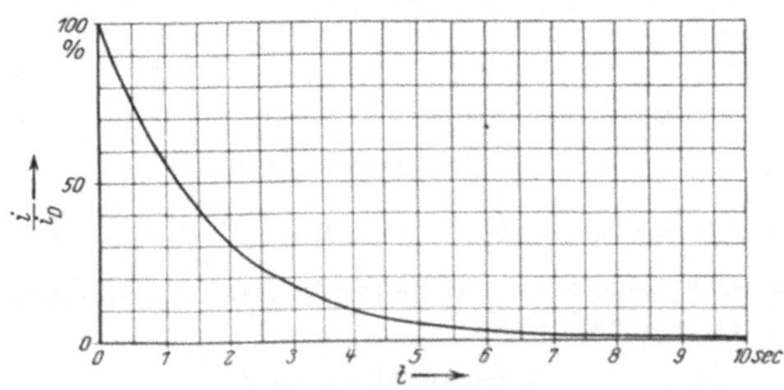

Abb. 158. Verlauf des Ausschaltstromstoßes an einer Induktivität.

kennt, daß die Kurve sich asymptotisch dem Wert Null nähert. Sie gleicht in ihrem Verlauf einer mechanischen Auslaufkurve. Der Zeitkonstanten $\frac{R}{\mathsf{L}}$ kommt genau die analoge Bedeutung wie im Fall a) zu. Es erübrigt sich, näher hierauf einzugehen.

Die mechanische Analogie des geschilderten Vorganges bildet der Auslaufvorgang eines Schwungrades. Wenn wir bei einem mit der Winkelgeschwindigkeit ω_D rotierenden Schwungrad vom Massenträgheitsmoment θ plötzlich das antreibende Moment M_d wegnehmen, so läuft das Schwungrad unter der Wirkung des Bremsmoments $\varrho_M \cdot \omega$ aus. Der Vorgang verläuft nach der Gleichung:

$$(360) \qquad \varrho_M \cdot \omega + \theta \cdot \frac{d\omega}{dt} = 0 \, .$$

Ihre Lösung wird in genau analoger Weise wie die der Gl. (353) gefunden zu:

$$(361) \qquad \boxed{\omega = \omega_D \cdot e^{-\frac{\varrho_M}{\theta} \cdot t} \, .}$$

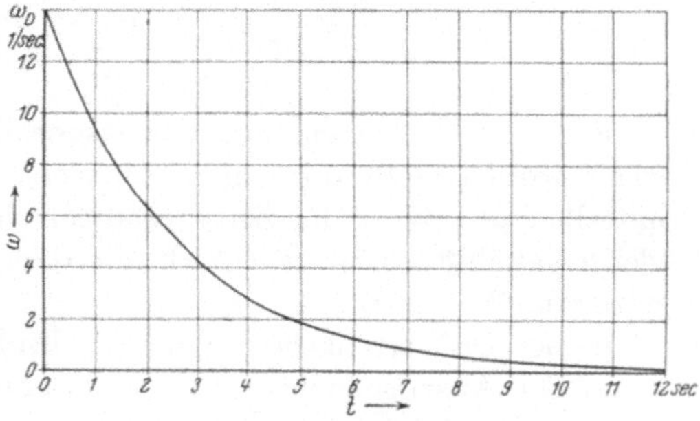

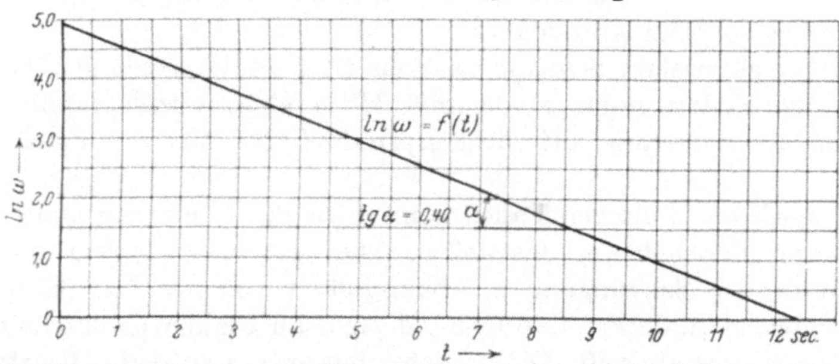

Abb. 159. Auslaufkurve eines Schwungrades im metrischen Koordinatensystem.

Abb. 159 zeigt die Auslaufkurve für den in Abb. 156 dargestellten Fall, daß $\theta = 10000$ cmkgsec^2, $\varrho_M = 4000$ cmkgsec.

c) Darstellung der Anlauf- und Auslaufkurven im logarithmischen Koordinatensystem.

Eine sehr bequeme Darstellung ergibt sich, wenn man die Anlauf- und Auslaufkurven in einem Koordinatensystem aufzeichnet, dessen Ordinatenachse, welche das Verhältnis $\frac{i}{i_D}$ bzw. $\frac{\omega}{\omega_D}$ darstellt, eine loga-

Abb. 160. Auslaufkurve eines Schwungrades im logarithmischen Koordinatensystem.

rithmische Teilung erhält, während für die Abszissenachse die metrische Teilung beibehalten wird. Logarithmiert man z. B. die Gleichung (361) der Auslaufkurve des Schwungrades, so erhält man die Beziehung:

$$(362) \qquad \frac{\varrho_M}{\theta} \cdot t = \ln \frac{\omega}{\omega_D} \, .$$

Sie stellt gemäß Abb. 160 die Gleichung einer Geraden dar und beweist, daß die Anlauf- und Auslaufkurven sich in dem angegebenen logarithmischen System zu Geraden strecken. Die Neigung der in dem Diagramm sich ergebenden Geraden ist durch die Zeitkonstante bestimmt, denn man kann gemäß Gl. (361) berechnen:

$$(363) \qquad \frac{\varrho_M}{\theta} = - \frac{\ln \dfrac{\omega}{\omega_D}}{t} = \operatorname{tg} \alpha.$$

Falls für Ordinaten- und Abszissenteilung der gleiche Maßstab gewählt wurde, stellt die trigonometrische Tangente des Winkels α unmittelbar den Wert der Zeitkonstanten dar. Werden die Maßstäbe ungleich gewählt, so ist $\operatorname{tg} \alpha$ noch mit dem Maßstabverhältnis zu multiplizieren. War z. B.:

> in der Ordinatenachse: $1 \, \mathrm{cm} = \lambda$ Einheiten des nat. Logarithmus,
> in der Abszissenachse: $1 \, \mathrm{cm} = \tau$ Sekunden,

so besitzt der Reduktionsfaktor den Wert $\dfrac{\lambda}{\tau}$.

73. Die Messung der Dämpfung.

In zahlreichen praktisch wichtigen Fällen ist die Aufgabe gestellt, die Dämpfung eines Schwingers durch Versuch zahlenmäßig genau zu bestimmen. Als Grundlage für die Berechnung dient in der Regel die Zeitwegkurve der gedämpften Schwingung. Ihre Aufzeichnung erfolgt entweder durch einen von der schwingenden Masse betätigten Schreibstift oder mittels einer optischen Registrierung, etwa mit Hilfe eines Drehspiegels, von dem ein Lichtstrahl gesteuert wird, der die Zeitwegkurve auf einem senkrecht zur Schwingungsrichtung bewegten lichtempfindlichen Film aufzeichnet.

Beim elektrischen Schwingungskreis tritt an die Stelle der Zeitwegkurve die Zeitstromkurve, die mit Hilfe eines Oszillographen oder Saiten-Galvanometers auf lichtempfindlichem Papier aufgezeichnet wird.

In gewissen einfachen Fällen kann man die Dämpfung auch durch subjektive Beobachtung feststellen. Dies geschieht, indem man die Amplitude der Schwingung in Abhängigkeit von der Zeit (Stoppuhr) beobachtet, etwa derart, daß man jedesmal im Umkehrpunkt die Größe des Ausschlages abgreift. Die Ausschwingkurve wird dadurch erhalten, daß man die abgelesenen Werte in Abhängigkeit von der Zeit aufträgt. Zum Zweck der Auswertung muß man noch genau die Eigenschnelle des beobachteten Systems, also die Zeitdauer einer Schwingung, bestimmen. Man erhält dann ein Bild gemäß Abb. 161.

Im nachfolgenden soll gezeigt werden, wie durch Auswertung der Ausschwingkurve die Dämpfung zahlenmäßig bestimmt werden kann. Hierfür stehen im wesentlichen drei Verfahren zur Verfügung:

a) Berechnung der Dämpfung aus dem Verhältnis zweier Ausschläge.

Wie auf Seite 247 dargelegt wurde, ist der natürliche Logarithmus aus dem Verhältnis zweier um eine volle Periode auseinanderliegenden

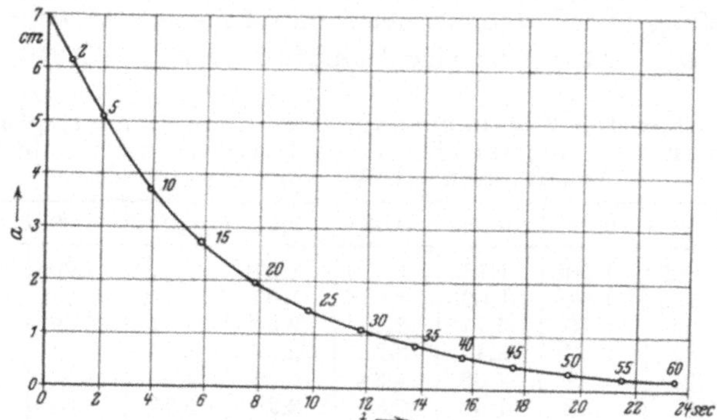

Abb. 161. Durch subjektive Beobachtung der Umkehrpunkte aufgenommene Ausschwingkurve eines gedämpften Schwingers. Die Zahlen an der Kurve bedeuten die Ordnungsnummer der Schwingung ($\nu_0 = 16{,}1$; $D = 0{,}01$).

Amplituden a_1 und a_2 gleich dem Dämpfungsdekrement, oder formelmäßig ausgedrückt:

$$(364) \qquad \ln\frac{a_1}{a_2} = \mathfrak{d} = \sim 2\,\pi\cdot D; \quad D = \sim \frac{\ln\dfrac{a_1}{a_2}}{2\,\pi}.$$

Diese vereinfachte Gleichung gilt nur für kleine Dämpfungen, wie sie in der Regel vorliegen ($D < 0{,}1$), mit genügender Genauigkeit. Für größere Dämpfungen muß die genaue Formel benutzt werden, die lautet:

$$(365) \qquad \ln\frac{a_1}{a_2} = \frac{2\,\pi\,D}{\sqrt{1 - D^2}} = \mathfrak{d} \quad [\text{s. Gl. (308)} \div \text{(310)}]$$

$$(366) \qquad D = \frac{\ln\dfrac{a_1}{a_2}}{\sqrt{4\,\pi^2 + \left(\ln\dfrac{a_1}{a_2}\right)^2}}.$$

Eine besondere Art der Dämpfungsbestimmung hat sich in der Seismik eingebürgert. Man geht hier so weit, daß man die Dämpfung nicht mit dem von uns gewählten Maß der natürlichen Dämpfung D oder durch das Dämpfungsdekrement $\mathfrak{d}$ mißt, vielmehr pflegt man die Dämpfung durch das Verhältnis zweier um eine halbe Periode auseinanderliegenden Amplituden auszudrücken. Wenn also der Seismiker von einer Dämpfung 1 : 5 spricht, so heißt das, daß das Verhältnis a_2 zu $a_1 = 1 : 5$ ist (jede Amplitude ist gleich $^1\!/_5$ der um eine halbe Periode vorangehenden Amplitude). Tabelle 12 und 13 ermöglichen eine bequeme Umrechnung der verschiedenen Maßsysteme aufeinander. In Tabelle 12 sind in Abhängigkeit von D die Verhältniswerte zweier um eine halbe Periode auseinanderliegenden Amplituden eingetragen. Man erkennt z. B., daß einem Ausschlagsverhältnis von $a_1 : a_2' = 5$ eine Dämpfung von $D = 0,46$ entspricht. Zu einem Ausschlagsverhältnis von $a_1 : a_2' = 2,0$ gehört eine Dämpfung von $D = 0,216$ usw.

Tabelle 12. Über den Zusammenhang zwischen der Dämpfung D und dem Verhältnis zweier um eine halbe Periode auseinanderliegenden Amplituden der Ausschwingkurve.

D	0,01	0,02	0,03	0,04	0,05	0,06	0,07	0,08	0,09	0,10
0,0	1,030	1,065	1,100	1,135	1,170	1,210	1,250	1,290	1,330	1,375
0,1	1,420	1,465	1,510	1,565	1,615	1,670	1,720	1,780	1,840	1,90
0,2	1,96	2,03	2,10	2,17	2,25	2,32	2,41	2,49	2,58	2,67
0,3	2,77	2,87	2,98	3,10	3,22	3,35	3,49	3,64	3,80	3,97
0,4	4,14	4,31	4,48	4,65	4,84	5,04	5,26	5,50	5,76	6,04
0,5	6,34	6,67	7,03	7,42	7,84	8,29	8,77	9,38	9,93	10,53
0,6	11,20	11,95	12,80	13,75	14,80	15,95	17,20	18,55	20,00	21,60
0,7	23,5	25,8	28,5	31,8	35,9	40,3	45,3	51,0	57,5	65,0
0,8	75,0	89,0	108,0	132,0	162,0	200	250	330	450	660

Die Tabelle leistet auch bei der Auswertung von Ausschwingkurven sehr gute Dienste, wie nachstehend an einem Zahlenbeispiel gezeigt werden soll.

Tabelle 13. Über den Zusammenhang zwischen der Dämpfung D und dem logarithmischen Dekrement $\mathfrak{d}$:

$$\mathfrak{d} = \ln \frac{a_1}{a_2} = \frac{2\pi D}{\sqrt{1 - D^2}}.$$

D	0,01	0,02	0,03	0,04	0,05	0,06	0,07	0,08	0,09	0,10
0,0	0,0638	0,126	0,189	0,252	0,314	0,377	0,44	0,502	0,565	0,628
0,1	0,691	0,755	0,819	0,883	0,957	1,02	1,085	1,150	1,215	1,280
0,2	1,345	1,410	1,48	1,55	1,62	1,69	1,76	1,83	1,90	1,97
0,3	2,04	2,11	2,19	2,27	2,35	2,43	2,51	2,59	2,67	2,75
0,4	2,83	2,91	3,00	3,09	3,18	3,27	3,36	3,45	3,54	3,63
0,5	3,72	3,81	3,91	4,02	4,13	4,24	4,36	4,48	4,60	4,72
0,6	4,85	4,98	5,12	5,26	5,40	5,55	5,70	5,85	6,00.	6,16
0,7	6,33	6,51	6,70	6,90	7,11	7,33	7,56	7,80	8,06	8,36
0,8	8,66	8,98	9,34	9,74	10,10	10,60	11,15	11,70	12,3	13,0
0,9	13,8	14,8	16,0	17,4	19,2	21,4	25,0	30,5	44,0	∞

In Tabelle 13 ist das logarithmische Dekrement $\mathfrak{d}$ (für die volle Periode) in Abhängigkeit von der Dämpfung D eingetragen, so daß man jederzeit in der Lage ist, beide Maßsysteme aufeinander umzurechnen.

Das von den Seismikern gewählte Maßsystem ist für verhältnismäßig große Dämpfungen, wie sie bei den Seismographen vorliegen ($D = > 0,2$), brauchbar. Für die bei anderen technischen Problemen meist vorliegenden kleinen Dämpfungen ($D = \; < 0{,}05$) wird es recht unhandlich. Es erscheint deshalb schon mit Rücksicht auf Einheitlichkeit am zweckmäßigsten, überall grundsätzlich nur den Wert D der natürlichen Dämpfung als Maßzahl zu benutzen. Wir werden uns bei allen nunmehr folgenden Rechnungen an diesen Grundsatz halten.

Bei sehr kleinen Dämpfungen ist es zu ungenau, zwei Ausschläge miteinander zu vergleichen, die um eine halbe oder eine ganze Periode auseinanderliegen. Man wird in diesem Fall zur Messung der Dämpfung zwei Ausschläge wählen, die um z (z. B. 10 oder 100) volle Perioden auseinanderliegen. Dann findet man:

$$(367) \qquad D \sim \frac{\ln \dfrac{a_1}{a_n}}{2\,\pi \cdot z} \quad \text{(Näherungsformel)},$$

oder:

$$(368) \qquad D = \frac{\ln \dfrac{a_1}{a_n}}{\sqrt{4\,\pi^2 \cdot z^2 - \left(\ln \dfrac{a_1}{a_n}\right)^2}} \quad \text{(genaue Formel)}.$$

Zahlenbeispiel 1: Es ist an Hand des in Abb. 162 dargestellten Ausschwingdiagramms die Dämpfung zu bestimmen.

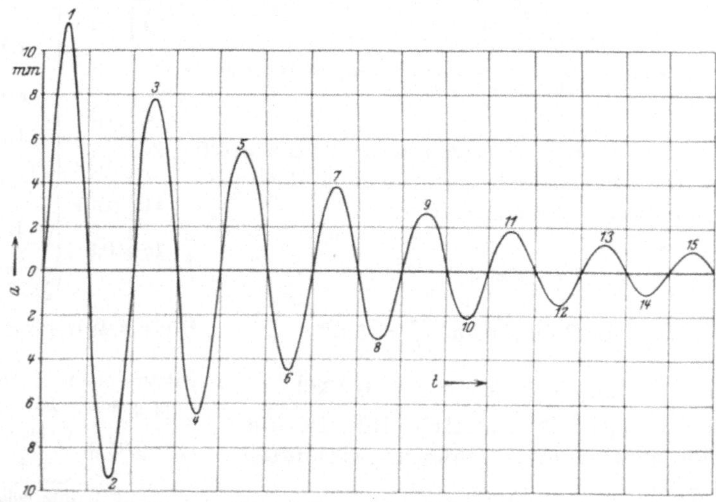

Abb. 162. Ausschwingdiagramm eines Schwingers mit der Dämpfung $D = 0{,}0569$. Hierzu Tabelle 14.

Zunächst werden die Amplituden von ½ zu ½ Schwingungen abgemessen und gemäß Tabelle 14 eingetragen. Sodann wird der Quotient je zweier um eine halbe Periode auseinanderliegender Amplituden gebildet (Spalte 3).

Man erkennt, daß die errechneten Verhältniswerte befriedigend übereinstimmen, daß also die Dämpfung während des ganzen Schwingungsvorganges praktisch unverändert bleibt. Die mittlere Dämpfung wird gemäß Tabelle 14 aus dem arithmetischen Mittel der Verhältniswerte zu $D = \mathbf{0{,}0569}$ (Dekrement: $\mathfrak{d} = \mathbf{0{,}357}$) bestimmt.

Zahlenbeispiel 2: Es ist die in Abb. 163 dargestellte Ausschwingkurve eines Seismographen

Tabelle 14.

Nr.	a	$\dfrac{a_i}{a_i+1}$
1	11,2	
		1,19
2	9,4	
		1,205
3	7,8	
		1,20
4	6,5	
		1,205
5	5,4	
		1,20
6	4,5	
		1,185
7	3,8	
		1,225
8	3,1	
		1,19
9	2,6	
		1,21
10	2,15	
		1,195
11	1,8	
		1,20
12	1,5	
		1,20
13	1,25	
		1,19
14	1,05	
		1,17
15	0,9	
		Σ 16,765

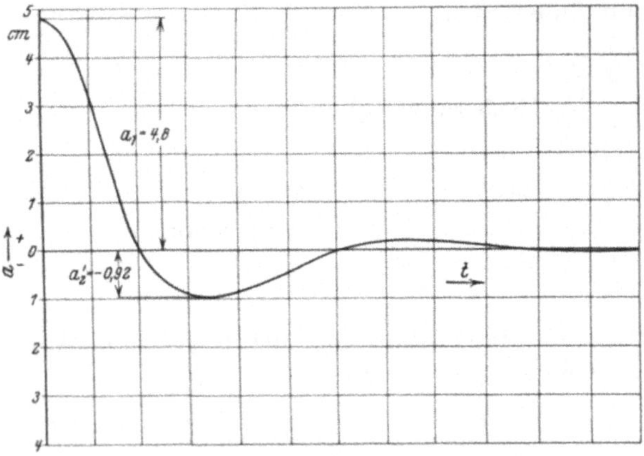

Abb. 163. Ausschwingkurve eines Seismographenpendels mit der Dämpfung D = 0,4682.

auszuwerten. Deutlich zutage treten nur die ersten beiden um eine halbe Periode auseinanderliegenden Amplituden. Es ergibt sich:

$$a_1 = 4{,}8\,,$$

$$a_2' = 0{,}92 \text{ cm}, \quad \text{d. h.} \quad \frac{a_1}{a_2'} = 5{,}22\,,$$

demgemäß (siehe Tabelle 12) $D = \mathbf{0{,}4682}$.

Zahlenbeispiel 3: In Abb. 161 ist die Ausschwingkurve eines schwach gedämpften

Hieraus Mittelwert
$$= 1{,}1975,$$
entsprechende Dämpfung gemäß Tabelle 12

$$D = 0{,}05 + \underbrace{\frac{0{,}0275}{0{,}04} \cdot 0{,}01}_{\substack{\text{Interpolations-}\\\text{rechnung [1].}}}$$

$$= \mathbf{0{,}069}\,.$$

---

[1] Das Intervall von $D = 0{,}05$ bis $D = 0{,}06 = 0{,}01$ Dämpfungseinheiten beträgt 1,17 bis 1,21 = 0,04. Der Verhältniswert 1,1975 ist um 0,0275 größer als der zu $D = 0{,}05$ gehörige Wert von 1,17. Demgemäß ist die gesuchte Dämpfung um $\dfrac{0{,}0275}{0{,}04} \cdot 0{,}01 = 0{,}0069$ Dämpfungseinheiten größer als 0,05, also gleich 0,0569.

Schwingers dargestellt. Man soll die Dämpfung ermitteln. Bei der Auswertung mißt man die Amplitude der 1., 10., 20., 30. usw. vollen Schwingung ab, wobei man erhält:

$$a_1 = 7{,}0 \text{ cm},$$

$$a_{10} = 3{,}7 \text{ cm},$$

$$a_{20} = 2{,}0 \text{ cm},$$

$$a_{30} = 1{,}1 \text{ cm}.$$

Nach der Näherungsformel $D = \dfrac{\ln \dfrac{a_1}{a_n}}{2\,\pi \cdot z}$ in Gl. (367) berechnet man demgemäß:

$$D_{1-10} = \frac{\ln 1{,}89}{2\,\pi \cdot 10} = \frac{0{,}63}{62{,}8} = 0{,}01,$$

$$D_{1-20} = \frac{\ln 3{,}5}{2\,\pi \cdot 20} = \frac{1{,}254}{125{,}6} = 0{,}01,$$

$$D_{1-30} = \frac{\ln 6{,}36}{2\,\pi \cdot 30} = \frac{1{,}89}{188{,}4} = 0{,}01.$$

b) Bestimmung der Dämpfung aus der im logarithmischen Maßstab aufgetragenen Ausschwingkurve.

Für die Auswertung größerer Untersuchungsreihen ist das unter a) geschilderte Verfahren zu zeitraubend und unübersichtlich. Insbesondere gewinnt man nur schwer ein Urteil darüber, ob bei etwaigen Schwankungen des ermittelten Dämpfungswertes tatsächlich eine Veränderung der Dämpfung mit der Schwingungsweite vorliegt, oder ob lediglich Beobachtungs- und Berechnungsfehler die Schwankungen bedingen. Es empfiehlt sich deshalb in den meisten Fällen, ein graphisch-numerisches Verfahren anzuwenden, dessen Handhabung aus dem Zahlenbeispiel der Abb. 164 hervorgeht. In Kurve *I* ist die Amplitudenkurve der abklingenden Schwingung (Hüllkurve des Schwingungsbildes) dargestellt. Sie entsteht dadurch, daß die beobachteten Amplitudenwerte als Ordinaten in Abhängigkeit von den Ordnungszahlen der einzelnen Schwingungen, die als Abszissen erscheinen, aufgetragen sind. Der durch die wirkliche Zeitdauer der Schwingung bedingte „Zeitfaktor" wird bei der Auswertung berücksichtigt. (Diese Art der Darstellung ist insbesondere bei subjektiver Beobachtung von langsamen Schwingungsvorgängen zu empfehlen, bei denen jeder Umkehrpunkt genau abgelesen werden kann.)

Kurve *II* wird erhalten, wenn man über der bei Kurve *I* gewählten Abszissenachse als Ordinate den natürlichen oder auch den dekadischen Logarithmus der Amplituden aufträgt. Man erkennt aus Abb. 164, daß durch diese Maßnahme die im metrischen System gebogen erscheinende Amplitudenkurve sich zu einer Geraden streckt, falls die Dämpfung während des Ausschwingvorganges konstant bleibt.

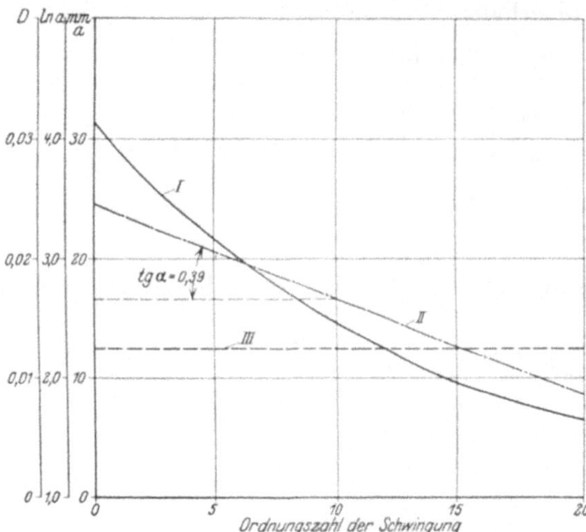

Abb. 164. Auswertung der Ausschwingkurve durch Auftragen der Amplituden im logarithmischen Maßstab.

Maßstäbe: λ: 1 cm = 0,2 Einheiten des ln
τ: 1 cm = 1,635 sec

$$D = \frac{\lambda}{\tau} \cdot \frac{\mathrm{tg}\,\alpha}{\nu} = \frac{0,2}{1,635} \cdot \frac{1}{3,84} \cdot 0,39 = 0,0125$$

$$\nu_0 = 3,84/\mathrm{sec}$$

Kurve *III* ist schließlich die Differentialkurve der Kurve *II*. Sie gibt an jeder Stelle die Steigung der Kurve *II* in einem bestimmten Maßstab an. Letzterer wird an Hand der folgenden Überlegungen so gewählt, daß die Ordinaten der Kurve *III* unmittelbar zahlenmäßig die Dämpfung D darstellen.

Der Beweis für die Richtigkeit des Verfahrens läßt sich folgendermaßen erbringen:

Wie aus Gl. (293) zu entnehmen, ist die dem Verfahren zugrunde gelegte Amplitudenkurve durch die Beziehung:

$$(369) \qquad y = a_0 \cdot e^{-\nu_0 \cdot \mathbf{D} \cdot t}$$

gegeben, wobei a_0 die Amplitude zu Beginn der Schwingung und y die Amplitude zur Zeit t ist.

Bildet man den natürlichen Logarithmus dieser Funktion, so ergibt sich:

$$(370) \qquad \ln y = - [\ln a_0] \cdot [\nu_0 \cdot \mathbf{D} \cdot t] .$$

Dies ist die Gleichung einer Geraden für die Koordinaten t und $\ln y$. Sie entspricht unserer Kurve *II*, bei der $\ln y$ in Abhängigkeit von t dargestellt ist. Den gesuchten Wert der Dämpfung D berechnet man demgemäß aus der Beziehung:

$$(371) \qquad D = \frac{\ln a_0 - \ln y}{t} \cdot \frac{1}{\nu_0} .$$

Wie aus Abb. 164 ersichtlich, stellt in dieser Gleichung der Wert $\frac{\ln a_0 - \ln y}{t} = \mathrm{tg}\,\alpha$ die trigonometrische Tangente, d. h. die Steigung der Kurve *II* dar. Ist diese gekrümmt, so tritt bekanntlich an Stelle der trigonometrischen Tangente der Differentialquotient (d. h. die Steigung der geometrischen Tangente). Man kann demnach D für jede beliebige Amplitude durch **einfaches Ausmessen der Steigung**, welche die Tangente von *II* in dem betreffenden Punkt besitzt, leicht bestimmen.

Um zahlenmäßig richtige Werte zu erhalten, muß man bei dieser Rechnung darauf achten, daß das Diagramm nicht im natürlichen, sondern in einem willkürlich verzerrten Maßstab aufgetragen wurde. Deshalb ist der ausgemessene Wert tg α noch mit einem Berichtigungsfaktor zu multiplizieren. Die Berechnung des „Maßstabfaktors" gelingt an Hand folgender Überlegung:

Die richtige Steigung würde erhalten werden, wenn man im Zeitmaßstab die Zeit unmittelbar in Sekunden darstellt und in der Ordinate den natürlichen Logarithmus der Amplituden in einem solchen Maßstab aufträgt, daß die Einheit im Ordinatenmaßstab gleich der Einheit des Zeitmaßstabes ist.

Wählt man dagegen:

im Ordinatenmaßstab: 1 cm $= \lambda$ Einheiten des nat. Log.,

im Zeitmaßstab: 1 cm $= \tau$ Sekunden,

so ist die gemessene Steigung tg α mit dem Wert $\dfrac{\lambda}{\tau}$ zu multiplizieren, um den wahren Wert von D zu erhalten.

War z. B.

$$\lambda = 0,1$$

und

$$\tau = 2,36,$$

dann ist der gemessene Wert der Steigung mit $\dfrac{0,1}{2,36} = 0,0423$ zu multiplizieren. Schließlich ist dieser Wert noch mit ν_0 zu dividieren.

Werden als Ordinaten nicht die natürlichen, sondern die **dekadischen** Logarithmen aufgetragen, so werden die Ordinaten um das 2,3026 fache zu klein. Infolgedessen ist in diesem Fall der aus dem Diagramm gemessene Wert tg α mit $2,3026 \cdot \dfrac{\lambda}{\tau}$ zu multiplizieren, so daß endgültig die Beziehung gilt:

$$(372) \qquad D = \left[\frac{1}{\nu_0} \cdot 2,3026 \cdot \frac{\lambda}{\tau}\right] \cdot \operatorname{tg} \alpha .$$

Unserem Zahlenbeispiel liegen folgende Werte zugrunde:

$$\lambda = 0,2 ,$$

$$\tau = 1,635 ,$$

$$\nu_0 = 3,84/\text{sec} ,$$

$$\operatorname{tg} \alpha = 0,39 ,$$

so daß, da mit natürlichen Logarithmen gearbeitet wurde,

$$D = \frac{\lambda}{\tau} \cdot \frac{\mathrm{tg}\,\alpha}{v_0} = \frac{0{,}2}{1{,}635} \cdot \frac{0{,}39}{3{,}84} = 0{,}0125 \,.$$

Alle weiteren Einzelheiten sind aus Abb. 164 zu entnehmen.

c) Bestimmung der Dämpfung aus einer Halbschwingung.

Die genaue Bestimmung der Dämpfung aus dem Verhältnis zweier um eine halbe Periode auseinanderliegender Amplituden macht Schwierigkeiten, wenn es sich um sehr große Dämpfungen handelt, derart, daß nur eine Halbschwingung einwandfrei ausgeprägt ist. In diesem Fall kann man die Dämpfung D mit genügender Genauigkeit aus dem Zeitwegdiagramm einer Halbschwingung ermitteln. Es zeigt sich nämlich, daß gemäß Abb. 165 der Größtausschlag nicht nach einer viertel Periode erreicht wird, sondern früher.

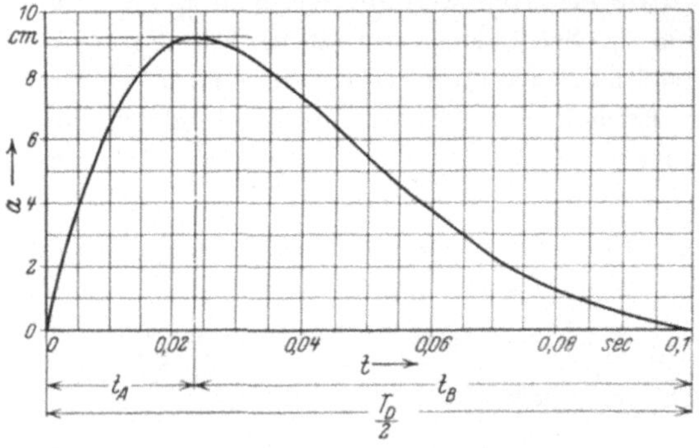

Teilt man die Zeitdauer der Halbschwingung durch den Zeitpunkt, in dem der Größtausschlag erreicht wird, in zwei Abschnitte t_A und t_B,

Abb. 165. Scheitelverschiebung innerhalb einer Halbschwingung bei der gedämpften Schwingung.

so kann die Dämpfung D aus dem Verhältnis $\varphi = \dfrac{t_A}{t_B}$ berechnet werden. Die betreffende Beziehung läßt sich wie folgt ableiten:

Der Größtausschlag wird in einem Augenblick erreicht, für den die Geschwindigkeit der schwingenden Masse $v = \dfrac{ds}{dt} = 0$ wird, da hier die Masse m zum Stillstand kommt.

Gemäß Gl. (289a) besitzt die Geschwindigkeit den Wert:

$$(373) \qquad v = \frac{ds}{dt} = v_0 \cdot e^{-v_0 D \cdot t} \cdot \left[\cos(v_D \cdot t) - \frac{D}{\sqrt{1 - D^2}} \cdot \sin(v_D \cdot t) \right].$$

Die Bedingung $v = 0$ ist dann erfüllt, wenn der Wert in der eckigen Klammer gleich Null wird, wenn also:

$$(374) \qquad \mathrm{tg}(v_D \cdot t) = \frac{\sqrt{1 - D^2}}{D} = \frac{v_D}{v_0 \cdot D} \,.$$

Aus dieser Beziehung berechnet sich die Zeit t, die von Beginn der Bewegung ($s = 0$) bis zum Durchschreiten des Größtausschlages zurückgelegt wurde und die in Abb. 165 mit t_A bezeichnet ist, zu:

$$(375) \qquad t_A = \frac{1}{v_D} \cdot \mathrm{arc\,tg}\left(\frac{v_D}{v_0 \cdot D} \right).$$

Wir haben uns zum Ziel gesetzt, eine Beziehung zwischen D einerseits und dem Verhältnis $\varphi = \dfrac{t_A}{t_B}$ andererseits aufzustellen. An Hand der vorstehenden Gleichung ist es möglich, den Wert $\dfrac{t_A}{t_B}$ durch D auszudrücken. Zu diesem Zweck muß noch der Wert von t_B berechnet werden. Ist $T_D = \dfrac{2\pi}{v_D}$ die Periode der gedämpften Schwingung, so besteht die Beziehung:

$$(376) \qquad t_B = \frac{T_D}{2} - t_A = \frac{\pi}{v_D} - \frac{1}{v_D} \cdot \operatorname{arc\,tg}\left(\frac{v_D}{v_0 \cdot \mathsf{D}}\right).$$

Somit findet man:

$$(377) \qquad \varphi = \frac{t_A}{t_B} = \frac{\operatorname{arc\,tg}\left(\dfrac{v_D}{v_0 \cdot \mathsf{D}}\right)}{\pi - \operatorname{arc\,tg}\left(\dfrac{v_D}{v_0 \cdot \mathsf{D}}\right)},$$

oder:

$$(378) \qquad \operatorname{arc\,tg}\left(\frac{v_D}{v_0\,\mathsf{D}}\right) = \frac{\varphi}{1+\varphi} \cdot \pi,$$

somit:

$$(379) \qquad \frac{v_D}{v_0 \cdot \mathsf{D}} = \operatorname{tg}\left(\frac{\varphi}{1+\varphi} \cdot \pi\right),$$

$$(380) \qquad \text{da:}\quad v_D = v_0 \sqrt{1 - D^2}$$

ergibt sich nach Quadrieren der Gleichung:

$$(381) \qquad \mathsf{D}^2 = \frac{1}{1 + \operatorname{tg}^2\left(\dfrac{\varphi}{1+\varphi} \cdot \pi\right)} = \cos^2\left(\frac{\varphi}{1+\varphi} \cdot \pi\right).{}^1$$

Schließlich erhalten wir somit die einfache Beziehung:

$$(382) \qquad \boxed{\mathsf{D} = \cos\left(\frac{\varphi}{1+\varphi} \cdot \pi\right).}$$

In Abb. 166 ist diese Abhängigkeit kurvenmäßig dargestellt. Man erkennt, daß φ in fast linearer Abhängigkeit zwischen 1 und 0 sich ändert, während D die Werte zwischen 0 und 1 durchläuft. Insbesondere läßt sich für kleine Werte von D die Näherungsformel angeben:

$$(383) \qquad \mathsf{D} = \frac{1 - \varphi}{1,13},$$

die bis $\mathsf{D} = 0{,}2$ sehr gute Übereinstimmung mit der genauen Formel liefert.

Zahlenbeispiel: Aus der in Abb. 165 dargestellten Halbschwingung

---

[1] $\cos^2\alpha = \dfrac{1}{1 + \operatorname{tg}^2\alpha}$ (s. Hütte Bd. 1, Abschn. III A. a, Formel 9).

soll die zugehörige Dämpfung ermittelt werden. Man mißt aus der Kurve aus, daß das Verhältnis

$$\varphi = \frac{t_A}{t_B} = \frac{0{,}0235}{0{,}0765} = 0{,}307$$

ist. Demgemäß berechnet man:

$$\mathsf{D} = \cos\left(\frac{\varphi}{1+\varphi} \cdot \pi\right)$$
$$= \cos 0{,}737 = 0{,}739 \ .$$

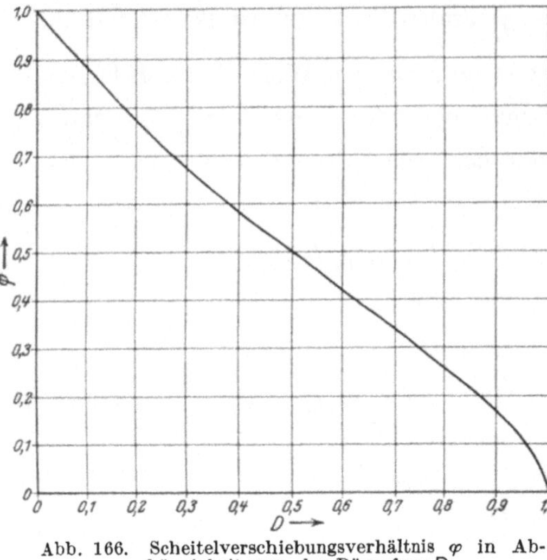

Abb. 166.   Scheitelverschiebungsverhältnis φ in Abhängigkeit von der Dämpfung D.

$$\mathsf{D} \sim \frac{1-\varphi}{1{,}13} \text{ für kleine Dämpfung.}$$

74. Das Vektordiagramm der gedämpften Schwingung.

Das Sinnbild der verlustlosen Schwingung ist der mit einer Winkelgeschwindigkeit gleich der Eigenschnelle ν_0 kreisende Vektor a der Amplitude. Wie auf S. 9 gezeigt wurde, ist der Ausschlag s in jedem Augenblick gleich der Projektion des Vektors a auf die Diagrammachse (Schwingungsrichtung).

Auch für die gedämpfte Schwingung läßt sich in analoger Weise ein Vektordiagramm entwickeln, das in anschaulicher Weise die geometrischen Verhältnisse des gedämpften Schwingungsvorganges versinnbildlicht. Es unterscheidet sich von dem Vektordiagramm der verlustfreien Schwingung prinzipiell nur dadurch, daß die Länge des Vektors nicht konstant bleibt, sondern nach einem bestimmten Gesetz mit dem Drehwinkel stetig abnimmt[1]. Das entstehende Diagramm zeigt Abb. 167. Man erkennt, daß der Endpunkt des das Diagramm erzeugenden Vektors sich auf einer immer enger werdenden Spirale und nicht, wie bei der verlustfreien Schwingung, auf einem Kreis bewegt. Im übrigen ist die Winkelgeschwindigkeit, mit welcher der Vektor die Spirale entlang gleitet, gleich der Eigenschnelle ν_D der gedämpften Schwingung. Der Ausschlag s wird in jedem Augenblick durch die Projektion des Vektors auf die Diagrammachse dargestellt.

Bei näherer Betrachtung erkennt man, daß die Leitkurve des Diagramms, aus welcher der Vektorendpunkt wandert, eine logarithmische Spirale ist. Die Gleichung dieser Kurve lautet[2]:

$$(384) \qquad\qquad r = a_0 \cdot e^{k \cdot a} \ .$$

---

[1] Man bezeichnet einen derartigen Vektor als „Drehstrecker".
[2] Siehe Hütte, Bd. 1, S. 110.

Hierbei bedeuten:

$r =$ Länge des Vektors, dessen Endpunkt auf der Spirale wandert, nach einer Drehung um den Winkel α aus der Anfangslage,

$a_0 =$ Länge des Vektors in der Ausgangslage (beim Drehwinkel $\alpha = 0$),

$\alpha =$ Drehwinkel des Vektors, gemessen im Bogenmaß,

$k =$ Proportionalitätsfaktor.

Die Gleichung des Vektors, der die gedämpfte Schwingung darstellt, lautet gemäß Gl. (369):

$$(385) \quad r = a_0 \cdot e^{-\frac{D}{\sqrt{1-D^2}} \cdot \nu_D \cdot t} .$$

Durch Analogie stellt man fest:

Der Wert r in der Schwingungsgleichung entspricht dem Wert r in Gl. (384).

Der Wert a_0 in der Schwingungsgleichung entspricht dem Wert a_0 in Gl. (384).

Der Wert $\nu_D \cdot t$ in der Schwingungsgleichung entspricht dem Wert α in Gl. (384).

Der Wert $D \cdot \dfrac{\nu_0}{\nu_D} = \dfrac{-D}{\sqrt{1-D^2}}$ in der Schwingungsgleichung entspricht dem Wert k in Gl. (384).

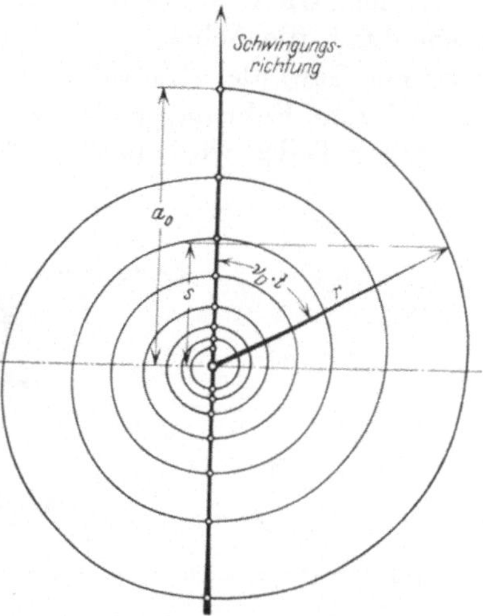

Abb. 167. Vektordiagramm der gedämpften Schwingung (Spiralendiagramm).

Hiermit ist die Richtigkeit unseres Diagramms bewiesen. Bei der Konstruktion der Spirale beginnt man zweckmäßig damit, ihre positiven und negativen Schnittpunkte mit der Diagrammachse aufzuzeichnen. Man berechnet z. B. für die Schnittpunkte der Spirale mit der positiven Diagrammachse:

$$(386) \quad s_1 = a_0 \cdot e^{-2\pi \frac{D}{\sqrt{1-D^2}}}; \quad s_2 = a_0 \cdot e^{-4\pi \cdot \frac{D}{\sqrt{1-D^2}}} \text{ usw.}$$

Für die Schnittpunkte mit der negativen Diagrammachse:

$$(387) \quad s_{(-1)} = a_0 \cdot e^{-\pi \frac{D}{\sqrt{1-D^2}}}; \quad s_{(-2)} = a_0 \cdot e^{-3\pi \frac{D}{\sqrt{1-D^2}}} \text{ usw.}$$

Zahlenbeispiel: Es ist das Spiraldiagramm (Polardiagramm) für eine Schwingung mit der Dämpfung $D = 0{,}06$ aufzuzeichnen, wenn die Anfangsamplitude $a_0 = 10$ cm war. Abb. 167 zeigt die entsprechend berechnete Spirale.

75. Apparat zur mechanischen Aufzeichnung einer gedämpften Schwingung.

Es läßt sich ein einfaches Getriebe angeben, das zur Aufzeichnung der Wegzeitkurve der gedämpften Schwingung geeignet ist. Es ist in Abb. 168 schematisch dargestellt. Durch eine Kurbel, deren Zapfen in einem radialen Schlitz der Kurbelscheibe verstellbar ist, wird mittels Pleuelstange der Schreibstift angetrieben. Das Diagrammpapier wird mit gleichbleibender Geschwindigkeit vorbeibewegt.

In dem Gleitstein ist ein Reibrad so eingelagert, daß seine Mittel- ebene durch die Achse des Kurbelzapfens geht. Es trägt in seiner Boh- rung ein Gewinde, das auf eine an der Unterseite der Kurbelscheibe parallel zum Führungsschlitz befestigte Spindel aufgreift. Ein ortsfest gelagerter Teller wird durch Federdruck gegen die Reibscheibe ange-

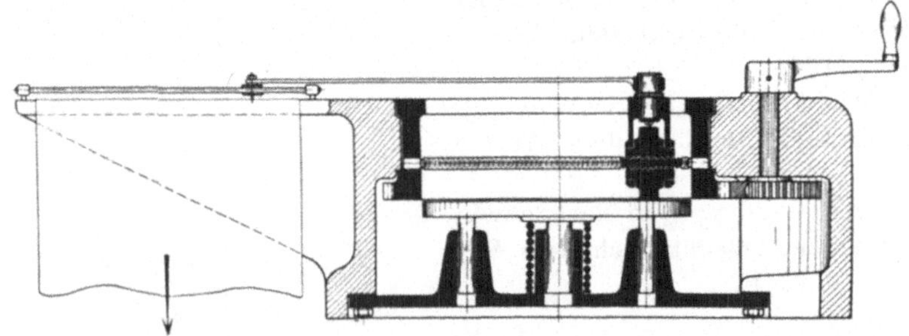

Abb. 168. Getriebe zur mechanischen Aufzeichnung der Zeit-Wegkurve der gedämpften Schwingung.

preßt. Wird die Kurbelscheibe in beliebiger Weise, z. B. gemäß Abb. 168 mittels Zahntrieb in Drehung versetzt, so rollt die Reibscheibe auf dem Teller ab, ohne zu gleiten. Sie schraubt sich dabei auf der Spindel weiter und verschiebt so den Gleitstein mit dem Kurbelzapfen in dem Schlitz der Kurbelscheibe, derart, daß der Kurbelradius mit Drehung der Kurbelscheibe stetig kleiner wird. Die Reibscheibe ist leicht aus- wechselbar. Ihr Durchmesser wird auf Grund der nachstehend ab- geleiteten Beziehung nach der Größe der Dämpfung, für welche die Kurve aufgezeichnet werden soll, gewählt. Bei näherem Zusehen er- kennt man, daß der Kurbelzapfen eine logarithmische Spirale beschreibt. Der Beweis dieser Behauptung gestaltet sich folgendermaßen: Ist

h die Ganghöhe der Spindel,

ψ der Drehwinkel des Reibrades,

r der Radius des Reibrades,

φ der Drehwinkel der Kurbelscheibe,

dann ist die Radialverschiebung s des Gleitsteins durch folgende Beziehung gegeben:

$$(388) \quad \begin{cases} ds = -\dfrac{h}{2\pi} \cdot d\psi, \\[2mm] r \cdot d\psi = s \cdot d\varphi \ \text{(gemäß Abb. 169). Somit} \\[2mm] d\psi = \dfrac{s}{r} \cdot d\varphi, \\[2mm] ds = -\dfrac{h}{2\pi} \cdot \dfrac{s}{r} \cdot d\varphi \end{cases}$$

und

$$(389) \qquad \int \frac{ds}{s} = -\frac{h}{2\pi \cdot r} \int d\varphi.$$

Durch Ausrechnen dieses Integrals erhält man schließlich die Beziehung:

$$(390) \qquad \ln s = -\frac{h}{2\pi \cdot r} \cdot \varphi + K \quad \text{(wobei } K = \ln a_0)$$

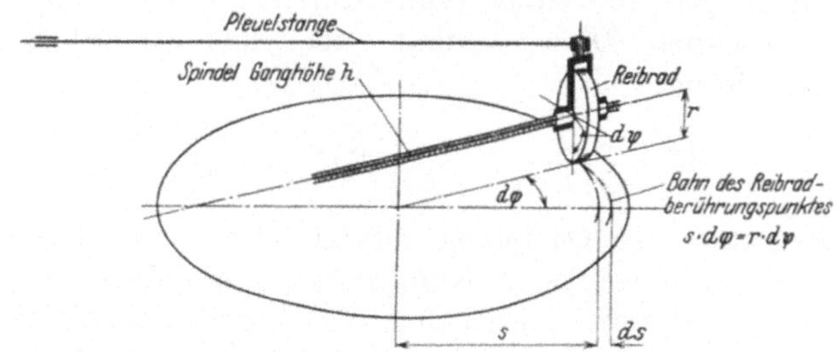

Abb. 169. Schema des in Abb. 168 dargestellten Getriebes.

oder

$$(391) \qquad \boxed{\, s = a_0 \cdot e^{-\frac{h}{2\pi \cdot r} \cdot \varphi} \,},$$

wobei a_0 den Radius s zu Beginn der Bewegung ($\varphi = 0$) bedeutet.

Diese Gleichung ist identisch mit der Amplitudengleichung der gedämpften Schwingung. Sie beweist, daß der beschriebene Apparat tatsächlich die Zeitwegkurve der gedämpften Schwingung richtig aufzeichnet. Weiterhin geht daraus hervor, daß die Dämpfung D in den Abmessungen des Apparates durch das Verhältnis $\dfrac{h}{r}$ gegeben ist. Man findet, ähnlich wie bei der Gleichung der logarithmischen Spirale, die Beziehung [Gl. (385)]:

$$(392) \qquad \frac{D}{\sqrt{1-D^2}} = \frac{h}{2\pi \cdot r}.$$

Bei gegebener Steigung h läßt sich also leicht ausrechnen, welcher Reibraddurchmesser $2\,r$ bei einer bestimmten Dämpfung D gewählt werden muß.

Zahlenbeispiel: Es ist der Reibraddurchmesser zu berechnen, der zur Aufzeichnung einer Ausschwingkurve mit der Dämpfung $D = 0{,}09$ gewählt werden muß, wenn die Steigung der Spindel des Apparates $h = 0{,}4$ cm beträgt. Man findet:

$$2\,r = \frac{h \cdot \sqrt{1 - D^2}}{\pi \cdot D} = \frac{0{,}4 \cdot 0{,}995}{\pi \cdot 0{,}09} = 1{,}41 \text{ cm} .$$

76. Der Dämpfungswiderstand und die Berechnung von Dämpfungsapparaten.

a) Dämpfung bei einem elektrischen Schwingungskreis.

Bei elektrischen Schwingungssystemen läßt sich die Dämpfung in einfachster Weise durch Einschalten eines rein Ohmschen Widerstandes bewerkstelligen. Irgendwelche besonderen Schwierigkeiten, die eine eingehende Erörterung erfordern, treten hierbei nicht auf. Man hat lediglich von Fall zu Fall die Größe (Ohmzahl) des erforderlichen Widerstandes zu berechnen. Dies geschieht auf Grund der auf S. 253 abgeleiteten Beziehung:

$$(393) \qquad D = \frac{R}{2 \cdot L \cdot v_0}; \quad R = 2 \cdot D \cdot L \cdot v_0 .$$

Auch die Regelung der Dämpfung gelingt leicht durch Einbau eines Schiebewiderstandes geeigneter Konstruktion, mit Hilfe dessen sich innerhalb der gewählten Grenzen der Widerstand R stetig verändern läßt. Ein Zahlenbeispiel war bereits auf S. 256 durchgerechnet worden.

b) Dämpfung beim mechanischen Schwingungsystem.

Bei weitem schwieriger gestaltet sich die Berechnung und die konstruktive Durchbildung der Dämpfungen bei mechanischen Schwingungssystemen. Hier muß von Fall zu Fall ein besonderer Dämpfungsapparat geschaffen werden. Soll bei der Dämpfung jede Reibung peinlichst vermieden werden, so daß tatsächlich eine der Geschwindigkeit proportionale Dämpfungskraft entsteht, so kommen nur zwei grundsätzlich verschiedene Ausführungsformen des Dämpfungsapparates in Betracht, nämlich:

α) die Wirbelstromdämpfung,

β) die Flüssigkeitsdämpfung.

α) Die Wirbelstromdämpfung. Das Prinzip der Anordnung für den translatorischen Schwinger ist aus Abb. 170 ersichtlich. Mit der schwingenden Masse wird eine Platte aus Aluminium oder Kupfer fest verbunden, die sich in dem Luftspalt eines Magnetsystems bewegt. Dieses wird entweder durch einen mit Gleichstrom erregten Elektromagneten oder durch einen Dauermagneten (Stahlmagneten) gebildet. Bewegt sich die Dämpferplatte im Magnetfeld, so werden in ihr Wirbelströme wachgerufen, welche zu ihrer Erzeugung Energie benötigen, die aus dem Schwingungssystem entnommen und in Form von Wärme vernichtet wird.

Nachstehend soll eine elementare Theorie der Wirbelstromdämpfung gegeben werden, deren Ergebnis mit dem tatsächlichen Verhalten befriedigend übereinstimmt.

Elementare Theorie der Wirbelstromdämpfung. Man wird die Vorgänge, die sich bei der Wirbelstromdämpfung abspielen, am anschaulichsten erfassen, wenn man bei der Betrachtung unmittelbar von dem Faradayschen Induktionsgesetz ausgeht. Zu diesem Zweck denke man sich die Dämpferplatte, etwa nach dem Schema der Abb. 171, in eine größere Anzahl von gegeneinander isolier-

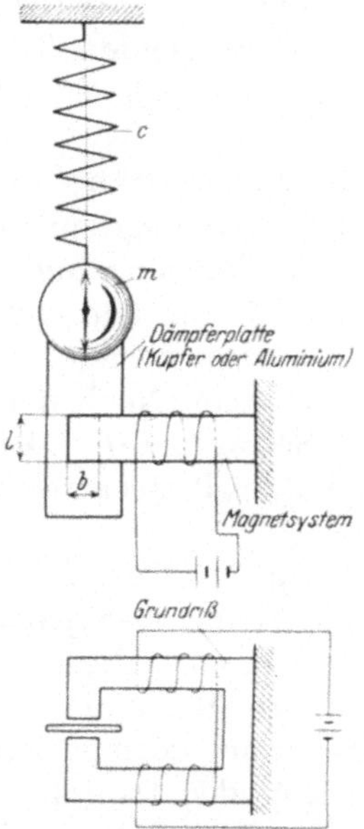

Abb. 170. Schema einer Wirbelstromdämpfung.

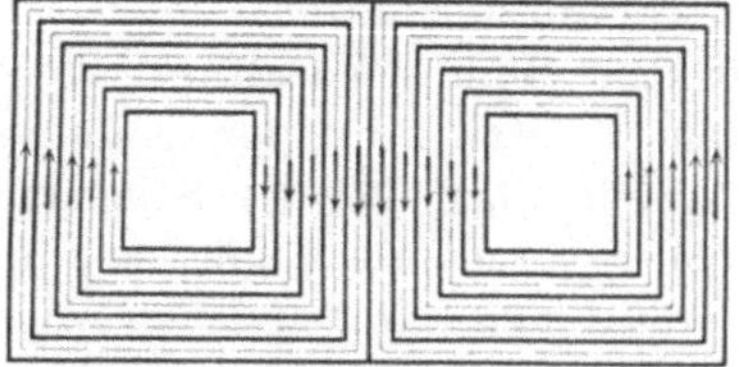

Abb. 171. Gedachte Zerlegung der Dämpferplatte in einzelne voneinander isolierte Strombahnen.

ten, in sich geschlossenen Drahtwindungen zerlegt. Wir betrachten zunächst die Vorgänge, die sich in einem einzelnen Draht abspielen, wenn die Dämpferplatte in dem Luftspalt mit der Geschwindigkeit v cm/sec schwingt.

Die Polfläche des Magneten besitze die Länge l cm und die Breite b cm. Die Induktion im Luftspalt sei $\mathfrak{B}$ Gauß; besitzt die Dämpferplatte eine augenblickliche Geschwindigkeit von v cm/sec, so wird nach dem Induktionsgesetz in jedem Draht eine Spannung von $e = \mathfrak{B} \cdot b \cdot v \cdot 10^{-8}$ Volt induziert.

Unter dem Einfluß dieser Spannung entsteht in dem Draht, der eine Länge von l_0 cm und einen Querschnitt von q cm^2 besitzen möge, wenn der Leitwert des Materials den Wert Λ besitzt, ein Strom von:

$$(394) \qquad i = \frac{e}{R} = \frac{\mathfrak{B} \cdot b \cdot v \cdot 10^{-8}}{l_0 \cdot 10^{-4}} \cdot q \cdot \Lambda \text{ Ampere,}$$

denn $R = \dfrac{l_0}{q \cdot \varLambda} \cdot 10^{-4}$ Ohm. Die in dem Draht vernichtete Leistung besitzt demnach den Betrag:

$$(395) \qquad dN = i \cdot e = \mathfrak{B}^2 \cdot q \cdot \varLambda \cdot \frac{b^2}{l_0} \cdot v^2 \cdot 10^{-12} \text{ Watt.}$$

Soll die Gesamtleistung N der Dämpferplatte berechnet werden, so müssen die Teilleistungen der einzelnen, gedachten Drahtwindungen für den gesamten im Luftspalt des Magneten steckenden Teil der Dämpferplatte summiert werden. Dies gelingt an Hand folgender Überlegung:

Die Gesamtheit aller vor der Polfläche liegenden Drähte besitzt, wenn wir die tatsächlich nicht vorhandene Isolation wegdenken, den Gesamtquerschnitt $l \cdot h$, wenn l die Länge der Polfläche und h die Dicke der Dämpferplatte ist. Bei der Summation der in den einzelnen gedachten Teildrähten vernichteten Teilleistungen wird, wie aus Gl. (395) hervorgeht, vor allem der Wert $b \cdot \sum q$ zu bilden sein. Nach den vorstehenden Ausführungen entspricht er dem Betrag $b \cdot h \cdot l$. Dies ist weiter nichts als das Volumen V des in dem Luftspalt steckenden Anteils der Dämpferplatte.

Bei dem Summenausdruck ist weiterhin noch der Wert l_0 zu diskutieren. Er stellte bei dem einzelnen Draht die Länge der gedachten Drahtschleife dar. Bei der Summation wird eine scharfe Bestimmung dieses Wertes niemals möglich sein, da man auf rein anschauliche Weise nicht bestimmen kann, welchen Weg die Wirbelströme nehmen werden. l_0 hängt im wesentlichen von den Abmessungen der Dämpferplatte ab und ist durch den elektrischen Widerstand der Strombahn, auf dem die Wirbelströme sich schließen, bedingt. Um eine übersichtliche Rechnung erzielen zu können, setzen wir den für die Summenbildung in Betracht kommenden Mittelwert l_{red} gleich einem Vielfachen des Wertes b, der bei der Betrachtung eines einzelnen Drahtes die Strecke darstellte, auf der der Draht die Kraftlinien schneidet. Man kann also schreiben:

$$l_{\mathrm{red}} = z \cdot b.$$

Der Faktor z wird um so kleiner, die Dämpfung also um so größer werden, je größer die den Polschuh überragenden Teile der Dämpferplatte sind. Bei einer guten Konstruktion wird man fordern müssen, daß die Dämpferplatte nach beiden Seiten hin wenigstens um die halbe Polschuhlänge übersteht, und daß die Gesamtlänge der Platte wenigstens $l + 2a$ (wobei $a = $ Größtamplitude) ist. Dann ist den Wirbelströmen stets eine einwandfreie Rückschlußbahn gesichert. Der Wert z dürfte in diesem Fall, je nach den Ausdehnungen der Platte, etwa zwischen 3 und 4 liegen.

Unter Berücksichtigung der vorstehenden Ausführungen berechnet sich die Gesamtleistung, die von der Dämpferplatte bei der Geschwindigkeit v abgedämpft wird, zu:

$$N = \sum dN = \mathfrak{B}^2 \cdot V \cdot \Lambda \cdot \frac{1}{z} \cdot v^2 \cdot 10^{-12} \text{ Watt,}$$

$$N = \mathfrak{B}^2 \cdot V \cdot \Lambda \cdot \frac{1}{z} \cdot v^2 \cdot 10^{-11} \text{ cmkg/sec.}$$

Dieser Wert steht in einfacher Beziehung zum Dämpfungswiderstand ϱ. Aus der ganz allgemein geltenden Bedingung, daß die Leistung erhalten wird, wenn man das Produkt aus der arbeitenden Kraft und der Geschwindigkeit bildet, findet man für die Leistung der Dämpfungskraft unter Voraussetzung der konstanten Geschwindigkeit v:

(396) $N_D = P_D \cdot v = \varrho \cdot v^2 \text{ cmkg/sec}$
   (da $P_D = \varrho \cdot v$) .

Durch Gleichsetzen dieses Wertes mit dem soeben für die elektrische Leistung in der Dämpfungsplatte gefundenen Wert ergibt sich die Beziehung:

(397) $$\varrho = \mathfrak{B}^2 \cdot V \cdot \Lambda \cdot \frac{10^{-11}}{z}$$

$$= \mathfrak{B}^2 \cdot V \cdot \Lambda \cdot K_\varrho \; \frac{\text{kg sec}}{\text{cm}} .$$

Den Wert $\dfrac{10^{-11}}{z}$ können wir als Konstante ansehen und mit K_ϱ bezeichnen. Er ist von den Abmessungen der Dämpferplatte abhängig, bildet also einen Formfaktor, der an Hand von Versuchen bestimmt

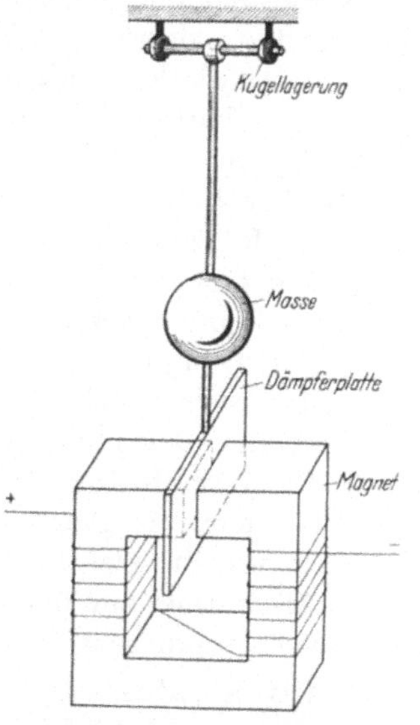

Abb. 172. Versuchsapparat zur Messung des Dämpfungswiderstandes von Kupfer- und Aluminiumplatten.

werden muß und als Erfahrungswert in die Gleichung eingeht. Im Gegensatz hierzu ist der Faktor $\Lambda = $ Leitwert des Materials der Dämpferplatte als Materialkonstante zu bewerten.

Versuche. Zur Bestimmung des Formfaktors K_ϱ und zur Nachprüfung der in Gl. (397) abgeleiteten Beziehung wurden mit der in Abb. 172 dargestellten Anordnung Versuche durchgeführt, und zwar mit Dämpferplatten aus Kupfer und Aluminium. Der Versuchsapparat bestand aus einem Pendel, dessen Achse in Kugellagern lief und an dessen Pendelstange die Dämpfungsplatten festgeschraubt wurden. Der Pendel besaß eine auf den Schwerpunkt der Dämpferplatte reduzierte Masse von $m_{\text{red}} = 0{,}0075 \text{ kgsec}^2 \cdot \text{cm}^{-1}$. Der Abstand des Schwerpunkts der Dämpferplatte von der Drehachse war $s = 85 \text{ cm}$. Die Dämpferplatten besaßen eine Fläche von $25 \cdot 15 = 375 \text{ cm}^2$.

Der Dämpfermagnet war auf einen Luftspalt von 8 mm eingestellt und besaß eine Polfläche von $b = 15\,\text{cm}$ Breite und $l = 8\,\text{cm}$ Länge ($F = 120\,\text{cm}^2$). Die Induktion $\mathfrak{B}$ im Luftspalt wurde mit Hilfe einer Art Unipolarmaschine bestimmt. Auf einer Scheibe aus Isoliermaterial (Geax) wurden zwei Schleifringe angeordnet, und zwar einer am äußeren Rand und einer in der Nähe der Achse. Zwischen beiden Schleifringen wurden in Richtung des Radius isolierte Kupferdrähte gespannt. Die Scheibe wurde auf der Welle eines kleinen Synchronmotors befestigt, der mit der genau konstanten Drehzahl von $n = 3000/\text{min}$ umlief. Der Motor wurde derart aufgestellt, daß die Scheibe im Luftspalt des Dämpfermagneten rotierte, wobei die Drähte die Kraftlinien schneiden mußten. Die an den Schleifringen gemessene Spannung bildete demnach ein unmittelbares und sehr genaues Maß für die Größe der Induktion im Luftspalt.

Das Ergebnis der mit dieser Apparatur durchgeführten Messungen war kurz folgendes:

1. Bis zu einer Induktion $\mathfrak{B} = 7500$ Gauß stieg der Dämpfungswiderstand mit $\mathfrak{B}^2$ an.

2. Der Dämpfungswiderstand war bei gleicher Form der Dämpfungsplatten der Dicke h und somit dem im Magnetfeld befindlichen Volumen der Dämpfungsplatte direkt proportional.

3. Die Dämpfungswiderstände von Kupfer- und Aluminiumplatten verhielten sich bei gleicher Plattenform und gleicher Plattendicke angenähert wie die elektrischen Leitwerte beider Materialien.

4. Als Formel zur Berechnung des Dämpfungswiderstandes aus den Versuchen ergab sich:

a) für Kupfer:

$$(398) \qquad \varrho_K = 0,18 \cdot V \cdot \mathfrak{B}^2 \cdot \varLambda_K \cdot 10^{-11}, \qquad \left(z = \frac{1}{0,18} = 5,56 \right),$$

wobei $\varLambda_K = 57 =$ Leitwert für Kupfer,

b) für Aluminium:

$$(399) \qquad \varrho_A = 0,15 \cdot V \cdot \mathfrak{B}^2 \cdot \varLambda_A \cdot 10^{-11}, \qquad \left(z = \frac{1}{0,15} = 6,67 \right),$$

wobei $\varLambda_A = 26 =$ Leitwert für Aluminium.

5. Der Geltungsbereich der vorliegenden, empirisch gewonnenen Formeln erstreckt sich nur auf relativ kleine Frequenzen (bis etwa $n_e = 300/\text{min}$) und Geschwindigkeiten bis etwa $200\,\text{cm}/\text{sec}$. Wählt man die Geschwindigkeiten oberhalb von diesem Wert, so macht sich die Stromverdrängung in den Dämpferplatten (Skineffekt) bereits erheblich geltend. Sie bewirkt, daß die Dämpfungsverhältnisse bei relativ dicken Dämpferplatten im Verhältnis zu dünnen Platten sehr ungünstig werden. Man wird, um diesen Übelstand zu vermeiden, bei großen

Schwinggeschwindigkeiten demgemäß die Dämpferplatten aus einzelnen (etwa ½ mm dicken) Blechen zusammenstellen, die voneinander durch eine dünne Isolationsschicht (z. B. Glimmer) getrennt sind.

Da die Wirbelstromdämpfer meist für Schwinger mit geringer Eigenschnelle verwendet werden, kann man die angegebenen Formeln in der Regel mit größter Näherung benutzen. Dabei ist die Induktion $\mathfrak{B}$ in dem Luftspalt des Dämpfermagneten möglichst mit $\mathfrak{B} = 5000$ bis 6000 Gauß, keinesfalls aber höher als etwa 7500 Gauß zu wählen, da oberhalb dieses Wertes der Dämpfungswiderstand nicht mehr mit $\mathfrak{B}^2$, sondern wesentlich weniger schnell anwächst.

Die Wirbelstromdämpfer lassen sich in sehr feinfühliger Weise regulieren, derart, daß man den Dämpfungswiderstand in weiten Grenzen stetig verändern und dem gewünschten Zweck anpassen kann. Die Regelung geschieht am zweckmäßigsten dadurch, daß man den Gleichstrom, welcher den Dämpfermagneten erregt, mit Hilfe eines Schiebewiderstandes stetig verändert.

Zahlenbeispiel: Es ist ein Wirbelstromdämpfer für das Hebelpendel eines Vertikalseismographen zu berechnen, das folgende Abmessungen hat:

$$v_0 = 4{,}2/\text{sec},$$

$$l_s = 52 \text{ cm (Hebelarm des Schwerpunkts)},$$

$$m_{\text{red}} = 0{,}008\,\frac{\text{kg sec}^2}{\text{cm}} \text{ bezogen auf } l_s,$$

$$l_D = 70 \text{ cm (Hebelarm des Schwerpunkts der Dämpferplatte)}.$$

Gefordert ist eine Dämpfung von $D = 0{,}6$.

Die Induktion im Luftspalt des Dämpfermagneten soll nicht höher als $\mathfrak{B}$ 5000 Gauß gewählt werden.

Würde die Dämpfung im Schwerpunkt der Masse des Hebelpendels angreifen, so wäre der Dämpfungswiderstand $\varrho = 2\,m_{\text{red}} \cdot v_0 \cdot D$. Da die Dämpfung aber am Hebelarm l_D angreift, so ist ϱ_K im Verhältnis $\left(\dfrac{l_s}{l_D}\right)^2$ zu verkleinern, so daß

$$\varrho_K = 2\,m_{\text{red}} \cdot v_0 \cdot D \cdot \left(\frac{l_s}{l_D}\right)^2 = 2 \cdot 0{,}008 \cdot 4{,}2 \cdot 0{,}6 \cdot 0{,}55 = 22 \cdot 10^{-3}\,\frac{\text{kg sec}}{\text{cm}}.$$

Demgemäß erhalten wir bei $\mathfrak{B} = 5000$ Gauß für das im Luftspalt steckende Volumen der kupfernen Dämpferplatte den Wert:

$$V = \frac{\varrho_K}{0{,}18 \cdot \mathfrak{B}^2 \cdot A_K \cdot 10^{-11}} = \frac{22 \cdot 10^{-3}}{0{,}18 \cdot 25 \cdot 10^6 \cdot 57 \cdot 10^{11}} = 8{,}6\,\text{cm}^3 .$$

Wir wählen eine Kupferplatte von 0,2 cm Dicke und erhalten somit für die Polfläche des Dämpfermagneten den Wert:

$$F = 43\,\text{cm}^2 \ (5{,}4 \cdot 8{,}0\,\text{cm}).$$

Den Luftspalt des Dämpfermagneten wählen wir mit 4 mm und brauchen
somit für seine Wicklung eine AW-Zahl von [siehe Gl. (230)]

$$i \cdot z = 0,8 \cdot \mathfrak{B} \cdot l_L = 0,8 \cdot 5000 \cdot 0,4 = 1600 \text{ AW}.$$

(Die für den Eisenweg erforderlichen AW können bei der niedrigen Induktion vernachlässigt werden.)

Soll der Magnet durch Dauermagnete gebildet werden, so ergibt
sich mit Rücksicht auf die Herstellung (4 Magnete von 15 mm Stärke
und 80 mm Breite)
die in Abb. 173 ge-
zeigte Anordnung
von 4 Magneten.

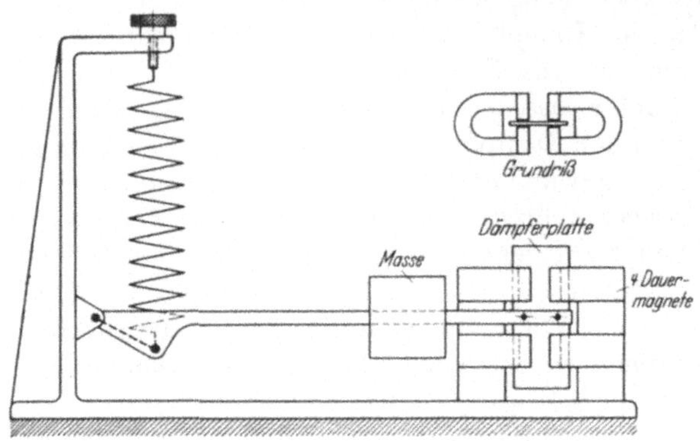

Abb. 173. Dämpferapparat für ein Seismographenpendel, ausgerüstet
mit Dauermagneten.

Für die Schaf-
fung des Magnet-
flusses im Luftspalt
des Dauermagneten
ist die Länge l_M
des im Stahl des
Dauermagneten
verlaufenden
Kraftlinienwegs
maßgebend, und
zwar berechnet sich

der AW-Wert eines Dauermagneten nach der auf Seite 202 angeschriebenen Gleichung des Linienintegrals der magnetischen Feldstärke zu:

$$(400) \qquad\qquad 0,4\,\pi \cdot i \cdot z = \oint \mathfrak{H} \cdot dl = \mathfrak{H}_r \cdot l_M ,$$

wobei $\mathfrak{H}_r$ die sogenannte Koerzitivkraft des Dauermagneten bedeutet.
Sie ist für normalen Magnetstahl mit $\mathfrak{H}_r = 50$ bis 55 einzusetzen. Mit
diesem Wert ergibt sich bei $i \cdot z = 1600$ eine mittlere Länge des Magneten von:

$$l_M = 0,4\,\pi \cdot \frac{i \cdot z}{\mathfrak{H}_r} = 1,25 \cdot \frac{1600}{55} = \sim 37 \text{ cm}.$$

β) **Flüssigkeitsdämpfung.** Die Wirbelstromdämpfung verwirklicht
das Gesetz einer Dämpfung mit geschwindigkeitsproportionalem
Widerstand, wie der Versuch beweist, in geradezu idealer Weise.
Demgegenüber bietet es wesentlich größere Schwierigkeiten, mit
Hilfe der Flüssigkeitsdämpfung einen ebenso einwandfreien Dämpfungsapparat herzustellen. Man kann im wesentlichen die folgenden
drei verschiedenen Ausführungsformen der Flüssigkeitsdämpfung unterscheiden:

Der Kolbendämpfer. Abb. 174 zeigt einen verhältnismäßig grob
arbeitenden Dämpfungsapparat. Er besteht im wesentlichen aus einem
Zylinder, der vollständig (Vermeidung von Lufteinschlüssen) mit der

Dämpfungsflüssigkeit, z. B. Öl oder Glyzerin, gefüllt ist und in dem der mit Kolbenringen oder durch Einschleifen gegen die Wand abgedichtete Kolben hin- und hergleitet. Die beiden Enden des Zylinders stehen durch einen Kanal, den sogenannten Katarakt, in Verbindung. In dem Kanal ist ein Ventil angebracht, welches die Größe des Durchgangsquerschnittes zu regeln gestattet. Die Kolbenstange, die mittels Stopfbüchse herausgeführt ist, wird mit dem schwingenden Körper verbunden. Bei der Schwingung wird der Kolben hin und her bewegt. Er pumpt dabei die Dämpfungsflüssigkeit durch den Katarakt hin und her. Dabei entstehen beträchtliche Wirbelungen im Öl, durch welche die abzudämpfende Energie in Wärme umgewandelt und vernichtet wird.

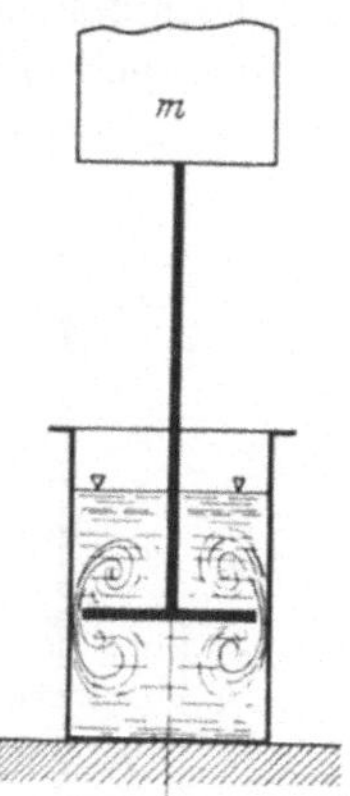

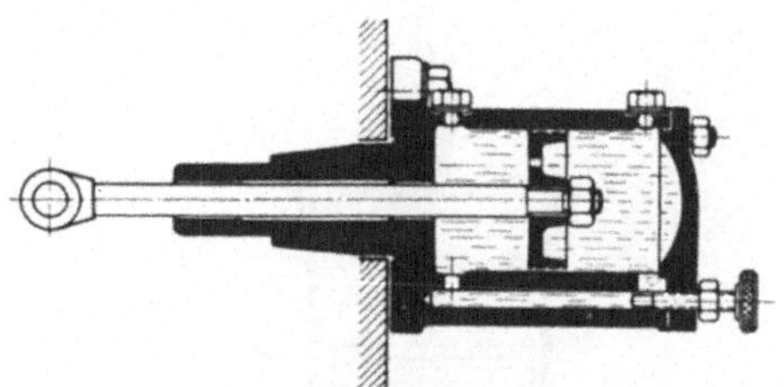

Abb. 174. Kolbendämpfer mit Drosselleitung (Katarakt).

Abb. 175. Einfachster Flüssigkeits-Wirbeldämpfer.

Der beschriebene Dämpfungsapparat eignet sich nur für verhältnismäßig rohe Zwecke, bei denen es auf Nullpunktfehler nicht ankommt, denn außer der Dämpfung weist er eine erhebliche Reibung auf. Sein Vorzug besteht darin, daß auf kleinem Raum eine sehr beträchtliche Dämpfungsleistung untergebracht werden kann.

Brauchbare Berechnungsunterlagen für die Vorausberechnung der Größe des Kolbenquerschnittes und des Hubvolumens auf Grund des Dämpfungswiderstandes lassen sich auf Grund des vorliegenden Materials nicht geben. Als ungefährer Anhaltspunkt möge die Beobachtung dienen, daß der Dämpfungswiderstand pro 1 cm² Kolbenfläche im Mittel zwischen $\varrho_0 = 0{,}1$ bis 1 kgsec/cm liegt. Im übrigen ist für die Größe der Dämpfung die Ausbildung des Katarakts und des in ihm eingebauten Drosselventils maßgebend. Man muß vor allem dafür Sorge tragen, daß sich bei der Ölbewegung kräftige Wirbel ausbilden können.

Bei der Konstruktion ist ferner darauf zu achten, daß der Zylinder und die sonstigen Gehäuseteile einem Überdruck von wenigstens 10 kg/cm² standhalten müssen. Ferner ist zu beachten, daß bei angestrengter Benutzung die Temperatur des Öls nicht in unzulässigem Maß ansteigen darf.

Die Flüssigkeits-Wirbeldämpfung. Abb. 175 zeigt schematisch die einfachste Ausführung dieser zweiten Art des Flüssigkeitsdämpfers.

Sie ist für die Durchführung einer einwandfreien Dämpfung wesentlich besser geeignet als der Kolbendämpfer. Der Apparat besteht im wesentlichen aus einer Platte, die fest mit der schwingenden Masse verbunden ist und deren Fläche senkrecht zur Schwingungsrichtung steht. Die Dämpfungsflüssigkeit, z. B. Öl, befindet sich in einem Gefäß, das so weit sein muß, daß die Dämpfungsplatte in keiner Stellung daran anstreift, sondern sich stets vollkommen frei bewegt. Demgemäß besitzt der Dämpfer keinerlei Reibung. Das damit verbundene Schwingungssystem spielt einwandfrei auf die Nullage ein. Die Dämpfungswirkung

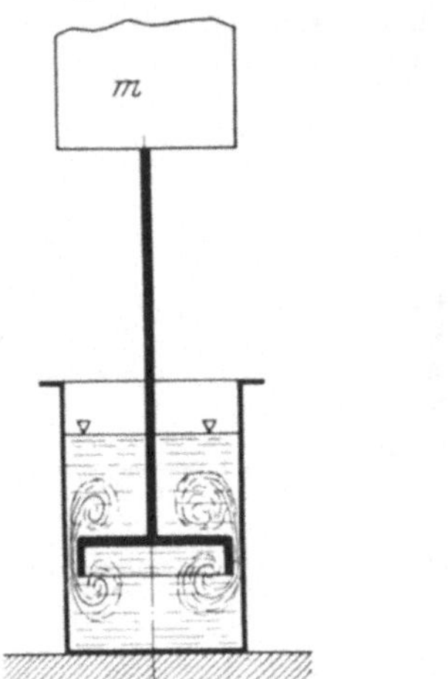

Abb. 176. Flüssigkeits-Wirbeldämpfer mit topfförmiger Dämpferplatte.

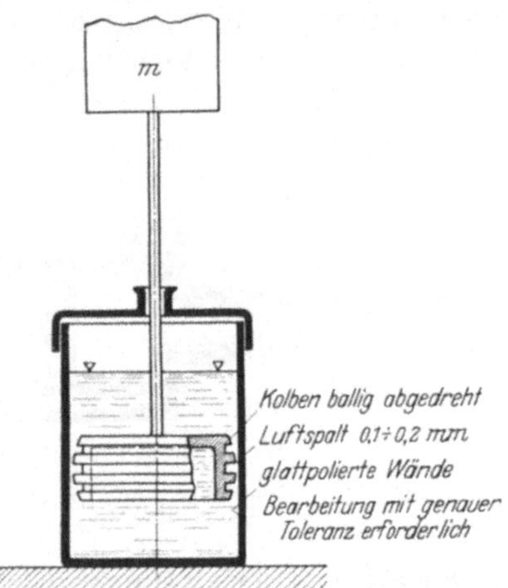

Abb. 177. Flüssigkeits-Wirbeldämpfer mit ballig gedrehtem Kolben, der mit 0,1 bis 0,2 mm Spiel sich in den glattpolierten Wänden des Dämpfungszylinders bewegt. Der Kolben ist mit scharfkantigen Rillen versehen, wodurch eine starke Wirbelbildung zustande kommt.

kommt in erster Linie durch Wirbelungen zustande, welche die Platte bei der Bewegung in der Flüssigkeit hervorruft. Die Stärke der Wirbelung kann durch besondere Ausbildung der Dämpferplatte noch wesentlich vermehrt werden. Abb. 176 zeigt z. B. einen Dämpfer, dessen Dämpferplatte die Form eines nach unten hin offenen Topfes erhält. In der Ausführungsform der Abb. 177 hat die Dämpferplatte die Form eines topfförmigen Kolbens erhalten, der ballig abgedreht ist und scharfkantige Eindrehungen erhalten hat, die zu lebhafter Wirbelbildung Anlaß geben. Bei dieser Ausführungsform muß der Kolben mit einem Spiel von 0,1 bis 0,2 mm gegen die Wand arbeiten. Das Dämpfungsgefäß wird infolgedessen als starkwandiger Zylinder ausgebildet werden müssen, dessen Innenwand mit Polierschliff bearbeitet ist.

Der Flüssigkeits-Wirbeldämpfer übt eine starke Dämpfungswirkung aus, derart, daß auf kleinem Raum ein großer Dämpfungswiderstand untergebracht werden kann. Ein wesentlicher Nachteil besteht darin, daß die Dämpfung nicht genau der Geschwindigkeit proportional gesetzt werden kann, sondern infolge der Wirbelbildung angenähert mit dem Quadrat der Geschwindigkeit anwächst.

Abb. 178 zeigt eine mit einem einfachen Plattendämpfer gemäß Abb. 175 aufgenommene Ausschwingkurve. Die zugehörige logarithmische Kurve *II* ist nicht gerade, wie dies bei geschwindigkeitsproportionaler Dämpfung der Fall sein müßte. Kurve *III* zeigt den Dämpfungswiderstand ϱ_0 je cm² Fläche. Man erkennt, daß der Dämpfungswiderstand von einem Kleinstwert beginnend mit dem Ausschlag zunimmt.

Es ist schwer, genaue versuchsmäßige Unterlagen für die Berechnung der Flüssigkeits-Wirbeldämpfung zu geben, da die Ergebnisse mit der Ausbildung von Dämpferplatte und Dämpfergefäß im Verhältnis 1 : 10 und stärker streuen. Verfasser hat eine Reihe von Versuchen mit einer Versuchsanordnung gemäß Abb. 175 durchgeführt. Die schwingende Masse hatte ein Gewicht von 50 kg. Die Eigenschwingungszahl war rund 100/min ($\nu = \sim 10$/sec). Die Platten waren kreisförmig

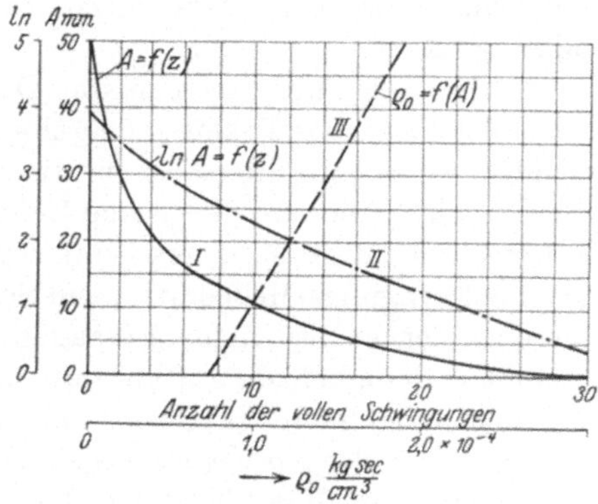

Abb. 178. Ausschwingkurve mit Dämpfungsplatte von 180 cm² Fläche. Dämpfungsflüssigkeit: dünnflüssiges Maschinenöl (Zähigkeit $\sim$ 6 Englergrade).

$$\nu = 10{,}2/\text{sec}$$
$$m = 0{,}05 \text{ kgsec}^2\text{cm}^{-1}$$
$$\lambda: 1 \text{ cm} = 0{,}5 \text{ Einheiten des ln}$$
$$\tau: 1 \text{ cm} = 1{,}23 \text{ sec}$$
$$\varrho = 0{,}041 \cdot \text{tg } \alpha$$
$$P_0 = 2{,}25 \cdot 10^{-5} \cdot \text{tg } \alpha$$

und tauchten in ein Gefäß ein, das einen Durchmesser von 300 mm besaß. Die Durchmesser der Dämpferplatten wurden zwischen 150 und 250 mm geändert. Es ließ sich zunächst feststellen, daß bei den zur Untersuchung benutzten Flüssigkeiten die Dämpfung angenähert proportional der Fläche der Dämpferplatte gesetzt werden konnte.

Die Auswertung der Versuchsergebnisse zeigte, daß der mittlere Dämpfungswiderstand durch den Ausdruck $\varrho = w \cdot F$ mit genügender Näherung wiedergegeben werden konnte. Die Konstante w änderte sich bei Amplituden von 2 bis 30 mm im Verhältnis 1 : 2 bis 1 : 3 im wesentlichen in der durch Abb. 178, Kurve *III* gekennzeichneten Art. Die Versuche ergaben für die Konstante w folgende Werte:

(401)
$$
\begin{cases}
\text{Wasser:} & w = 0{,}5 \cdot 10^{-4} \text{ bis } 1{,}5 \cdot 10^{-4}, \\
\text{Petroleum:} & w = 0{,}6 \cdot 10^{-4} \text{ bis } 2 \cdot 10^{-4}, \\
\text{Dynamoöl:} & w = 1 \cdot 10^{-4} \text{ bis } 2{,}5 \cdot 10^{-4}. \\
\quad (Z \sim 6 \text{ Englergrade}) & \\
\text{Maschinenöl:} & w = 1{,}5 \cdot 10^{-4} \text{ bis } 3 \cdot 10^{-4}, \\
\quad (Z \sim 15 \text{ Englergrade}) &
\end{cases}
$$

Diese Werte sollen lediglich als ungefährer Anhaltspunkt für die Dimensionierung von Flüssigkeits-Wirbeldämpfern dienen. Bei Ausbildung der Dämpferplatte nach Abb. 176 bzw. 177 kann man eine wesentliche Erhöhung des Dämpfungswiderstandes, etwa bis zum zehnfachen Wert, erreichen. Auch wird der Dämpfungswiderstand beträchtlich erhöht, wenn man den Luftspalt zwischen Gefäß und Dämpferplatte gering (0,1 bis 0,2 mm) macht. In diesem Fall muß das Dämpfungsgefäß glatt geschliffen sein und genau zylindrische Wand erhalten, weiterhin muß der Dämpfungskolben in geeigneter Weise ausgebildet sein.

Infolge der Tatsache, daß die Dämpfung bei dem Wirbeldämpfer nicht der Geschwindigkeit proportional ist, wird man ihn nur da verwenden, wo es ganz allgemein auf die schnelle Abdämpfung von Schwingungen, nicht aber auf die genaue Erfüllung des genannten Widerstandsgesetzes ankommt. Z. B. erscheint seine Verwendung unbedenklich bei allen Schwingungs-Meßgeräten, wie Seismographen und Erschütterungsmessern, ferner bei Neigungswaagen, Federwaagen u. dgl. Bei diesen kommt es lediglich darauf an, daß der Zeiger möglichst schwingungsfrei und ohne Nullpunktsfehler auf seine Endlage einspielt.

An Hand der vorliegend gegebenen Anhaltspunkte ist es möglich, wenigstens ungefähr die Größe des in einem speziellen Fall erforderlichen Dämpfungsapparates vorauszuberechnen.

Zahlenbeispiel: Es ist ein Flüssigkeits-Wirbeldämpfer für eine Neigungswaage zu entwerfen, die eine Eigenschwingungszahl von 45/min besitzt und ein Massenträgheitsmoment von $\theta = 2{,}3$ cmkgsec^2 aufweist. Die Dämpfung soll halbaperiodisch (D = 0,5) sein. Der Hebelarm, an dem der Dämpfer angreift, beträgt $h = 25$ cm. Als Dämpfungsflüssigkeit ist Petroleum zu benutzen.

Lösung: Die auf den Angriffspunkt des Dämpfers reduzierte Masse der Neigungswaage beträgt:

$$m_{\text{red}} = \frac{\theta}{h^2} = \frac{2{,}3}{625} = 0{,}00368 \text{ kgsec}^2 \cdot \text{cm}^{-1}.$$

Demnach ergibt sich mit

$$\nu = \frac{2\pi}{60} \cdot 45 = 4{,}7/\text{sec}.$$

für D = 0,5 der Dämpfungswiderstand zu:

$$\varrho = 2\, m_{\text{red}} \cdot \nu \cdot D = 0{,}00736 \cdot 4{,}7 \cdot 0{,}5 = 0{,}017\, \frac{\text{kgsec}}{\text{cm}}.$$

Mit $w = 0{,}6 \cdot 10^{-4}$ als Kleinstwert der Dämpfungskonstanten für Petroleum ergibt sich:

$$F = \frac{\varrho}{w} = \frac{0{,}017}{0{,}6 \cdot 10^{-4}} = \sim 283 \text{ cm}^2.$$

Dem entspricht ein Durchmesser der Dämpferplatte von **19 cm**.

Wählt man die Konstruktion des Dämpfungskolbens z. B. gemäß Abb. 177, so dürfte man mit einem Kolbendurchmesser von ca. 60 bis 70 mm auskommen.

Luftdämpfung. Eine Abart des Flüssigkeits-Wirbeldämpfers, die sich bei elektrischen Meßgeräten gut bewährt hat, ist die Luftdämpfung.

Abb. 179 zeigt ein Konstruktionsbeispiel für ein Drehspul-Amperemeter. Die Dämpfungsplatte ist an einem mit dem Drehspulsystem verbundenen Stiel befestigt. Sie schwingt in einem beiderseits geschlossenen Rohr von rechteckigem Querschnitt, dessen Achse nach dem Krümmungsradius der Bahn, auf

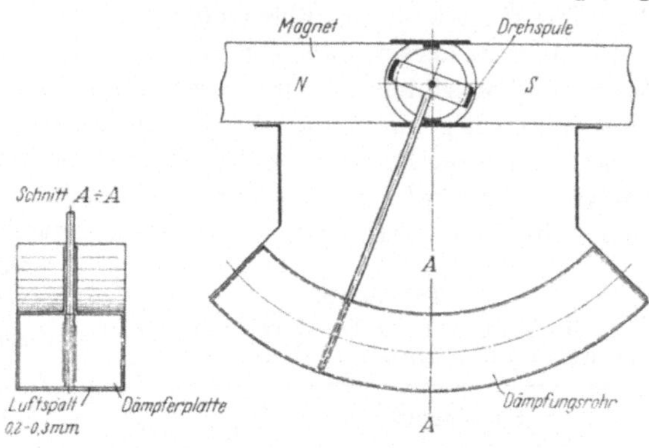

Abb. 179. Luftdämpfung bei einem Drehspul-Amperemeter.

welchem sich die Dämpferplatte bewegt, gekrümmt ist und eine solche Weite besitzt, daß die Dämpferplatte mit einem Spiel von etwa 0,2 bis 0,3 mm gegen die Wände schwingt. Der Stiel, an dem die Dämpferplatte befestigt ist, tritt aus einem Schlitz des Rohres heraus.

Die laminare oder Viskositätsdämpfung. Bei der Viskositätsdämpfung ist die Ausbildung von Wirbelungen sorgfältigst vermieden. Demgemäß erfüllt sie in nahezu idealer Weise das Gesetz der geschwindigkeitsproportionalen Dämpfung.

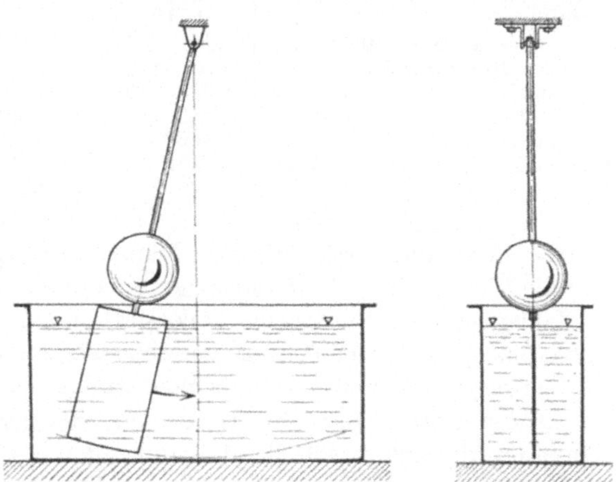

Abb. 180. Prinzip der Anordnung bei der Viskositätsdämpfung.

Abb. 180 zeigt die einfachste Anordnung für ein Pendel. An der verlängerten Pendelstange ist eine Platte befestigt, die in ein schmales, mit der Dämpfungsflüssigkeit gefülltes Gefäß eintaucht. Im Gegensatz zu der Wirbeldämpfung liegt die Fläche der Dämpferplatte in der

Schwingungsebene und nicht etwa senkrecht dazu. Es findet also beim Schwingen des Pendels eine Reibung der Platte an den umgebenden Flüssigkeitsschichten statt, wobei, da die Platte an beiden Seiten gut zugeschärft ist, eine rein laminare Strömung der Flüssigkeitsteilchen zustande kommt. Während bei der Flüssigkeits-Wirbeldämpfung die Dämpfungsfähigkeit der Flüssigkeit keineswegs durch ihre Viskosität bestimmt war, derart, daß sehr verschieden viskose Flüssigkeiten, wie Wasser und Maschinenöl, nur wenig voneinander verschieden erscheinen, kann im vorliegenden Fall der Dämpfungswiderstand der Viskosität direkt proportional gesetzt werden. Andererseits wächst er mit genügender Näherung direkt mit der benetzten Fläche der Dämpferplatte. Versuche, die vom Verfasser mit Wasser, Petroleum und Maschinenöl durchgeführt wurden, bestätigten im wesentlichen diese Aussage. Der Dämpfungswiderstand der Viskositätsdämpfung läßt sich somit nach folgender Formel berechnen:

$$(402) \qquad \varrho = K \cdot F \cdot \eta .$$

Hierbei bedeuten:

K = Konstante. Verfasser fand bei seinen Versuchen im Mittel:

$$(403) \qquad K = 0,4 \cdot 10^{-4} .$$

F = eintauchende Fläche der Dämpferplatte in cm².

Tabelle 15.

Über den Viskositäts-Koeffizienten η der wichtigsten Dämpfungsflüssigkeiten.

Flüssigkeit	Viskositäts-Koeffizient η
Wasser 20⁰	0,010
Benzin 20⁰	0,0045
Glyzerin 43%	0,043
„ 69%	0,20
„ 81%	0,73
„ 86%	0,97
Petroleum	0,012
schwerflüssiges Maschinenöl . .	1,7 ÷ 3,4
normales Maschinenöl	0,4 ÷ 0,8
Dynamoöl	0,25 ÷ 0,3
Rizinusöl	10,3
Terpentinöl	0,019
Terpentin + 30% Kolophonium	0,15
„ + 60% „	340

η = Viskositätskoeffizient der Dämpferflüssigkeit. Aus Tabelle 15 sind die Werte von η für die wichtigsten Flüssigkeiten zu entnehmen.

Zahlenbeispiel: Es ist eine Viskositätsdämpfung für ein Pendel zu entwerfen. Dasselbe besitzt ein Pendelgewicht von 10 kg. Der Abstand des Schwerpunkts von der Drehachse ist $s = 65$ cm. Der Schwerpunkt der Dämpferplatte liegt $l = 90$ cm von der Drehachse entfernt. Als Dämpfungsflüssigkeit soll Maschinenöl mit $\eta = 0,45$ verwendet werden. Die Dämpfung soll $D = 0,35$ betragen. Die Eigenschnelle des Pendels ist: $v = 3,88/\text{sec}$. Es ist die Größe der Dämpferplatte zu berechnen. Man erhält:

$$\varrho = 2\,m\,\frac{s^2}{l^2}\,v \cdot D = \frac{2 \cdot 0,01 \cdot 65^2}{90^2} \cdot 3,88 \cdot 0,35 = 0,014 \ \textbf{kg sec cm} .$$

Somit:

$$F = \frac{\varrho}{\eta \cdot K} = \frac{0,014}{0,45 \cdot 0,4 \cdot 10^{-4}} = 780 \ \text{cm}^2 .$$

Die Ausführung dieser Dämpfung mit einer Platte ist unmöglich. Dagegen ergibt sich eine sehr glückliche Lösung, wenn man gemäß Abb. 181 ein Plattenmagazin von z. B. 8 Platten aus 0,5 mm starkem Aluminiumblech verwendet, die in 8 getrennten Kammern von je

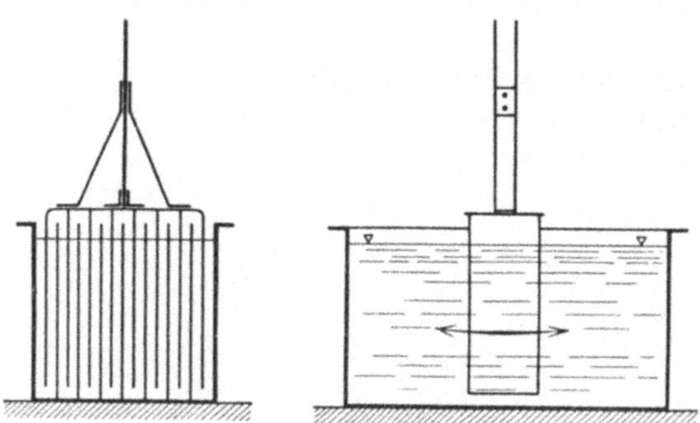

Abb. 181. Viskositäts-Zellendämpfer mit Plattenmagazin.

z. B. 8 mm Breite schwingen. Jede der Platten erhält im vorliegenden Fall eine eintauchende Fläche von 100 cm² (z. B. 8·12,5 cm). Diese Ausführung wird man in der Regel wählen müssen, um mit der Viskositätsdämpfung überhaupt genügende Dämpfungswiderstände zu erzielen.

Abb. 182 zeigt schließlich ein Ausführungsbeispiel der Viskositätsdämpfung für Torsionsschwinger. Hier läßt sich die Aufgabe konstruktiv besonders elegant bewältigen. Der Dämpfer besteht im wesentlichen aus einem oder mehreren auf gemeinsamer Achse befestigten Hohlzylindern, die in einem vollständig mit der Dämpfungsflüssigkeit gefüllten, gegebenenfalls mit Zwischenwänden versehenen Gefäß eingelagert sind. Am oberen Ende des Gefäßes tritt die Achse, die mit der zu dämpfenden Masse zu verbinden ist, durch eine Dichtung aus.

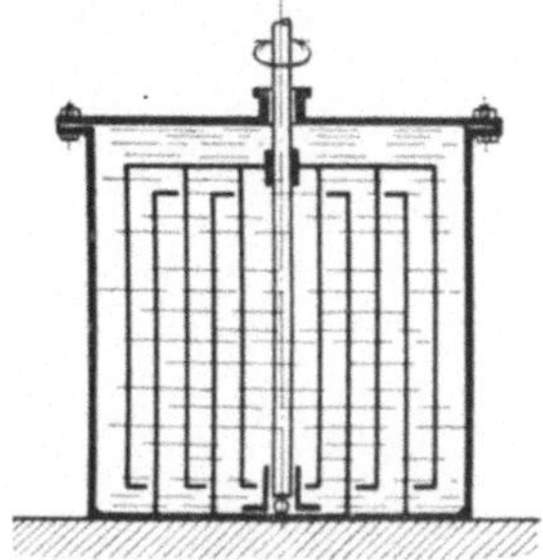

Abb. 182. Vikositäts-Zellendämpfer für Drehschwingungen.

Als Nachteil der Viskositätsdämpfung ist es zu bezeichnen, daß sie von Temperaturschwankungen wesentlich beeinflußt wird, weil sich die Viskosität mit der Temperatur beträchtlich ändert.

Zusammenfassung.

Überall da, wo es auf eine Dämpfung ankommt, die genau einen der Geschwindigkeit proportionalen Dämpfungswiderstand aufweist, die feinfühlig regelbar sein soll und sich bei Temperaturschwankungen nicht ändern darf, kann nur eine elektromagnetische Wirbelstrom-dämpfung vorgesehen werden. Will man lediglich schwingungsfreies Einspielen des Zeigers erreichen und eine große Dämpfungskraft auf engem Raum unterbringen, so wird man die Flüssigkeits-Wirbeldämpfung vorziehen. Die Viskositätsdämpfung kommt nur in Ausnahmefällen in Betracht.

Dämpfungsapparate zur Dämpfung erzwungener Schwingungen werden im 2. Band ausführlich besprochen.

Literaturverzeichnis.

Lehrbücher der technischen Schwingungslehre[1].

1. Hort, W.: Technische Schwingungslehre, 2. Aufl. Berlin: Julius Springer 1922. Mit sehr ausführlichem Literaturverzeichnis.
2. Föppl, O.: Grundzüge der technischen Schwingungslehre. Berlin: Julius Springer 1923.
3. Geiger, J.: Mechanische Schwingungen und ihre Messungen. Berlin: Julius Springer 1927.
4. Steuding, H.: Messung mechanischer Schwingungen. Berlin: VDI-Verlag 1928.
5. Schneider, E.: Mathematische Schwingungslehre. Berlin: Julius Springer 1924.
6. Zipperer, L.: Technische Schwingungslehre. Samml. Göschen Bd. 953 u. 961.
7. Föppl, A.: Vorlesungen über technische Mechanik Bd. 4 u. 6. Leipzig: B. G. Teubner 1914.

Erstes Kapitel.

8. Ein ausführliches Literaturverzeichnis über die Arbeiten, welche die Schwingungen von Wassersäulen betreffen, findet man bei Forchheimer: Lehrbuch der Hydraulik. Leipzig 1914.
9. Einzelheiten über Regler bei M. Tolle: Die Regelung der Kraftmaschinen, 3. Aufl. Berlin: Julius Springer 1921.
10. Eine eingehende Darstellung der Seismographentechnik gibt Galitzin: Vorlesungen über Seismometrie. Leipzig und Berlin 1914; vgl. ferner: Steuding, H. (s. unter 4).
11. Die Unterwasserschallsender sind beschrieben in dem Aufsatz: du Bois-Reymond, Hahnemann, Hecht: Entwicklung, Wirkung und Leistung des elektromagnetischen erregten Unterwasserschallsenders nach dem Telephonprinzip. Z. techn. Phys. Jg. 1921, S. 1.
12. Die hochfrequente Zug-Druck-Maschine ist beschrieben: Lehr, E.: Z. Glasers Ann. Bd. 99, H. 1184, 1185, 1188 u. 1191. Berlin 1926.
13. Näheres über die Konstruktion des Wuchtförderers findet man in dem Aufsatz von H. Heymann: Der Wuchtförderer, ein neues Fördermittel. Z. d. V. D. I. Bd. 70, Nr. 10, S. 309. 1926.
14. Weiterhin wird der Wuchtförderer beschrieben: Lehr, E.: Erfahrungen beim Bau schwingungstechnischer Arbeitsmaschinen. Z. techn. Phys. Jg. 1928, S. 404.
15. Über Schwingungsmaschinen allgemein berichtet der Aufsatz von H. Schieferstein: Die Entwicklung schwingender, Leistung übertragender Mechanismen. Z. Masch.-Bau Bd. 7, S. 749. 1928.

---

[1] Vgl. ferner: Timoshenko, S.: Vibration Problems in Engineering. London: Constable a. Cy. Ltd. 1928.

Zweites Kapitel.

16. Eine kurze Theorie der Massenträgheitsmomente gibt: Grammel, R.: Der Kreisel. Braunschweig: Vieweg u. Sohn 1920.
17. Eine klare Darstellung der Schwingungen einer Synchronmaschine gibt: Kittler-Petersen: Allgemeine Elektrotechnik Bd. 3. Stuttgart: Ferd. Enke 1910.
18. Über die Stabilitätstheorie der Schiffe siehe z. B.: Budau, A.: Lehrbuch der Hydraulik. Wien und Leipzig: Fromme 1920.
    Anmerkung: Zur Messung beim Krängungsversuch dient z. B. der von Maihak entwickelte Schlinger-Indikator.
19. Ausführliche Literaturangaben über die Berechnung von Torsionsschwingungen in Wellenanlagen siehe Bd. 2. Im übrigen vergleiche die Literaturstellen Nr. 1, 2, 3, 6 und 9.

Drittes Kapitel. Elektrische Schwingungen.

20. Zur Einführung ist das ausgezeichnete Buch: Pohl, R. W.: Einführung in die Elektrizitätslehre 2. Aufl. Berlin: Julius Springer 1929, zu empfehlen.
    Unterlagen über die Berechnung von Kondensatoren und Induktivitäten findet man bei:
21. Thomälen: Kurzes Lehrbuch der Elektrotechnik, 10. Aufl. Berlin: Julius Springer 1929.
22. Kittler, E.: Allgemeine Elektrotechnik Bd. 2 u. 3. Stuttgart: Ferd. Enke 1909/10.
23. Rein-Wirtz: Radiotelegraphisches Praktikum. 3. Aufl. (berichtigter Neudruck). Berlin: Julius Springer 1927.
24. Fraenckel, A.: Theorie der Wechselströme, 2. Aufl. Berlin: Julius Springer 1921.

Viertes Kapitel.

25. Über quadratische Dämpfung siehe z. B.: Forchheimer, Ph.: Lehrbuch der Hydraulik, S. 348. Leipzig 1914, und A. Föppl: Bd. 2 (s. Literaturangabe Nr. 7).
26. Über Ein- und Ausschalten von Induktivitäten siehe Literaturangabe Nr. 20.
27. Der Oszillograph wird von Siemens & Halske, Berlin hergestellt. Einen kleinen Laboratoriumsapparat hat Dr. Rumpf in Bonn, einen weiteren ebenfalls sehr brauchbaren Kleinapparat die Lehrmittelfabrik Sprenger in Godesberg a. Rh. herausgebracht.
28. Ausführliche Angaben über die Viskosität findet man bei Landolt-Börnstein: Physikalische Tabellen. Berlin: Julius Springer 1923.

Über Schwingungsfestigkeit.

29. Gough: The Fatigue of Metals (Lehrbuch). London EC 4, 8 Broadway, Ludgate Hill: Scott, Greenwood & Son 1924. Mit ausführlichem Literaturverzeichnis.
30. Moore & Kommers: Fatigue of Metals (Lehrbuch). London EC 4: Mc. Graw-Hill, Book-Company 1927.
31. Graf: Die Dauerfestigkeit der Werkstoffe und der Konstruktionselemente, Berlin: Springer 1929.
32. Föppl, O., Becker, v. Heydekampf: Dauerprüfung der Werkstoffe, Berlin: Springer 1929.
33. Mailänder, R.: Stahleisen 1924, H. 21—25, S. 583, 624, 657, 684, 719. Mit ausführlichem Literaturverzeichnis.

34. Lehr, E.: Die Abkürzungsverfahren zur Ermittelung der Schwingungsfestigkeit von Materialien. Dissertation, Technische Hochschule Stuttgart 1925.
35. Lehr, E.: Die Dauerfestigkeit, ihre Bedeutung für die Praxis und ihre kurzfristige Ermittlung mittels neuartiger Prüfmaschinen. Glasers Ann. Jg. 1926, Bd. 99, H. 1184, 1185, 1188 und 1191.
36. Lehr, E.: Schwingungsfestigkeit und Ermüdungserscheinungen der Werkstoffe unter besonderer Berücksichtigung der für den Maschinenkonstrukteur maßgebenden Gesichtspunkte. Werkz.-Masch. Jg. 1927, S. 400ff.
37. Sonderheft über die Fachtagung „Dauerbruch", Berlin 1927, herausgegeben von der Z. Metallkunde.
38. Herold: Über die Beziehungen der Dauerbiegefestigkeit zu den statischen Festigkeitswerten. Erschienen in der Z. d. V. D. I. Jg. 1929, H. 36.
39. Ludwik, P.: Bruchgefahr und Materialprüfung. Zürich: Schweiz. Verband für die Materialprüfungen der Technik, Bericht 13, November 1928.
40. Ludwik, P.: Schwingungsfestigkeit. Z. öst. Ing.-V. Jg. 81, S. 403ff. 11. Okt. 1929.
41. Thum, A. und H. Ude: Die Elastizität und die Schwingungsfestigkeit des Gußeisens. Z. „Die Gießerei", Düsseldorf, Jg. 16 (Neue Folge Jg. 2), H. 22, S. 501—513, sowie H. 24, S. 547—556.

Lehrbuch der technischen Physik. Von Professor Dr.-Ing. Hans Lorenz, Geh. Reg.-Rat, Danzig. Zweite, neubearbeitete Auflage.

Erster Band: Technische Mechanik starrer Gebilde. Zweite, vollständig neubearbeitete Auflage der „Technischen Mechanik starrer Gebilde".

Erster Teil: Mechanik ebener Gebilde. Mit 295 Textabbildungen. VIII, 390 Seiten. 1924. Gebunden RM 18.—

Zweiter Teil: Mechanik räumlicher Gebilde. Mit 144 Textabbildungen. VIII, 294 Seiten. 1926. Gebunden RM 21.—

Eine neuzeitliche wissenschaftliche Darstellung der technischen Mechanik. Eingehende Behandlung der Schwingungslehre und der Bewegungswiderstände mit zahlreichen Beispielen. Stabilitäts- und Regulierprobleme, Auswuchtung und Massenausgleich; Kreiselbewegung mit technischen und kosmischen Anwendungen.

Lehrbuch der Technischen Mechanik für Ingenieure und Physiker. Zum Gebrauche für Vorlesungen und zum Selbststudium. Von Professor Dr.-Ing. Theodor Pöschl, Karlsruhe. Zweite, vollständig umgearbeitete Auflage. Mit 249 Textabbildungen. VIII, 318 Seiten. 1930. RM 17.50; gebunden RM 19.—

Autenrieth-Ensslin, Technische Mechanik. Ein Lehrbuch der Statik und Dynamik für Ingenieure. Neu bearbeitet von Dr.-Ing. Max Ensslin-Eßlingen. Dritte, verbesserte Auflage. Mit 295 Textabbildungen. XVI, 564 Seiten. 1922. Gebunden RM 15.—

Ziel: Anwendung der Mechanik auf technische Aufgaben; Weg: einfache klare Grundlegung, allmähliche Einführung der analytischen, vektoriellen und graphischen Hilfsmittel, Berücksichtigung des Versuches in den Abschnitten über Reibung und über Stoß. In der Statik sind einfache Maschinen, seilartige Körper, Stabverbindungen behandelt, in der Dynamik Kreisel, Schwingungen, Dynamik des Kurbelgetriebes.

Einführung in die Mechanik und Akustik. Von Dr.-Ing. e. h. R. W. Pohl, Professor der Physik an der Universität Göttingen. (Band I der „Einführung in die Physik".) Mit 440 Abbildungen, darunter 14 entlehnte. VIII, 250 Seiten. 1930. Gebunden RM 15.80

Graphische Dynamik. Ein Lehrbuch für Studierende und Ingenieure. Mit zahlreichen Anwendungen und Aufgaben. Von Professor Ferdinand Wittenbauer †, Graz. Mit 745 Textfiguren. XVI, 797 Seiten. 1923. Gebunden RM 30.—

Großangelegte und systematische Darstellung des gesamten Lehrgebäudes der graphischen Dynamik, als dessen Begründer der Verfasser angesehen werden kann. Ausbau der Kinematik auf Probleme der Kinetik verbundener materieller Systeme. Bestimmung der Gelenks- und Führungskräfte. Rein dynamische Methoden der Systemmechanik, insbesondere für einen Freiheitsgrad (Zwanglauf). Schwungradberechnung.

Landolt-Börnstein, Physikalisch-chemische Tabellen.

Fünfte, umgearbeitete und vermehrte Auflage. Unter Mitwirkung von Fachgelehrten herausgegeben von Dr. Walther A. Roth, Professor an der Technischen Hochschule in Braunschweig, und Dr. Karl Scheel, Professor an der Physikalisch-Technischen Reichsanstalt in Charlottenburg. Mit einem Bildnis. In zwei Bänden. XIX, 1695 Seiten. 1923. Gebunden RM 106.—

Erster Ergänzungsband. X, 919 Seiten. 1927. Gebunden RM 114.—

Zweiter Ergänzungsband. In Vorbereitung.

Ein seit fast einem halben Jahrhundert für den Physiker, Chemiker und Ingenieur unentbehrliches Nachschlagewerk, welches über alle bekannten Eigenschaften der Stoffe zahlenmäßige, durch Literaturstellen belegte Auskunft gibt. Das Werk wird durch Ergänzungsbände dauernd auf der Höhe gehalten.

Die Dauerprüfung der Werkstoffe hinsichtlich ihrer Schwingungsfestigkeit und Dämpfungsfähigkeit. Von Professor Dr.-Ing. O. Föppl, Vorstand des Wöhler-Institutes, Technische Hochschule Braunschweig, Dr.-Ing. E. Becker, Ludwigshafen, Dipl.-Ing. G. v. Heydekampf, Braunschweig. Mit 103 Abbildungen im Text. V, 124 Seiten. 1929.

RM 9.50; gebunden RM 10.75

Die Grundbegriffe (Schwingungsfestigkeit, Dämpfungsfähigkeit, Randdämpfung, Grenzfestigkeit, Grenzdehnung, Oberflächenempfindlichkeit usw.) werden eingeführt. Es folgt eine Beschreibung der verschiedenen Dauerversuchsarten (Dauerstand-, Dauerschlag-, Zugdruckwechsel-, Biegungsschwingungs-, Drehschwingungs- und Ausschwingversuche). Die bisher bekannt gewordenen Dauerprüfeinrichtungen werden, besonders mit Rücksicht auf die in Deutschland entwickelten Verfahren eingehend beschrieben. Die wichtigsten Ergebnisse werden mitgeteilt und kritisch betrachtet.

Die Dauerfestigkeit der Werkstoffe und der Konstruktionselemente. Elastizität und Festigkeit von Stahl, Stahlguß, Gußeisen, Nichteisenmetall, Stein, Beton, Holz und Glas bei oftmaliger Belastung und Entlastung sowie bei ruhender Belastung. Von Otto Graf. Mit 166 Abbildungen im Text. VIII, 131 Seiten. 1929.

RM 14.—; gebunden RM 15.50

Die Kenntnis der Eigenschaften der Werkstoffe bildet eine wesentliche Grundlage für das technische Schaffen. Die Bestellung und Abnahme der Werkstoffe erfolgt zur Zeit vorwiegend nach einfachen Zerreißversuchen. Die Ergebnisse solcher Versuche geben keinen ausreichenden Aufschluß über die Widerstandsfähigkeit des Werkstoffs in den Maschinen und Bauwerken. Deshalb muß an Stelle der heute üblichen Festigkeit die Widerstandsfähigkeit bei oftmals wiederholter Belastung treten, unter Verhältnissen, die den wirklichen nahekommen. Was hierzu bekannt ist, wird in dem vorliegenden Buch zusammenfassend beurteilt.

Festigkeitslehre für Ingenieure. Von Dipl.-Ing. H. Winkel†, Studienrat an der Beuthschule, Berlin. Nach dem Tode des Verfassers bearbeitet und ergänzt von Dr.-Ing. K. Lachmann. Mit 363 Textabbildungen. VII, 494 Seiten. 1927.

Gebunden RM 26.—

Festigkeitslehre. Von S. Timoshenko, Professor der Mechanik an der Unversity of Michigan, Ann Arbor; vorm. an den Technischen Hochschulen Kiew und Petersburg, und I. M. Lessells, Masch.-Ingenieur d. Research Dept. Westinghouse Electric and Mfg. Co. Ins Deutsche übertragen von Dr. I. Malkin, Ingenieur. Mit 391 Abbildungen im Text. XVIII, 484 Seiten. 1928.

Gebunden RM 28.—

Taschenbuch für den Maschinenbau. Bearbeitet von zahlreichen Fachgelehrten. Herausgegeben von Professor H. Dubbel, Ingenieur, Berlin. Fünfte, völlig umgearbeitete Auflage. Mit 2800 Textfiguren. In zwei Bänden. 1929.

I. Band: X, 853 Seiten.
II. Band: 903 Seiten.   Zusammen gebunden RM 26.—
          Bei Bezug von mindestens 25 Exemplaren an je RM 22.—

Das Dubbelsche Taschenbuch gibt kurz, prägnant und erschöpfend Auskunft über alle Fragen des Maschinenbaues. Es ergänzt nicht nur die Kenntnisse des Praktikers als ein nie versagendes Nachschlagebuch, sondern es dient vor allem dem Studierenden als unentbehrliches Lehrbuch. Der Stoff ist in so gründlicher und trefflicher Weise bearbeitet, daß auch der Spezialist jedes einzelnen Sachgebietes die entsprechenden Abschnitte mit Erfolg zu Rate ziehen kann.

Einführung in die Elektrizitätslehre. Von Professor R. W. Pohl, Dr.-Ing. e. h., Göttingen. Zweite, verbesserte Auflage. Mit 393 Abbildungen, darunter 20 entlehnte. VII, 259 Seiten. 1929. Gebunden RM 13.80

Das Buch bringt in möglichst einfacher Form die experimentellen Grundtatsachen der Elektrizitätslehre und ihre Zusammenfassung im Sinne Maxwells und der atomistischen Vorstellungen.

Kurzes Lehrbuch der Elektrotechnik. Von Professor Dr. Adolf Thomälen. Zehnte, stark umgearbeitete Auflage. Mit 581 Textbildern. VIII, 359 Seiten. 1929.   Gebunden RM 14.50

Die Differentialgleichungen des Ingenieurs. Darstellung der für Ingenieure und Physiker wichtigsten gewöhnlichen und partiellen Differentialgleichungen, einschließlich der Näherungsverfahren und mechanischen Hilfsmittel. Mit besonderen Abschnitten über Variationsrechnung und Integralgleichungen. Von Professor Dipl.-Ing. Dr. Wilhelm Hort, Oberingenieur der AEG-Turbinenfabrik in Berlin. Zweite, umgearbeitete und vermehrte Auflage unter Mitwirkung von Dr. phil. W. Birnbaum und Dr.-Ing. K. Lachmann. Mit 308 Abbildungen im Text und auf zwei Tafeln. XII, 700 Seiten. 1925.   Gebunden RM 25.50

Das Entwerfen von graphischen Rechentafeln (Nomographie). Von Prof. Dr.-Ing. P. Werkmeister, Stuttgart. Mit 164 Textabbildungen. VII, 194 Seiten. 1923.   RM 9.—; gebunden RM 10.—

Einführung in die mathematische Behandlung naturwissenschaftlicher Fragen. Von Alwin Walther, o. Professor für Mathematik an der Technischen Hochschule Darmstadt. Erster Teil: Funktion und graphische Darstellung. Differential- und Intregalrechnung. Mit 174 Abbildungen. VIII. 220 Seiten. 1928. RM 8.60; gebunden RM 9.60

Technisches Denken und Schaffen. Eine leichtverständliche Einführung in die Technik. Von Professor Dipl.-Ing. Georg v. Hanffstengel, Berlin. Vierte, neubearbeitete Auflage. Mit 175 Textabbildungen. XII, 228 Seiten. 1927.   Gebunden RM 6.90